Marlen Almasbegy

Verhaltensbeobachtungen an Schwarzfusskatzen (Felis nigripes)

Marlen Almasbegy

Verhaltensbeobachtungen an Schwarzfusskatzen (Felis nigripes)

Empfehlungen für erfolgreiche Zoohaltung von Schwarzfußkatzen und anderen südafrikanischen Wildkatzen

Südwestdeutscher Verlag für Hochschulschriften

Impressum/Imprint (nur für Deutschland/only for Germany)
Bibliografische Information der Deutschen Nationalbibliothek: Die Deutsche Nationalbibliothek verzeichnet diese Publikation in der Deutschen Nationalbibliografie; detaillierte bibliografische Daten sind im Internet über http://dnb.d-nb.de abrufbar.

Alle in diesem Buch genannten Marken und Produktnamen unterliegen warenzeichen-, marken- oder patentrechtlichem Schutz bzw. sind Warenzeichen oder eingetragene Warenzeichen der jeweiligen Inhaber. Die Wiedergabe von Marken, Produktnamen, Gebrauchsnamen, Handelsnamen, Warenbezeichnungen u.s.w. in diesem Werk berechtigt auch ohne besondere Kennzeichnung nicht zu der Annahme, dass solche Namen im Sinne der Warenzeichen- und Markenschutzgesetzgebung als frei zu betrachten wären und daher von jedermann benutzt werden dürften.

Coverbild: www.ingimage.com

Verlag: Südwestdeutscher Verlag für Hochschulschriften GmbH & Co. KG
Heinrich-Böcking-Str. 6-8, 66121 Saarbrücken, Deutschland
Telefon +49 681 37 20 271-1, Telefax +49 681 37 20 271-0
Email: info@svh-verlag.de

Zugl.: Innsbruck, Leopold-Franzens-Universität, Diss., 2011

Herstellung in Deutschland:
Schaltungsdienst Lange o.H.G., Berlin
Books on Demand GmbH, Norderstedt
Reha GmbH, Saarbrücken
Amazon Distribution GmbH, Leipzig
ISBN: 978-3-8381-3166-5

Imprint (only for USA, GB)
Bibliographic information published by the Deutsche Nationalbibliothek: The Deutsche Nationalbibliothek lists this publication in the Deutsche Nationalbibliografie; detailed bibliographic data are available in the Internet at http://dnb.d-nb.de.

Any brand names and product names mentioned in this book are subject to trademark, brand or patent protection and are trademarks or registered trademarks of their respective holders. The use of brand names, product names, common names, trade names, product descriptions etc. even without a particular marking in this works is in no way to be construed to mean that such names may be regarded as unrestricted in respect of trademark and brand protection legislation and could thus be used by anyone.

Cover image: www.ingimage.com

Publisher: Südwestdeutscher Verlag für Hochschulschriften GmbH & Co. KG
Heinrich-Böcking-Str. 6-8, 66121 Saarbrücken, Germany
Phone +49 681 37 20 271-1, Fax +49 681 37 20 271-0
Email: info@svh-verlag.de

Printed in the U.S.A.
Printed in the U.K. by (see last page)
ISBN: 978-3-8381-3166-5

Copyright © 2012 by the author and Südwestdeutscher Verlag für Hochschulschriften GmbH & Co. KG and licensors
All rights reserved. Saarbrücken 2012

Inhaltsverzeichnis:

1. Einleitung und Problemstellung 4
2. Material 7
   2.1. Beschreibung der vier Arten 7
   2.2. Angaben zu den beobachteten Katzen 32
   2.3. Beobachtungsorte 38
      2.3.1 Forschungsstationen, bzw. Tiergärten 38
      2.3.2 Arbeitsbedingungen 38
      2.3.3 Die natürliche Umgebung - Beschreibung der Karoo 39
   2.4. Gehegestrukturen 40
   2.5. Haltungsbedingungen der Schwarzfußkatzen 44
   2.6. Fütterung 46
3. Methoden der Protokollaufnahme 47
   3.1. Datenerhebung 48
   3.2. Erfassung der Verhaltensweisen 49

4. Ergebnisse 51
4.1. Beschreibung von Verhaltensweisen der Schwarzfußkatzen 51
4.1.1. Grundverhaltensweisen............................. 51
4.1.1.1. Jagdverhalten, Verhalten zur Beute 51
4.1.1.2. Fressverhalten – Trinken 59
4.1.1.3. Spielverhalten – solitäres Spiel, Objektspiel 65
4.1.1.4. Wandern, Traben, Pendeln 68
4.1.1.5. Klettern, Springen 72
4.1.1.6. Krallenwetzen 73

4.1.1.7. Markierverhalten..74
4.1.1.8. Ruhen, Schlafen, Ruheplätze 79
4.1.1.9. Raumanspruch... 82
4.1.2. Sozialverhalten 83
4.1.2.1. Verhalten im interspezifischen Bereich 88
4.1.2.1.1. Verhalten gegenüber Menschen..............................88
4.1.2.1.2. Verhalten gegenüber anderen Katzenarten 110
4.1.2.1.3. Verhalten gegenüber Caniden 114
4.1.2.2. Verhalten im intraspezifischen Bereich 117
4.1.2.2.1. Eltern - Kind – Geschwister – Verhalten 123
4.1.2.2.2. Beziehungen adulter Tiere 146

4.2. Aktivitätsvergleich zwischen verschiedenen Katzenarten 155
4.2.1. Aktivitätszyklus südafrikanischer Wildkatzen 157

4.2.1.1. Schwarzfußkatze *Felis nigripes* 157
4.2.1.2. Falbkatze *Felis libyca* 169
4.2.1.3. Karakal *Profelis caracal* 177
4.2.1.4. Serval *Leptailurus serval* 182
4.2.1.5. Zusammenfassung Aktivitätsvergleich der vier Arten 194
4.2.1.5.1. Schwarzfußkatze, Falbkatze, Karakal, Serval 194
4.2.1.5.2. Der Einfluss des Klimas auf die Aktivität 197
4.2.1.5.3. Aktivitätsvergleich zwischen eingewöhnten Katzen und Wildfängen 201
4.2.1.5.4. Aktivitätsvergleich zwischen weiblichen und männlichen Wildkatzen 202
4.2.1.5.5. Grooming bei Wildkatzen 204

4.3. Voraussetzung für eine artgemäße Zoohaltung von
Schwarzfußkatzen 206

4.3.1. Gehege: Größe, Struktur, Einrichtung, Begrenzung,
und davon abhängige Verhaltensbeeinträchtigungen 210
4.3.2. Das Gehege als Revier 216
4.3.3. Klima und Krankheiten: ein spezielles Problem 217
4.3.4. Menschlicher Einfluss: Pfleger und Besucher 220
4.3.5. Vergesellschaftung 224
4.3.6. Environmental und Behavioural Enrichment 225

5. Diskussion 238

5.1. Grundverhaltensweisen und ihre Bedeutung für die
Zoohaltung 238
5.2. Die Bedeutung des interspezifischen Sozialverhaltens und
des Vertrauensverhältnisses zum Menschen 244
5.3. Sozialverhalten im intraspezifischen Bereich 246
5.4. Zoohaltung von Schwarzfußkatzen unter Berücksichtigung
des artspezifischen Verhaltens 251
5.5. Aktivitätsvergleich zwischen verschiedenen Katzenarten 254

6. Zusammenfassung 258

Summary 260

7. Dank 263

8. Literaturverzeichnis 264

4

1. Einleitung und Problemstellung

Die größten Vertreter der Familie der Felidae, wie Tiger, Löwe, Leopard, Jaguar, Schneeleopard, Puma oder Gepard, sind beliebte Attraktionen in Zoologischen Gärten wie auch in den Massenmedien. Um solchen Tieren den entsprechenden Rahmen zu geben, stellt man ihnen große, ästhetisch ansprechende Gehege und Innenräume zur Verfügung und reichert ihre Umwelt mit erkundungsintensiven Einrichtungen an (Behavioural Enrichment). Anders ist dies bei den mittleren und kleinen Katzenarten: Wenn sie überhaupt im Zoo zu sehen sind, dann meist in abgelegenen, finsteren, kleinen Gehegen, mit der typischen Holzkiste mit Eingangsloch als Unterkunft, die die Katzen tagsüber ohnehin kaum verlassen. Wen wundert es, wenn Rohrkatzen, Manuls, Marmor- oder Bengalkatzen fast unbekannt sind, weil der Zoobesucher sie nur vom Vorbeigehen und Wegsehen kennt?

Karoo Cat Research, die Forschungseinrichtung von Dr. Mircea PFLEIDERER auf der südafrikanischen Farm Honingkrantz in der östlichen Karoo, bot mir die Gelegenheit, die vier dort einheimischen Kleinkatzenarten Karakal (*Profelis caracal*), Serval (*Leptailurus serval*), Falbkatze (*Felis libyca*) und Schwarzfußkatze (*Felis nigripes*) in naturnaher Haltung zu beobachten.

Während der Serval in der europäischen und amerikanischen Tiergartenhaltung noch verhältnismäßig bekannt ist – er gilt als „anspruchslos" in der Haltung und durch seine auffällige Erscheinung und sein lebhaftes Temperament als „publikumsattraktiv" – sind Karakal, Falbkatze und Schwarzfußkatze äußerst selten in menschlicher Obhut zu sehen. Das ist in mehrerer Hinsicht sehr bedauerlich. Immerhin ist die Falbkatze die wilde Stammform unserer Hauskatze und deswegen eines besonderen Studiums wert. Die Schwarzfußkatze ist extrem bedroht – hier ist die „Arche-Noah"-Funktion der Zoologischen Gärten gefragt, die schon manche Tierart vor dem Aussterben bewahrt hat.

Grundsätzlich sind alle wildlebenden Katzenarten durch CITES (Convention on International Trade in Endangered Species) bereits 1973 als gefährdet oder von der Ausrottung bedroht eingestuft worden. Seither wurden mehrere Unterarten ausgerottet oder stehen kurz vor ihrem Verschwinden. Die Ursachen hierfür sind vielfältig, aber die größte Bedrohung stellen massive Eingriffe in ihren natürlichen Lebensraum dar. Um so wichtiger ist die Erhaltung der bedrohten Arten in Zoologischen Gärten geworden, denn dort bieten sich meist die besten Voraussetzungen für die Bewahrung der genetischen Vielfalt, die bei sehr selten gewordenen Arten in der freien Wildbahn nicht mehr gegeben ist. Inzwischen existieren für (fast) alle in Zoologischen Gärten lebenden Katzenarten internationale Zuchtprogramme. Eine erfolgreiche Haltung ist nach wie vor keine Selbstverständlichkeit: Selbst bei hohen Geburtsraten vermehren sich die Tiere kaum oder gar nicht, weil bei der Nachkommenschaft zu hohe Verluste auftreten.

Bei der Schwarzfußkatze ist der Fall besonders extrem. Sie war auch in Zoologischen Einrichtungen immer eine Seltenheit. Das erste und über lange Zeit auch letzte Mal sah ich eine Schwarzfußkatze in den 80-iger Jahren im Frankfurter Zoo. Dort zeigten Fotodokumente zudem eine Schwarzfußkatzen-Mutter mit drei Jungen. Obwohl die Mutteraufzucht von Schwarzfußkatzen schon 1963 im Max-Planck-Institut für vergleichende Verhaltensforschung, Abteilung Wuppertal (LEYHAUSEN und TONKIN 1963) gelang, ist der Rückgang der Zoopopulationen von Schwarzfußkatzen alarmierend. Die Todesrate übersteigt bei weitem die Geburtenrate. Der Weltbestand an Schwarzfußkatzen in Tiergärten laut Internationalem Zuchtbuch ging von 75 Katzen in der Zeit von 2005 bis 2010 auf 49 Tiere zurück. Die Mehrzahl lebt in südafrikanischen Haltungen (STADLER 2010). Die dramatische Verringerung des Bestandes setzt sich weiterhin fort, im Juli 2011 lebten in Europa nur mehr 7 Schwarzfußkatzen in drei Haltungseinrichtungen (Sandwich, Howletts, Wuppertal), obwohl der mit Karoo Cat Research verbundene Cat Conservation Trust gesunde Exemplare nach Belfast und Kopenhagen geschickt hatte.

So ist die dringende Forderung nach Schutzmaßnahmen mehr als begreiflich. Der erste Schritt hierzu ist das Studium von Verhalten und Ökologie der Schwarzfußkatze in freier Wildbahn wie auch in Gefangenschaft. Nur so wird es möglich sein, den Ansprüchen und Bedürfnissen dieser beachtenswerten Tierart in menschlicher Obhut gerecht zu werden. Jede Verhaltensstudie, und sei sie am einzelnen Individuum, leistet einen Beitrag zu diesem Ziel.

Für mein Vorhaben, ein möglichst umfassendes Ethogramm zu erarbeiten, stehen zunehmend weniger Individuen zur Verfügung.

Wie steht es mit der Feldforschung? Sie steht erst am Anfang. Kleinraubtiere, und damit auch die Schwarzfußkatze, wurden lange wegen des nötigen Einsatzes teurer technischer Hilfsmittel und des nicht unerheblichen Arbeitsaufwandes der Forscher stiefmütterlich behandelt. Erst seit 1992 und zunehmend intensiver seit 2010 wurden durch den Einsatz von Radiohalsbändern genauere Freiland-Daten bekannt (SLIWA 2004, 2007, 2010). So wichtig die dadurch gewonnenen Erkenntnisse für die Haltung der Schwarzfußkatzen sein mögen, sind Sichtbeobachtungen der Tiere in der Natur unerlässlich. Auch hier wurde der Anfang erst in den 90er Jahren des letzten Jahrhunderts gemacht, denn kleine Tiere sind in der Vegetation des freien Felds wesentlich schwieriger zu lokalisieren oder gar zu beobachten. Deshalb bilden Feldstudien von PFLEIDERER und LEYHAUSEN (1998) über das Verhalten von Schwarzfußkatzen, Falbkatzen und Karakalen eine wichtige Basis für meine Dissertation.

Diese Kenntnisse beginnen langsam, als Voraussetzung für naturnähere Haltungsgrundlagen gewertet und zweckdienlich eingesetzt zu werden: Viele Bereiche des „Environmental Enrichment" zeigen die große Bedeutung für eine erfolgreiche Haltung und Zucht ex situ.

In meiner Arbeit habe ich dem Vertrauensverhältnis zwischen Schwarzfußkatze (*Felis nigripes*) und Mensch besondere Aufmerksamkeit gewidmet. Dieses kann wesentlich dazu beitragen, die Betreuung und tiergärtnerische Pflege für die Katze stressfrei zu gestalten.

2. Material

2.1. Beschreibung der vier Arten

Die Stellung der Kleinkatzen Südafrikas in der Taxonomie
Klasse: Mammalia
Unterklasse: Eutheria (Placentalia)
Ordnung: Carnivora
Unterordnung: Fissipedia (Landraubtiere)
Familie: Felidae

Bis zur Familie ist die Klassifizierung für alle echten Katzen gleich.
Über die Taxonomie der Gattung, Arten und Unterarten sind sich die Wissenschaftler bis heute nicht einig. Es würde zu weit führen, hier alle bisherigen Theorien und Klassifizierungen zu beschreiben.
Häufig zitiert wird die systematische Einteilung nach WOZENCRAFT (1993).
Einen anderen Weg geht die Einteilung nach (O'BRIEN 2009), der die Katzenarten aufgrund verschiedener Kriterien nach dem Grad ihrer Verwandtschaft eingeteilt hat.
HEMMER (1978) schreibt in seiner Arbeit: „Die evolutionäre Systematik der lebenden Feliden", dass die Verwendung von ethologischem Charakteristikum erst 1950 mit den ersten Publikationen von LEYHAUSEN begann. Weitere Arbeiten von LEYHAUSEN (1956) und anderen wiesen auf die Vorzüge und Grenzen von Verhaltens-Arbeiten zur Klassifikation der Feliden hin. Am Beginn dieser neuen Ära hat Leyhausen, ebenso wie Hemmer die einheitliche Verwendung von komplexen Merkmalen aus Morphologie, Ethologie und Physiologie unterstützt.
In dieser Arbeit halte ich mich an die taxonomische Einteilung von LEYHAUSEN (1979) und von PFLEIDERER (2001).
Zum deutschen Namen werden auch die Bezeichnung in Englisch und Afrikaans angeführt.
Die von mir beobachtet Kleinkatzen gehören folgenden Gattungen und Familien an:

Schwarzfußkatze, *Felis nigripes*

Beschreibung

Sie ist die kleinste afrikanische Wildkatze.
Die Schulterhöhe der Schwarzfußkatzen liegt zwischen 20 – 25 cm.
Die Gesamtlänge beträgt bei den Weibchen 49-53, bei den Männchen 53-63 cm. Davon entfällt auf die Schwanzlänge bei den Weibchen 12–17, bei den Männchen 16-20 cm. Die Weibchen wiegen nur 1 bis 1,6 kg, die Männchen 1,5 bis 2,4 kg (SMITHERS 2000).
Schwarzfußkatzen haben einen breiten Schädel mit weit auseinanderstehenden, großen Ohren, deren Länge bis zu einem Viertel des Schädels ausmachen. Um den Flüssigkeitsverlust zu reduzieren ist der Gesichtsschädel der Schwarzfußkatze verkürzt, wodurch der Effekt eines „Pseudo-Kindchenschemas" entsteht (PFLEIDERER, 2001). Wegen des Fehlens von Wasser in der Natur ist die Schwarzfußkatze darauf angewiesen, ihren Flüssigkeitsbedarf aus dem Blut der Beutetiere zu decken.
Die Grundfarbe des Fells variiert von zimtbraun über lohfarben bis cremefarben mit deutlich gezeichneten braunen bis schwarzen Flecken. Oberhalb der Schultern und am oberen Teil der Extremitäten sind diese zu dunklen Bändern zusammengeschlossen. An der Kehle befinden sich zwei bis drei dunkle Streifen. Die Länge und Dichte dieser Bänder, sowie die Anordnung der Flecken sind bei den einzelnen Individuen sehr unterschiedlich (WEIGEL, 1961). Die Länge der Grannenhaare beträgt 25 bis 30 mm, die Wollhaare sind kürzer, sehr dicht und leicht gewellt. Die Unterseite ist hell gelbbraun bis weiß. Der Schwanz ist verhältnismäßig kurz, erreicht etwas weniger als die Hälfte der Kopf-Rumpf-Länge und hat eine schwarze Spitze (SMITHERS, 1983).
Der Name Schwarzfußkatze ist etwas irreführend, da sie nicht schwarze Füße, sondern nur, wie alle anderen Felisarten, einen schwarzen Sohlenfleck hat (PFLEIDERER, 2001).
Die Schwarzfußkatzen in Botswana und im Nordwesten von Kuruman sind dunkler gefärbt und etwas größer als alle anderen, sodass sie als eigene Subspezies *(Felis nigripes thomasi)* anerkannt wurden (SHORTRIDGE, 1934, ALDERTON, 1999). Das Vorkommen von *F. n. thomasi* wurde auch in der

östlichen Kapprovinz, nahe der Küste des Indischen Ozeans, bei Port Elizabeth beobachtet (SLIWA, 1997).

Es wurden jedoch im zentralen Teil Südafrikas Tiere gefunden, die Merkmale beider Unterarten aufwiesen oder dazwischenliegende intermediäre Typen darstellten, so dass das Vorkommen von guten, räumlich scharf getrennten Unterarten in Frage gestellt ist (OLBRICHT & SLIWA, 1997).

Stammesgeschichtlich wird die Schwarzfußkatze mit fünf weiteren Felisarten in die „Hauskatzenlinie" eingeordnet (JOHNSON & O'BRIEN, 1997). Die Entstehung ihrer Art ist weitgehend unbekannt. Sie spaltete sich jedoch schon vor 3 Millionen Jahren entwicklungsgeschichtlich von den anderen Felisarten ab (JOHNSON et al., 2006).

Dennoch ist ihre Verwandtschaft zur Falbkatze außer Zweifel. Die Schwarzfußkatze teilt ein großes Verbreitungsgebiet mit dieser, aber es existiert eine reproduktive Barriere zwischen ihnen (PFLEIDERER, 1998).

In menschlicher Obhut paarten sich Schwarzfußkatzen mit Hauskatzen (welche genetisch nahezu identisch mit der Falbkatze sind), aber bei den Nachkommen waren beide Geschlechter unfruchtbar (LEYHAUSEN 1962, LEYHAUSEN & TONKIN, 1966).

Abb.1 Zwei Schwarzfußkatzen aus der Karoo- Cat-Research: links Jock, rechts Lutz.

Taxonomie
Gattung: Felis
Art: *Felis nigripes* Schwarzfußkatze, Black-footed Cat, Small spotted Cat, Klein gekolde kat (Miershooptier);
Unterarten: *nigripes, thomasi*. Erstmals beschrieben von BURCHELL (1824).

Verbreitung, Lebensraum

Die Schwarzfußkatze ist ein endemischer Bewohner der heißen, trockenen Steppenlandschaften des südlichen Afrika mit fast wüstenartigem Charakter, wie die Karoo, die Kalahari oder die Namib. Ihr Lebensraum sind aride Landschaften mit offenem sandigen Boden, Grasland und niedrigen Sträuchern, mit 100 bis höchstens 500 mm Niederschlägen p.a. Sie meidet buschreiche Vegetation, sowie felsiges Gelände und ist eher spezialisiert auf die deckungsarmen Kurzgrasgebiete mit gutem Kleinsäuger- und Kleinvogelbestand (SLIWA, 1993, 1996).
Verbreitungskarten geben nur grobe Umgrenzungen einiger Nachweise wieder, woraus man nicht auf die Siedlungsdichte und den Status dieser seltenen Katze schließen kann (SKINNER & CHIMIMBA, 2005).
Ihr Hauptverbreitungsgebiet in Südafrika ist die Karoo. Diese erstreckt sich über Teile der Provinzen Eastern Cape, Northern Cape bis Orange Free State und dem nördlichen Teil von Western Cape. In den Küstengebieten ist sie kaum zu finden. Das Vorkommen der Schwarzfußkatze in Botswana ist auf die Kalahari beschränkt. Sie kommt auch in den Trockengebieten von Namibia vor. Im Transvaal, sowie in Zimbabwe soll sie schon beobachtet worden sein (ALDERTON, 1999).

Lebensweise

Die Schwarzfußkatze ist nacht- und dämmerungsaktiv. Sie verbringt den Tag gerne in Höhlen von Kaninchen und anderen Tieren, sowie in hohlen Termitenbauten (STUART, C. and T. 1988). Auch verlassene Springhasenbauten können als Versteck oder als Geburtsort für die Jungen genutzt werden (OLBRICHT & SLIWA, 1997).

Beutetiere der Schwarzfußkatzen sind Säugetiere bis Hasengröße, Vögel, Reptilien, seltener Insekten, auch große Beutetiere, im Verhältnis zur eigenen Körpergröße. Säugetiere machen den größten Teil, 72 %, und Vögel 26 % der Beute aus. Mäuse sind die häufigste Beute, aber besonders männliche Schwarzfußkatzen wagen sich auch an große Tiere, wie Kaphasen oder Großtrappen (SLIWA, 1997).

Das Streifgebiet eines Katers beträgt ca. 20 km², während adulte Weibchen ein Gebiet von durchschnittlich 10 km² durchstreifen (SLIWA, 1994). Dies sind die größten Aktionsräume vergleichbarer Felisarten (SUNQUIST, M.E. & F. SUNQUIST, 2002).

Die Reviere der Kater sind größer und überlappen sich weniger als jene der Weibchen. Sie schließen die Gebiete von ein bis drei Weibchen ein, welche miteinander oft relativ stark überlappen (SLIWA, 1997). Die weiblichen Tiere sind häufig miteinander verwandt, während die Kater aus entfernteren Gebieten zuziehen. Die weiblichen Jungen verbleiben manchmal noch im Gebiet der Mütter oder siedeln sich am Rand ihrer Reviere an.

Die Verständigung untereinander erfolgt v.a. durch Geruchsmarkierung. Schwarzfußkater versprühen ungefähr 200 Mal pro Nacht Urin an Grasbüschel, Zwergsträucher u.a. markante Stellen, Weibchen bis zu 100 Mal (MOLTENO et al. 1998, SLIWA, 1997).

Während der winterlichen Paarungszeit wird die Sprühtätigkeit erheblich (bis zu 600-mal pro Nacht) gesteigert. Die Geruchsmarkierungen mit Urin geben Auskunft über Standort und Paarungsbereitschaft.

Daten über das Fortpflanzungsverhalten der Schwarzfußkatze wurden erstmals von LEYHAUSEN & TONKIN (1966) publiziert. Die Geschlechtspartner finden sich über weite Strecken durch lautes Rufen. Der Hauptruf der Schwarzfußkatzen ist um eine Oktave tiefer als der aller anderen Felisarten und sehr weittragend (PFLEIDERER pers. Mitt. 2009, SLIWA er al. 2010). Die Östruszeit der Katze ist sehr kurz. Sie ist oft nur wenige Stunden empfängnisbereit (LEYHAUSEN, 1966 und 1979, SCHÜRER, 1978). Der erste Zuchterfolg in Gefangenschaft gelang 1963 im Zoo Wuppertal (LEYHAUSEN, Protokoll 1963).

Reproduktion: Ein bis drei Junge werden nach einer Tragzeit von 67 bis 68 Tagen geboren (VISSER 1977, SCHÜRER 1978, SMITHERS 1983). Die Fortpflanzung erfolgt saisonal, die Jungen werden in den Sommermonaten (Dez. bis Feber) geboren (SMITHERS 2000, SLIWA et al. 2010, PFLEIDERER pers. Mitt.).

In menschlicher Obhut pflanzen sich Schwarzfußkatzen nicht unbedingt saisonal fort und sie können sogar mehrere Würfe innerhalb eines Jahres haben, besonders wenn die Aufzucht der Jungen nicht gelingt. Im Zoo Wuppertal hatte eine Schwarzfußkatze fünf Würfe zwischen dem 20.8.1975 und 7.11.1976, wobei allerdings die Jungen aus dem Wurf 1, 3 und 4 innerhalb der ersten beiden Tage starben (SCHÜRER, 1978). Auch bei anderen Felisarten, (mit Ausnahme der Hauskatze) überleben bei mehreren Würfen im Jahr meist nur die Nachkommen eines Wurfes.

STEHLÍK (2003) schreibt über die Wurfzahlen der Rohrkatzen (*Felis chaus*) pro Jahr im Zoo Ostrava, dass drei Weibchen in 30 Würfen 80 Junge gebaren. In 7 Fällen warfen die Weibchen einmal im Jahr, in 8 Fällen zweimal im Jahr, eines dreimal und das Weibchen Liba hatte sogar 4 Würfe in einem Jahr. Die Weibchen zogen jedoch höchstens einen Wurf pro Jahr auf. Eine Sandkatze (*Felis Margarita*) hatte im Zoo Dresden im Jahr 1998 drei Würfe. Die Jungen aus den ersten beiden Würfen starben nach wenigen Tagen, nur der dritte Wurf wurde aufgezogen (LUDWIG, W. & C. 1999). Hier war der Abstand zwischen den beiden lebensfähigen Würfen groß.

HARTMANN-FURTER (2001) schreibt, dass in den Gehegen ihrer Forschungsstation Bockengut in der Schweiz für Europäische Wildkatzen (*Felis silvestris*) während sieben Jahren dreimal, bei zwei nicht verwandten Weibchen, zwei Würfe in einem Jahr aufgezogen wurden. Eine derart gesteigerte Fortpflanzungsrate kann auf die guten Bedingungen in der Haltung hindeuten. Auch bei Europäischen Wildkatzen ist nicht zu erwarten, dass in der Natur mehr als ein Wurf pro Jahr erfolgreich aufgezogen werden kann.

In dem Auswilderungsgehege für Luchse des Nationalparks Bayrischer Wald gebar ein Weibchen ihre Jungen Ende Mai, welche nicht überlebten. Im August hatte sie noch einen Wurf mit zwei Jungen, die sie aufzog (KALB, 1992). In der freien Wildbahn hätten so spät geborene Jungen wahrscheinlich keine Überlebenschance.

Alle Katzen kamen schon wenige Wochen nach einer fehlgeschlagenen Aufzucht wieder in Östrus. Das erkennt man an den kurzen Abständen zwischen den Würfen. Bei den Schwarzfußkatzen im Zoo Wuppertal betrug der Zeitraum zwischen vier Würfen des Jahres 1976 jeweils nur 3 Monate (SCHÜRER, 1978). LEYHAUSEN & TONKIN (1966) stellten bei der von Ihnen beobachteten Schwarzfußkatze den Eintritt der Geschlechtsreife im Alter von 21 Monaten fest. Andere Schwarzfußkatzen wurden jedoch viel früher geschlechtsreif, in einem Fall wurde eine Katze sogar schon mit 8 Monaten erfolgreich gedeckt (SCHEFFEL pers. Mitt. an SCHÜRER, 1978).

Die Schwarzfußkatze Maya, geboren am 7.09.2005, hatte am 12.12.2006 ihren ersten Wurf, sodass man annehmen kann, dass die Paarung mit 13 Monaten erfolgte. Wildlebende Schwarzfußkatzen werden wahrscheinlich im Alter von ungefähr einem Jahr geschlechtsreif, weil die Fortpflanzung saisonal erfolgt.

TYLINEK et.al. (1987) geben das Höchstalter bei Schwarzfußkatzen in menschlicher Obhut mit 12 bis 13 Jahren an. Jock, der Kater in Honingkrantz wurde als einer der ältesten in menschlicher Obhut gehaltenen Schwarzfußkatzen 12 Jahre alt. Sein Tod war ein Unfall, sonst hätte er sicher noch länger gelebt, denn er war bis zuletzt lebhaft und vital.

Spezielle Anpassungen

Schwarzfußkatzen kann man als **sten-ök** bezeichnen. Sie gehören zu den biologischen Arten, die nur einen schmalen Schwankungsbereich an einem oder mehreren Umweltfaktoren ertragen können, also einen diesbezüglich geringen Toleranzbereich aufzuweisen. Diese Art ist in einem nur sehr begrenzten Spektrum von Biotopen lebensfähig, also stark auf ihre fundamentale ökologische Nische beschränkt.

Als gut angepasster Bewohner arider Gebiete benötigen Schwarzfußkatzen kein Trinkwasser. Die Körperflüssigkeiten der Beutetiere decken ihren Flüssigkeitsbedarf. Lt. SAUSMAN (1997) ist dies typische für viele Wüstenbewohner und gilt auch für die Sandkatze (*Felis Margarita*). Schwarzfußkatzen trinken äußerst selten freiwillig Wasser, aber es ist gelegentlich (in Freiland und Gefangenschaft) zu beobachten (SMITHERS, 1983, PFLEIDERER, M. und J. 2001), ohne dass es ein Krankheitszeichen ist. Schwarzfußkatzen können bei ihren nächtlichen Wanderungen große Stecken trabend zurücklegen. Unter Berücksichtigung des Zickzackkurses beim Laufen und dem Umgehen von kleinen Karoo-Büschen kann die tatsächlich zurückgelegte Strecke 10 bis zu 30 km pro Nacht betragen (SLIWA, 1997). Die Fortbewegung erfolgt oft unter Ausnützung von Gräben und Furchen in der Erde. Während des Trabens wird kaum gerastet. Unterbrochen wird nur zum Beutefang und gelegentlich steigt die Schwarzfußkatze auf einem erhöhten Platz, z.B. Termitenhügel, umgestürzte Bäume oder Geröllhaufen, um Ausschau zu halten (PFLEIDERER, 1998).

Ein spezielles Verhalten bei der Jagd wurde an Schwarzfußkatzen beobachtet. Um zu lauern, graben sie eine Mulde in den Sand, wobei sie beide Vorderpfoten alternierend einsetzen und sich dann flach hinein legen. Solche Vertiefungen im Sand haben Leyhausen und Pfleiderer bei ihren Beobachtungen mehrmals gefunden (PFLEIDERER, 1998). Die Schwarzfußkatze dürfte die einzige Katzenart sein, welche sich ihre Deckung selbst bauen kann. Schon junge Schwarzfußkatzen graben spielerisch im Sand. Katzenmütter können vor ihrem Versteck einen Wall aus Sand anhäufen, um ihre Jungen zu schützen (SCHÜRER, 1978). (Siehe Kapitel Verhalten auf Sand, Seite 90)

Gefährdung und Schutzmaßnahmen

Natürliche Feinde der Schwarzfußkatzen sind alle größeren Raubsäuger und Greifvögel, die in ihrem Lebensraum vorkommen. Die großen Raubkatzen mit Ausnahme des Leoparden (*Panthera pardus*), nämlich Löwen (*Panthera leo*) und Geparden (*Acinonyx jubatus*), leben nur mehr in Schutzgebieten. Aber der Karakal (*Profelis caracal*), der Schabrackenschakal (*Canis mesomelas*) und der Kapfuchs (*Vulpes chama*) teilen das Verbreitungsgebiet der Schwarzfußkatze und stellen eine Gefahr für sie und besonders ihre Jungen dar. Die beiden anderen Katzenarten, Falbkatze (Felis libyca) und Serval (*Leptailurus serval*) werden ihr wegen der ökologischen Isolierung der Arten kaum gefährlich. Beide bewohnen vegetationsreichere Habitate, die Falbkatze Gebiete mit höherem Graswuchs und der Serval baum- und buschbewachsene Flussufer. Raubvögel, wie der Kampfadler (*polemaetus bellicosus*) bedrohen die Katzen tagsüber, während die Schleiereule (*Tyto alba*), (PFLEIDERER, pers. Mitt.) der Milchuhu (*Bubo lacteus*) und der Fleckenuhu (*Bubo africanus*) ihnen nachts nachstellen (SLIWA, 1997).

Ein großer Teil des Verbreitungsgebietes der Schwarzfußkatzen ist Farmland. Obwohl die Schwarzfußkatze vom Menschen kaum bejagt wird, stellen für andere Raubsäuger aufgestellten Fallen und ausgelegten Giftköder, sowie freilaufende oder verwilderte Hunde eine Bedrohung für sie dar.

Die Schwarzfußkatze wird in der Roten Liste (JACKSON 1997, NOWELL & JACKSON 1996, IUCN, 2006) als „vulnerable" aufgeführt.

Lt. dem im Zoo Wuppertal geführten Internationalen Zuchtbuch (Stand 2005), werden weltweit 75 Schwarzfußkatzen in menschlicher Obhut gehalten, die meisten in südafrikanischen Haltungen. Davon befanden sich sieben Tiere in den gemeinsam geführten Zoos Clifton und Honingkrantz, das sind ca. 10 % des Gesamtbestandes.

Einige südafrikanische Schutzorganisationen:
The Nature Conservation Corporation
The Wildlife Conservation of South Africa
Cape Nature
Endangered Wildlife Trust
Cat Conservation Trust
Internationale Schutzorganisation:
Black-footed Cats Working Group (BFCWG)

Falbkatze, *Felis libyca*

Beschreibung

Sie ist in ganz Afrika mit Ausnahme von Westafrika und in Teilen des Nahen Ostens verbreitet.

Alle Hauskatzen stammen von der Falbkatze ab. Von den zahlreichen Unterarten sind v.a. vier an der Entstehung der domestizierten Form, *Felis libyca forma catus* (Hauskatze) beteiligt: *libyca, lowei, lynesi, ocre*. (PFLEIDERER, 2001).

Die folgende Beschreibung gilt für die südafrikanische Unterart *Felis libyca cafra*.

Die Schulterhöhe der Falbkatzen beträgt ca. 38 cm (WALKER, 1991). Die Gesamtlänge beträgt bei den Weibchen 82-95, bei den Männchen 85-100 cm. Davon entfällt auf die Schwanzlänge bei den Weibchen 25-36, bei den Männchen 27,5-37 cm. Die Weibchen wiegen von 2,4 bis 5,5 kg, die Männchen 3,8 bis 6,4 kg (SMITHERS, 2000).

Der Körperbau der südafrikanischen Falbkatze, ist meist etwas größer, aber schlanker als jener der Hauskatze. Die Hinterbeine sind deutlich länger als die Vorderbeine.

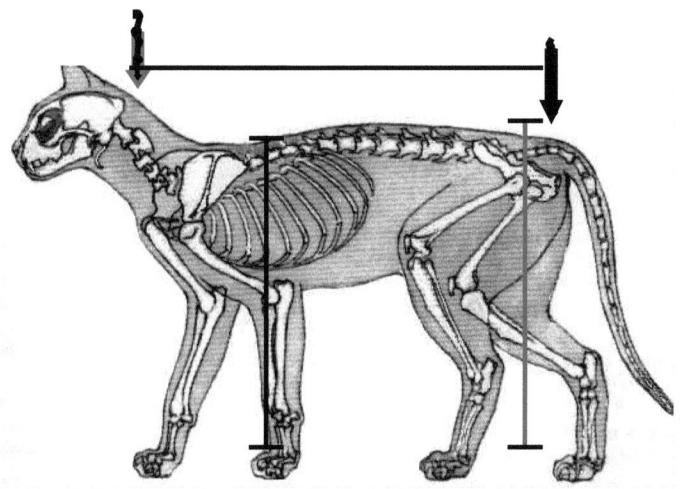

Abb.2. nach PFLEIDERER (2006) Messungen zur Bestimmung der Proportionen von Felis libyca sp. The measuring method to calculate the proportions of a *Felis libyca* specimen. Our still preliminary results on photographs of standing or walking animals indicate that the ratio length to average height (= 1.31 in the figure) is rarely below 1.5 for domestic cats but about 1.2 to 1.4 for African Wild Cats.

Die langen, schlanken Beine der Falbkatze sind typisch für die Art und ein wichtiges Unterscheidungsmerkmal. Wenn sie aufrecht sitzt, bringen die langen Vorderbeine die Falbkatze in eine nahezu vertikale Position. Eine Stellung, die bei Hauskatzen, Hybriden mit Falbkatzen, oder Europäischen Wildkatzen (*Felis silvestris*), wegen der kürzeren Beine deutlich anders aussieht. Bronzemumien

der frühen in Ägypten gehaltenen Hauskatzen, sowie viele Grabzeichnungen zeigen noch diese charakteristische aufrechte Sitzposition (SMITHERS, 1983).
Der Kopf ist kurz und keilförmig, die Ohren sind groß und aufrecht mit breiter Basis. Die großen Augen sind hellgrün bis gelblich.
Die Falbkatzen in den südafrikanischen Trockengebieten haben ein helleres Fell als einige andere nördlichere Unterarten. Bestimmte Merkmale unterscheiden sie deutlich von der Hauskatze und von Hybriden: Besonders auffallend ist die orangerote Rückseite der Ohren. Das Gesicht ist hellgrau bis beige mit weniger auffallender hellbrauner, aber niemals schwarzer Zeichnung. Der Nasenspiegel ist ziegelrot, aber nie rosa oder grau. Der Schwanz hat eine schwarze Spitze und drei mehr oder weniger deutliche Ringe. Der Rücken ist etwas dunkler und grauer als die beige gefärbten Seiten. Die Brust ist sehr hell gelblich, beinahe weiß gefärbt. Die Sohlen und die Markierung um die Ellenbogen-Region sind schwarz gefärbt, während die Flecken und Streifen am Körper hellbraun und sehr undeutlich sind. Die zweite Unterart des südlichen Afrika, *Felis libyca griselda* aus Namibia und Botswana, ist heller und weniger lebhaft gefärbt als *cafra* (PFLEIDERER, 2006).

Abb.3 Links Falbkatze in der typischen senkrechten Sitzstellung, rechts Beim Verzehren eines Straußenkükens.

Abb.4 Falbkatze Diana in verschiedenen Stellungen.
Die typischen Falbatzenmerkmale sind zu erkennen.

Taxonomie
Gattung: Felis
Art: *Felis libyca,* Falbkatze, African Wild Cat, Vaalboskat.
Unterarten: *libyca, lowei, lynesi, ocreata, brockmanni, cafra* (Buschkatze) erstmals (DESMAREST, 1822), *foxi, griselda* (Graukatze), *haussa, mellandi, sarda, taitae, tristrami, ugandae*; erstmals beschrieben von SCHREBER (1777) und FORSTER (1780).
Andere Bezeichnungen: *Felis lybica* (SMITHERS, 2000, ALDERTON, 1999, PUSCHMANN, 2007). *Felis silvestris lybica* (GRZIMEK, 1972).

Verbreitung, Lebensraum
Die Falbkatze bewohnt in 13 Unterarten (STUART C. & T. 1988) in Afrika und im Nahen Osten ein weites geographisches Gebiet und nahezu alle Arten von Lebensräumen, wie Trockengebiete, Gras- und Buschland, offene Felsregionen sowie kultivierte Ländereien. Lediglich in den Regenwäldern Westafrikas und in völlig vegetationslosen Wüsten ist sie nicht anzutreffen. Hauptlebensraum sind Halbwüsten, aber auch bergige Gebiete bis zu etwa 1600 m Höhe. In Ostafrika kommt sie bis zu einer Höhe von 3000 m vor. Im südlichen Afrika erstreckt sich das Verbreitungsgebiet der Falbkatze über Südwest Afrika, Namibia, mit

Ausnahme des Küstenbereiches der namibischen Wüste, sowie durchgehend über Botswana, Zimbabwe und Mozambique, südlich des Sambesi Flusses. Im Transvaal und Orange Free State kommt sie überall vor. In Natal scheint sie in den niedrig gelegen Küstenregionen zu fehlen. In der Kapprovinz ist sie ebenfalls verbreitet (SMITHERS, 1983).

Lebensweise

Falbkatzen sind vorwiegend nacht- und dämmerungsaktiv, werden aber gelegentlich auch untertags gesehen. Sie bevorzugen Vegetation als Deckung. In der Karoo findet man sie hauptsächlich an Stellen mit ziemlich dichtem Bewuchs, wie er entlang der Bachläufe vorkommt. Wo nicht genügend Büsche und Gras vorhanden sind, kann sie auch ausgewaschene Gräben oder Geröllfelder mit großen Steinblöcken als Deckung nutzen (PFLEIDERER, 1998). Als Versteck dienen auch die Höhlen anderer Tiere, wie z.B. Erdferkel (*Orycteropus afer*), bzw. Termitenhöhlen oder Baumwurzeln, deren Grund erodiert ist. In landwirtschaftlich genutzten Gebieten findet die Falbkatze in Hütten zur Speicherung der Ernte, sowie in Mais- und Getreidefeldern Deckung (SMITHERS, 1983).

In der Kalahari ruhten von den beobachteten Falbkatzen (n = 304) 85 % in dichter Vegetation oder Büschen, 11 % in Höhlen und nur 4 % im offenen Schatten (SLIWA et. al., 2010).

Beutetiere können Säugetiere bis zur Größe von Hasen, Klippschliefern, Junge von kleinen Antilopen, Vögel bis zur Größe vom Helmperlhuhn *(Numida meleagris)* sein, aber auch Reptilien, Amphibien und Insekten (SMITHERS, 2000). Falbkatzen sind jedoch v.a. auf kleine und mittlere Nager spezialisiert, welche 80–90 % ihrer Beute ausmachen (PFLEIDERER, 2006).

Freilandbeobachtungen ergaben, dass die Reviergröße bei Katern (n=4) 9,8 ± 3,1 km² betrug, bei den weiblichen Katzen (n=3) 6,1 ± 1,1 km². Sie ist um 64 – 111% geringer als diejenige der Schwarzfußkatzen. Die Größe kann aber auch von den Beute–Ressourcen abhängig sein. Weibliche Falbkatzen sprühen Urin in Abhängigkeit von ihrem jeweiligen Reproduktions- Status. Von den beim Sprühen beobachteten Katzen (n=10) sprühten 5 wenn sie Junge hatten (im Gegensatz zu Schwarzfußkatzen) und 5 bei Anwesenheit eines Katers. Männliche Falbkatzen sind bei ihrer Sprühaktivität weniger abhängig von räumlichen und saisonalen Bedingungen als die Weibchen. Es wurden 0 bis 183 Sprays in einer Beobachtungsperiode (8h oder mehr, ununterbrochen) gezählt. Dieses unterschiedliche Markierverhalten dürfte seine Ursache im verschiedenen Fortpflanzungsrhythmus der beiden Arten, Schwarzfusskatzen (saisonal) und Falbkatzen, die manchmal schon in Östrus kommen, während sie noch Junge säugen (SLIWA et. al., 2010). Nicht immer wird wirklich mit Urin markiert. Schwarzfußkatzen und Falbkatzen sprühen oft auch „leer" (PFLEIDERER, 2001).

Die Falbkatze kann je nach Klimazone saisonal oder das ganze Jahr über fruchtbar sein.

Nach einer Tragzeit von ca. 65 Tagen werden 2 bis 5 Junge (meist drei) geboren. (STUART, C. und T., 1988).

Die Fruchtbarkeit und Wurfgröße kann auch von der Abundanz der Beutetiere (v.a. kleine und mittlere Nager), beeinflusst werden. In menschlicher Obhut sind Falbkatzen ziemlich fruchtbar. Zwei Würfe im Jahr mit bis zu fünf Jungen sind möglich (PFLEIDERER, 2006).

Spezielle Anpassungen

Falbkatzen kann man wegen ihrer Verbreitung in unterschiedlichen Vegetations- und Klimazonen als **eury-ök** bezeichnen. Sie gehören zu den Arten, die einen breiten Schwankungsbereich an einem oder mehreren Umweltfaktoren ertragen können. Sie sind in unterschiedlichen Biotopen lebensfähig und nicht auf eine bestimmte ökologische Nische beschränkt. Durch die Anpassung an verschiedene Gebiete haben sich relativ viele Unterarten entwickelt. Die Arten des südlichen Afrika bewohnen meist aride Gebiete. Als Tarnfärbung hat die Unterart *F. libyca griselda* ein besonders helles Fell mit nur schwacher Zeichnung ausgebildet. Das Fell der Unterart *F. libyca cafra* ist ebenfalls hell mit etwas kräftigerer Zeichnung.

Falbkatzen können in Gebieten mit einer durchschnittlichen Niederschlagsmenge von 100mm überleben (SMITHERS, 1983). Dies ist nur möglich durch einen geringen Flüssigkeitsbedarf.

Gefährdung und Schutzmaßnahmen
Ähnlich wie bei der Schwarzfußkatze sind die natürlichen Feinde der Falbkatze alle größeren Raubsäuger und Greifvögel, die in ihrem Lebensraum vorkommen.
Wie alle kleinen Raubsäuger ist die Falbkatze durch den Schwund ihres Lebensraumes und in Farmlandgebieten sowie in der Nähe menschlicher Siedlungen durch Jagd, Fallenstellen, Giftköder und jagende Haushunde gefährdet.
Die größte Gefahr für das Weiterbestehen der Art ist jedoch die Hybridisierung mit verwilderten Hauskatzen (PFLEIDERER, 2006, SMITHERS, 2000, NOWELL and JACKSON, 1996). Diese Bedrohung gilt für das gesamte Verbreitungsgebiet der Falbkatze, auch für die arabische Wildkatze *Felis silvestris gordoni,* deren Zuchtbuch, ebenso wie das der Schwarzfußkatze, im Zoo Wuppertal geführt wird (SLIWA & OLBRICHT, 2000).
Reinblütige Falbkatzen findet man fast nur noch in Schutzgebieten. Der Großteil der Karoo ist als Farmland genutzt und dort ist es nicht mehr leicht, reine Falbkatzen zu finden. Im Farmland und Naturreservaten rund um Cradock wurden zwischen 1995 und 2005 Falbkatzen (n=23) auf Anzeichen von Hybridisierung in Fellzeichnung und Körperbau untersucht. 2/3 davon wiesen Hauskatzenmerkmale auf (PFLEIDERER, 2006). Dieses Ergebnis war noch besser als in den meisten anderen Regionen (SMITHERS, 1983). Selbst in Zoos werden hin und wieder nicht reinblütige Falbkatzen gehalten. Manchmal wird mit ihnen sogar gezüchtet. Es wäre notwendig, in Zukunft nur mit Katzen zu züchten, deren Reinblütigkeit sowohl durch Überprüfung der äußeren Merkmale, wie auch durch genetische Untersuchungen bestätigt wurde. Voraussetzung für die Auswilderung von Falbkatzen in geschützten Gebieten ist eine kontrollierte Zucht in Tiergärten und ähnlichen Institutionen.

Karakal, *Profelis caracal*

Beschreibung

Der Karakal ist die größte der afrikanischen Kleinkatzen, mit einem kräftigen muskulösen Körper. Er ist ungefähr luchsgroß, und wird oft wegen seines kurzen Schwanzes und der Pinselohren als Verwandter des Luchses (daher der deutsche Name Wüstenluchs) angesehen, was jedoch nicht zutrifft. Schädel und Gebiss des Karakals unterscheiden sich deutlich vom Luchs, ebenso wie das einfarbige Fell im Vergleich zum gefleckten Luchsfell (SMITHERS, 1983). Karakals sind wesentlich robuster und schwerer gebaut als Servale. Ihre Schulterhöhe beträgt 40 bis 45 cm, im Gegensatz zu den Servalen, die eine Schulterhöhe von 55 bis 60 cm erreichen (SMITHERS 1983). Sein Hinterkörper ist ein wenig höher als die Schulterhöhe. Die Gesamtlänge beträgt bei den Weibchen 1 m – 1,22 m, bei den Männchen 1,1 m – 1,27 m.

Die Körperlänge bei den Weibchen ist 71–103 cm, bei den Männchen 75–108 cm.

Der Schwanz ist kurz, nur 27 % der Gesamtlänge oder 36 % der Länge von Kopf und Körper. Die Weibchen wiegen 8 bis 16 kg, die Männchen 7,2 bis 20 kg. (SMITHERS, 2000). Lt. PFLEIDERER (p. M.) können Männchen sogar ein Gewicht bis fast 30 kg erreichen.

Das Wort Karakal kommt aus dem Türkischen, "Karakulak", das bedeutet „Schwatzohr".

Abgesehen von weißen Stellen an Kinn, Kehle und Bauch und der jeweils schwarz gefärbten Rückseite der Ohren mit den langen schwarzen Büscheln an der Spitze, ist das Fell des Karakals einfarbig (SMITHERS, 1983, LUMPKIN, 1993). Nur die Unterseite ist creme-weiß mit dunklen Flecken. Das Gesicht weist deutliche schwarze und weiße Markierungen, besonders um Augen und Mund, auf (STUART, C. and T., 1988). Die Fellfarbe des Körpers variiert je nach Gebiet von silbergrau im Süden über blassrosa im Westen bis rötlich gelb und ziegelrot im Osten (SMITHERS, 2000). Der Name „Rooikat" ist das Afrikaans–Wort für Rotkatze, und bezieht sich auf die rötliche Färbung des südafrikanischen Karakals (SMITHERS, 1983).

Abb.5 Der Karakal Flip in Erwartung von Futter und fauchend.

Taxonomie

Gattung: Profelis

Art: *Profelis caracal,* Karakal, Wüstenluchs, Rotkatze, Caracal, Rooikat;
Unterarten: *caracal, damarensis, melanotis, nubicus*;
Erstmals beschrieben von SCHREBER (1776).

Andere Bezeichnungen: *Felis caracal* (SMITHERS, 2000, und WALKER, 1991), *Lynx caracal* (ALDERTON, 1999), *Caracal caracal* (PUSCHMANN, 2007; GRZIMEK, 1972).

Verbreitung, Lebensraum

Der Karakal ist in ganz Afrika mit Ausnahme der Sahara und der tropischen Regenwälder, an den Küstengebieten der arabischen Halbinsel, sowie im Mittleren und Nahen Osten über den Iran bis Afghanistan und Pakistan verbreitet.

Infolge seiner sehr heimlichen Lebensweise, gibt es in vielen Ländern keine verlässlichen Daten über seine Verbreitung. Im südlichen Afrika ist der Karakal relativ häufig. Er kommt im südwestlichen Namibia (mit Ausnahme der Namib-

Wüste), in Botswana, in Zimbabwe (im Westen des Landes, aber selten im Osten) und in Mozambique, südlich des Sambesi-Flusses, vor. Weitverbreitet ist der Karakal im Transvaal, dem Orange Free State, sowie in der Kapprovinz. In südöstlichen Teilen von Natal an den steilen Böschungen des Drakenberges ist er eher selten (SMITHERS, 1983). Er kommt in Südafrika überall, sowohl in der Ebene wie auch im Gebirge, vor, mit Ausnahme der Westküste und eines kleinen Gebietes an der Ostküste um Durban. In gebirgigen Gegenden wurde der Karakal in einer Höhe von über 1500 m beobachtet (PFLEIDERER u. LEYHAUSEN, 1998).

Er bewohnt Halbwüsten sowie Gras- und Buschland. Als Lebensraum bevorzugt er aride Gebiete, was ihm auch die Bezeichnung „Wüstenluchs" einbrachte. Ausgenommen sind allerdings reine Wüsten.

Lebensweise

Vorwiegend nacht- und dämmerungsaktiv, wenn er ungestört ist, auch tagaktiv. Mehrere Autoren (PFLEIDERER, 1998, SMITHERS, 1971, DORST & DANDELOT, 1970) konnten den Karakal untertags beobachten und bezeichnen ihn sogar als „**diurnal**".

Die Reviergröße des Karakals ist von der Bodenbeschaffenheit sowie dem Beutespektrum abhängig und kann sehr unterschiedlich sein (AVENANT, 1998). In der östlichen Kapprovinz beträgt sie 15 bis 65 km², an der Westküste sind die Reviere der Männchen durchschnittlich 27 km² und der Weibchen 7,4 km², aber in der Kalahari kann die Reviergröße bis zu 308 km² betragen (SMITHERS, 2000).

BOTHMA und LE RICHE (1994) versahen ein Karakal-Männchen in der südwestlichen Kalahari mit einem Senderhalsband. Das beobachtete Revier erreichte eine Größe von 308,4 km², das Kern-Gebiet umfasste jedoch nur 61,4 km² (19,9% des Gesamtrevieres). Zwischen März 1996 und Jänner 1997 wurde ein Karakal-Männchen in der Steppenwüste des Harrat al-Harrah Reservates im nördlichen Saudi Arabien mit Telemetrie beobachtet, dessen Reviergröße sich jahreszeitlich stark unterschied. Im Winter und Frühjahr betrug sie 270 km² und wuchs bis zum Ende des Sommers auf 448 km² an. Bis Ende Januar 1997 erreichte das Revier eine Größe von 1116 km². Dieser Karakal war ausschließlich nachts unterwegs (Van HEEZIK & SEDDON, 1998). Junge

Männchen suchen sich neue Reviere und wurden schon bis zu 180 km von ihrem Geburtsort entfernt gefunden (SMITHERS, 2000).

Die unterschiedlichen Abwanderung der Geschlechter, männlicher Nachwuchs wandert in weit entfernte Gebiete, während sich die jungen Weibchen ein Revier in der Nähe ihrer Mutter suchen, ist eine Strategie, die für viele Säugetiere zutrifft, weil sie hilft, Inzucht zu vermeiden (KREBS und DAVIES, 2004).

PFLEIDERER (1998) beobachtete zwei Karakals, die sich ein Tal als Revier teilten. Einer bewohne den oberen, der andere den tieferen Teil. Beide markierten ihre Grenzen regelmäßig etwa alle drei Tage mit Urinsprühen und Krallenschärfen. Ungefähr jede zweite Woche besuchten sie ein bestimmtes Grasbüschel und deponierten ihren Kot an zwei Seiten davon.

Die Methoden mit welchen der Karakal seine Beute fängt und tötet sind so unterschiedlich wie die Größe und Art seiner Beutetiere. Karakals sind kräftiger und aggressiver als z.B. Servale und greifen gelegentlich auch Antilopenarten wie Springbock (*Antidorcas marsupialis*), Impala (*Aepyceros melampus*) und Reedbuck (*Redunca arundinum*) an. Sie sind sehr erfolgreiche Jäger, die sich vor allem von kleinen bis mittleren Säugtieren ernähren, aber auch die Jungen von großen Antilopen töten können. Meistens erbeutet der Karakal jedoch kleinere Antilopen, wie Steenbock (*Raphicerus campestris*), Duiker (*Sylvicapra sp*) und Klippspringer (*Oreotragus oreotragus*) (PIENAAR 1964). Den Hauptteil der Beute bilden Klippschliefer, Springhasen, Erdhörnchen, Ratten, Mäuse und Affen, sowie auch Reptilien und Vögel, wie z.B. Perlhühner und Krähen (SMITHERS, 1983).

Diese werden oft in der Luft mit Hochsprüngen und gut gezielten Pfotenschlägen erbeutet. Besonders im juvenilen Alter wird häufig mit der bereits getöteten (nie mit der lebenden) Beute gespielt, bevor sie gefressen wird. Das „Erleichterungsspiel" nach dem Töten einer großen oder wehrhaften Beute kann die innere Spannung lösen (PFLEIDERER, 2001). Im Farmland erbeutet der Karakal hin und wieder auch Schafe und Ziegen.

Das Karakalweibchen bringt nach einer Tragzeit von 78 bis 81 Tagen ein bis drei, selten vier Junge in Tierbauten, Felsenhöhlen oder dichter Vegetation zur Welt (STUART, C. and T., 1988).

Es gibt bisher nicht ausreichend Informationen über die Jahreszeit, in welcher die Jungen in den verschiedenen Verbreitungsgebieten geboren werden. Im südlichen Afrika ist jedoch eine Häufung der Geburten im Sommer (Oktober bis Feber) festzustellen. Die Jungen wiegen bei der Geburt ungefähr 250 g.
In menschlicher Obhut öffnen die Jungen die Augen im Alter von 6 – 10 Tagen, nehmen mit 4 Wochen erstmals feste Nahrung auf, sind mit 10 Monaten ausgewachsen und mit 14 Monaten geschlechtsreif (SMITHERS, 2000). Sie erreichen in Gefangenschaft ein Alter von bis zu 17 Jahren (KINGDON, 1977).

Spezielle Anpassungen
Den Karakal kann man aufgrund seines weiten Verbreitungsgebietes, sowie der unterschiedlichen Lebensräume, welche er besiedelt, und seiner großen Anpassungsfähigkeit als **eury-öke Art** bezeichnen.
Sein besonders muskulöser und kräftiger Körper befähigt ihn, auch verhältnismäßig große Tiere zu töten. Dadurch ist sein Nahrungsspektrum sehr umfangreich. Zum Überwältigen großer Beute hat der Karakal eine spezielle Technik entwickelt. Er packt das Tier von vorne, mit einem einzigen Biss in die Kehle, umfasst mit seinen kräftigen Vorderpfoten seinen Nacken und bricht ihm mit einem scharfen Ruck das Genick. Es ist typisch für den Karakal, dass er große Beutetiere an den Hinterbacken anschneidet. Er frisst für gewöhnlich 3 bis 4 kg. Die beobachteten Tiere kehrten jedoch später nie zu ihrer Beute zurück, und vergruben auch nicht die Reste (PFLEIDERER, 1998).
Das Profil des Karakalschädels ist hoch und rundlich.
Seine Zahnformel ist I3/3 C1/1 P2/2 M1/1 = 28 weil im Oberkiefer der dritte Prämolar fehlt. Bei den meisten anderen Katzenarten ist dieser vorhanden (obwohl oft nur rudimentär), sodass deren Gebiss 30 Zähne aufweist.
Beobachtungen ergaben, dass Karakals nicht so streng solitär sind, wie die anderen kleinen Katzen. Es war (LEYHAUSEN, 1988b und PFLEIDERER, 1996, 1998) jedoch nicht möglich, diese Annahme zu erhärten. Allerding bleiben Jugendliche gelegentlich über das Alter der sexuellen Reife hinaus beisammen. Sie nutzen das gleiche Territorium, ruhen zusammen, jagen und fressen aber alleine. Das Sozialverhalten richtet sich nach den Verhaltensmustern der Felidae, wie Geruchskontrolle und visuelle Signale, z.B. „Umherblicken" (LEYHAUSEN, 1979) und „Blinzeln" (PFLEIDERER, 1997,

1998), weniger durch Lautgebung. Ein spezielles Charakteristikum der Karakals ist das „Ohrschlenkern" seiner schwarzen Ohren mit den langen Haarbüscheln, welche in scharfem Kontrast zu seinem rötlichen Fell stehen. Es ist anzunehmen, dass dieses Verhalten ein Ersatz für die Schwanzgestikulation der anderen, langschwänzigen Katzenarten ist (PFLEIDERER, 1998). KINGDON (1977) beschreibt die Ohren des Karakals als wichtiges Ausdrucks- und Kommunikationsmittel. Sie haben sich zu hoch mobilen und ungemein dekorativen Signalstrukturen entwickelt.

Gefährdung und Schutzmaßnahmen

In besiedelten Gebieten erbeutet der Karakal gelegentlich Schafe und Ziegen. Daher wird er überall außerhalb von Nationalparks und Naturschutzgebieten stark bejagt und verfolgt. Für die meisten Farmer ist der Karakal ein Schädling der mit allen Mitteln vernichtet wird. Es wurde sogar ein Preis auf seinen Kopf ausgesetzt (EMMET, 2006). In den Jahren von 1972 bis 1974 wurden in der Kapprovinz mehr als 1300 Karakals getötet (STUART, 1985). SKINNER (1979) zählte in der Kapprovinz 22 Schafe, welche in einer Nacht von zwei Karakals durch gezielte Nackenbisse getötet wurden, wovon sie jedoch nur die Hinterbacken eines einzigen Tieres fraßen.

Inzwischen hat sich jedoch herausgestellt, dass in allen Gebieten, wo der Karakal ausgerottet wurde, andere, größere Probleme auftraten. Erstens vermehrten sich die Nagetiere (Mäuse, Ratten, Siebenschläfer, Springhasen und Klippschliefer), also Nahrungskonkurrenten der Haustiere, übermäßig, was in einem ariden Gebiet wie der Karoo zur Verwüstung ganzer Landstriche führen kann. Zweitens hält der Karakal andere Schädlinge, welche sonst nur schwer unter Kontrolle zu bringen sind, in Schach, wie z.B. den Schabrakenschakal *(Canis mesomelas)*. Das gilt auch für den Pavian *Papio (cynocephalus ursinus)* und die Grüne Meerkatze *(Cercopithecus aethiops)*, welche bei Überhandnahme imstande sind, die Farmen direkt zu terrorisieren (PFLEIDERER, 1998).

Es gibt jedoch auch eine Wechselwirkung zwischen beiden Arten, denn in einigen Gebieten wurden die Schabrakenschakale reduziert, worauf sich dort der Bestand an Karakals und Klippschliefern erhöht hat (SMITHERS, 1983, PRINGLE & PRINGLE, 1979).

Um den Mensch-Wildtier-Konflikt zu mildern und langfristig eine Koexistenz zu ermöglichen, wurde durch die African Large Predator Research Unit (ALPRU) an der Universität des Freistaats (Orange State) im Jahr 2006 das **Canis-Caracal Programm** unter Leitung von AVENANT, De WAAL, COMBRINCK, (2006) gegründet.

Serval, *Leptailurus serval:*

Beschreibung

Das körperliche Erscheinungsbild dieser Katze wirkt durch die langen Beine, den langen Hals, dem relativ kleinen Kopf mit den großen, an der Basis breiten, oben abgerundeten Ohren, deren Rückseite auffallend schwarz mit einem weißen Fleck ist, und dem kurzen Schwanz sehr elegant und leicht.
 (SMITHERS, 2000): Die Schulterhöhe des Servals beträgt ca. 54 – 62 cm.
Die Gesamtlänge beträgt zwischen 0,96 m und 1,23 m.
Davon entfallen auf die Schwanzlänge 24 bis 35 cm.
Die Weibchen wiegen 8,6 bis 11,8 kg, die Männchen 9 bis 13,5 kg.
Die Grundfarbe des Körpers ist strohgelb bis sandfarben mit einer weißlichen Unterseite. Das Fell hat schwarze Abzeichen, welche in der Größe sehr unterschiedlich sein können. Die Flecken schließen sich teilweise zu Streifen zusammen welche die Schultern bedecken und sich seitlich zur Brust ausbreiten. Die Zeichnung ist bei den einzelnen Individuen verschieden. Servale, welche im relativ offenen Geländer, bzw. Grasland leben, haben größere Flecken als solche in bewaldeten Gebieten (SMITHERS, 2000).
Die großen Ohren des Servals machen 22 % der Schädellänge aus. Dementsprechend gut ist das Gehör entwickelt (SKINNER & SMITHERS, 1990). Es ermöglicht dem Serval, geringste Bewegungen und Geräusche von Beutetieren im hohen Gras zu orten und die Beute mit einem Sprung zielgenau zu treffen. Die Haarlänge beträgt am Kopf ungefähr 10 mm, am Körper ca. 30 mm. Das Unterhaar ist kürzer, weich, wellig und hat einen grauen Farbton an der Basis. Zahlreiche Tasthaare mit einer Länge bis zu 60 mm mit heller Basis

und schwarzen Spitzen sind über das ganze Fell verteilt. Die Haare am Schwanz sind mit 30 bis 35 mm geringfügig länger als am Körper (SMITHERS, 1983).

Abb.6 Servalweibchen Bonnie und ihre drei Jungen

Abb.7 Servalmimik. Links Männchen Aron fauchend, rechts Weibchen Bonnie gähnend

Taxonomie
Gattung: Leptailurus
Art: *Leptailurus serval.* Serval, Serval, Tierboskat;
Unterarten: *capensis, constantina, kempi, melandi, servalina, tanae, togoensis;*
erstmals beschrieben von SCHREBER (1776).

Andere Bezeichnungen: *Felis Serval* (ALDERTON,1999, SMITHERS,2000)
Verbreitung, Lebensraum
Der Serval bewohnt die Grasebenen und offenen Waldlandschaften Afrikas südlich der Sahara. Sein Verbreitungsgebiet ist während der letzten Jahrzehnte ständig geschrumpft.
Eine kleine Population überlebte in Nordafrika. Die Unterart in dieser Region heißt Berberserval (*Felis serval constantina*). Im Gebiet des Atlas-Gebirges scheint der Serval jedoch seit ca. 25 Jahren verschwunden zu sein.
Vorkommen im Bereich des südlichen Afrika: In Namibia findet man Servale im eingeschränkten Gebieten im Nordosten, in Botswana im ganzen Okavango-Delta, sowie am Chobe Fluss und den angrenzenden Sumpfgebieten. In Simbabwe ist der Seval weit verbreitet, ausgenommen im Südwesten, wo er ebenso fehlt wie im östlichen Botswana. In Mozambique kommen Servale südlich des Sambesi Flusses häufig vor (SMITHERS, 1983).
In Südafrika bewohnt der Serval die niederschlagsreicheren nördlichen und östlichen Gebiete des Landes. Trotz seiner weiten Verbreitung über große Teile Afrikas ist er wegen seiner Habitatsansprüche auf bestimmte Lebensräume beschränkt. Er meidet den Regenwald ebenso wie Wüsten und Halbwüsten. Daher kommt er in den niederschlagsarmen Gebieten im Südwesten nicht vor. Das Eindringen des Servals in aride Gebiete in besser bewässertes Terrain ist jedoch möglich (SMITHERS, 1983). Aus Tagebuchaufzeichnungen (PFLEIDERER, 2005) geht hervor, dass er entlang der wasserführenden Flussläufe in die Karoo eingewandert ist. Die Nähe zum Wasser, verbunden mit der passenden Vegetation, wie hohes Gras, Gebüsch, Schilfflächen und dichter Ufervegetation, in welcher sie untertags ruhen können, ist eine essentielle Voraussetzung für das Vorkommen von Servalen (GEERTSEMA, 1985, BOWLAND, 1990).
In der östlichen Karoo findet man ihn bevorzugt in Maisfeldern, wo er nach Kleinnagern jagt.
Lebensweise
Servale sind vorwiegend nacht- und dämmerungsaktiv, wurden aber auch nach Sonnenaufgang und am späten Nachmittag beobachtet. Untertags ruhen sie

meist versteckt im hohen Gras oder Gebüsch. In der Nähe menschlicher Siedlungen ist der Serval gänzlich nachtaktiv (KINGDON, 1977).
Die Reviergrößen des Serval können sich wesentlich durch die geographische Lage, Vegetation und Dichte der Beutetiere unterscheiden. GEERTSEMA (1985) fand die kleinsten Reviere in Ngorongoro mit 11,6 km2 für ein Männchen und 9,5 km2 für Weibchen. Das Revier des Männchens überlappte sich mit dem von drei Weibchen, während sich das der Weibchen kaum überschnitt. BOWLAND (1990) fand größere Servalreviere im südafrikanischen Farmland. Zwei adulte Weibchen bewohnen 16 – 20 km^2, ein Männchen 31,5 km^2.
Obwohl normalerweise solitär, sind Paare manchmal zu zweit unterwegs und jagen gemeinsam. Weibchen werden bei der Jagd von ihren Jungen begleitet und sie bleiben eine beachtlich lange Zeit zusammen. Während dieser Zeit ist das Männchen nicht anwesend (SMITHERS 1983).
Beutetiere sind Säugetiere bis Hasengröße, ev. auch junge Antilopen, Vögel, Reptilien, Amphibien, Fische und Insekten. Den Hauptteil der Beute bilden jedoch Mäuse. Bei einer Untersuchung von 65 Servalmägen in Simbabwe wurden 12 Mäusearten gefunden, welche 97% des Mageninhaltes ausmachten. Die Spezies *Otomys angoniensis* und *Praomys natalensis* bildeten mit je 42 % den größten Anteil der verzehrten Muridae (SMITHERS & WILSON, 1979). Untersuchungen von THIEL (2011) ergaben, dass der Serval eher Beutetiere in der Größenordnung zwischen 6 g und 4 kg bevorzugt.
Regionale Unterschiede in der Ernährung sind bei Servalen auffallend. KINGDON (1977) schreibt, dass Hasen und nacht- bzw. dämmerungsaktive wie auch tagaktive Nager die häufigste Nahrung bilden, was auch mit Beobachtungen der Aktivitäten des Servals übereinstimmt. Vögel, z.B. Wachteln, Hühner, Trappen bilden einen regelmäßigen Bestandteil der Ernährung. Die Servale von KINGDON (1977) aßen besonders gerne Tauben, lehnten aber Enten ab. Sie liebten auch lebende Fische und fingen sie mit einem festen Stoß mit der Vorderpfote, wobei sie das Gelenk so geschickt drehten, dass der Fisch aus seinem Bassin flog. Auch FUENTE (1970, 1972) bestätigt, dass Servale gerne Fisch fressen.

VERSCHUREN (1958) fand in vier von sieben Mägen von Garamba Servalen hauptsächlich pflanzlichen Inhalt und RAHM u. CHRISTIAENSEN (1963) hatten Bananen und Avocados in Servalmägen gefunden. Die eigenen Servale von KINGDON (1977) aßen große Mengen von grünem Gras, dies wurde jedoch auch bei vielen anderen Feliden und Caniden festgestellt.

Der Serval jagt seine Beute vorwiegend am Boden, es wurde jedoch von einem Serval berichtet, welcher einen Klippschliefer auf einem Baum fing. Trotzdem scheint dies eine Ausnahme zu sein, da Servale nicht gerne klettern. Die größte bisher beobachtete Beute war ein weibliches Impala, welches von zwei Servalen überwältigt wurde. Wenn die Beute ziemlich groß ist und leicht von oben anzubeißen, springt der Serval hoch, prallt mit allen vier Pfoten auf und bringt einen genauen und tiefen Biss an. Es ist interessant, dass diese Technik, welche eigentlich auf kleinere Beute adaptiert ist, für größere Tiere kaum modifiziert wurde. YORK (1973) beschreibt einen Serval, welcher in Sekundenschnelle zu seinem hohen Sprung auf ein 7 kg schweres Gazellenjunges ansetzte und dieses mit einem gewaltigen Biss binnen wenigen Minuten tötete.

Die Geschlechtsreife tritt im Alter von 18 bis 24 Monaten ein. Die Dauer des Östrus beträgt ungefähr vier Tage (MELLEN, 1989). Meist werden ein bis drei, aber auch bis zu fünf Junge nach einer Tragzeit von ca. 68 bis 72 (STUART, C. and T., 1988), lt. KINGDON (1977) nach 64 bis 78 Tagen, blind und hilflos geboren. Die Jungen wiegen ca. 200g und werden in Bauen von Kaninchen oder anderen Säugetieren, bzw. in dichter Vegetation, meist im Sommer geboren (STUART, C. and T., 1988). Servale sind je nach Klimazone saisonal oder das ganze Jahr über fruchtbar. In Uganda und Kenia kommen zwei Geburtsperioden in der nassen Jahreszeit vor: eine von März bis April und eine weitere zwischen September und November. VERHEYEN (1951) ist der Ansicht, dass junge Servale ihre Wurfhöhle früher als die meisten anderen Katzenarten verlassen. Mit 6 bis 8 Monaten sind die Jungen selbständig. Sie werden jedoch weiterhin von der Mutter toleriert, dürfen mit ihr innerhalb ihres Geburtsbereiches, für die Dauer von einem Jahr und mehr umhergehen und jagen (GEERTSEMA 1976, 1985).

Lt. BASSENGE, GEERS, KOLTER (1998) erreichen Servale ein Höchstalter von bis zu 20 Jahren. GÜRTLER (2006) ist der Ansicht, dass wild lebende

Servale wahrscheinlich nur etwa 12 Jahre alt werden, in Zoos jedoch ein Alter von bis zu 23 Jahren erreichen können.

Spezielle Anpassungen

Die langen Beine ermöglichen es dem Serval über kurze Distanzen sehr schnell zu rennen. Daher ist es schwierig, ihm nachts zu folgen. Wenn er durch einen hellen Lichtstrahl überrascht wird, läuft er sofort weg und bringt eine erhebliche Distanz zwischen sich und den Beobachter, bevor er stehen bleibt und sich umsieht. Im Gegensatz dazu schleicht die Falbkatze eine kurze Strecke davon, während sie sich ständig umsieht (SMITHERS, 1983).

Die Jagdweise des Servals ist an das Grasland angepasst. Beutetiere werden im Gras v.a. durch das ausgezeichnete Gehör lokalisiert. Die erstaunliche Sprungkraft ermöglicht es dem Serval, die Beute im hohen Gras zu verfolgen und mit einem Hochsprung gezielt zu erfassen. Diese Jagdweise gleicht stark der Sprungtechnik eines Rotfuchses (*Vulpes vulpes*), (THIEL, (2011). Kleinere Tiere werden durch einem harten Schlag mit der Pfote (mit eingezogenen Krallen) getötet. Die sehr bewegliche und schmale Pfote wird auch dazu benützt, um Mäuse und andere Beutetiere aus Ihren Höhlen zu angeln (PIENAAR, RAUTENBCH, GRAAFF, 1980).

Wie die drei übrigen Katzenarten jagt und tötet auch der Serval gefährliche Gifttiere, u. a. Schlangen. Karakal, Falbkatze und Schwarzfußkatze wenden vorwiegend die mitunter gefahrvolle Ermüdungstaktik mittels vieler Tatzenschläge und Ziehen am Schwanz an. Der Serval jedoch kann das Rückgrat der Schlange mit einigen wenigen, sehr schnellen Schlägen mit der harten Pfote brechen.

Abb.8 Servalweibchen Bonnie jagt Schlange.

Anatomische Besonderheiten: Im Gegensatz zu den meisten anderen Katzen hat das Servalweibchen nur 3 Zitzenpaare, davon zwei Paar abdominal und eines linguinal. (SMITHERS, 1983).

Gefährdung und Schutzmaßnahmen

Der Schutzstatus: Lt. nationaler Gesetzgebung ist der Serval in vielen Verbreitungsgebieten nicht geschützt. Die Jagd ist in einigen südafrikanischen Ländern verboten. z.B. in Botswana, Namibia und Südafrika (dort nur Kapprovinz).

Der Handel mit Servalpelzen ist nicht besonders lukrativ, aber sie kommen doch immer wieder unter der Bezeichnung „junger Gepard oder Leopard" auf den Markt (CUNNINGHAM & ZONDI, 1991).

Der Schutz der Feuchtgebiete bedeutet auch den Schutz des Servals. Diese Gebiete beherbergen vergleichsweise viele Nagetiere und bilden das Kerngebiet der Serval-Habitate (GEERTSEMA, 1985, BOWLAND, 1990). Eine weitere Gefahr für den Serval ist die Vernichtung von Grasland durch jährliche Brände und Überweidung durch domestizierte Huftiere, verbunden mit einer Reduktion der kleinen Säugetiere (ROWE-ROWE, 1992).

In besiedelten Gebieten stellt die Verfolgung durch Farmer eine Bedrohung für den Serval dar, weil behauptet wird, dass Schafe und Ziegen mangels anderer Wildtiere seine Beute sind. Tatsächlich greift der Serval kaum ein adultes Huftier an, ausnahmsweise vielleicht ein Jungtier. Allerdings erbeutet er gerne Geflügel. BOWLAND (1990) weist darauf hin, dass Servale, welche Hühnerställe ausrauben, leicht in Lebendfallen gefangen und an anderen Orten ausgewildert werden könnten. Auf jeden Fall ist der Nutzen durch Reduktion der Mäusepopulation wesentlich größer als der Schaden durch gelegentlichen Hühnerdiebstahl.

GEERTSEMA (1985) kalkuliert, dass ein adulter Serval ungefähr 4.000 kleine Nager pro Jahr erbeutet.

Vor Hunden flüchtet er auch auf Bäume, obwohl er sonst kaum klettert (STUART, 1985, STUART, C. and T., 1988). Mehrere jagende Hunde sind eine Bedrohung für ihn, einzelne können aber auch von Servalen getötet werden (KINGDON, 1977).

Schutz Status in CITES Appendix II.

Lt. IUCN gab es 1993 noch kein konkretes Projekt zum Schutz von Servalen.

Aktuelle Schutzorganisationen:

Cat Conservation Trust/ Serval

Serval - Feline Conservation Federation (FCF)

TSCO The Serval Conservation Organization

Wild Cats Wildlife Conservation/ Serval

Tenikwa Wildlife Awareness, Wild Cat Experience

2.2. Angaben zu den beobachteten Katzen

Karoo Cat Research

Schwarzfußkatzen:

Jock
geb. Okt. 1997
In der Nähe von Hopetown, Kapprovinz als Jungtier gefangen.
am 1. Feber 1998 zu Pfleiderer nach Tugby
Tod am 30. April 2009 (vermutlich Schlangenbiss)

Nina
geb. 2003, (lt. Zuchtbuch 04.01.2004)
Wildfang aus der Umgebung (Samenkomst, Farm Nähe Cradock),
nach Honingkrantz am 02.Feber 2004
Nina hatte schon 2004 einen Wurf.
drei Junge im Sommer 2005 ausgewildert.
3 Junge, geb. am 11.02.2006, Vater Frazier in Clifton.
Tod am 24. Juni 2009, Ursache unbekannt

Lutz, Jan und Magrit
geb. am 11.02.2006
Mutter Nina, Vater Frazier in Clifton
Jan (Sasha) an Reuben Saayman von der Buffalo Ranch im Free State.
Lutz und Magrit an Tenikwa Wildlife Awareness Centre in Plettenberg Bay
Die beiden hatten dort zusammen drei Würfe.
Magrit starb 2009 in Tenikwa wahrscheinlich infolge eines Bandwurmbefalles
Lutz starb im Juli 2010 in Tenikwa wahrscheinlich an Amyloidose

Maja
Geb. am 7.09.2005
Eltern: Sonja und Frazier in Clifton
2 Junge geb. am 12.12.2006, Klein Jock und ein Junges, welches nach 2 Tagen starb.
2 Junge geb. am 20.12.2007, Little Jock und Alf
2 Junge geb. am 21.12.2008, Damir und Draco
Tod am 5. April 2010, Ursache unbekannt, ev. Amyloidose

Klein Jock
geb. am 12.12.2006,
Mutter Maja, Vater Jock
entlaufen am 20.02.2007

Little Jock und Alf
geb. am 20. Dez. 2007
Mutter Maja, Vater Jock
Alf Raubvogelbeute, Little Jock nach Tenikwa
Tod 2008 an Amyloidose

Damir und Draco
geb. am 21.12.2008
Mutter Maja, Vater Jock
Damir Tod am 21.01.2009
Draco Tod am 25.01.2009

Schwarzfußkatzen und Haltungsbedingungen in weiteren Zoos:

Clifton Cat Conservation Trust, Marion Holmes, Cradock, Südafrika
Haltung: Freigehege, ähnlich gebaut wie in der Karoo-Cat-Research, aber etwas kleiner.

Sonja
geb. 20. Sept. 2002
in Hoedspruit breeding centre.
bisher mehrere Würfe, sehr gute Mutter.
Tod am 06. März 2010, vermutlich Infektion

Frasier
geb. Juni 2004
Wild geboren nahe Noupoort. Sehr freundlich zu Weibchen und Jungen.

Amani
Geb. 17. Jan. 2005
Sohn von Sonja und Frasier.
Auf einem Auge blind, infolge einer Infektionskrankheit mit 3 Monaten.
Keine Zucht, da FIV pos.

Devlin
geb 20. Feber 2007
Sohn von Sonja und Frasier
im Juli 2008 an Omaha Zoo, Nebraska, USA

Dagmar
geb. 11. März 2008
Tochter von Sonja und ihrem Sohn Devlin.
Zur Zucht nach Hoedspruit Endangered Species Centre

Dale
geb. 11. März 2008
Sohn von Sonja und ihrem Sohn Devlin.
Wurfbruder von Dagmar
Zur Zucht nach Hoedspruit Endangered Species Centre

Phoebe
geb. am 30.10.2008
Tochter von Sonja und Jock aus Honingkrantz

Jessie
Wild geboren 2008 in der North West Province
vom BFCWG durch Beryl Wilson
Seit 2010 bei Marion Holmes
Seit 2011 bei Pfleiderer in der Karoo Cat Research

Anja
Alter im Jahr 2010 ungefähr 3 – 4 Jahre
Wild geboren in Witkop, Kalahari
Vom BFCWG durch Beryl Wilson
Seit Nov.2010 bei Marion Holmes

April
Alter im April 2011 ca. 6 Monate
Wild geboren nahe Hopetown
Vom BFCWG durch Beryl Wilson
Seit April 2011 bei Marion Holmes

Tenikwa Wildlife Awareness, Wild Cat Experience, Südafrika

Lutz und Magrit,
geb. am 11.02.2006 Mutter Nina, Vater Frasier in Clifton
Im Jahr 2007 von Honingkrantz nach Tenikwa
Beide gestoben, Siehe oben.

Titch,
geb. 2009,
3. Wurf von Magrit und Lutz
aufgezogen von einer Hauskatzen-Amme
Tod 2009 an Infektionskrankheit

Little Jock
geb. 20. Dez.2007
Mutter Maja, Vater Jock
von Honingkrantz nach Tenikwa
Tod 2008 an Amyloidose

Zoo Bloemfontein, Südafrika

Im Jahr 2006 nur ein Kater im Zoo.
2007 Ein Weibchen bei Zusammenführung getötet

Zoologischer Garten Wuppertal, Deutschland

Prince Charles
geb. am 13.12.2002 im Hoedsprui
von den Eltern aufgezogen
am 7.04.2005 nach Wuppertal
Tod am 24.05.2009

Rachel
geb. am 18.10.2003 im Hoedsprui
am 7.04.2005 nach Wuppertal
Tod am 06.11.2009

Tigger
geb. am 19.Juni 2004 im Belfast Zoo
am 22.02.2006 nach Wuppertal
Tod am 08.12.2009

Tuli
geb. am 22.06.2006 in Wuppertal
Eltern Tigger und Zucht-Nr.205017
Tod am 20.09.2008

Alex
geb. am 01.04.2007 in Wuppertal
Eltern Prince Charles und Rachel
Nach Belfast am 26.08.2008
Tod 7.Okt.2010

Bill, Bob und Babsy
geb. am 25.07.2008 in Wuppertal
Eltern Alex und Tuli
Bob Tod am 19.05.2010
Bill Tod am 28.05.2010
Babsy Tod am 03.09.2010

Ben
geb. am 17.07.2009 in Wuppertal
Eltern Prince Charles und Rachel
Tod am 21. März 2010

Oscar
geb. am 27.10.2009 in Belfast
nach Lympne am 12.04.2010
nach Wuppertal am 01.Juli 2010

Dark Head
geb. am 05. Juli 2010 in Sandwich
nach Wuppertal am 18. März 2011

Falbkatzen:

Karoo Cat Research

Dani:
Geboren 28.08.2000, Zoo Johannesburg.
Im Alter von fünf Monaten zusammen mit ihrem Bruder Stoffel nach Honingkrantz.
Im Jahr 2003 vier Junge mit Kater Manuel. aus Pretoria, Addo. Sie wurden z.T. ausgewildert.
Danach noch drei Würfe von 2004 bis 2005 mit Kater Eddie aus Clifton.
2008 Wurf mit Eddie, 2,0 **Frik und Fran**
2009 2 Würfe mit Gerrie, 5 bald danach 6 Junge, alle wurden von ihr aufgegeben.
2011 noch ein Wurf mit Gerrie, vier Junge, davon überlebten zwei.

Ulrich
Wildfang, Juni 2002, Leeukraal, Fish River.
Bis jetzt noch kein Nachwuchs.
Mitte Mai 2006 erste Kopulationsversuche bei Dani, die aber zu keinem Ergebnis führten.

Nols,
Wildfang 2009 Saltpan's Drift, Fishriver
Tod durch Calicivirus, Tenikwa

Gerrie, Ilse
Geschwister aus Tenikwa
2009 ein Junges Ivy, Tod am 6.02.2010

Ina:
Tod durch Calicivirus, Tenikwa

Ilse, Frik:
Nachkommen Dani/Gerrie: 2009:
Alle Tod durch Calicivirus (in Tenikwa)

Karoo Cat Research und Cat Conservation Trust

Eddie:
Er kam am 19. Juli 2004 vom Zoo Bapsfontein
im Tausch gegen ein Junges von Dani und Manuel nach Clifton.
Den Papieren zufolge war Eddie das Kind eines Wildfangs aus Zimbabwe (Name: Whiskey),
die Mutter war auf „Wildcare" geboren (Name: Mocca).

Karakal:

Karoo Cat Research

Flip
Wildfang: mit 9 Monaten gefangen 2005 in Heuningvlei.
Er kam am 7.April 2005 nach Honingkrantz
Extrem gute Anpassung an Gefangenschaftsbedingungen

Isabel
Sie wurde Anfang März 2006 im Alter von 9 Monaten gefangen, ebenfalls in Heuningvlei.
Sie ist sehr scheu und ängstlich, auch Flip gegenüber. Später sehr gute Anpassung, beginnende Handzahmheit.
Wurde am Ende 2006 im Wildreservat Bankfontain ausgewildert

Keith
Geb. 2007, handaufgezogen
Vorbesitzer: Golden Valley Hotel

Serval:

Karoo Cat Research

Arno
Er ist eine Stiftung aus dem Cango-Zoo, Wildfang aus dem östlichen Transvaal.
Kam am 12.Jänner 2003 nach Honingkrantz
Während der Jungenaufzucht getrennt.

Bonnie
Sie ist eine Stiftung aus dem Cango-Zoo, Wildfang aus dem mittleren Transvaal.
Sie kam am 12. Jänner 2003 nach Honingkrantz
Am 04.05.2005 ein Wurf, 3 Kater, Mutteraufzucht war erstmals erfolgreich. Die Jungen wurden ausgewildert.
Am 06.03.2006 ein Wurf. 3 Junge Cid, Cecil und Cosima.
Am 17.09.2010 ein Wurf. 2 Junge Gero und Gisette
Tod Juli 2011, Ursache unbekannt

Cid, Cecil und Cosima
geboren am 06.03.2006
Mutter Bonnie, Vater Arno
Ausgewildert Ende 2006 in African Dawn Bird and Animal Sanctuary, Thornhill, Eastern Cape

2. 3. Beobachtungsorte

2.3.1. Forschungsstationen, bzw. Tiergärten
Karoo Cat Research, Honingkrantz, in der östlichen Karoo, Südafrika, Dr. Mircea Pfleiderer. Die meisten Beobachtungen machte ich auf dieser Forschungseinrichtung
Weitere Tiergärten mit Schwarzfußkatzen-Haltung:
Clifton Cat Conservation Trust, Marion Holmes, Cradock, Südafrika
Tenikwa Wildlife Awareness, Wild Cat Experience, Südafrika
Zoo Bloemfontein, Südafrika
Zoologischer Garten Wuppertal, Deutschland

2.3.2. Arbeitsbedingungen

In der Forschungsstation Honingkrantz herrschten vergleichsweise ideale Bedingungen zum Beobachten. Diese Wildkatzenstation liegt in einem von Bergen begrenzten Hochplateau in 1.100 m Meereshöhe, ca. 50 km von der nächsten Stadt Cradock, 15 km vom Ort Fish River entfernt und die letzten 6 km bestehen nur aus Feldwegen. Besucher aus der Umgebung kommen höchstens einmal in zwei Wochen vorbei. Schon das Geräusch eines ankommenden Autos versetzt die Wildkatzen in Unruhe und verursacht eine Änderung ihres Verhaltens.
Die Gehege sind von allen Seiten gut einsehbar. Nachts gibt es bei Bedarf ein Flutlicht, welches nicht grell ist und von den Katzen gar nicht beachtet wird. Ohne dieses wären Nachtbeobachtungen wegen der Größe der Gehege kaum möglich.
Auf Honingkrantz wohnen nur Frau Dr. Mircea Pfleiderer und ihr Mann, Dr. Jörg Pfleiderer.
Die Katzen werden von ihnen gefüttert, sodass die Beobachterin für die Tiere, mit Ausnahme der drei jungen Schwarzfußkatzen Lutz, Magrit und Jan, eine neutrale Person bleibt, welche zwar vertraut ist, aber kaum beachtet wird.
Manchmal kommen Studentinnen für eine wissenschaftliche Arbeit nach Honingkrantz, aber diese verursachen durch ihr ruhiges Verhalten ebenfalls

keine Beunruhigung der Wildkatzen. Während meines Aufenthaltes im Jahre 2006 besuchten zwei Praktikantinnen und eine Zoologin für die Habilitation jeweils zwischen drei und 24 Tagen die Karoo Cat Research. Im Jänner und Feber 2007 war ich die einzige Person, die dort Beobachtungen durchführte.

2. 3.3. Die natürliche Umgebung - Beschreibung der Karoo

Der Hauptteil der Beobachtungen erfolgte in der Karoo.
Das ermöglichte mir, die Katzen unter möglichst naturnahen Bedingungen zu erforschen.
Sowohl die Vegetation in den Gehegen, wie auch das Klima, entsprachen dem Freiland, in welchem die Katzen ihr Leben verbringen.
Die Karoo ist eine großteils halbwüstenartige Trockenregion mit Hochebenen zwischen weit auseinander liegenden Bergen bis über 2000 m Höhe. Die Vegetation besteht vorwiegend aus niedrigen Büschen, den Karoobossies (20-30 cm hohe holzige Sträucher). Vereinzelt sieht man auch Akaziensträucher (*Acacia karoo*) und selten Bäume. Lediglich entlang der Flussläufe gibt es eine üppigere Vegetation mit hohen Bäumen. Der Boden besteht aus Sandsteinen und Dolerit (Eisenstein).
Mit einer Ausdehnung von grob einer halben Million km² überdeckt die Karoo ein Drittel des gesamten Landes.
Niederschläge sind selten, können aber hauptsächlich im Sommer sehr ergiebig und heftig sein. Oft sind sie mit Gewittern verbunden. Die durchschnittliche Niederschlagsmenge pro Jahr beträgt 150 bis 350 mm und die relative Luftfeuchtigkeit liegt bei 30 bis 40 Prozent.
Im Winter sinken die Temperaturen nachts manchmal bis -6° C und auf den Bergen kann Schnee fallen. Dagegen sind die Sommer sehr heiß mit bis zu 45°C. Temperaturschwankungen zwischen Tag und Nacht von mehr als 20° C sind keine Seltenheit.
Hier kommen Schwarzfußkatze, Falbkatze und Karakal vor. Der Serval ist im Osten entlang des Fishriver von Norden her eingewandert.

Abb. 9 Typische Karoo-Landschaft

2.4. Gehegestrukturen

Im „Karoo Cat Research" werden in großen, gut strukturierten Gehegen unter möglichst naturnahen Bedingungen alle vier südafrikanischen Klein-Katzenarten gehalten.

Die Gehege sind 57 bis 350 m² groß, mit natürlichem Boden und Vegetation, sowie mit Einrichtungen, die den Bedürfnissen der einzelnen Katzenarten angepasst sind. Als Begrenzung wird Maschendraht mit Stützen aus großen Ästen und dünnen Stämmen verwendet. Die Abdeckung in den Gehegen besteht ebenfalls aus Maschendraht, der durch starke Stämme gestützt wird, wodurch eine fast zeltartige Struktur entsteht. Diese Bauweise wirkt sehr leicht und fügt sich in die umliegende Karoolandschaft unauffällig ein.

Zwischen jedem Katzengehege liegt ein abgeschlossenes Zwischengehege, welches als Schutz vor Entweichen beim Türöffnen dient, aber vor allem verhindert, dass Katzen verschiedener Arten sich zu nahe kommen, was sowohl

Stress, wie auch eine Gefährdung durch Verletzung bedeuten könnte. Einige dieser Zwischengehege werden von Futtertieren, wie Meerschweinchen, Hühnern und jungen Zuchtstraußen bewohnt. Dies bedeutet für die Katzen ein zusätzliches Behavioural Enrichment, da sie immer etwas zu beobachten haben und ihr Jagdbedürfnis ein wenig ausleben können.

In vielen Zoos wird die Ansicht vertreten, dass kleine Katzen nur kleine Gehege benötigen.

Zum Teil liegt es auch daran, dass der Schauwert einer Tierart mit den Kosten für den Gehegebau in Verbindung gebracht wird. Dabei wird übersehen, dass kleine Katzen in der freien Wildbahn sehr große Reviere mit unterschiedlichen Strukturen bewohnen und ihr natürliches Verhalten oft nur unter bestimmten Voraussetzungen entwickeln können.

In dieser Beziehung hat sich in den letzten Jahren bei einigen Tiergärten vieles verbessert.

Abb.10 Schwarzfußkatzengehege in dem Karoo-Cat-Research

Nutzung der Gehege und ihrer Strukturen:
Von jedem Gehege wurde ein maßstabsgetreuer Plan erstellt, mit genauer Einzeichnung aller Strukturen.

Vom Servalgehege gibt es zwei Pläne, da während der Aufzucht von drei Jungen im Jahr 2006 eine andere Einrichtung bestand, als im Jahr 2007, wo das Gehege nur von den beiden adulten Servalen Bonnie und Arno bewohnt wurde. Das große Karakalgehege von 350 m² wurde im Jahr 2009 errichtet.

Lageplan der Karoo Cat Research:

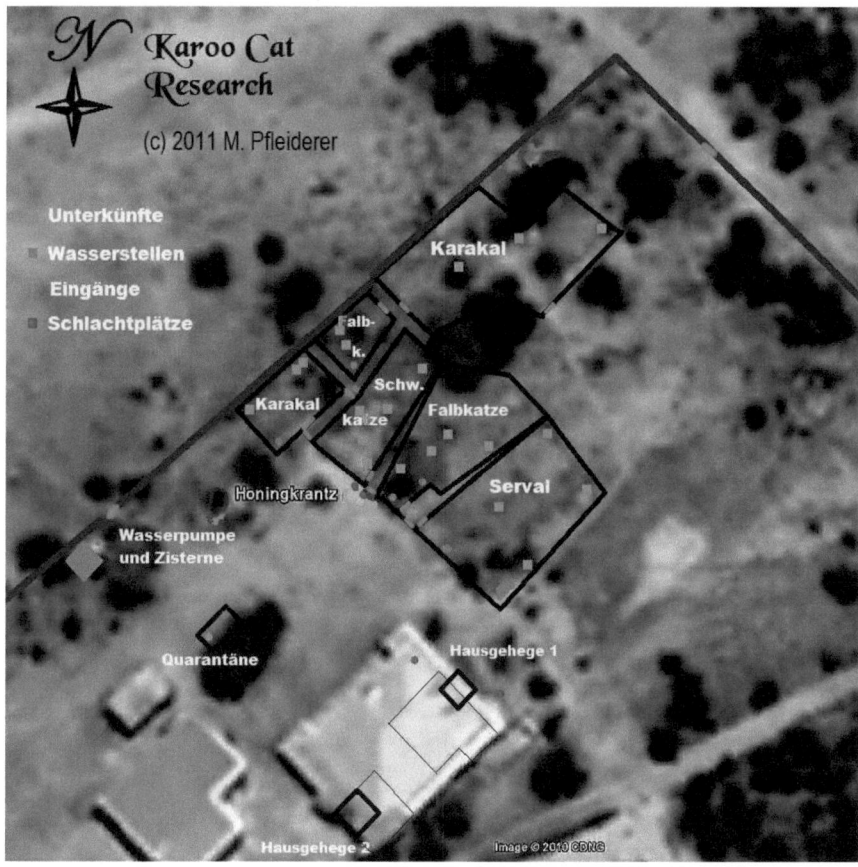

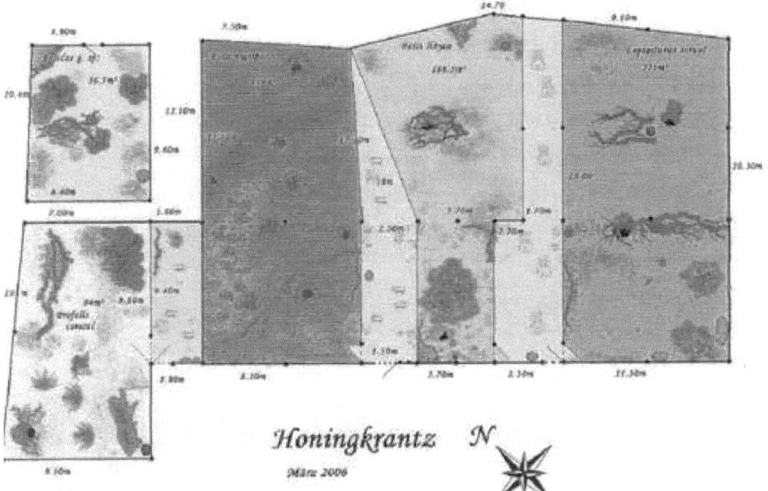

Die Einrichtung der Falbkatzen- und Servalgehege wurde 2006 wie unten abgebildet, geändert.

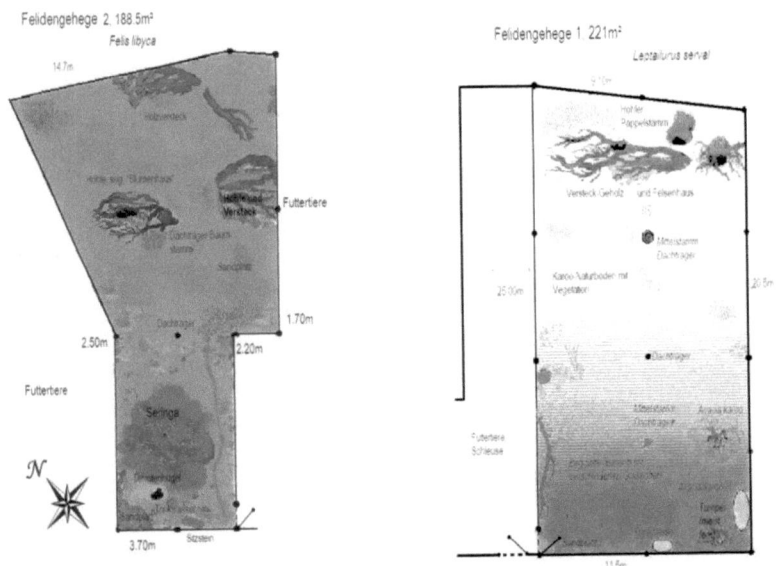

Beim Falbkatzengehege wurde auf der rechten Seite ein Aufbau aus Holz mit einer Höhle errichtet. Beim Servalgehege wurden der Holzverbau und die Stämme nach der Aufzucht der Jungen in den hinteren Gehegeteil verlegt.

2.5. Haltungsbedingungen der Schwarzfußkatzen

Teil 1   Beobachtungszeitraum vom 30.03. bis 05.06.2006

In der ersten Beobachtungsphase befanden folgende Katzenarten in den Gehegen:

Schwarzfußkatzen:
Beobachtung der drei Jungen vom 53. bis zum 114. Tag.
Im Haus mit angebautem Außengehege zwischen 31.März und 30. April: Lutz und ab 6. April Nina mit den beiden Jungen Jan und Magrit.
Im großen Schwarzfußkatzen-Gehege wohnte ab 31.März bis 5.Juni der alte Kater Jock.
Ab 1.Mai kam Nina zu Jock ins große Gehege und die drei jungen Kätzchen, Lutz, Jan und Magrit, wurden untertags in das kleine (ursprünglich für Quarantäne genutzte) Gehege mit
4,5 m² mit Naturboden gebracht.

Servale:
Beobachtung der drei Jungen vom 25. Bis zum 85. Tag.
Im großen Servalgehege von 221 m² wohnte das Weibchen Bonnie mit Ihren drei Jungen, Cosima, Cecil und Cid, bis zum 31.Mai.
Der Vater der Jungen, Arno, wurde schon vor der Geburt der Jungen vom Weibchen getrennt und lebte in dem rückwärts gelegenen Gehege von 56,5 m².

Falbkatzen: .
Die Katze Dani lebte mit dem Kater Ulrich im dem 188,5 m² großen Falbkatzengehege.

Karakal:
Der Kater Flip und die Katze Isabell wohnten in dem 84 m² großen Karakalgehege.

Ankunft der Schwarzfußkatzen in Honingkrantz:
24.12.05 Jock (lt. Tagebuch Pfl.)
26.03.06 Lutz (lt. Tagebuch Pfl.)
06.04.06 Nina, Jan, Magrit

Die **Kontaktpersonen** sind Mircea und Jörg Pfleiderer, Marlen Almasbegy, gelegentlich die beiden Praktikantinnen Birgit Rödder und Tanja Radzuhn.

Beobachtungsorte: Das 45 m² große Zimmer von Mircea Pfleiderer ist mit einem ca. 10 m² Außengehege durch ein Fenster verbunden. Das Gehege kann von außen betreten werden. Eine Türe führt vom Gehege in einen Waschraum. Vom Zimmer führt eine Türe in das Bad.

Weitere Räume: mein Zimmer, eine große Wohnküche mit angrenzendem Wohnzimmer, ein Speisezimmer und ein sonniges Frühstückszimmer. Ein langgestreckter Vorraum führt in einen großen Arbeitsraum.

Abb.11 Außengehege für die jungen Schwarzfußkätzchen. Der Strunk einer Agavenblüte bildet eine natürliche Höhle.

Teil 2. Beobachtungszeitraum vom 17.01. bis 24.02.2007

In der zweiten Beobachtungsphase befanden folgende Katzenarten in den Gehegen:
Schwarzfußkatzen:
Beobachtung des Jungen Klein Jock vom 45. bis zum 69. Tag.
Ab 17.Jänner wohnten Lutz, Magrit und ihre Mutter Nina im großen Schwarzfußkatzen-Gehege.
Nina wurde am 22.01. nach Clifton gebracht.
Jock, erst allein, ab 22.01. mit Maja und Klein Jock im kleinen Gehege mit Zugang zum Zimmer
Am 03.02. wurden Jock, Maja und Klein Jock ins große Schwarzfußkatzen-Gehege versetzt, wo Klein Jock am 20.Feber nachts ausbrach und verschwand.
Magrit und Lutz übersiedelten ins das Gehege vor dem Zimmer.
15.02. Lutz und Magrit kommen ins „Arnogehege". Hier hielt sich im letzen Jahr der Serval auf.
Servale:
Im großen Servalgehege wohnte das Weibchen Bonnie wieder mit Arno.
Falbkatzen:
Die Katze Dani lebte mit dem Kater Ulrich bis zum 29.Jänner im Falbkatzengehege.
Ab 3.Feber kam der Kater Eddie zu Dani ins Gehege.
Karakal:
Der Kater Flip wohnte allein im Karakalgehege.
Ankunft der Schwarzfußkatzen in Honingkrantz:
10.12.06 Lutz und Magrit
12.12.06 Nina
29.12.06 Jock
22.01.07 Maja und Klein Jock
Kontaktpersonen: Mircea und Jörg Pfleiderer, Marlen Almasbegy.

2.6. Fütterung

Grundsätzlich wird in der Karoo Cat Research die Ganzkörperfütterung angewendet.

Dafür werden junge Strauße, die sich für die Zucht nicht eigenen, oder Straußeneier, deren Küken kurz vor dem Schlüpfen starben, Hühner und Hühnerküken, Meerschweinchen, verletzte Vögel und kleine Wildtiere, auch Paviane und Meerkatzen (von benachbarten Farmern geschossen). Teile von Springbock, Kudu, Steenbok (Steinböckchen), Blessbock, Hartebeest (Kuhantilope), Rind, Kalb, Pferd, Schaf, Strauß adult.

Manchmal gibt es auch große, z.T. noch lebende Welse aus dem nahen Brakriver, die bei den Servalen besonders beliebt sind.

Vögel, Eidechsen, Schlangen und Insekten, aber auch Meerschweinchen aus den Zwischengehegen gelangen gelegentlich in die Katzengehege und werden sofort gejagt und getötet.

Fütterung mit lebenden Tieren kommt selten vor. Meist handelt es sich dabei um Fische, verletzte Vögel oder nicht lebensfähige, wenige Tage alte Straußenküken. Besonders für die jungen Katzen ist das Fangen und Töten eines Beutetieres ein wesentlicher Beitrag zu ihrer Entwicklung.

Bei kleineren Katzenarten müssen die großen Futtertiere, wie Teile von Springböcken und anderen Antilopen, Strauße, Schafe und Pferde von umliegenden Farmen, in Portionen aufgeteilt werden. Aber auch diese werden, so weit wie möglich, mit Fell bzw. Federn und Knochen verfüttert. Nur für Jungtiere und den 10-jährigen bereits zahnlosen Schwarzfußkater Jock wird alles klein aufgeschnitten.

Gefüttert wird zweimal täglich, morgens und abends. Bei Jungtieren und laktierenden Müttern kommen auch Zwischenmahlzeiten vor. Die Fütterungszeit ist an den Aktivitäts-Rhythmus der Katzen angepasst und variiert je nach Jahreszeit, bzw. Tageslänge.

3. Methoden der Protokollaufnahme

Es ergab sich die Situation, dass aus einem Wurf von drei Schwarzfußkätzchen ein Junges erkrankte und besondere Pflege benötigte. Um es weitgehend „natürlich", also möglichst wenig der Gefahr einer starken prägungsähnlichen Mensch-Tier-Beziehung auszusetzen, zu pflegen und zu beobachten, entstand dieser meines Wissens bisher einmalige Versuch, die Kätzchen gemeinsam mit der eigenen Mutter aufzuziehen. Die dabei gewonnen Erfahrungen bilden einen wesentlichen Bestandteil meiner Arbeit.

Um diese Verhaltensstudie in einen Rahmen zu stellen, habe ich mich schwerpunktmäßig mit der Ethologie von Schwarzfußkatzen, daneben auch mit drei weiteren Katzenarten desselben Lebensraumes befasst. *Felis nigripes* (Schwarzfußkatze), *Felis libyca* (Falbkatze), *Profelis caracal* (Karakal), *Leptailurus serval* (Serval).

Die Protokolle wurden während der Beobachtungen handschriftlich aufgezeichnet.

Zur Dokumentation wurden eine Spiegelreflexkamera der Marke Nikon F100 mit einem Nikon Teleobjektiv 75 – 300 mm und einem Sigma Teleobjektiv 600 mm und, wenn erforderlich, ein Nikon Blitz SB-28 verwendet.

Aufnahmen aus der Nähe wurden mit einer Digitalkamera der Marke Sony mit 5,1 Megapixels und einem 3 x optischen Zoom gemacht.

Die Videoaufzeichnungen erfolgten mit einer Digitalkamera Canon MV630i.

3.1 Datenerhebung

Beobachtungszeitraum

Der Beobachtungszeitraum in der Karoo Cat Research erstreckte sich vom 30. März 2006 bis 05.06.06 und vom 17.01.07 bis 23.02.07.

Beobachtungseinheiten

Die Beobachtungen wurden zu unterschiedlichen Jahreszeiten unter verschiedenen Witterungsbedingungen, sowie zu allen möglichen Tages- wie auch Nachtzeiten durchgeführt. Eine Beobachtungseinheit dauerte 10 Minuten mit einer Pause von 5 Minuten, bei dem Servalweibchen Bonnie mit ihren Jungen und den jungen Schwarzfußkatzen 20 Minuten, aber in 10-Minuten-Abschnitte unterteilt.

Wenn etwas besonders Interessantes zu sehen war, oder bei Aufzeichnungen, die für den Aktivitätszyklus verwendet wurden, machte ich oft keine Pausen, da ich so bessere Informationen erhielt.

Ich konnte nicht bei jeder Katze gleich viel Zeit verbringen, darum ist die Anzahl der täglichen Beobachtungseinheiten unterschiedlich. Aus diesem Grunde ist für die Auswertungen und für den Vergleich zwischen den Katzenarten nicht die numerische Summe der Beobachtungen zu verwenden, sondern der Mittelwert.

In den Monaten Mai 2006, sowie vom 17. Jänner bis 23. Feber 2007 erfasste ich mehr Daten als im April 2006. Durch die Berechnung des Mittelwertes sind sie jedoch vergleichbar, obwohl durch die größere Datenmenge im Mai 2006 und Jan.Feb.2007 ein noch genaueres Ergebnis erzielt werden konnte.

3.2. Erfassung der Verhaltensweisen

Einen wesentlichen Bestandteil dieser Arbeit bilden die Aufzeichnungen über das Verhalten der drei jungen Schwarzfußkatzen, welche sich während eines wichtigen Teils ihrer Entwicklung in den Monaten April und Mai 2006 im Alter von 7 bis 16 Wochen, in meinem oder in M. Pfleiderers Zimmer aufhielten. Von dort hatten sie durch das Fenster Zugang ins Außengehege, sodass sowohl die Mutter ins Zimmer kommen konnte, wie auch die Jungen zu ihr ins Außengehege.

Der zweite Teil besteht aus den Aufzeichnungen des Verhaltens der zwei verbliebenen Jungen (das dritte Junge, Jan wurde inzwischen verkauft) im großen Gehege zusammen mit ihrer Mutter im Jänner und anschließend die Umsetzung in ihr früheres Gehege mit Zugang zum Zimmer von M. Pfleiderer im Feber 2007.

Den dritten Teil bildet die Beobachtung der Schwarzfußkatze Maja aus Clifton, die mit ihrem Jungen Klein Jock, dem Sohn des 10-jährigen Katers Jock, nach Honingkrantz kam, wo die ganze Familie, Vater, Mutter, Sohn gemeinsam das

Gehege mit dem Zugang zum Zimmer bezogen. Am 3. Feber 2007 erfolge der Wechsel von Jock, Maja und Klein Jock in das große Gehege, und der beiden Geschwister vom letzten Jahr, Lutz und Magrit in das Gehege mit Zugang zum Zimmer.

Diese ungewöhnliche Situation wurde in Form von Tagebuchaufzeichnungen beschrieben.

Die Tagebücher dienen auch als Grundlage zur Bewertung des Faktors der Vertrautheit gegenüber Menschen und der innerartlichen familiären Beziehungen, sowie anderer Aussagen über besondere Verhaltensweisen und dem Vergleich mit den anderen Katzenarten.

M. Pfleiderer stellte mir die Aufzeichnungen ihrer mehrjährigen Beobachtungen an der Jugendentwicklung der Schwarzfußkater Jock und Koos zu Verfügung, sowie Protokolle von Barbara Tonkin (später Leyhausen) und Paul Leyhausen aus 1963 über die erste erfolgreiche Schwarzfußkatzen-Zucht.

Der Schwerpunkt dieser Arbeit ist die Beobachtung der Schwarzfußkatzen:

Die Tabellen und Diagramme sind Ergebnisse aus dem in Honingkrantz erstellten Arbeitsethogramm. Dieses enthält auch individuelle Beobachtungen, welche sich nicht in Listen ausdrücken lassen. Daher macht die Beschreibung des Verhaltens einen wesentlich Teil dieser Arbeit aus.

Freilandbeobachtungen waren mangels der passenden Geräte und Gegebenheiten nicht möglich, daher muss ich diese, soweit sie für meine Arbeit relevant sind, aus vorhandenen Aufzeichnungen und Berichten entnehmen.

Erhebung des Aktivitätszyklus:

Mit dem Aktivitätszyklus soll eine Übersicht über die Aktiv- und Ruhezeiten aller vier in Südafrika vorkommenden Kleinkatzen unter gleichen, bzw. ähnlichen Bedingungen erstellt werden. Hierfür werden nur relativ häufige und bei allen Arten vorkommende Verhaltensweisen verwendet. Eine Ausnahme ist das Säugen der laktierenden Mütter bzw. das Saugen der Jungen bei den Arten Schwarzfußkatze und Serval.

Die Verhaltensweisen werden in **drei Hauptgruppen** zusammengefasst:
Inaktiv (nur eine Spalte für schlafend), **ruhend** (ruhen, putzen, säugen), **aktiv** (laufen, gehen, sitzen, stehen, schauen, spielen, jagen, fressen, urinieren, defäkieren, freundliche und unfreundliche Lautgebung).

Manchmal war der Übergang von ruhend zu schlafend fließend, sodass ich nicht immer genau feststellen konnte, schläft die Katze oder ruht sie noch. Daher habe ich mich entschlossen die Werte für „**schlafend**" und „**ruhend**" unter „**inaktiv**" zusammenzuzählen und dem Wert „**aktiv**" gegenüberstellen.

Es wird eine eigene Beobachtungsdatei für jeweils einen Monat erstellt, damit der Einfluss von Temperatur und Jahreszeit ermittelt werden kann. Sie enthält die Tageszeit von 1 bis 24 Uhr und das Datum.

Aus dieser Datei werden die Mittelwerte pro Stunde errechnet und in eine eigene Liste übertragen. Darin können die Ergebnisse pro Verhaltensweise in Zahlen und Diagrammen dargestellt werden und Vergleiche zwischen den Arten und einzelnen Individuen angestellt werden. Eine komprimierte Liste daraus enthält nur die Hauptgruppen. Diese werden ebenfalls für Vergleiche zwischen den Arten und den Individuen einer Art herangezogen.

Graphische Darstellungen sollen die Schwankungen im Verhalten jedes Individuums in den verschiedenen Beobachtungsmonaten zeigen.

Im Protokoll wurden zu jedem Verhalten neben Datum, Tageszeit und Wetterangaben auch festgehalten, an welchem Ort dieses auftrat.

Sämtliche Listen und Protokolle zu dieser Arbeit können bei der Autorin abgerufen werden.

4. Ergebnisse

4.1. Beschreibung von Verhaltensweisen der Schwarzfußkatzen

Hier werden jene Verhaltensweisen beschrieben, die nicht zum Sozialverhalten zählen, sondern bei einzelnen Individuen beobachtet wurden. Sie sind teils artspezifisch, teils für alle Katzenarten typisch.

4.1.1. Grundverhaltensweisen

In diesem Abschnitt werden Aktivitäten, wie Jagdverhalten, Fressverhalten, solitäres Spiel, sowie Bewegungsmuster, z.B. Wandern, Traben, Pendeln, Klettern und Krallenwetzen beschrieben. Der Raumanspruch und die damit verbundenen Verhaltensweisen, wie Markieren, Ruhen und Schlafen werden dargestellt.

4.1.1.1. Jagdverhalten, Verhalten zur Beute

Antrieb und Auslöser beim Jagdverhalten

Beim Jagdverhalten der Schwarzfußkatzen konnten nur selten alle Teile der Beutefanghandlungen beobachtet werden, da es im Haus oder Gehege kaum Gelegenheit zum erfolgreichen Jagen gab. Nur beim Fang von Insekten konnten alle Auslösemechanismen zum Beutefang ablaufen. Meerschweinchen oder junge Strauße im Nachbargehege ermöglichten nur einen Teil des Jagdverhaltens wie Belauern, Schleichlauf bis zum Sprung gegen das Gitter. LEYHAUSEN (1979) unterteilt das Verhalten der Katzen zum Beutefang in vier Gruppen von Schlüsselreizen:
die einleitenden Beutefanghandlungen auslösen und richten,
das Zupacken und Totbeißen auslösen und richten,
die Nahrungsaufnahme anregen und
bestimmen, an welchen Körperteil die Beute angeschnitten wird.
Bei den jungen Schwarzfußkatzen wurde das Beutefang-Verhalten (Beute-AAM) oft im Zusammenhang mit bestimmten Situationen ausgelöst, wie tote Beutetiere, Spielgegenstände oder auch ein Geschwister. Ausschlaggebend waren optische und akustische Reize, sowie die Größe und Bewegungsrichtung

(zum jeweiligen Probanden hin, bzw. weg von ihm). Beschreibung beim Spiel mit Objekten und sozialem Spiel.

Der **Tötungsbiss**, bzw. das Ausrichten des Beutetieres ist das letzte Glied in der Kette der Beutefang-Handlungen bei der Katze.

Die jungen Schwarzfußkatzen, Lutz, Jan und Magrit, hatten nicht ausreichend Gelegenheit, den Tötungsbiss von der Mutter oder aus eigener Erfahrung durch Versuch und Irrtum zu lernen, bzw. zu perfektionieren (Protokoll 2006).

Die Kätzchen erhielten zwischen der achten und sechzehnten Woche umständehalber häufig Küken bzw. andere Vögel, selten Mäuse oder Meerschweinchen. Weil dadurch vermutlich eine Futterpräferenz andressiert wurde, verwundert die untypische Bevorzugung von „Federn" gegenüber „Haaren" nicht.

In der Natur stellen ja Kleinsäuger die bevorzugte Beute von Schwarzfußkatzen dar.

In jedem Fall aber lösten frischtote Küken Jagdverhalten, bzw. Beutespiel aus, nicht jedoch länger gelagerte Küken aus der Tiefkühltruhe.

Ein totes Meerschweinchen löste bei dem 9 Wochen alten Lutz sofort arttypisches Verhalten aus: Als ihm das Meerschweinchen gezeigt wurde, biss er gleich in den Hals, umfasste es mit den Vorderpfoten und bearbeitete es mit den Hinterpfoten, konnte es aber nicht anschneiden. Hier kann man vielleicht schon von einem versuchten **Tötungsbiss** an der richtigen Stelle sprechen (Protokoll 2006 vom 18.04. um 9,30 Uhr).

Wildlebende Schwarzfußkatzen, v.a. Männchen, wagen sich oft an Beutetiere, welche grösser und schwerer sind, als sie selbst, wie Kaphasen *(Lepus capensis)* oder hühnergroße Weißflügeltrappen *(Eupodotis afraoides)* (SLIWA, 2007).

Lutz war **8 Wochen** alt, als er einen toten Vogel erhielt. Er spielte lange Zeit mit diesem, bewegte ihn mit den Pfoten über den Boden, hob ihn auf, ließ ihn fallen. Nach etwa 30 Min. fasste er den Vogel mit den Zähnen an der Bauchseite (nicht am Hals), und trabte mit erhobenem Kopf vor dem geschlossenen Fenster hin und her. Es gelang ihm, mit dem Vogel im Maul das Fensterbrett zu erreichen, wo hin und her pendelte, weil er ins Außengehege wollte. Offensichtlich versuchte er seine Beute dort in Sicherheit zu bringen. Dieser Vogel bewirkte also, anders als tote Küken, ein Beutefang-Verhalten.

Erst im **Alter von 12 Wochen** brachte **Lutz** bei einem frisch getöteten Vogel durch einen Biss in den Hals einen gezielten Tötungsbiss an. Da dies eine einmalige Beobachtung war, könnte es sich auch um einen Zufall handeln.

Dem zehn Jahre alten Kater Jock gelang es noch mit seinem letzten Eckzahn ein Meerschweinchen zu töten. Er packte die Beute wie üblich blitzschnell und setzte einen perfekten Nackenbiss. Jock musste seinen Angriff wegen des unvollständigen Gebisses mehrmals wiederholen. Er brachte es schließlich zuwege, den oberen Eckzahn zwischen die Wirbel zu bringen. Dann nahm er sein Meerschweinchen mit in einen Schlupfwinkel, wo er eng an seine Beute gekuschelt, den Tag verschlief. Am nächsten Morgen war das Meerschweinchen aufgebrochen. Ein Teil der Brust, der Bauch und die Organe mit Ausnahme von Magen und Darm waren aufgegessen.

PFLEIDERER berichtet, dass Schwarzfußkatzen manchmal, wenn sie morgens eine große Beute (wie Kaninchen, Klippschliefer, Hasen, Springhasen oder große Vögel) machen, diese töten, in ein Versteck schleppen, dort tagsüber im Körperkontakt mit der Beute, an diese gekuschelt schlafen und sie abends fressen. Es kam immer wieder vor, dass Meerschweinchen im Nachbargehege bei den Schwarzfußkatzen Jagdverhalten auslösten (Protokoll 20.u.21.01.2007).

Direkter Kontakt mit Meerschweinchen verursachte bei dem 5 Wochen alten Klein Jock wahrscheinlich noch kein Jagdverhalten, denn er bettete sich an sie und benutze sie vermutlich als Wärmequelle.

Im Mai 2004 fing **Jock** 4 Meerschweinchen und tötete sie (mit dem einen Eckzahn).

Obwohl Jock schon im Alter von zwei Monaten in Gefangenschaft geriet, beherrschte er den Tötungsbiss.

PFLEIDERER pers. Mitteilung: **Jock** wurde Ende Dezember 1997 im Alter von etwa 8 Wochen im Rahmen einer Schakaljagd von Farmern bei Hopetown, Kapprovinz, geborgen, nachdem die Mutter von der Hundemeute zerrissen worden war. Die folgenden sechs Wochen verbrachte er in einem 80x80x80 cm großen Vogelkäfig auf der Farm Lovedale. Ernährt wurde er mit einer gesunden und abwechslungsreichen Diät von gehacktem Rindfleisch, Rahm, Lammfleisch, Schafnieren und frischgetöteten Wildtauben und Singvögeln. Nach Bericht der

Farmer war Jock nachtaktiv, sehr gefräßig, "aggressiv" (im Wesentlichen durch heftiges Abwehrverhalten mit Spucken, Fauchen, Scheinangriffen).
Pfleiderer übernahm Jock in Tugby am 1. Februar 1998. Nach einer überraschend kurzen Eingewöhnungszeit von 24 Stunden, lebhaftes und sehr ausdauerndes Spiel ("Ledermaus" am Strick). Das Nahrungsangebot glich dem auf Lovedale. Am 10.02. erstmals Graben einer Lauermulde im Sand. Spiel mit toten Tauben und Singvögeln. Erste Lebendbeute, ein Cape Rock Skorpion *(Opisthocanthus sp)*, mit entferntem Giftstachel. Ermüdungsspiel, anschließender Verzehr. 27.02. Morgen: Erstes Meerschweinchen (lebend), Verfolgungsjagd, herausangeln aus einem Versteck; Jock warf sich auf die Seite und brachte einen gut placierten Seitenhalsbiss an, die Beute mit beiden Vorderpfoten umklammernd. Anschließend "Umtanzen" (Erleichterungsspiel, LEYHAUSEN, 1979). Abtransport der Beute zum Ruheplatz, Kontaktliegen. 11:00 Erster Anschneideversuch (gescheitert).

Wann bei frei lebenden Schwarzfußkatzen dieses Verhalten soweit gereift ist, dass ein Tötungsbiss an der richtigen Stelle angebracht wird, ist mir nicht bekannt.

SLIWA (2007) beobachtete im Freiland eine Schwarzfußkatzenmutter, die ihrem einzigen Jungen ab dem ersten Lebensmonat lebende Beute zutrug. Sie fing in einer Nacht 28 Mäuse, wovon sie 14 ihrem Jungen überließ.

Bei den jungen Schwarzfußkatzen konnte ich weder bei Vögeln noch Säugetieren ein **Rupfen** oder gar Wegschleudern von Federn oder Fell beobachten. Die Mäuse wurden mit dem ganzen Fell gefressen und bei einem großen Vogel wie der Taube, blieben fast nur Schwanz- und Flügelfedern übrig. Sie wurde vom Bauch her angefressen, die kleineren Federn verzehrt und die großen liegen gelassen. LEYHAUSEN (1979) erwähnte bereits, dass Schwarzfußkatzen besonders wenig rupfen.

Schwarzfußkatzen rupfen von allen Katzen, die PFLEIDERER mit intakten Futtertieren beobachten konnte, bei weitem am wenigsten. Auch haben sie keine auffällige Neigung, Unverdautes auszubrechen. Kotuntersuchungen zeigten, dass Federn und kleinere Knochen (z.B. Mäusegerippe) wie auch Arthropodenexuvien fast vollständig verdaut sind. Auch Grashalme passieren den Verdauungstrakt, bleiben allerdings bis auf eine Farbänderung fast intakt.

Der **soziale Rang** spielte bei den Geschwistern nicht nur beim Spiel und Fressen eine Rolle, sondern wurde auch durch Größe und Körperkraft des Schwarzfußkätzchens bestimmt. So war Lutz, das stärkte Junge, fast immer jenes, welches ein Beutetier fassen konnte. Jan gelang dies nur sehr selten und meistens nahm Lutz es ihm wieder ab. Jan hingegen wagte es (mit einer erfolglosen Ausnahme) nie, Lutz die Beute streitig zu machen, während er sie Magrit sofort wegnahm, wenn diese einmal schneller war und ein Beutetier fassen konnte. Jedes Kätzchen versuchte, sobald es einen Vogel oder eine Maus zwischen den Zähnen hatte, diese vor den Geschwistern in Sicherheit zu bringen.

Im Alter von **12 Wochen** bekam Magrit in Abwesenheit ihrer Geschwister einen toten Vogel. Sie packte ihn aufgeregt, lief damit knurrend im Kreis und teilweise im Rückschritt, bekam fast keine Luft vor Aufregung, ließ ihn fallen, verlor ihn, fand ihn wieder, packte ihn, spuckte Federn und fraß einen Fuß. Dann fasste sie ihn am Kopf und begann den Vogel zu verzehren. Dies war das einzige Mal, dass sie Gelegenheit hatte, ein Beutetier zu behalten.

Als die **Jungen 13 Wochen alt** waren, wurde eine große lebende Streifenmaus in ihr Gehege gesetzt. Lutz schoss herbei und packte sie. Er war, wie immer, der Schnellste. Die anderen beiden liefen ihm nach, er knurrte. Lutz ging mit der Streifenmaus im Mund durchs Gehege, ließ sie ein paar Mal los, sie wollte weglaufen, er packte sie sofort wieder und trug sie ins niedrige Gebüsch. Dort ließ er sie los, erwischte sie wieder. Jan legte die Ohren an, schlich näher. Lutz knurrte, Jan zog sich zurück, legte sich in den Sand und wälzte sich am Rücken. Dieses **Übersprungsverhalten** ist typisch für Konfliktsituationen**,** wenn zwei nicht miteinander vereinbare Verhaltensweisen, z.B. der Wunsch dem Bruder die Beute abzujagen und die Furcht vor seiner überlegenen Stärke, gleich stark aktiviert sind und sich daher gegenseitig hemmen. Als Folge davon kann ein anderes, völlig unerwartetes Verhalten in Erscheinung treten (IMMELMANN, 1996). Solche und ähnliche Übersprunghandlungen sind ein Konfliktverhalten, welches außerhalb der Verhaltensfolge liegt, für die es entwickelt wurde (TEMBROCK, 1987). Bei Katzen kommen sie gelegentlich vor, wenn diese am Jagen oder am Zugriff auf eine Beute gehindert werden (Protokoll 2007 v. 22.02., 5,30 Uhr).

Sich Wälzen ist eine Übersprungshandlung, die bei verschiedenen Feliden-Arten nach erfolgloser Jagd auftreten kann, z.B. bei Schneeleoparden im Zoo nach erfolglosem Angriff auf Hunde (ALMASBEGY, 2001).

Sobald der Kater **Jock** sah, dass in seinem Gehege sich ein Vogel auf die Zweige eines Strauches setzte, sprang er sofort hoch um ihn zu fangen. Wenn er ihn verfehlte, sah er ihm beim Davonfliegen „sehnsuchtsvoll" nach und stieß einen leisen Ton unter schnellem Auf- und Zuschnappen der Zähne aus (PFLEIDERER, 1998).

Das „Schnattern", bzw. „Meckern" der Katzen ist eine erstmals von SCHWANGART (1933) beschriebene Lautgebung, die durch schnelles rhythmisches Öffnen und Schließen der Kiefer erzeugt wird. LEYHAUSEN (1982) ordnet es dem **Übersprungverhalten** (IMMELMANN, 1982) zu. Es tritt sowohl bei Hauskatzen, wie auch bei anderen Felisarten auf, wenn sie in unmittelbarer Nähe eine reizvolle Beute, z.B. Vögel oder Insekten sehen, sie aber nicht erreichen können.

Die Jungen waren **15 Wochen** alt, als ein toter Eisvogel ins Zimmer gebracht wurde. Lutz kam zuerst herbei. Der Vogel wurde festgehalten, Lutz verbiss sich so stark in ihn, dass er ca. einen Meter hochgehoben werden konnte. Jan und Magrit kamen knurrend herbei. Lutz hatte den Vogel, Jan fasst ihn auch. Sie zogen laut knurrend, mit flach angelegten Ohren an dem Eisvogel, hielten ihn an den Federn fest, bis diese sich lösten. Lutz behielt den Vogel, trug ihn weg und fraß ihn allein.

PFLEIDERER pers. Mitt. Auf die Frage, wie junge Weibchen bei diesem Konkurrenzkampf zwischen den Geschwistern in freier Wildbahn überleben können, bemerkte sie, dass gewöhnlich juvenile Schwarzfußkatzenweibchen nicht kleiner oder schwächer sind als die Männchen. Im Übrigen entwickelte sich bei Magrit bald die Tendenz, ihre Beute besonders schnell zu ergreifen und sie dann sehr nachdrücklich zu verteidigen. Dies traf bei ihr allerdings erst ab er 15. Lebenswoche zu.

Wenn Schwarzfußkatzen lange Zeit mit unerreichbarer Beute konfrontiert werden, erhöht sich die Reizschwelle bis hin zur **Habituation**, d.h. dass ein Nachlassen der Reaktion bei wiederholter Reizung eintritt (IMMELMANN, 1996).

Als Lutz und Magrit im Alter von einem Jahr das große Gehege bewohnten, befanden sich hinter dem Gitter einige Meerschweinchen im Zwischengehege. Magrit lief auf ihren Wanderungen, sobald eines zu sehen war, zum Gitter und beobachtete es. Lutz schlich sich immer wieder vergebens an. Das Quieken eines Meerschweinchens löste bei Lutz und Magrit anfangs stets Jagdverhalten mit Lauern und Anschleichen bis zu zwei Minuten aus. Nach einigen Tagen wurden die Jagdversuche seltener und die Dauer des Anschleichens kürzer.
Zufälliger Jagderfolg bewirkte jedoch eine signifikante Zunahme des Lauerns und Anschleichens, bzw. eine starke Senkung der Reizschwelle.
Eines Nachts wanderte Lutz durchs Gehege, ein Meerschweinchen kam ans Gitter. Lutz schlich sich an, vorsichtig eine Aloe und Steine als Deckung nutzend. Am Gitter angekommen gab er auf und wanderte wieder umher. Fanghandlungen, wie das Anschleichen und dabei jede Deckung nutzend, sind offensichtlich angeboren. Obwohl die Katzen bisher kaum Gelegenheit zur Jagd hatten, verhielten sie sich wie erfahrene Jäger.
Im Feber 2007 wurde ein Straußenküken zu der elf Monate alten **Magrit** ins Gehege gebracht. Sie stürzte sich darauf, packt es knurrend am Hals, biss hinein und tötete es. In diesem Falle wurde der **Tötungsbiss** nicht durch die Mutter gelehrt. Auch hatte Magrit bisher keine Gelegenheit an lebenden Beutetieren zu üben. Das scheint mir ein weiterer Beweis zu sein, dass **dieses Verhalten kein Lernvorgang** ist, sondern einem **altersabhängigen Reifeprozess** unterliegt. Es gibt bei Katzen eine (der sensiblen Periode eines Prägungsvorganges fast entsprechende) besondere Entwicklungsphase, in der die junge Katze die Schwelle zur Durchführung des korrekten Tötungsbisses am leichtesten überwindet. Freilich hat das Versäumen jener sensiblen Phase hier keine streng irreversible Unfähigkeit zur Ausführung des Tötungsbisses zur Folge. Trotzdem: Versäumt eine Katze diese Phase, kann dies einen lebenslangen Antriebsausfall den Tötungsbiss betreffend oder zumindest eine schwere Schwächung des Antriebs nach sich ziehen. (PFLEIDERER, 2001, Band 1)
Tötungsbiss (Falbkatze): Die unterschiedlichen Verhaltenselemente des Beutefangs, z.B. Lauern, Schleichlauf, Springen, Pfotenschläge, das Festhalten, Zupacken mit den Zähnen, Herumtragen reifen nun nicht miteinander und zugleich heran, sondern einzeln und voneinander unabhängig. Die Reihenfolge

ist nicht für jede Art und auch nicht für jedes Individuum gleich, fällt aber bei den Falbkatzen ganz ähnlich wie bei den Hauskatzen mit ziemlicher Regelmäßigkeit folgendermaßen aus: Die Handlungen, die mit dem Verfolgen und Packen der Beute zu tun haben, reifen zuerst, dann das Schleichen und Belauern, und erst zum Schluss das Töten der Beute.

Wenn die Falbkätzchen etwa das Alter von vier Wochen erreicht haben, fängt die Mutter bereits an, die ersten lebenden kleinen Beutetiere, meist Grashüpfer, Mäuse oder Jungvögel, zum Nest zu bringen. Die Fanghandlungen und insbesondere das Töten sind in diesem Alter aber noch längst nicht ausgereift. Im Laufe der Zeit werden die zunächst tapsigen Versuche der Jungen immer besser, und bereits nach etwa einer Woche wirkt das Fangen, Erbeuten und Töten kleiner Beutetiere perfekt. Beim Zuschauen meint man wirklich, die Jungen lernten und übten, und, mehr noch, die Mutter „zeige" ihnen alles „vor" und rege die Jungen zur Nachahmung an. Selbst mit einiger Beobachtungserfahrung kann man sich solchen Eindrücken kaum entziehen. Sie setzt das noch lebende Opfer unter den aufmerksamen Blicken der Kleinen ab und ergreift es sofort wieder, wenn eines sich einmischen will. Will das Junge an dem Geschehen aktiv Anteil nehmen, muss es schneller sein als die Mutter und ihr die Beute abnehmen.

Mit Vormachen und Nachahmung, also einem hochentwickelten Lernvorgang, hat dies freilich nichts zu tun, eher mit der Stärkung der Antriebe durch den Druck der Konkurrenz. Da bei den Kätzchen auf diese Weise die Furcht, die Beute an Eltern oder Geschwister abtreten zu müssen, über die Furcht vor dem Beutetier hinauswächst, verlieren sie ihre Zaghaftigkeit. Beim ersten Tötungsbiss verhält sich dies ganz ähnlich: Die Rage, in die ein Kätzchen mit einem Beutetier im Fang gerät, wenn die Geschwister danach greifen, lässt es die Beißhemmung vergessen – es drückt die Kiefer zusammen, die Beute erschlafft. Die Erfahrung, die die Jungkatze dabei macht, ist, dass ein Tier umso eher ungefährlich ist, je kräftiger sie zubeißt. Innerhalb der folgenden 2 – 3 Wochen wiederholt sich dies oft und oft, mit den verschiedensten Beutetieren. Das Ergreifen und Töten läuft mit der Zeit perfekt ab, man meint, das Kätzchen, nun 6-7 Wochen alt, hätte nun den Beutefang „eingeübt".

Wir wissen aber, dass Katzenjunge, die mutterlos und ohne Lebendnahrung aufwachsen mussten, im Alter von 8 Wochen selbst bei der allerersten Begegnung mit einem Beutetier in fast vollendeter Weise zupacken und töten können. Die Bewegungsabläufe sind vielleicht nicht ganz so „glatt", der Gesamtablauf der Beutefanghandlung nicht ganz so schnell. Bei der nächsten Jagd ist der Rückstand schon merklich kleiner, und sehr bald ist kein Unterschied zu den normal aufgewachsenen Kätzchen zu merken. Es ist also nur die Zeit, die die Perfektion ausreifen lässt. Die „Hilfe" der Mutter beschleunigt diesen Reifungsprozess um einige Tage, mehr nicht.

Bericht PFLEIDERER: „Unsere beiden Falbkatzen Dani und Stoffel bieten im Bezug auf diese Reifungsthese ein hervorragendes Beispiel, und auch dafür, dass der Antrieb zum Töten bei Wildkatzen keineswegs so leicht atrophiert: Als ich sie vom Johannesburg Zoo für meine Forschungen erhielt, waren sie fast fünf Monate alt. Was Lebendbeute betraf, waren sie im Gegensatz zu den meisten Zookatzen nicht völlig erfahrungslos; immerhin bekamen sie an drei Vormittagen pro Woche lebende Mäuse vorgesetzt, was im Sinne des sog. „Behavioural Enrichment" den Zooalltag der Tiere sehr bereicherte. So töteten die beiden Katzen ihre ersten Meerschweinchen ohne Zögern in perfekter Weise, obwohl gut zwei Monate vergingen, bis es mir gelang, eine halbwegs erfolgreiche Futtertierzucht auf die Beine zu stellen. Wer sich hier vielleicht an meinem mangelnden Feinempfinden stört, dem sei versichert, dass die Katzen ihre Beute schneller, sachgerechter und schmerzloser töten als wir das überhaupt können".

Früher durfte man nämlich aus ethischen Gründen fleischfressenden Zootieren (Schlangen ausgenommen, da sie auf Lebendnahrung angewiesen sind) keine lebenden Warmblüter anbieten. So kannten viele kleine Katzenarten im Zoo, wenn überhaupt, nur Käfer und Heuschrecken als flinke und teilweise sogar recht wehrhafte Beute, die aber keines besonderen Tötungsaktes bedurften, weil sie wegen ihrer geringen Größe nur im Ganzen zerbissen und heruntergeschluckt werden können. Solche Katzen sind bei ihrer ersten Jagd oft ungeschickt und ängstlich; manchmal verletzen sie ihre Beute mehr oder weniger versehentlich und lassen sie dann liegen, auch kommt es nicht selten vor, dass die Katze „blind" in ein Gehegegitter rast und sich selbst verletzt. Der Tötungsbiss, wenn er denn überhaupt zur Anwendung kommt, ist zwar gegen den Hals geführt, weil ein optisches Reizschema, nämlich die Unterteilung in Kopf und Rumpf, den Zubiss der Katze richtet, ist aber oft zu locker und ungenau, das schnelle Töten misslingt.

Weder die Falbkatzen noch die Schwarzfußkatzen oder die Karakals (freilebend oder in meiner Obhut) spielten jemals mit ihrer Beute, solange diese am Leben war – im Gegenteil, sie trachteten, diese so rasch und problemlos wie möglich zu überwältigen. „Gespielt" wird nur mit sehr gefährlicher Beute (Skorpion, Schlange, kleinere und mittlere Raubtiere). Das so spielerisch wirkende, eifrige Tatzen und Herumspringen ist hier aber ganz ernst zu verstehen: Es ist ein „Angstspiel", eine konzentriert durchgeführte Ermüdungstaktik unter Wahrung der eigenen Sicherheit, denn Schlangen, Wiesel und gelegentlich auch Ratten beißen zurück. Erst, wenn die Beute ausreichend geschwächt erscheint, wagt die Katze den Zubiss.

Der Unterschied in den Jagdmethoden zwischen **Serval** und **Schwarzfußkatze** ist in ihrem Körperbau und den verschiedenen Vegetationszonen, in welchen die beiden Arten leben, begründet. Der Serval jagt im hohen Gras und setzt zum Ergreifen der Beute seine Vorderpfoten ein, mit welchen er kräftige Schläge austeilen kann. Das Servalweibchen in Honingkrantz versuchte immer wieder die jungen Strauße im Nachbargehege mit Pfotenschlägen zu fangen. Bonnie wurde zweimal beim Schlangenjagen beobachtet. Das erste Mal am frühen Morgen. Bonnie machte einen hohen Sprung, versuchte mit den Vorderpfoten etwas zu packen, aber die Beute entwischte in dichte Vegetation. Sie griff von allen Seiten an, machte die typischen Servalsprünge. Die Beute bewegte sich innerhalb des Gebüsches. Bonnie vollführte weiterhin Jagdsprünge, arbeitete nur mit den Pfoten. Mehrmals steckte sie den Mund ins Gebüsch, biss aber nicht zu. Nach 22 Minuten fasste sie etwas mit dem Mund, ließ es wieder fallen und sprang weiter mit den Pfoten auf die Beute. Zwei Minuten später packte sie die etwa 30 cm lange Schlange, trug sie nach hinten und fraß. Die ganze Aktion hatte 25 Minuten gedauert. Ein zweites Mal versuchte Bonnie kurz nach 24 Uhr eine Schlange am Gitter zu fangen, diese entwische jedoch fauchend und zischend durch den Maschendraht. Beim Serval Männchen Arno konnte ich kein Jagdverhalten beobachteten.

4.1.1.2. Fressverhalten - Trinken

Schwarzfußkatzen fressen wie alle Felis-Arten hockend, ohne die Pfoten zur Hilfe zu nehmen. In seltenen Fällen wird eine Pfote auf das Fleisch gestellt, wenn es immer wieder wegrutscht. Knochen werden sehr gründlich abgenagt. Um auf die andere Seite mit mehr Fleisch zu gelangen, wird der Knochen mit den Zähnen hochgehoben und wieder hingelegt, aber nicht mit der Pfote umgedreht (Protokoll vom 05.04.06, 9,55 Uhr).
Das Fleisch wird bei seitlich gelegtem Kopf mit den Reißzähnen zerschnitten. Gleichzeitig werden die Ohren zur Seite gedreht angelegt, stärker auf jener Seite, wo gekaut wird.
Ein **Rupfen der Futtertiere** konnte nicht beobachtet werden. Fell und Federn wurden mitgefressen, mit Ausnahme der großen Schwungfedern (ALMASBEGY und PFLEIDERER, 2011). Alle jungen Schwarzfußkatzen fraßen die Küken vom Kopf her an, dann verzehren sie die Füße, erst danach öffneten sie den Körper. Die Federn wurden fast zur Gänze mitgefressen, Dottersack und Darm blieben übrig.
Sie orientierten sich wahrscheinlich sowohl optisch, wie auch durch Tasten am Fell- bzw. Federstich um den Kopf zu finden. Erhielten sie ein abgehäutetes Tier, drehten sie es mehrmals um und begannen an einer beliebigen Stelle zu fressen.
Untersuchungen von LEYHAUSEN (1979) an Hauskatzen, Karakal und Serval, und von EWERS (1968, 1969) an einem Viverriden (Kusimanse, *Crossarchus obscurus*) und einem Raubbeutler (Beutelteufel, *Sarcophilus harrisi*) ergaben, dass der Haarstrich der Beutetiere mit dem Tastsinn festgestellt wird. Vor dem Anschneiden fährt die Katze mehrmals schnell mit der Nase über der Beute hin und her, ohne sie zu berühren. Wahrscheinlich ertastet sie mit den Schnurrhaaren den Haarstrich.
Die drei jungen Schwarzfußkatzen Lutz, Jan und Magrit hatten sich auf Küken, Hühnerköpfe –flügel und –beine spezialisiert. Die Ursache für diese Futterpräferenz lag im Vorhandensein einer großen Menge tiefgefrorener Eintagsküken, welche in den ersten fünf Wochen der Beobachtung fast ausschließlich ihre Nahrung bildeten.

Im Alter von 12 Wochen lehnten sie Fleisch von Antilopen, Rindern, Schafen oder Straußen, sowie Innereien ab, bzw. fraßen nur sehr zögernd davon, wenn sie lange nichts erhalten hatten. Da die Kätzchen lieber hungerten, bevor sie etwas anderes als Huhn fraßen, konnten sie ihre Futterwünsche immer wieder durchsetzen. PFLEIDERER Anm. „Das Problem lag hierbei wohl hauptsächlich darin, dass die lieben Kätzchen die unterschiedlichen Betreuer gegeneinander ausspielten. Nach Deiner Abreise war Schluss mit Lustig: Nach einigen Tagen Kampf fraßen die verwöhnten Fratzen wieder alles, was ihnen im Zoo von Clifton vorgesetzt wurde. Küken gab es nur noch selten, nur als besonderen Leckerbissen."

Klein-Jock, das Junge von Jock und Maya, welches ein Jahr später im gleichen Alter nach Honingkrantz kam, fraß alle Arten von Fleisch gerne.

Die **Kätzinnen Nina und Maja** verzehrten auch anderes Fleisch und Innereien welche ihnen mit verdünntem Blut gereicht wurde, vorausgesetzt, das Futter war ganz frisch. Das gewässerte Blut war nötig, weil Schwarzfußkatzen fast nie Wasser trinken und die Futtertiere nicht frisch getötet waren, weshalb sie zu wenig Flüssigkeit enthielten.

Der zehnjährige, bereits fast **zahnlose Kater Jock** war immer hungrig und fast unersättlich. Es war erstaunlich, welche Futtermengen er vertilgen konnte. Für ihn wurde das Fleisch klein geschnitten, aber manchmal holte er sich größere Stücke von Nina oder Maja und verschlang diese im Ganzen. Jedoch auch er lehnte es ab, Fleisch zu fressen, welches schon mehrere Stunden ungekühlt in der Futterschüssel lag.

Es zeigte sich bei den **vier beobachteten Katzenarten,** dass die Ansprüche an die Qualität und Frische des Fleisches mit abnehmender Körpergröße zunahmen. So konnte Fleisch, welches von den anderen Katzen nicht mehr angenommen wurde, an den Karakal verfüttert werden. Auch die Servale akzeptierten noch Futter, welches die Falbkatzen oder Schwarzfußkatzen verschmähten.

Der Grund hierfür mag darin liegen, dass größere Katzen auch große Beutetiere erlegen können, an welchen sie mehrere Tage lang fressen, wogegen die Beutetiere der kleinen Katzenarten, Nagetiere oder Vögel, meist sofort, also frisch verzehrt werden.

SLIWA (2007) schreibt jedoch, dass Schwarzfußkatzen u.a. auch durch Giftköder, welche für Schakale ausgelegt wurden, gefährdet sind, da sie vor Aas nicht zurückschrecken.

Es ist anzunehmen, dass sie in diesem Fall schon sehr hungrig sein müssen, was in der freien Wildbahn wahrscheinlich gelegentlich vorkommt. In menschlicher Pflege lehnen Schwarzfußkatzen, soweit mir bekannt ist, nicht ganz frisches Fleisch meistens ab. Freilich mit Ausnahmen: Bereits etwas riechendes Wildfleisch wurde dennoch jedem frischen Straußenküken vorzogen.

Kater waren diesbezüglich stets weniger heikel als Weibchen. Trotzdem, so als Faustregel: Je kleiner die Katzenart, desto größer sind die Ansprüche an die Frische.

Das **Fressverhalten** der jungen Schwarzfußkatzen, Lutz, Jan und Magrit war schon in früher Jugend von starkem **Konkurrenzverhalten** geprägt.

Bereits im Alter von sieben Wochen herrschte ein heftiger intraspezifischer Konkurrenzkampf um das Futter. Meist packte jedes Kätzchen knurrend ein Küken oder Hühnerstück und flüchtete damit in ein Versteck, um es dort in Sicherheit zu fressen, oft weiter knurrend. Wenn zwei Junge das gleiche Stück erwischten, wurde knurrend und spuckend daran gezerrt und mit den Pfoten geschlagen. Bei diesen Auseinandersetzungen blieb Lutz meist der Sieger. Magrit, als die Schwächste, ging oft leer aus.

Die Geschwister untereinander sind beim Fressen äußerst unverträglich im Gegensatz zu jungen Hauskatzen, die im gleichen Alter oft friedlich aus einer Schüssel fressen. PFLEIDERER pers. Mitteilung: „Junge Falbkatzen konkurrieren ebenfalls sehr stark bei der Fütterung, wie auch die Servale. Der Grund der Friedfertigkeit der Hauskätzchen liegt nicht nur in der Domestikation. Die Art der Fütterung hat sehr viel damit zu tun: Statt eines gemeinsamen Napfes mit Futterbrei, Bröckchen oder Trockenfutter nach Möglichkeit Ganzkörperfutter und keine Fütterung ad libitum!"

Gab es Eintagsküken für die Hauskatzen, war die Konkurrenz ebenfalls bemerkbar. Die Kater verteidigten knurrend auch alle selbstgefangenen Mäuse.

Bei **Magrit** steigerte sich die Aufregung bei der Fütterung mit der Zeit immer mehr. Sie schien in diesem Zustand nicht richtig zu sehen. Schreiend und knurrend biss sie wahllos zu, oft in den Tellerrand, stieg in den Teller und verfehlte trotzdem ihr Küken oder Hühnerstück, während ihre Brüder ebenfalls knurrend, die Beute wegtrugen und sie dann plötzlich vor dem leeren Teller stand. Noch mit 10 Wochen hatte sie manchmal vor Aufregung Schwierigkeiten, ein Küken anzuschneiden.

Die Situation entschärfte sich rasch und deutlich, als die Katzen in das große Außengehege kamen.

Mehrmals konnte ich an Magrit folgendes auffälliges Verhalten beobachten: Nina und ihre drei Jungen erhielten je ein Küken. Magrit nahm das ihre, knurrte und schrie, auch noch während des Fressens, wobei sie das Küken soweit wie möglich unter ihren Körper schob. Dann fraß sie, indem sie den Kopf unter die Brust steckte. LEYHAUSEN (1979) beschrieb dieses Hineinschieben der Beute unter die Brust bei Schwarzfußkatzen in einem anderen Zusammenhang; zur Bewältigung von sich lebhaft windenden Beutetieren wie z.B. Ratten. In beiden Fällen könne man das Hineinschieben unter den Körper ev. als einen Schutzmechanismus zur Sicherung der Beute ansehen.

THALER pers. Mitteilung: Dieses Verhalten wäre vergleichbar mit dem „Manteln" von Greifvögeln, die ihre Beute mit geöffneten Flügeln abdecken.

Es ist fraglich, ob Magrit in freier Natur bei nicht ausreichenden Ressourcen überlebt hätte. Die hier beschriebenen sozialen Reaktionen während der Fütterung haben vermutlich ihre Ursache im Überlebenskampf bei zu wenig Nahrungsangebot (Protokoll 2006, 04.05.).

Im Gehege, wenn die Kätzchen hungrig waren, liefen alle drei zum Gitter, sobald sie ihre Betreuerin kommen sahen. Magrit sprang hinter dem Gitter hin und her und knurrte dabei. Dann stürzten sich alle Jungen auf den Teller und jedes Kätzchen verschwand mit seinem Futter in eine andere Ecke. Jan und Lutz trugen manchmal mehr als ein Futterstück in ein Versteck, um anschließend in Ruhe zu fressen (Protokoll 2006, 06.05. und Protokoll 2007, Nr. 4.1.1.2. vom 28.01.07).

Nur wenn ihre Geschwister nicht dabei waren, fraß Magrit manchmal ruhig und ohne zu knurren. In der **15 Woche**, Ende Mai, änderte sich das Verhalten von Magrit. Sie hielt sich beim Füttern zurück, knurrte kaum und ging als letzte zum Teller. Allerdings gab es immer wieder Rückfälle in ihr aggressives Verhalten.

Wenn ich das Zimmer oder Gehege mit einem **Teller** in der Hand betrat, kamen mir alle drei Schwarzfußkätzchen miauend und knurrend entgegen. Sie machten „Männchen", sprangen aufs Bett oder den Tisch, um näher an den Teller zu kommen. Lutz kletterte ein paar Mal bis zur Brusthöhe an mir hoch. Mit einem Teller konnte ich die Kätzchen jederzeit dazu veranlassen mir nachzulaufen, ob sie hungrig waren oder nicht, und sie so in einen anderen Raum locken. Die gleiche Reaktion zeigten sie wenn ich eine Schüssel, ein Brett oder ein Buch in der Hand hielt.

In diesem Falle kann man von einer **operanten Konditionierung,** auch **„Lernen am Erfolg"** genannt, ausgehen. Hier wurde zwischen einer Situation und einem Verhalten eine Assoziation hergestellt (DYLLA u. KRÄTZNER, 1990, IMMELMANN, 1996).

Offensichtlich war jeder flache Gegenstand in der Hand ein Schlüsselreiz, welcher als **Auslöser für die Nachlaufreaktion,** bzw. **Erwartung von Futter** wirkte.

Wenn auf dem Teller frisches Antilopen-, Rinds-, Straußenfleisch oder Innereien lagen, stürzten sich alle Jungen knurrend darauf und zogen sich sofort enttäuscht zurück. Wenn ich nach einigen Stunden das unberührte Futter mit dem Teller wegtragen wollte, liefen mir alle drei wieder schreiend nach, weil sie den Teller in meiner Hand sahen. Das kann man auf natürliche Verhältnisse umsetzen. Es wäre ein Vergleich mit dem Heimkommen der Mutter mit Beute im Mund.

Lt. PFLEIDERER pers. Mitt. ruft die Mutter mit der Beute im Mund wenn sie zu den Jungen kommt (wie Hauskatzen). Leider nur selten beobachtet; keine Aufnahmen. Der Laut ist ziemlich leise, eine Art melodisches Murren.

Die Kätzchen hatten sich bei der **Ernährung stark spezialisiert**. Sie nahmen kein anderes Fleisch als Huhn und davon nur Flügel und Köpfe, ev. Hals und Schenkel. Auch Küken wurden gerne gefressen, aber davon am liebsten die Köpfe.

Es wurde versucht, zu erreichen, dass die Jungen nicht nur Hühnerfleisch essen. Erstens, ist es eine einseitige Kost und zweitens sollen sie an andere Zoos abgegeben werden, wo es nicht üblich ist, die Katzen nur mit Hühnerflügeln und Köpfen zu füttern.

PFLEIDERER pers. „Du wirst lachen: Lutz und Magrit bekommen in Plettenberg Bay ausschließlich Huhn - sauber nach Erfahrungswerten (und damit nichts geklaut wird!) abgewogen, immerhin mit viel gutem Auftausaft".

Lutz war 15 Wochen alt, als ich in einem Teller ein großes Stück Straußenfleisch mit Knochen, Flachsen und Luftröhre auf den Boden stellte. Er stürzte sich begeistert darauf, zog es, obwohl es viel schwerer war als er selbst, erst mit, dann ohne Teller durch die Küche unter den Tisch, nagte und fraß eifrig über eine halbe Stunde daran.

Daraus kann man ersehen, dass sich Schwarzfußkatzen durchaus **an große Beute wagen**. Jock hat einmal einen jungen Klippschliefer *(Procavia capensis)* getötet, ein andermal einen ausgewachsenen Strauß beschlichen und versucht, ein ganzes Jungschaf anzuschneiden!

Lutz und Magrit hatten bis zum **Jänner 2007** einige Monate im Zoo Clifton verbracht und waren nun nicht mehr nur auf Hühnerfleisch spezialisiert. Inzwischen fraßen sie gerne auch anderes Fleisch. Ein ganzes Straußenküken, welches schwerer war als er selbst, wurde von Lutz in den hinteren Gehegeteil getragen, bzw. gezogen. Bis zum nächsten Morgen war alles aufgefressen.

Magrit hat ihr früheres Fressverhalten noch nicht ganz abgelegt. Sobald der Teller auf den Boden gestellt wurde, packte sie knurrend ein Stück Fleisch, lief davon, fraß es und kam gleich wieder zurück. Inzwischen hatte Lutz schon den Großteil gefressen.

Ein **typisches Katzenverhalten:** Beschwichtigendes "Umherschauen" (LEYHAUSEN 1979), zeigte Magrit, als ihr der Zugang zum Futter verwehrt war: Ein kleines Straußenküken wurde ins Gehege gebracht und sofort von Lutz erfasst. Als Magrit auch fressen wollte, knurrte er und schlug nach ihr. Sie knurrte auch, zog sich etwas zurück und saß mit **zugekniffenen Augen auf dem Futterplatz, als hätte sie kein Interesse.**

Bei der Fütterung lief Magrit immer wieder in das Zwischengehege, ließ sich aber schnell mit dem Teller in ihr Gehege zurücklocken. Auch im Alter von einem Jahr war ein Teller für sie noch immer ein **Auslöser zur Nachlaufreaktion,** auf den sie reagierte, sogar wenn sie nicht hungrig war.

Trinken
In den ersten Tagen auf Honingkrantz erhielten die drei jungen Schwarzfußkätzchen Lutz, Jan und Magrit verdünnte Kondensmilch aus einer Spritzampulle. Die Milch schmeckte ihnen und alle drei vertrugen sie gut. Gleichzeitig wurden die Jungen auch von ihrer Mutter Nina gesäugt. Im Alter von 9 Wochen bekamen die Jungen ihre Kondensmilch nicht mehr in der Ampulle. Sie tranken sie aus der Schüssel, aber nur wenn sie hungrig waren.
Milch ist eigentlich kein Getränk sondern ein Nahrungsmittel. Da Schwarzfußkatzen in der freien Natur kein Wasser trinken müssen, fällt es ihnen schwerer als anderen Katzen, aus Teller oder Schüssel zu trinken. Noch im Alter von 11 Wochen verschluckten die Jungen sich und husteten oft, wenn sie ihre Milch zu trinken begannen.
Klein Jock war 45 Tage alt, als ihm eine Schale mit verdünnter Kondensmilch gebracht wurde. Er steckte dreimal seine Nase hinein, leckt sie ab. Er konnte offensichtlich noch nicht aus einem Gefäß trinken (Da junge Schwarzfußkatzen diese Fähigkeit nicht benötigen, scheinen sie es erst später zu entwickeln).
Wir boten den drei Kätzchen Lutz, Jan und Magrit kein Wasser an, bis ich Jan im Alter von 15 Wochen erstmals dabei überraschte, dass er Wasser aus einem Glas auf dem Tisch trank. Später wurde auch Lutz noch zweimal beim Wassertrinken beobachtet.
Jock trank ebenfalls gelegentlich Wasser, vermutlich verursacht durch seine fehlenden Zähne, die ihm das Anschneiden der Futtertiere unmöglich machten (PFLEIDERER, Tagebuch vom 2.Jänner 2004).
Lutz und Magrit ließen sich im **Jänner 2007** (Hochsommerzeit mit Temperaturen bis fast 50° C) gerne mit der Wassersprenkel-Anlage besprühen und putzten anschließend ihr nasses Fell. Auch auf diese Weise nahmen sie ein wenig Flüssigkeit zu sich.
Alle Schwarzfußkatzen leckten gerne das Blut, welches zusammen mit Innereien und Fleisch in der Schüssel angeboren wurde. Wie man auch bei **Jock** sehen konnte, trinken Schwarzfußkatzen nur Wasser, wenn in der Nahrung nicht genug Flüssigkeit enthalten ist.

Bei **Ganztierfütterung und in der freien Wildbahn** enthält die Nahrung im Allgemeinen genügend Flüssigkeit, sodass kein zusätzlicher Bedarf nach Wasser besteht.
Häufiges Trinken bei Schwarzfußkatzen in menschlicher Obhut ist meist ein Alarmsignal. Es ist das erste Symptom für die gefürchtete Stoffwechselkrankheit **Amyloidose**, die besonders die Nierenfunktion beeinträchtigt und noch immer die Haupttodesursache für Schwarzfußkatzen in Tiergärten ist. Zum Nachweis und zur Erforschung der Ursache von Amyloidose werden im Freiland eingefangenen Schwarzfußkatzen Fett- und Blutproben entnommen. (SCHÜRER & SLIWA, 2005, SLIWA, 2007). Diese Krankheit ist auch Gegenstand einer Doktorarbeit, die vom Zoo Wuppertal und der Universität Leipzig betreut wird.
Befallen werden v.a. Schwarzfußkatzen aus Haltungen in gemäßigtem Klima. Das ist die Ursache, warum man in europäischen und auch nordamerikanischen Zoos nur selten Schwarzfußkatzen findet. In den Haltungen Südafrikas, mit Ausnahme der Küstenregion, erkranken Schwarzfußkatzen selten an Amyloidose (PFLEIDERER pers. Mitt.).

4.1.1.3. Spielverhalten – solitäres Spiel, Objektspiel

Bei dieser Art von Spiel findet man alle Bereiche des **Jagdverhaltens**: Lauern, Anschleichen, Schleichlauf, Sprung auf die Beute, Festhalten und Zubeißen.
Alle drei jungen Schwarzfußkatzen zeigten große Ausdauer beim Spielen. 30 bis 45 Minuten Spieldauer ohne Unterbrechung waren keine Seltenheit. Magrit spielte merklich länger als Lutz und Jan.
Das Spiel der jungen Schwarzfußkatzen **unterschied sich deutlich vom dem der Hauskatzen**. Sie liefen viel mehr und zogen große Stücke, wie z.B. Hausschuhe, Wäschestücke oder große Zweige kleinen Gegenständen vor. Eine Filmaufnahme zeigt Lutz im Alter von **8 Wochen**, wie er einen Filzpantoffel in der gleichen Weise bearbeitet (mit den Vorderpfoten festhalten und einen Biss im vorderen Teil anbringen), wie ein totes Meerschweinchen eine Woche später.
PFLEIDERER pers. Mitteilung: Objektspiel: Zwei Formen; "Ledermaus", "Federspiel" u. ä. sind Spiele, an denen ein Mensch teilnimmt und auch zum

Spielen animiert. Andere Objekte (Kleidungsstücke, Äste, Blätter) sind unbewegt und wesentlich neutraler.

Junge Hauskatzen in Europa zeigen wenig Interesse an schlangenförmigen Objekten, weder eine Schreckreaktion noch anschließendes "mutiges" Spiel. Südafrikanische Farmkatzen wie auch Schwarzfuß-, Falbkatzen, Servale und Karakale reagieren stark auf Gummischlangen oder gar Gürtel ("Ermüden" mit häufigen Tatzenschlägen und Schwanzzupfen, Umspringen, "Sicherheitssprüngen" nach rückwärts, "Tötungsbiss" hinter der Schnalle). Echte Schlangen werden ebenso attackiert (siehe Protokoll 2006 über Spiele junger Servale).

Bei den **adulten Tieren** konnte ich kein Objektspiel feststellen. Es ist nicht auszuschließen, dass es doch vorkommt, aber keineswegs so häufig wie bei Hauskatzen.

PFLEIDERER pers. Mitteilung: „Jock spielte intensiv mit der Ledermaus und losen Gegenständen, bis er etwa vier Jahre alt war. Dann verlor er das Interesse. Servalweibchen Bonnie spielt immer noch gern mit der Ledermaus, wobei sie Arno vertreibt, wenn er mitspielen möchte."

Lutz und Magrit spielten auch als **subadulte** Katzen im Alter von einem Jahr noch. Lutz spielte mit menschlichen Füßen, biss vorsichtig hinein, ebenso mit dem Saum eines Kleides, mit der Spielspinne (Plüschspinne) und Papiertaschentüchern. Magrit war beim Spiel etwas zurückhaltender und ängstlicher. Ein beliebtes Spielobjekt der beiden war der Läufer im Bad, welcher mindestens 10 Mal täglich zusammengeschoben wurde.

Bevorzugte Spielobjekte der Schwarzfußkätzchen im Alter von 7 bis 16 Wochen waren Wäschestücke, Leintücher, Decken, Hausschuhe. Diese wurden, soweit wie möglich, durch den Raum gezogen. Der subadulte Kater **Koos** zog sogar einen Hocker von 45 cm Durchmesser und 15 cm Höhe, der viel mehr wog als er selbst, durchs Gehege (PFLEIDERER, 2001). Kleine Gegenstände, wie Papierbällchen, die jede Hauskatze zum Spielen anregen würden, erregten kein Interesse.

Einen besonderen Reiz auf die jungen Schwarzfußkatzen übten an einer Schnur befestigte, bewegte Gegenstände aus, wie z.B. ein 30 cm langer Zweig mit Blättern, mehrere zusammen gebundene Straußenfedern, ein 15 cm langer

Lederriemen, eine Plüschspinne, Durchmesser 10 cm, Korken, oder auch nur das Ende einer Peitsche (Siehe S. 66). Wenn die Kätzchen einen an der Schnur befestigten Gegenstand jagten, liefen, kletterten und sprangen sie lange, ohne zu ermüden.

Sogar die ängstliche Magrit spielte begeistert mit dem Zweig an der Schnur, sie hüpfte, lief nach und überschlug sich mehrmals. Immer wieder packte sie den Zweig, biss hinein. Ein paar Mal lief sie unter den Schrank, lauerte, dann folgten Schleichlauf und Ansprung.

Die sonst so vorsichtigen Kätzchen vergaßen beim Spiel ihre Scheu und folgten der Person welche die Schnur zog, sogar in andere Räume.

Jan und Lutz folgten den menschlichen Betreuern und bissen in Füße und Jeans, oder wenn sie Gelegenheit hatten, in die Hände. Beim Spiel konnten sie recht heftig zubeißen. Auch Magrit spielte auf diese Weise, biss jedoch nur ganz vorsichtig.

Gerne spielten die Schwarzfußkätzchen mit zwei an einer Schnur befestigten Zweigen von je 30 cm Länge mit trockenen, raschelnden Blättern. Aber mit der Zeit verloren sie das Interesse und liefen nicht mehr so oft nach. Durch die häufige Wiederholung erhöhte sich die Reizschwelle und schließlich entstand eine **Habituation**. Nach drei Wochen Pause wurden diese Zweige wieder zum Spielen angeboten. Nun waren sie für die Kätzchen neu und alle drei sausten eifrig hinterher (Protokoll 2006, 02.06., 10,10 Uhr).

Gespielt wurde meist in der Zeit von 6 Uhr morgens bis ca. 11 Uhr vormittags und am Abend zwischen 18 und 20 Uhr. Nachts gab es mehr soziales Spiel als Objektspiel.

Auch **Klein Jock** spielte im Alter von 6 bis 9 Wochen gerne mit verschiedenen Gegenständen, z.B. mit dem Korken an einer Schnur, Zweigen oder dem Riemen der Fototasche. Er vergaß ebenfalls seine Vorsicht und Scheu wenn er spielte. Der Kater **Lutz** konnte noch im Alter von einem Jahr zu Spielen mit der Plüschspinne angeregt werden.

Der einjährige Schwarzfußkater **Koos** konnte mit der Ledermaus am Spiel interessiert werden, allerdings nahm er erst nach vierwöchigem Training aktiv am Spiel teil (PFLEIDERER, 2001). Adulte Schwarzfußkatzen spielen nicht wie die Jungen aus eigenem Antrieb mit Gegenständen. Sie lassen sich jedoch dazu von vertrauten Personen anregen.

Zwischen **sozialem Spiel und Objektspiel** kann nicht immer scharf unterschieden werden, weil es ineinander übergeht.

Das Objektspiel der jungen **Servale** unterscheidet sich wesentlich von dem der jungen Schwarzfußkatzen. Dies steht sicher im Zusammenhang mit der unterschiedlichen Jagdmethode der beiden Katzenarten.

Die Servale spielten mit Vorliebe im hohen Gras mit Pflanzenbüscheln und Insekten. Das beliebteste Spielzeug war ein Rindenstück. Dieses wurde im Maul umhergetragen, fallen gelassen oder in die Luft geworfen und mit hohen Sprüngen wieder „erbeutet". Das „Rindenspiel" dauerte manchmal über eine halbe Stunde. Das weibliche Junge Cosima spielte eines Tages lange mit dem Schwanz einer toten Meerkatze (*Cercopithecus aethiops*), welche an die Katzen verfüttert wurde, indem sie diesen umhertrug, fallen ließ, wieder aufnahm und damit hüpfte. Sogar Wasser in einer Schüssel regte die kleinen Servale zum Spielen an. Ein zwei Monate altes Junges steckte die Nase ins Wasser, tappte sodann mit den Vorderpfoten hinein. Daraufhin stand es vor der Schüssel, den Kopf über den Rand gebeugt, schaute auf die Oberfläche, tappte vorsichtig wieder hinein.

4.1.1.4. Wandern, Traben, Pendeln

Die Schwarzfußkatzen haben im Vergleich zu anderen Felis-Arten eine besondere Weise der Fortbewegung. Sie traben schnell und trippelnd, den hinteren Rücken leicht gewölbt und mit hängendem Schwanz. Mit dieser Gangart können sie lange Strecken zurücklegen ohne zu ermüden.

Ihre Pfoten unterscheiden sich von denen anderer Felis-Arten dadurch, dass sie relativ klein und schmal sind. Sie eignen sich für das Laufen auf dem harten Karooboden.

Die ebenfalls in ariden Gebieten, allerdings wüstenartigen, lebende Sandkatze (Felis Margarita) hat behaarte Sohlenposter (HEMMER, 1974). Dies führte zur unbestätigten Hypothese der Sandkatzenabstammung von Perserkatzen, die dieses Merkmal ebenfalls besitzen (PETSCH, 1972). Die Barchan- oder Sicheldünenkatze (Felis thinobia), deren Lebensraum die Wüstengebiete Turkmeniens sind, weist eine besonders dichte Behaarung (1,5 bis 3 cm Haarlänge) an der Unterseite der Vorder- und Hinterpfoten unter den Zehen auf, welche die Ballen gänzlich bedeckt.

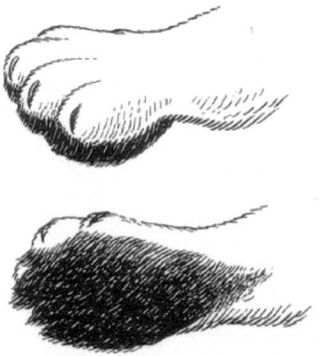

Unterseite der Vorderpfote einer Sicheldünenkatze, *Felis (Otocolobus) margarita thinobia* Ogn. 1926, im Winterkleid. Zeichn.: N.N. KONDAKOV

Eine ebensolche Bildung, nur nicht so stark entwickelt, findet man auch bei der Schwarzfußkatze (HEPTNER, 1970). Bei adulten Schwarzfußkatzen werden die Haarpolster durch das Traben auf dem harten Karooboden stärker abgenützt.

Pfote von Magrit

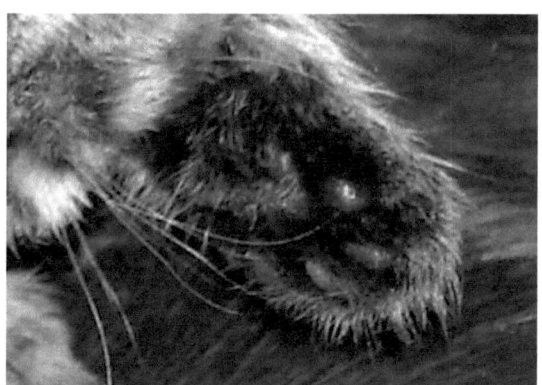
Pfote von Lutz

Pfote von Klein Jock

Abb.12 Sohlenhaarpolster bei jungen Schwarzfußkatzen.

Erwachsene Schwarzfußkatzen legen in Freiheit von 4 bis 15 km, durchschnittlich 8,4 km in einer Nacht zurück. Dies sind aber nur die Strecken, welche der Beobachter im Fahrzeug hinter den Katzen herfuhr. Diese legten wegen ihres ständigen Zickzackkurses zwischen den kleinen Karoo-Büschen oder durch häufiges enges Umkreisen von Gebieten erheblich mehr, wahrscheinlich das Zwei- bis Dreifache des Fahrzeugweges zurück und damit 10 bis 30 km pro Nacht (SLIVA, 2007).

Die beiden handaufgezogenen Schwarzfußkatzen von ARMSTRONG (1975) begannen mit dem Traben durchs Zimmer erst im Alter von ca. 5 Monaten. Auch LEYHAUSEN & TONKIN (1966) beschrieben dieses Traben bei ihren mutteraufgezogenen Schwarzfußkatzen, wiesen aber darauf hin, dass diese Aktivität bei nicht ausreichendem Platz unterdrückt wird. Daher ist es besonders wichtig, dass diese kleinen Katzen in einem möglichst großen Gehege gehalten werden.

PFLEIDERER **beobachtete Jock im März 2004** nachts zwei Stunden lang beim Traben. Er lief auf seinen zahlreichen Wegen kreuz und quer durchs Gehege – im raschen Schritt bergauf, im Trab bergab. Auf dem Hügel blieb er einmal stehen, um umherzuschauen. Zwischendurch ruhte er auf dem Steinhaus, auch umherschauend.

Lutz und Magrit im Alter von einem Jahr: Morgens trabten beide ausdauernd durch das große Gehege, wobei Lutz das hintere Viertel ausließ. Das kann auch daran liegen, dass er schon auf die Fütterung wartete und immer wieder zum vorderen Gitter lief. Nach einer kurzen Fresspause wanderte Lutz weiter umher. Er macht seine Gehegerunden im Uhrzeigersinn.

Beide trabten fast täglich morgens und abends ausdauernd durch das Gehege, wobei sie die inzwischen schon ausgetretenen Wege benützten. Sie liefen oft bis zu zwei Stunden fast ununterbrochen. Eines Nachts beobachtete ich, wie beide im Gehege umher trabten, jeder ging seinen eigenen Weg. Wenn sie sich an einer Engstelle begegneten, knurrten beide leise. Schließlich legte Magrit sich an der engsten Stelle vor das Gitter, um zu ruhen. Lutz lief weiter hin und her, wenn er ihr zu nahe kam, knurrte sie. Dann machte Lutz einen Bogen, um an ihr vorbeizukommen, wobei er gurrte. Das wiederholte sich mindestens zehn Mal. Nach einer kurzen Ruhepause trabte Lutz im vorderen und Magrit im hinteren Gehegeteil.

In der Zeit von **April bis Juni 2006** übernachteten die jungen Schwarzfußkatzen Lutz, Jan und Magrit häufig im Zimmer ihrer Betreuerin. Oft wachte ein Kätzchen in der Zeit von 2 bis 4 Uhr auf und begann durchs Zimmer zu traben. Das schnelle Tappen auf dem Holzboden war deutlich zu hören. Sobald ein anderes Kätzchen dazukam, wurde gespielt.

Wenn sich nur ein Junges im Zimmer befand, erwachte dies meist zwischen 5 und 6 Uhr und trabte bis zu einer Stunde lang. Dann ruhte es kurz oder begann zu spielen.

Im Jänner 2007 wurde Maja nachts ab 2,15 Uhr beim Traben im großen Zimmer beobachtet. Sie legte die Strecken in flottem Trab zurück, das Trippeln war auch hier deutlich zu hören. Sie schlüpfte in Ecken, kam gleich heraus um weiter zu laufen. Trabte dann ununterbrochen bis 4 Uhr. Vielleicht auch länger, aber danach gab es keine Beobachtung mehr.

Abb.13 Schwarzfußkatze Maja nachts beim Traben.

Abb.14 Junge Schwarzfußkätzchen beim Traben.
Oben Lutz, 55 Tage alt, im Zimmer. Unten Klein-Jock, 62 Tage alt, im Gehege.

Das **Traben** der Schwarzfußkatzen ist eine Anpassung an ihren trockenen vegetationsarmen Lebensraum, in welchem sie relativ große Reviere bewohnen und sowohl zur Nahrungssuche, wie auch zur Auffindung von Geschlechtspartnern weite Strecken zurücklegen müssen.
Die Schwarzfußkatzen **pendelten** nicht im üblichen Sinn, als Lokomotionsstörung, sondern wenn sie irgendwo schnell hinaus oder hinein wollten (siehe Zimmerfenster oder Türe bei der Fütterung). Auch vor dem Spiegel pendelten die jungen Kätzchen manchmal.
Kurzzeitiges schnelles Hin- und Herlaufen auf engem Raum zeigte Maja, die hektisch am Fenster pendelte, wenn sie hinaus wollte.
Jock pendelte immer bei der Fütterung. Er beobachtete aufmerksam das Geschehen vor dem Gehege und erst wenn eine Person mit der Futterschüssel zu seiner Türe kam, begann er zu laufen. Dies sollte ganz gewiss nicht als Lokomotionsstereotypie betrachtete werden, sondern als Ausdruck der Ungeduld, mit welcher er auf sein Futter wartete. Er lief dabei hinter dem Gitter eine Strecke von etwas über einem Meter in sehr rascher Folge hin und her, unterbrochen von Sprüngen gegen das Gitter. Das gleiche Verhalten konnte man bei Klein Jock bereits im Alter von 9 Wochen beobachten.
Auch der Serval Arno pendelte am Gitter hektisch hin und her, sobald er bemerkte, dass die anderen Katzen gefüttert wurden. Bei ihm dauerte das Pendeln länger, da sein Gehege weiter entfernt lag, sodass er sein Fleisch zuletzt erhielt, aber die Vorbereitungen schon bis zu 15 Minuten früher sehen konnte.
Als einzige Katzen in der Karoo Cat Research zeigten die Karakale Flip und Isabel eine Lokomotions-Stereotypie. Besonders nachts konnte man oft beobachten, wie der Kater vorwiegend an der linken Gehegeseite am Gitter bis zu einer Stunde ohne Pause pendelte, während das Weibchen am oberen Gitter (das Gehege hatte eine leicht Hanglage) hin und her stereotypierte. Obwohl das Gehege mit 84 m^2 groß und gut strukturiert war, bewegte sich jede Katze nur an einer bestimmten Seite des Geheges. Im nächsten Beobachtungsjahr war Flip alleine in Gehege, sein Verhalten hatte sich allerdings nicht geändert. Jedoch als er im Jahr 2009 in das neue, ca. 350 m^2 große Gehege versetzt wurde, zeigte er keine Bewegungsstereotype mehr. Dass er auch nachts nicht mehr pendelte, erkannte man daran, dass das Gras nirgends stärker niedergetreten war. Man

konnte auch in seinem Gehege umhergehen, ohne das er sich dadurch gestört fühlte, er wirkte vollkommen entspannt. Es ist anzunehmen, dass ihm die Größe des Geheges mit den vielen Versteckmöglichkeiten ein erhöhtes Gefühl der Sicherheit gab.

4.1.1.5. Klettern, Springen

Klettern, Springen und Fangen können Schwarzfußkatzen, wenn es sein muss, nur das Landen auf vier Füßen macht ihnen Schwierigkeiten, bis zur Verletzungsgefahr. Im Vergleich mit anderen Katzenarten sind diese Fähigkeiten nicht besonders gut entwickelt. Ihre Stärke liegt mehr im Zurücklegen von langen Strecken.

Im Eifer des Spielens können junge Schwarzfußkatzen dennoch recht gut klettern und springen. Besonders geschickt kletterte Klein-Jock im großen Gehege, wenn es um Ausbruchsversuche ging, welche ihm leider immer wieder gelangen. Er klettert am Gitter oder an den hölzernen Pfosten hoch und benützte Sträucher in Gitternähe um höher zu dem weitmaschigen Teil des Zaunes zu gelangen.

Adulte Schwarzfußkatzen konnte ich beim Klettern nicht beobachten, und Sprünge machten sie nur, wenn unbedingt nötig, wie Nina, wenn sie durch das Fenster vom Gehege ins Zimmer zu ihren Jungen wollte.

In einer meist ebenen Landschaft wie der Karoo mit karger Vegetation aus Gräsern und niedrigen Büschen ist es nicht erforderlich, gut klettern und springen zu können.

Auch adulte Servale klettern nicht gerne, aber die drei Jungen von Bonnie übten sich schon früh (mit 25 Tagen), allerdings noch recht unbeholfen, im Klettern, und im Alter von 2 Monaten erreichten sie die Spitze eines mehrere Meter hohen Holzpfahles, der das Deckengitter stützt. Das Herunterklettern bereitete ihnen jedoch Schwierigkeiten.

HEDIGER (1965) schreibt, dass Servale in mehreren Zoos Beinfrakturen erlitten, indem diese bodenlebenden Katzen versuchten, an hohen Gittern empor zu klettern und herunterfielen. Derartige Verletzungen seien vermeidbar, indem Kunststoffglas-Streifen von ca. 80 cm Höhe am Gitter angebracht würden.

Lt. PFLEIDERER haben alle Katzen, auch solche, die später nicht klettern, in der Jugend eine Phase, wo sie gerne klettern.

4.1.1.6. Krallenwetzen

Erstes Krallenwetzen wurde von Pfleiderer und von mir an mehreren jungen Schwarzfußkatzen im Alter von 7 bis 9 Wochen beobachtet (Protokoll 2006 vom 13.04.). Klein Jock wetzte die Krallen erstmals im Alter von 51 Tagen (das sind 7 Wochen)
an einem Teppichstück am Boden (Protokoll 2007, Seite 4).
Siehe SCHÜRER 1978, ARMSTRONG 1975, HEMMER 1974, OLBRICHT & SLIWA 1997: Vergleich Entwicklung der jungen Felisarten im Kapitel Sozialverhalten.
Sowohl junge, wie auch adulte Schwarzfußkatzen bevorzugen horizontale oder leicht schräge
Flächen zum Krallenwetzen. Sie wurden nie beim Krallenwetzen an senkrechten Stämmen oder Holzstücken beobachtet. Auch PLEIDERER sah Schwarzfußkatzen nie an senkrechten Gegenständen kratzen.
Akazien wachsen meist buschförmig, nicht kratzgeeignet. Die Kratzmarken an aufrechten Stämmen stammten von Falbkatzen (PFLEIDERER, Feldbeobachtungen). Im freien Feld benützen Schwarzfußkatzen mangels Holz manchmal getrockneten Dung von Weidetieren oder Wild zum Krallenwetzen.
Im Gehege benützten die jungen Katzen liegende Holzstücke und in Zimmer wetzten sie ihre
Krallen auch gerne an Teppichböden oder an einem Kelim.

4.1.1.7. Markierverhalten

Defäkieren, Urinieren, Wangenreiben, Flehmen
Bei Schwarzfußkatzen hatte ich nur selten Gelegenheit, Flehmen zu beobachten. Im Jänner 2007, als Maja und Klein Jock zu Jock ins Gehege kamen, **markierte Jock** die ganze Nacht durch Spritzharnen auf Weidenzweige. In der folgenden Nacht erfolgte kein Spritzharnen mehr, aber **Wangenmarkieren**, einmal danach

Ablecken der Marke und dann **Flehmen** und Krallenwetzen. Zwei Tage später stellte sich der erst 6 Wochen alte **Klein Jock** am Holz auf und rieb seine Wange an der gleichen Stelle, wo Jock sich am Morgen gerieben hatte. Offensichtlich sind die Markierungsgerüche sogar für Jungtiere interessant.

Auch ungewohnte Gerüche können eine Katze zum Flehmen veranlassen. Mit 9 Wochen fand Lutz eine Zahnbürste, roch daran, **flehmte** und biss vorsichtig in die Borsten.

Versuche Birgit RÖDDER 2006: Katzenminze, Baldrian: Kein Interesse bei Schwarzfußkatzen, aber bei Falbkatzen. Auslöser von Flehmen: Achselschweiß, gegerbtes Leder, Harn eines Weibchens.

Kot zum Markieren:

Sowohl Jock (2006) wie auch Lutz (2007) setzten Kot manchmal am Gehegerand an auffälligen Stellen ab, ohne ihn zu vergraben. Lutz defäkierte sogar in den vorderen Termitenhügel. In diesem Fällen diente die Ausscheidung als Markierung des Reviers.

Spritzharnen:

Abb.15 Li. Jock markiert im großen Gehege auf Gras. Re. Lutz beginnt im Alter von einem Jahr zu markieren.

Jänner 2007. Im kleinen Gehege, markierte Jock auf das Grasbüschel links im Hintergrund..

Der Baumstamm links vorne musste ausgewechselt werden, da er vom vielen Markieren schon zu sehr beschädigt war.

Am **23.01.2007 kamen Maja und Klein Jock zu Jock** ins Gehege. Jock markierte die ganze Nacht zum 24.01. durch Spritzharn auf die frischen Weidenzweige im Gehege.

Auch an den folgenden Tagen markierte Jock überall, an der Mauerkante, der Türe, dem Fensterrahmen und an einem Ast. Darauf folgte immer wieder Wangenreiben an den markierten Stellen. Das Gehege wurde erst im Jänner neu eingerichtet und Jock war offensichtlich bestrebt, es besonders nach der Ankunft seiner Familie, durch seinen Geruch als sein Revier zu kennzeichnen.

Lutz begann im Jänner 2007 im Alter von fast einem Jahr mit **Spritzharnen**, genau zu dem Zeitpunkt, als er in das kleine Gehege mit Verbindung zum Zimmer kam, welches noch wenige Stunden zuvor von Jock bewohnt war. Dies ist wahrscheinlich der Grund für die eifrige Markierungsaktivität von Lutz.

Erste Beobachtungen von **Lutz** beim Markieren im Außengehege und im Zimmer.

17,30 Uhr, Lutz geht nach hinten in die rechte Ecke auf Sand, gräbt darin, hockt sich mit dem Rücken zur Wand, **wischt** mit den Hinterbeinen, stellt den Schwanz hoch, dieser zittert. Es sieht so aus, als würde er sprühen, aber anschließend ist nichts zu sehen.

18,04 Uhr, Lutz reibt sich am Stamm, streckt sich, kommt vor, geht wieder zum Stamm, reibt sich daran, dann reibt er Kopf, Kinn u. Mund auf beiden Seiten an der Türe, dreht sich um, hebt den Schwand zitternd, markiert Stamm und Türe, geht nach vorne.

18,12 Uhr, Lutz geht auf den Sand, gräbt, defäkiert ohne den Kot zu verscharren. Dann geht er auf das Holz, wetzt die Krallen, reibt Kopf und Wange am obersten Holz, legt sich darauf, es kippt und er erschrickt. Gleich darauf wetzt er wieder die Krallen, geht zur Türe, reibt sich daran, geht vor den vorderen Stamm, stellt sich davor, hebt den Schwanz markiert mit zitterndem Schwanz, „tretelt" dabei abwechselnd mit beiden Hinterpfoten.

Besonders interessant war sein Verhalten beim **Sandkistchen im Bad**: Erst grub er schnell mit **beiden Vorderpfoten** eine Grube, stellte sich darüber mit dem hochgestreckten Schwanz zur Wand, zitterte mit dem Schwanz, trippelte mit den Hinterfüßen und markierte. Ob er dabei Urin verspritzte, ließ sich nicht feststellen.

Im Zimmer markierte Lutz eine Leiter und auch den Computer.

Am 15.02.07 kamen Lutz und Magrit (nun gerade ein Jahr alt) in ein **größeres Außengehege**. Dort wurde Lutz beobachtet, wie er sich vor den Termitenhügel stellte, mit Schwanzzittern und Spritzen.

Andere Katzenarten:

PFLEIDERER pers. Mitteilung: Falbkater: Kurz nach erfolgtem Zahnwechsel (6 Monate). Zunächst Spritzen von üblicher Harnabsetzstelle aus, erst später Aufsuchen senkrechter Gegenstände. Auch der typische Katergeruch entwickelt sich erst allmählich. Solange Wildkater noch im Revier ihres Vaters wohnen, spritzen sie nicht. Dies wurde auch bei anderen Katzenarten, z.B. Schneeleoparden, festgestellt, wo der zweijährige Sohn, solange er das Gehege mit seinem Vater teilte, nicht markierte (ALMASBEGY, 2001).

HARTMANN pers. Mitteilung: Bei ihren Europäischen Wildkatzen (*Felis silvestris*) markierte der junge Kater wahrscheinlich ab dem 8. Monat (keine genaue Aufzeichnung) auch im Gehege seines Vaters, zu welchem er eine sehr freundschaftliche Beziehung hatte. Die Jungkater in ihrer Anlage in Horgen begannen frühestens mit 7 Monaten zu markieren.

Als **Arno** im Jahr 2006 allein in einem kleineren Gehege war, markierte er immer auf den gleichen Akazienstrauch. Zum Spritzharnen bevorzugte er bestimmte Zweige, die dadurch schon abgestorben und ganz weiß geworden sind.

Im Jahr 2007 war er wieder mit dem Servalweibchen Bonnie im großen Gehege vereint. Hier markierte er wesentlich häufiger und an verschiedenen Stellen. Das kann an der Gegenwart des Weibchens liegen, an der Größe des Geheges, oder an der warmen Jahreszeit. Er spritzte besonders gerne und oft auf die Akaziensträucher im vorderen Gehegeteil, aber auch am Stützstamm im linken Gehegeteil markierte er mehrfach; manchmal wetzte er dort zuvor die Krallen. Am rechten Gitter markierte er immer an der gleichen Stelle. Er rieb Wangen und den Hals am Gitter, drehte sich um und spritzte auf diese Stelle. Wischharnen konnte ich nur während der Tage, als Bonnie in Östrus kam, beobachten.

Defäkieren und Urinieren:
Wenn das **Defäkieren** nicht der Markierung dient, wird der Kot im Sand abgesetzt. Meist gräbt die Schwarzfußkatze vorher eine Grube, welche sie nachher mehr oder weniger genau zuscharrt. Auffallend ist dabei, dass zum Graben abwechselnd beide Vorderpfoten verwendet werden. Hauskatzen dagegen graben im Kistchen meist nur mit einer Vorderpfote.
PFLEIDERER pers. Mitteilung: „Falbkatzen graben wie Hauskatzen. Ich habe gute Aufnahmen von Katzenklos in der freien Wildbahn. Servale, Karakals graben überhaupt nicht".
Im Zimmer, worin Lutz, Jan und Magrit sich nachts aufhielten, stand in drei Ecken je ein Kistchen mit Sand. Anfangs war es nur eines, und Kot sowie Urin wurden meist in verschiedenen Ecken, oder an Stellen, die den Kätzchen geeignet schienen, wie z.B. ein Bettvorleger aus Fell, abgesetzt. Aber sobald genügend Kistchen angeboten wurden, gab es kein Problem mehr mit der Sauberkeit.
Im Gehege wurde meist der Sandplatz zum Urinieren und Defäkieren benützt. Lutz urinierte manchmal im Gebüsch. Sowohl im Gehege, wie auch im Zimmer wurden Kot und Urin häufig, aber nicht immer verscharrt. Im kleinen Gehege benützte Jock gerne den Sandplatz zum Defäkieren. Im Jänner 2007 wurde Jock beobachtet, wie er zwei Minuten lang versuchte, den Kot zu vergraben, aber nicht gezielt.
Bericht von PFLEIDERER: im Jänner 2004 ging Nina im Alter von zwei Monaten vorsichtig im Gehege herum, grub mit Mühe und Eifer eine Mulde in den harten Karooboden, setzte ihren Kot ab, grub die Mulde sehr sorgfältig zu. Später scharrte sie ebenso ausdauernd die Schale mit den Fleischesten zu.

Verhalten auf Sand:
Sand spielt eine wichtige Rolle im Lebensraum der Schwarzfußkatzen.

In **jedem Schwarzfußkatzengehege** sollte daher ein Sandplatz angelegt werden. Die frühe und starke Entwicklung zum Graben im Sand scheint eine spezifische ökologische Adaption bei psammophilen Carnivorenarten zu sein (LAY, ANDERSON und HASSINGER, 1979).
Der Sand dient einerseits als Ruhe- und Spielplatz, aber auch zum Vergraben von Kot und Urin. Oft kann man die Katzen beobachten, wie sie sich genussvoll auf dem Sand wälzen und räkeln.
Magrit stieg im Alter von vier Monaten in eine mit frischem Sand gefüllte große Plastikschüssel in der Küche, spielte im Sand und machte dabei fünf Mal kopfüber einen Purzelbaum. Dabei genoss sie es sichtlich, sich jedes Mal danach im Sand zu wälzen.
PFLEIDERER (1998) berichtet vom Verhalten Jocks, im Sand eine kleine Mulde zu graben, sich als Deckung flach hineinzulegen und über den Rand zu schauen. Die Beobachtung des Grabens einer Lauermulde im Sand machte sie bei Jock erstmals, als dieser erst 2 Monate alt war. Auch Klein Jock grub im Alter von 9 Wochen, während seines ersten Ausbruches, eine solche Mulde außerhalb seines Geheges in den Sand.
PFLEIDERER hat dieses Graben von Mulden auch in freier Wildbahn beobachtet, wo diese zum Beobachten, aber auch zum Ruhen dienten. LEYHAUSEN (1963) machte diese Beobachtung ebenfalls bei seinem Schwarzfußkater Schwarzi.
SCHÜRER (1978) schildert das Verhalten einer Schwarzfußkatze im Zoo Wuppertal, welche den Eingang zu ihrer Höhle schützte, indem sie diesen während den ersten Lebenswochen ihrer Jungen bis auf einen Spalt von 10 cm von innen mit einem Sandwall verschloss. Wurde dieser Wall durch die Ausflüge der Jungen eingeebnet, schob die Katze ihn mit ihren Vorderbeinen immer wieder zusammen. Sie hatte sogar schon 3 Tage vor dem Werfen den Sand vor ihrer Höhle zu einem Wall zusammengeschoben.

Abb.16 Klein Jock beim Graben einer Lauermulde außerhalb seines Geheges.

Solche zweckgebundenen Handlungen im Zusammenhang mit der Grabaktivität konnten bisher meines Wissens nur bei Schwarzfusskatzen beobachtet werden. Obwohl bei Sandkatzen (*Felis Margarita*) ebenfalls ein angeborener Antrieb zu Grabhandlungen vorhanden zu sein scheint, gibt es bisher keine Beobachtung, die mit dem Verhalten der Schwarzfusskatzen vergleichbar ist. Bei Jungtieren der Sandkatzen bilden Grabbewegungen im Sand einen relativ großen Anteil ihrer Spontanaktivitäten. Gegraben wird sowohl mehrfach hintereinander mit jeweils einer Pfote, als auch mit beiden Vorderpfoten alternierend (HEMMER, 1974, ALMASBEGY und PFLEIDERER, 2011).

Barchan- oder Sicheldünenkatzen (*Felis thinobia*) schichten aus Kot und Sand Hügel auf, die nicht nur als olfaktorische Markierpunkte dienen, sondern in Sandwüsten auch als weithin sichtbare Landmarken und Nachrichtenstellen für die sonst weit voneinander entfernt lebenden Tiere benützt werden (LEYHAUSEN, 1988; PFLEIDERER, 2001).

4.1.1.8. Ruhen, Schlafen, Ruheplätze

Die Schwarzfußkatzen im großen Gehege bevorzugten zum Ruhen die verschiedenen Termitenhöhlen, den dichten Schweinsohrenstrauch, einen Hügel aus großen Steinen oder eine Vertiefung in der Erde, welche von einem großen Wurzelstück abgedeckt war. Die Katzen wechselten ihren Schlaf- oder Ruheplatz nach einigen Tagen oder Wochen.
Auch Sandkatzen *(Felis margarita)* ruhten im Zoo am liebsten am Boden (z.B. unter einer Wurzel, in einer Ecke, auf einer Heizplatte). Bei überraschenden Störungen drückten sie sich an den Boden und verharrten, oder sie liefen kurz danach mit stark eingeknickten Beinen in ein Versteck. Flucht nach oben fand in solchen Situationen nicht statt. (LUDWIG, W. & C., 1999).
Dieses auffällige Verhalten beschreibt SCHÜRER (1978) auch für die Schwarzfußkatze.
LEYHAUSEN & TONKIN (1966) beobachteten, dass die Jungen bei Beunruhigung und Warnung durch die Mutter von ihr weg liefen und sich bewegungslos auf den Boden drückten.
Im Sommer richtet sich der Ruheplatz auch nach der Temperatur. Im großen Schwarzfußkatzen-Gehege tauschte Jock an sehr heißen Tagen gegen Mittag seinen Ruheplatz unter der Wurzel gegen die vordere Termitenhöhle und Maja wanderte mit Klein Jock vom Steinhügel in die hintere Termitenhöhle. Der Eingang zur Termitenhöhle lag im Schatten und offensichtlich erhitzte sich der Termitenbau nicht so stark wie der Steinhügel.
Lt. Protokoll von LEYHAUSEN & TONKIN (1963) verließ die Schwarzfußkatze mit ihrem Jungen den einzigen Schlafplatz im Gehege und versteckte das Kleine in allen möglichen Ecken, obwohl die Holzwolle in der Kiste erneuert wurde. Erst als die Kiste an einen anderen Platz verlegt wurde und eine neue Öffnung erhielt, bezog die Katze mit ihrem Jungen den geänderten Ruheplatz. Auf jeden Fall ist es empfehlenswert einer

Schwarzfußkatze mit Jungem selbst in einem kleinen Gehege verschiedene Verstecke anzubieten.

HARTMANN-FURTER (2001) beobachtete bei den Wildkatzen (*Felis silvestris*) in ihren Gehegen, dass die Mütter ihre Jungen alle 2 bis 15 Tage in eine andere Höhle brachten. Mit zunehmendem Alter der Jungen erfolgten diese Umzüge häufiger. Es gibt Beobachtungen, denen zufolge Wildkatzenmütter auch in freier Wildbahn mit ihren Jungen umziehen.

LUDWIG, W. & C. (1999) empfehlen, jungen unerfahrenen Sandkatzenmüttern (*Felis margarita*) unbedingt 2 – 3 Verstecke anzubieten und über deckungsreiche Wege erreichbare Nestboxen aufzustellen. Ihr Sandkatzenweibchen begann ab dem 6. Aufzuchttag mit häufigem Wechseln der Nestbox.

Das Umziehen mit den Jungen gehört bei den Schwarzfußkatzen ebenso wie bei den Sandkatzen und Europäischen Wildkatzen zum natürlichen Verhaltensinventar der Aufzucht und findet nicht nur bei Störung statt. In der Natur wechseln Schwarzfußkatzen ihre Ruheplätze nach einiger Zeit. Besonders Muttertiere mit Jungen suchen aus Sicherheitsgründen immer wieder neue Verstecke auf. SLIWA (2007) beobachtete im Freiland eine Mutterkatze, die ihre Jungen ab dem 6. Tag regelmäßig in neue Verstecke verlegte. Damit wird ein Aufbau von Gerüchen vermieden, die andere Raubsäuger anlocken könnten.

Den Servalen diente hohes Gras, möglichst unter einem Akazienstrauch als Ruheplatz. Bonnie ruhte dort mit ihren Jungen gerne am frühen Morgen. Wenn es regnete, oder die Temperatur nachts unter 0°C sank, aber auch in den warmen Mittagsstunden zog sie sich mit ihrem Nachwuchs in den hohlen Baumstamm zurück. Im Gehege des Servalmännchens Arno gab es kein Gras, daher legte man ihm einen Heuhaufen von ca. 2 m Durchmesser auf den Boden. Dieser war sowohl sein liebster Ruheort, wie auch sein Fressplatz. Sein Futter trug er auf den Heuhügel und fraß es dort. Nachts suchte er oft nach Essensresten im Heu und verzehrte diese. Nur bei Regen legte sich Arno in die geschützte Steinhöhle. Als er im nächsten Jahr wieder im großen Gehege lebte, ruhte er auch meistens im Gras. Bevor er sich niederlegte, drehte er sich ein paar Mal, um das Gras niederzutreten. Das ist typisch für Servale. An sehr heißen Tagen blieb er sogar liegen, wenn die Sprenkelanlage eingeschaltet war und ihn besprühte. Das Wasser schien ihn nicht zu stören.

Ruhe- und Schlafstellungen:

Nach der Klassifikation der Ruhe- und Schlafstellungen durch HASSENBERG (1965) wurden bei den Schwarzfußkatzen folgende Stellungen beobachtet:

In der **Kauerlage** wird eher geruht, als geschlafen, wobei die Vorderpfoten eng nebeneinander stehen und die Unterarme angewinkelt sind. Beim Übergang in den Schlaf werden sie oft am Handgelenk nach innen eingeschlagen und der Schwanz an den Körper angelegt. Diese Stellung wird auch bei anderen Felisarten, sowie bei *Lynx, Leptailurus und Acinonyx* beobachtet (LEYHAUSEN, 1956). In der Kauerlage kann die Katze umherschauen, aber auch die Augen schließen und je nach Grad der Müdigkeit den Kopf senken. Beim Beobachten ist es schwierig, hier den eigentlichen Schlaf vom Ruhen zu unterscheiden, da der Übergang fließend ist.

Bei der **eingerollten** Bauchlage, mit meist angelegtem Schwanz bis zur **gestreckten Bauchlage** mit nach hinten ausgestrecktem Schwaz, wo die hinteren Extremitäten unter den Körper gewinkelt werden, kann man verschiede Grade feststellen.

Die **gestreckte Seitenlage**, mit nach vorne gerichteten Vorderbeinen, seitlich ausgestreckten Hinterbeinen, und vom Körper nach hinten ausgestrecktem Schwanz, deutet entspanntes Ruhen und Schlafen an.

Welche Stellung beim Ruhen und Schafen eingenommen wird, ist oft abhängig von der Temperatur. Bei Kälte rollen sich die Katzen möglichst zusammen. Ein typisches Beispiel ist der **Kälteschlaf,** mit starker Verschlusshaltung, wobei im extremen Fall die Stirnpartie geschützt wird (PFLEIDERER, 1990). Eine etwas schwächere Form dieser Stellung zeigten die jungen Schwarzfußkätzchen in den seltenen Fällen, als sie bei niedrigen Temperaturen über Nacht im Außengehege blieben.

Bei hohen Temperaturen wird gerne die gesteckte Seitenlage oder sogar die **Rückenlage** eingenommen. Allerdings kommt die Rückenlage eher bei großen Felidenarten vor. Bei den kleinen ist sie nur selten zu sehen und dann meist bei Jungtieren (HEMMER, 1974) Bei den Schwarzfußkatzen konnte ich diese Stellung nur bei den jungen Kätzchen beobachten. Die Voraussetzung hierfür ist

eine angenehme Temperatur, sowie vollkommene Entspannung, welche bei den adulten Schwarzfußkatzen während meiner Beobachtungen nicht festzustellen war.
Geruht wird auch im **Sitzen**, mit eng nebeneinander gestellten Vorderbeinen und häufig an den Körper angelegten Schwanz, dessen Spitze bis zu den Vorderpfoten reicht. Bei geschlossenen Augen kann man oft an der Ohrenstellung erkennen, dass die Katze nicht schläft, sondern die Geräusche der Umgebung registriert.
Die Stellung der Ohren ist auch ein Merkmal des **Verteidigungsschlafes** (PFLEIDERER, 1990), welcher in Stresssituationen zu beobachten ist. Hierbei sind die Augen meist geschlossen, der Kopf wird selten hingelegt und der Körper wirkt verkrampft, mit gekrümmtem Rücken. Kopf, Nacken, Schwanz und Extremitäten werden als Schutz eingezogen. Als die vier Monate alte Magrit nach Clifton gebracht wurde und dort in eine Höhle flüchtete, schlief sie in dieser verkrampfen Haltung.

4.1.1.9. Raumanspruch

Im großen Gehege, ca. 180 m², hatten die Schwarzfußkatzen die Möglichkeit ausdauernd zu traben. Die vordere Hälfte wurde etwas stärker genutzt. Das lag wahrscheinlich daran, dass sich auf dieser Seite vertraute Menschen aufhielten und das Futter vorbereitet wurde. Das Gehege war mit einem Sandplatz, zwei Steinhügeln, mehreren Termitenhügeln und einem Steinhaus, welches auch als Futterplatz diente, ausgestattet.
Ein schmaler Graben im Boden verlief quer durch den vorderen Gehegeteil. Dieser wurde besonders von scheuen Katzen, wie Nina und Maja, benützt. Klein Jock benützte diese Rinne um nach vorne zu laufen, weil er den Karakal Flip sehen wollte, wenn dieser rief, ohne selbst gesehen zu werden.
Die Steinhügel dienten als Aussichtsplatz, boten jedoch auch Verstecke zum Ruhen unter den Steinen. Kot wurde am Sandplatz, aber auch als Markierung am Gegerand abgesetzt.
Die Katzen wanderten nicht ziellos umher, sondern hielten sich an die von ihnen angelegen Wege, welche deutlich zu erkennen waren und Aufschluss über die

Nutzung der Fläche gaben. Wurde das ganze Gehege mit einem Drahtbesen glatt gefegt, waren am nächsten Morgen dieselben Wege wieder neu ausgetreten. Kleine Hindernisse, die in einen solchen Pfad liegen, werden gewöhnlich überstiegen, größere auf kürzestem Weg umgangen.
Beschreibung der erforderlichen Gehegegröße und Ausstattung: siehe Kapitel über artgerechte Zoohaltung.

4.1.2. Sozialverhalten

Dieses Kapitel beschreibt sowohl das interspezifische, wie auch das intraspezifische Sozialverhalten der beobachteten Katzen. Der Schwerpunkt liegt bei der Beobachtung der Schwarzfußkatzen, wobei Vergleiche mit anderen Arten angestellt werden.
Voraussetzung für jedes Sozialverhalten ist das Erkennen von Artgenossen.
Von einer erfahrungslosen Katze wird jedes Wirbeltier zunächst als Artgenosse angesehen, wenn es nicht durch sein Verhalten den „Beute-AAM" auslöst. Einen auf bestimmte Feinde eingestellten AAM scheint es nicht zu geben. Wer als Feind anzusehen ist, muss die Katze erst lernen, wobei das Warnverhalten der Mutter eine große Rolle spielt (LEYHAUSEN, 1979).
Das Sozialverhalten von Schwarzfußkatzen, aber auch anderen Katzenarten in Zoologischen Gärten kann nur bedingt mit dem freilebender Tiere verglichen werden. Dennoch können grundlegende Erkenntnisse gewonnen werden, welche Rückschlüsse auf ihr Verhalten in der Natur erlauben.
Auch bei Katzen einer Art sind oft gravierende individuelle Unterschiede im Verhalten zu beobachten. Diese sind z.T. erblich bedingt, aber auch von bestimmten Faktoren, wie Geschlecht, Persönlichkeit, Früherfahrungen und Lernerfahrungen beeinflusst (TURNER & BATESON, 1988).
Für die Zoohaltung es wichtig, möglichst viele Kenntnisse über das Verhalten und die Bedürfnisse dieser Katzen zu erfahren, um ihnen optimale Bedingungen und das notwenige Behavioural Enrichment zu ermöglichen. Es ist eine wichtige Aufgabe des Beobachters zum besseren Verständnis der Katzen, ihre

Äußerungen, die sowohl Mitteilungscharakter, wie auch Wünsche enthalten können, richtig zu verstehen und interpretieren. Dabei sollte der katalytische Einfluss des Menschen auf das Tier im Zoo nicht unterschätzt werden. Bei der Beurteilung der sogenannten Sprache der Tiere, bzw. deren Ausdrucksvermögen sollte dem großen Einfluss des Menschen mehr Bedeutung beigemessen werden. Unter der Bezeichnung „Sprache" ist nicht nur die Laut-Sprache zu verstehen, sondern eine Fülle weiterer Signale, wie Gebärden, Bewegung, Ausdruck, Geruch, also neben akustischen auch optische, olfaktorische, taktile, ultrasensorische und noch viele andere. Viele Tiere haben bessere Sinne und kürzere Reaktionszeiten als der Mensch. Sie sind also oft die schärferen Beobachter (HEDIGER, 1970).

Die Ergebnisse aus der Jungenaufzucht der Schwarzfußkatzen stellen einen Schwerpunkt dieser Arbeit dar.
Durch die Möglichkeit der Betreuung junger Schwarzfußkatzen gleichzeitig durch ihre Mutter und Menschen entstand ein ungewöhnlicher und, soviel ich weiß, bei Schwarzfußkatzen neuartiger Versuch der Gewöhnung an Menschen, ohne dass es zu einer Menschenprägung im eigentlichen Sinne kam (LORENZ & LEYHAUSEN, 1968).
Ein ähnliches Experiment wurde von FREEMAN and HUTCHINS (1978) mit Schneeleoparden durchgeführt. Mit den 6 ½ Wochen alten Schneeleoparden wurde dieser Versuch als duales Sozialisations-Programm gestartet. Man separierte zwei von drei Jungen, (ein Männchen und ein Weibchen) und ließ sie von zwei Personen in 45 Minuten-Perioden an fünf Tagen in der Woche in eine neue Umgebung versetzen. Am Ende dieser 45-Minuten Perioden wurden die Jungen wieder in ihre Höhle gebracht. Dieses Programm initiierte man, um die Machbarkeit der dualen Sozialisation zu testen, in welcher die Jungen mutteraufgezogen werden und demzufolge normal in ihrer sozialen Entwicklung bleiben, jedoch durch die Anwesenheit von Menschen oder neuen Anreizen nicht gestresst werden. Das Resultat dieses Experimentes war beachtlich. Beim Handling durch Menschen erweckte das nicht sozialisierte Junge durch Körperhaltung und Vokalisation den Eindruck von Angst und Aggression, während die sozialisierten Jungen davon relativ ungerührt blieben.

PECHLANER pers. Mitteilung: „Zur Aufzucht mit dem Muttertier erwähnte ich den Tiergarten Schönbrunn, wo 1976 die Orang Utan Mutter, ihr Kind „Nonja" (geb. 21.Aptil 1976) mit zu wenig Milch versorgte. Die Tierpfleger reichten zugleich der Mutter und dem Kind je eine Milch-Flasche!
Das Orang-Weibchen NONJA lebt heute noch in Schönbrunn. Das Tier ist seinen Pfleger von damals aber auch gegenüber anderen Menschen sehr kontaktfreudig und absolut friedlich. Sie ist die große „Malerin" in Anwesenheit der Pfleger, welche bestimmen, wann das Bild fertig ist und dieses abnehmen, damit es nicht spielerisch zerstört wird. Mit dem Orang –Männchen gab es normale Paarungen, welche nur ein Mal zu einer Schwangerschaft führten, das Junge war jedoch nicht lebensfähig und starb wenige Stunden nach der Geburt".
Obwohl die ganz normal mit Mutter und Geschwistern aufgezogene Katze versucht, jedes ihr noch unbekannte Säugetier, sofern es nicht davonläuft und so den AAM der Verfolgung anspricht, wie eine andere Katze zu begrüßen, scheint das Erkennen des potentiellen Sexualpartners von einem Prägungsvorgang abzuhängen (LEYHAUSEN, 1979). Es gibt Beispiele, dass adulte Wildkatzen, welche von Artgenossen und anderen Wirbeltieren getrennt aufgezogen wurden, sich als völlig menschengeprägt erwiesen haben und keinen arteigenen Geschlechtspartner akzeptierten.
Bei dem Versuch einer gemeinsamen Aufzucht durch Mutterkatze und Betreuerin zeigten Schwarzfußkatzen gegenüber Artgenossen ein weitgehend natürliches Verhalten, ohne dass der enge Kontakt mit der menschlichen Pflegeperson merklich Einfluss darauf gehabt hätte. Dies hat, abgesehen von erweiterten Beobachtungsmöglichkeiten, auch eine sozialimmanente Bedeutung.
Zoologische Gärten bieten trotz überbordender Hilfsmittel der Elektronik immer noch den einzigen direkten Bezug zum Tier, sie können also zum Sensibilisierungsprozess Mensch-Tier wesentlich beitragen, ja unersetzlich sein.
Die vorliegende Studie soll dazu beitragen, dieses Kennenlernen eines Tieres und dessen Verhalten möglichst natürlich, also vom Tier aus gesehen stressfrei, zu ermöglichen. Dass auch die Pflegeperson davon profitiert, liegt auf der Hand.
Gerade Schwarzfußkatzen, die extrem schreckhaft und vorsichtig sind, können dann besser betreut werden, weil nicht jede Bewegung, wie z.B. die Reinigung des Geheges, Schrecken und Panik verursacht. Versetzungen in andere Gehege,

sowie notwendige ärztliche Behandlungen und Impfungen werden von menschengewöhnten Tieren besser überstanden.

Da die Schwarzfußkatze überdies zu den gefährdeten Katzenarten, „vulnerable" nach IUCN-Kriterien, gehört, ist eine erfolgreiche Zucht von besonderer Bedeutung.

Meine eigenen Beobachtungen begannen erst mit der 7. Lebenswoche der Schwarzfußkätzchen, deshalb führe ich hier einzelne Daten von gelungenen Aufzuchten an.

Eigene Aufzeichnungen: Die **Augenfarbe** der Jungen Jan und Magrit war bei ihrer Ankunft in Honingkrantz am 6. April 2006 im Alter von 54 Tagen bereits von blau in braungelb übergegangen. Als Lutz am 31.März im Alter von 47 Tagen eintraf, hatte er noch blaue Augen. Bei ihm trat die Veränderung etwas später ein, denn mit 54 Tagen begannen sich seine Augen auch zu verfärben, hatten aber noch einen leichten blauen Schimmer.

Mit 57 Tagen waren seine Augen ebenfalls braungelb, wie die seiner Geschwister. Bei Klein Jock hatten die Augen im Alter von 52 Tagen noch einen bläulichen Schimmer. Sogar mit 65 Tagen zeigte sich in seiner Iris noch eine schwache Spur von Blau. Jedoch vier Tage später war davon nichts mehr zu erkennen. Seine Augen hatten den Blaustich endgültig verloren.

Abb.17. Klein Jocks Iris hat im Alter von 65 Tagen noch immer einen Blauschimmer.

Erstes **Krallenwetzen** wurde bei Jan im Alter von 64 Tagen auf einem Stückchen Teppichboden beobachtet, und bei Lutz mit 76 Tagen und zum zweiten Mal mit 78 Tagen auf einem Kelim. Es ist allerdings nicht auszuschließen, dass dieses Verhalten schon früher stattfand, aber nicht beobachtet wurde. Klein Jock wetzte die Krallen erstmals im Alter von 51 Tagen an einem Kelimfleck am Boden.

Seit der ersten erfolgreichen Fortpflanzung 1963 im Zoo Wuppertal (LEYHAUSEN & TONKIN, 1963, 1966) gelang die schwierige Aufzucht junger Schwarzfußkätzchen (teils durch die Mutter, teils von Hand) immer wieder, obwohl die Sterblichkeit der Jungen noch immer sehr hoch ist. Über die Entwicklung der Jungen, von Mutteraufzuchten sind leider relativ wenige Unterlagen vorhanden. Von Handaufzuchten gibt es naturgemäß ausführlichere Angaben.

SCHÜRER (1978) beobachtete, dass seine beiden Jungtiere am 4. Lebenstag etwa 30 cm weit aus ihrer Höhle herausgekrabbelt sind. Beide konnten schon den Kopf heben, hatten die Augen seit dem 3. Tag geöffnet und eines drohte den Pfleger an, konnte ihn wahrscheinlich schon sehen. Die künstlich aufgezogenen Schwarzfußkatzen von ARMSTRONG (1975) konnten den Kopf bereits am ersten Tag heben.

Das Geburtsgewicht schwankt unabhängig vom Geschlecht zwischen 60g und 93g (WENTHE, 1994). Dieses verdoppelt sich zwischen dem 8. und 11. Tag (OLBRICHT & SLIWA 1995). Aus einer Tabelle über die Gewichtszunahme von Schwarzfußkatzen geht hervor, dass handaufgezogene Schwarzfußkatzen etwas mehr wiegen, als die von SMITHERS (2000) beschriebenen Katzen im Freiland. Dort werden die Gewichte der Weibchen mit nur 1 bis 1,6 kg, die der Männchen mit 1,5 bis 2,4 kg angegeben. Im Vergleich dazu wog der von Olbricht 1994 handaufgezogene Kater im Alter von 137 Tagen bereits 2320 g und das Weibchen von Armstrong mit 344 Tagen 2500 g. Dabei hatten sie sicher noch nicht das volle Gewicht erreicht.

HEMMER (1979) hat die Daten der Gestationsperiode und der postnatalen Entwicklung von 15 Katzenarten ermittelt und in einer Tabelle zusammengefasst. In dieser wird das durchschnittliche Gewicht adulter

Schwarzfußkatzen-Weibchen mit 1620 g angegeben, die Tragzeit mit 63 – 68 Tagen (die meisten Autoren hatten den höheren Wert von 68 Tagen festgestellt). Das Geburtsgewicht von ca. 60 g erhöht sich in den ersten vier Wochen um durchschnittlich 8 g pro Tag. Dies stimmt mit den Angaben von OLBRICHT & SLIWA (1995) überein, ebenso wie seine Angaben über das Öffnen der Augen mit 7 Tagen.
Bei der Falbkatze sind HEMMERS Angaben unvollständig, woraus zu ersehen ist, dass bei dieser Felisart noch viele Fragen offen sind.

4.1.2.1. Verhalten im interspezifischen Bereich

Der interspezifische Bereich beinhaltet alle Tiere, die nicht der eigenen Art angehören.
In diesem Kapitel wird hauptsächlich das Verhalten gegenüber Menschen beschrieben, jedoch auch die Beziehung zu anderen Katzenarten, sowie Caniden kurz angeschnitten.

4.1.2.1.1. Verhalten gegenüber Menschen

Der Mensch als Bedrohung
Für Wildkatzen ist der Mensch als Jäger, aber auch schon durch seine Größe, oft schnellen Bewegungen und laute Stimme, grundsätzlich eine Bedrohung. In der Natur flüchten sie vor ihm oder suchen ein Versteck auf.
In Gefangenschaft ist dies durch die Begrenzung der Gehege oft nicht möglich. Bei Unterschreiten der Fluchtdistanz, die je nach Art und Katze sehr unterschiedlich sein kann, flüchtet die Katze. Aber wenn eine Wildkatze in die Enge getrieben wird, kann die kritische Distanz, die je nach Katzenart und Individuum sehr differiert, unterschritten werden, wodurch es zu einem Angriff auf den Menschen kommen kann.
Der Mensch als „Artgenosse"
Solange Katzen keine negativen Erfahrungen mit Menschen gemacht haben, behandeln sie diese, ebenso wie andere fremde Wirbeltiere, als Mitkatzen.

Bei Wildkatzen trifft dies v.a. auf Jungtiere zu, wenn sie nicht durch Warnungen ihrer Mutter abgeschreckt werden. Adulte Wildkatzen reagieren bei der Begegnung mit Fremden, gleich ob mit Katzen oder Menschen, zuerst negativ und betrachten sie als Eindringlinge in ihr Revier oder als Bedrohung für sich, bzw. ihre Jungen.

Der vertraute Mensch gilt jedoch nicht nur als Artgenosse, sondern die Beziehungen zwischen Menschen und Katzen werden oft viel enger, als sie dies zwischen zwei Katzen je sein könnten. Die den Menschen gegenüber angewandten Verhaltensweisen entstammen größtenteils dem Sexual- und Familienverhalten. Sie äußern sich in Köpfchengeben, Flankenreiben, Belecken und Nasenkontrolle. Es kann angenommen werden, dass der Mensch imstande ist, die Stimmungsreste kindlicher Triebhandlungen bei Katzen soweit anzusprechen oder neu zu beleben, das diese auch noch über die Zeit der Jugendentwicklung oder Paarung erhalten bleiben (LEYHAUSEN, 1979). Dies trifft nicht nur auf Hauskatzen zu, und lässt sich nicht allein durch die Domestikation erklären. Das Verhalten wurde an vielen Feliden beobachtet, von Großkatzen bis zu den kleinen Felisarten.

Zwischen den einzelnen Arten gibt es jedoch gravierende Unterschiede in der Beziehung von Katzen zu Menschen. Selbst nahe verwandte Arten, wie die Europäische Wildkatze (*Felis silvestris*), die Falbkatze (*Felis libyca*), die Sandkatze (*Felis margarita*) und die Schwarzfußkatze (*Felis nigripes*), um nur einige zu nennen, zeigen gegenüber bekannten Personen ein unterschiedliches Verhalten.

Einige Parallelen in der Beziehung zu vertrauten Menschen sind bei der Europäischen Wildkatze und der Schwarzfußkatze festzustellen, während die Falbkatze, aber auch die Sandkatze zu ihren Betreuern ein wesentlich engeres Vertrauensverhältnis entwickeln kann.

Junge, von der Mutter aufgezogene Sandkatzen, blieben im Gegensatz zu vielen anderen Kleinkatzenarten auffällig zahm (SCHEFFEL und HEMMER, 1974). Im Zoo Dresden gestattete die Sandkatzenmutter einem Pfleger Kontakt zu ihren Jungen aufzunehmen. Der annähernd tägliche Kontakt zwischen Jungkatzen und Pfleger ab der 6. Woche führte zu einer Sozialisierung auf den Menschen.

Voraussetzung hierfür ist wiederum das Vertrauen der Mutterkatze zum Pfleger (LUDWIG, W. und C., 1999).

Bei hochentwickelten Säugern wie den Katzenartigen spielen zudem die Charaktere der einzelnen Individuen eine wesentliche Rolle, die bei der Beobachtung des Verhaltens nicht zu unterschätzen ist.

SMITHERS (1983) schreibt, dass Schwarzfußkatzen, welche bereits vor dem Augenöffnen von der Mutter entfernt und handaufgezogen wurden, „widerspenstig" blieben und bei Annäherung die Ohren seitlich legten, einen Buckel machten, sich spuckend in dunkle Ecken zurückzogen und wenn sie keinen Ausweg sahen, sogar ihren Besitzer attackierten und angriffen. Im Gegensatz dazu verhält sich die Falbkatze, wenn sie unter gleichen Bedingungen aufgezogen wird, zwar auch selbständig, bleibt aber zutraulich. Vielleicht könnte dies als Indiz für eine mögliche Prädestination zur Domestikation gelten.

Lt. HALTENORTH (1957) sind Europäische Wildkatzen nur als Jungtiere völlig zähmbar, wobei aber nicht erläutert wird, ob es sich dabei um Handaufzuchten handelt. Er beschreibt, dass das frühe, gute Unterscheidungsvermögen zwischen verschiedenen Personen nicht ohne Einfluss auf die Zahmheitsentwicklung der Wildkatzen ist. Wenn der Pfleger nicht die Möglichkeit hat, sich eingehend und ständig um seine Pfleglinge zu kümmern, verwandelt sich ihr Jungtiervertrauen bald in Zurückhaltung und es bleibt nur eine „Futterzahmheit".

LINDEMANN (1955) beobachtete junge Wildkatzen aus drei Würfen, von denen einer von der Mutter und zwei von einer Hauskatzenamme aufgezogen wurden. Alle Kätzchen waren nach dem Augenöffnen Menschen gegenüber sehr zutraulich. 2 Zwei Wochen später flüchteten sie hinter ihre Schlafkiste vor raschen Zugriffen. Gegenüber ihrem ständigen Betreuer blieben sie weiter zahm, sie kletterten auf seine Schulter und beschnupperten Gesicht und Haare. Als sich am gleichen Tag ein Fremder auf 1–3m näherte, verschwanden sie spuckend in ihrer Schlafkiste. Außerhalb des Geheges waren sie scheuer und wehrten sich beim Anfassen. Im Alter von 2 Monaten verteidigten sie sich in Rückenlage gegen jeden Versuch, sie zu ergreifen. Im Gehege blieben sie ihrem Pfleger gegenüber noch vertraut und streckten ihm die Pfoten durch Gitter entgegen. Mit 3 Monaten konnte man den stärksten Kater der drei von einer Hauskatze aufgezogenen Jungen nicht mehr anfassen, der zweite ließ sich nur mehr mit Widerwillen berühren, nur der unterentwickelte Dritte blieb noch recht zahm. Mit 6 Monaten zog sich der Stärkste schon zurück, wenn man sich dem Gitter auf 3m näherte, während seine Brüder beim Anblick vertrauer Personen noch zum Gitter kamen.

Auch bei den Wildkatzen aus den anderen Würfen verschwand die jugendliche Zutraulichkeit mit zunehmend Alter und sie blieben höchstens ihrem Pfleger gegenüber beschränkt futterzahm.

Einen großen Einfluss auf die Beziehung der Jungkatzen zu Menschen hat das **Verhalten der Mutter.** Eine Mutterkatze, die dem Pfleger genügend vertraut, gestattet ihm auch, mit den Jungtieren Kontakt aufzunehmen.

LUDWIG, W. & C., (1999) beschreiben die Betreuung von Sandkatzen (*Felis margarita*), wobei der annähernd tägliche Kontakt zwischen Pfleger und den Jungkatzen ab der 6. Woche, unterstützt durch das Vertrauen der Mutter; zu einer Sozialisierung der jungen Sandkatzen bezüglich des Menschen führte.

HARTMANN-FURTER (2001) machte ähnliche Erfahrungen bei der Europäischen Wildkatze (*Felis silvestris*). Die Wildkatzenmutter erlaubte ihr, die kranken Jungen in die Hand zu nehmen und beruhigte diese sogar, daneben sitzend, wenn die Kleinen Angst hatten oder fauchten. Dies kann als ein Zeichen uneingeschränkten Vertrauens der Mutter gewertet werden. Der Einfluss der Mutter auf die Sozialisierung der Jungen wird hier offensichtlich.

PIECHOCKI (1990) beschreibt einen Versuch, bei welchem junge Wildkatzen von einer Hauskatzenamme aufgezogen wurden. Noch im Alter von acht Monaten waren diese Katzen Menschen gegenüber völlig handzahm ohne auf Einzelpersonen geprägt zu sein. Allerdings wird der Begriff „handzahm" nicht genau definiert.

BIRKENMEIER, E. and E. (1971) zogen zwei männliche, etwa eine Woche alte Bengalkatzen (*Prionailurus bengalensis borneoensis*) künstlich auf und beschrieben das Verhalten der beiden bis zur 10. Woche allen Personen gegenüber als völlig furchtlos. Sie halten das Alter, in welchem die Katzen in menschliche Obhut gelangen, als den entscheidenden Faktor für ihre Vertrautheit ihren Betreuern gegenüber. In der Zeit zwischen der 10. und 15. Woche wurden die Bengalkater ängstlicher und nervöser. Mit sieben Monaten fauchte eines der Jungen den zweiten Autor, welcher sich weniger mit der Aufzucht befasst hatte, bei einer Annäherung auf 1 – 2 m an, während sich das andere Junge von ihm streicheln und aufheben ließ. Von der Person, welche die Jungen pflegte und fütterte, ließen sich beide Kater auch später aufheben und schnurrten, wenn sie gestreichelt wurden. Fremden gegenüber blieben sie sehr scheu.

Gleichwohl ist ein deutlicher Unterschied, zwischen Bengalkatzen und handaufgezogenen Schwarzfußkatzen oder Europäischen Wildkatzen im Verhalten Menschen gegenüber festzustellen, wie aus den folgenden Beschreibungen zu ersehen ist.

Handaufgezogene Schwarzfußkatzen haben eine engere Beziehung zu ihrem Betreuer, als mutteraufgezogene. Die beiden von ARMSTRONG (1975) aufgezogenen Katzen suchten in den ersten Monaten aktiv den Körperkontakt zum Menschen. Sie schnurrten sobald man sie aufhob kontinuierlich, solange man sie hielt. Das Weibchen suchte im Alter von 2 Monaten die menschliche Nähe und liebte es, auf dem Schoss zu sitzen.

Aber mit 3 ½ Monaten zeigten sie zum ersten Mal das Verhalten wilder Tiere. Bei unbekannten und unerwarteten Geräuschen, duckten sie sich und rannten in Panik davon. Ungefähr zu dieser Zeit begann sich das Weibchen mit Zähnen und Krallen zu wehren, wenn man es aufheben wollte. Trotzdem zeigte es gelegentlich Zuneigung zu ihren Menschen.

Das männliche Junge war 5 Monate alt, als es begann, sich gegen das Anfassen zu wehren, aber es benützte nie seine Krallen. Mit 11 Monaten zeigte das Männchen ein ausgeglichenes Wesen, wogegen das Weibchen wesentlich temperamentvoller war. Ihr Verhaltensspektrum reichte von extrem zärtlich bis hoch aggressiv. Wenn ein Fremder zusammen mit der Besitzerin im Raum war, verhielten sich die Katzen ruhig, kam aber jemand ohne Begleitung herein, rannten sie davon und versteckten sich. Näherte man sich ihnen trotzdem, attackierten sie die Person unter Fauchen und Spucken. Leider wurde nicht beschrieben, wie sich das Verhalten dieser beiden Schwarzfußkatzen zu den Menschen später entwickelte.

Der von OLBRICHT & SLIWA (1995) handaufgezogene Schwarzfußkater Kaoko zeigte laut sprechenden Fremden gegenüber bereits am 21. Tag

Aggressionsverhalten in Form von aufgestelltem Haar, Drohen mit weit offenem Maul und Kotabgabe. Leise sprechende Fremde lösten keine Reaktion aus. Er wurde bewusst in Kontakt mit vielen Menschen gebracht, auch in fremder Umgebung. Kaoko reagierte stets neugierig und ließ sich von allen aufheben. Am 92. Tag wurde beobachtet, dass er bei Erschrecken nicht flüchtete, sondern sofort angriff. Bei Reduktion des Futters und während des Durchbruchs der bleibenden Bezahnung war eine deutlich erhöhte Aggression erkennbar. OLBRICHT gegenüber zeigte sich Kaoko weiterhin anhänglich.

Fast 5 Monate alt, kam er ins Wildlife Breeding Center nach Wassenaar, wo er nach dortigen Angaben trotz zeitweiligen Aggressionen verspielt und zutraulich blieb.

Mutteraufgezogene Schwarzfußkatzen können unter bestimmten Voraussetzungen ebenfalls Vertrauen zu bekannten Menschen entwickeln, aber es kann naturgemäß keine so enge Bindung entstehen, wie zu einer Person, welche die Mutter ersetzte.

In den Zoologischen Gärten wünscht man vor allem eine störungsfreie und natürliche Aufzucht der Schwarzfußkatzen durch ihre Mutter, da gesunder und kräftiger Nachwuchs noch immer selten ist. Allerdings unterscheiden sich die so aufgewachsenen Katzen in ihrem Verhalten Menschen gegenüber kaum von Wildfängen.

In den Tiergärten ist es oft nicht möglich, dass ein Pfleger oder Beobachter sich täglich im gleichen Raum mit der Mutterkatze und ihren Jungen aufhält. Das wäre auch nur positiv, wenn die Mutter dieser Person vertraut.

Als im Clifton Zoo in der Karoo die seit 7 Jahren gut eingewöhnte Schwarzfußkatze Sonja ein weibliches Junges namens Phoebe bekam, hielt sich die Besitzerin Marion Holmes täglich im Gehege auf. Daher entwickelte das Kätzchen keine Scheu ihr gegenüber.

HOLMES pers. Mitt. 2009: Phoebe unterscheidet zwischen verschiedenen Personen. Ich und meine Mutter, sowie der Katzenpfleger werden akzeptiert, aber die übrigen Beschäftigten lehnt sie ab. Wenn ich oder meine Mutter zum Gehege gehen, kommt Phoebe herbei, sobald sie gerufen wird. Sie will gerne mit den Fingern spielen, aber sie lässt sich nicht berühren. Am besten versteht sie sich jedoch mit den Hunden. Ein Fotografenteam besuchte den Zoo und

Phoebe verhielt sich zu den Leuten, die sich ruhig bewegten, nicht ängstlich, kam sogar manchmal herbei, um zu riechen, sonst ignorierte sie die Fremden.
Wildgeborene Schwarzfußkatzen bleiben meist zeitlebens sehr scheu und gewöhnen sich kaum an ihren Betreuer. Ein wichtiger Faktor für die Eingewöhnung ist das Alter, in welchem die Katze in menschliche Obhut kommt. Bei einem wenige Wochen alten Kätzchen, ist die Art der Betreuung und Pflege von großer Bedeutung für sein späteres Vertrauen. Dies zeigte sich beim dem Schwarzfußkater Jock der in Honingkrantz ein Alter von 12 Jahren erreichte. Obwohl Jock durch Spiel und Futter angelockt werden konnte, wäre es sicher falsch, ihn als zahm zu bezeichnen.

Die Schwarzfußkatze Anja, welche im November 2010 im Alter von ca. 3 bis 4 Jahren nach Clifton kam, zeigte bereits nach einer Woche wenig Scheu. Allerdings ist nicht bekannt, wie alt sie bei ihrer Gefangennahme war und auch über ihre Lebensgeschichte vor ihrer Aufnahme durch die BFCWG gibt es keine genauen Angaben.

Ergebnisse aus der Jungenaufzucht von Schwarzfußkatzen mit mütterlicher und menschlicher Betreuung:
1. Teil   Zeitraum vom 31.03. bis 05.06.2006
Die Entwicklung der Beziehung von drei jungen Schwarzfußkatzen, geboren am 11.02.2006, zu den menschlichen Betreuern wurde zwischen der 6. und 16. Lebenswoche untersucht.

Die Scheu der Mutter Nina, ihr ständiges Knurren, Fauchen und ihre Warnrufe ließen bei den Jungen kein Vertrauen aufkommen, sondern verstärkten ihre Angst und ihr Misstrauen.

Vertrauen zu Menschen fasste jedes der Schwarzfußkätzchen erst, nachdem es mindestens eine Nacht von Mutter Nina und den Geschwistern getrennt war. Dieses Vertrauen blieb zwar nicht ganz, aber doch teilweise erhalten, wenn das Junge wieder mit der Familie vereint wurde.

Die Ursache für die Sicherheit, mit welcher sich der kleine Kater Lutz überall im Haus und in Gegenwart von Menschen bewegte, lag in der eine Woche früheren Entfernung von der Familie infolge seiner Erkrankung, sowie der intensiven menschlichen Pflege und Betreuung in dieser Zeit. Dies verschaffte ihm einen

dauernden Vorsprung vor den beiden anderen Wurfgeschwistern. Dadurch war er auch nach der Ankunft seiner Mutter Nina für deren Warnungen weniger empfänglich. Auch Jan und Magrit achteten, nachdem sie zu den menschlichen Betreuern Vertrauen gefasst hatten, kaum mehr auf die Warnungen ihrer Mutter. Der menschliche Kontakt und die Hilfe in einer gefährlichen Situation, vergrößerte das Vertrauen auffallend, wie man bei dem Kater Jan beobachten konnte, welcher zweimal aus einem Wasserbecken gerettet werden musste.
Obwohl die jungen Katzen die Nähe der Menschen bevorzugten, wenn sie die Wahl hatten, blieb das gute Verhältnis zu ihrer Mutter erhalten. Das konnte man sehen, als sie nach einer Trennung, die von der 11. bis zur 16. Lebenswoche dauerte, wieder mit Nina vereint waren.

Körperkontakt zum Menschen, besonders beim Schlafen, ist sicher als Vertrauensbeweis zu werten. Allerdings kann man darin wahrscheinlich weniger ein Zeichen von Zuneigung sehen, sondern die Suche nach Wärme, da während der kalten Jahreszeit in den ungeheizten Räumen niedrige Temperaturen herrschten. Wärmeflaschen erzielten einen ähnlichen Effekt.
Das Spielen mit Körperkontakt lässt erkennen, dass für die Schwarzfußkätzchen der Mensch keine oder nur eine geringe Bedrohung darstellte, die vom Spieltrieb überwunden wurde.
An vertrauten Personen hoch zu klettern, um an das Futter zu gelangen, wagte nur Lutz, das unternehmungslustigste Junge. Die beiden anderen begnügten sich damit, auf die Box oder Möbel zu springen, um näher an den begehrten Teller zu kommen.
Je älter sie wurden, desto mehr Überwindung kostete es sie, die Annäherung des Menschen zu dulden. Wenn die Annäherung von ihnen aus ging, zeigten sie keine Furcht. Sich ohne Protest vom Boden aufheben und umhertragen lassen ist ein wirklich großes Zeichen von Zutrauen. Auffallend war, dass auch in der Phase von Scheu und Unsicherheit, die zwischenzeitlich bei jedem Kätzchen auftrat, ein Unterschied gemacht wurde, ob es aus dem Zimmer getragen, oder abends bei Kälte, Wind und Regen aus dem Freigehege ins Haus zurückgebracht wurde. Der Wunsch, wieder ins Haus zu gelangen war meist größer, als die Furcht davor, aufgenommen und getragen zu werden.

Sobald die jungen Schwarzfußkatzen ein wenig Vertrauen gefasst hatten, **fraßen und spielten sie in Gegenwart von Menschen,** sogar von Fremden, wenn diese sich ruhig verhielten, ohne sich stören zu lassen. Futter oder bewegte Gegenständen üben offensichtlich einen so starken Reiz aus, dass die Scheu bis zu einem bestimmten Grad überwunden werden kann.

Lediglich in der Zeit zwischen der 11. Und 13. Lebenswoche, als die Kätzchen das Vertrauen zu den Menschen vorübergehend verloren, kam es vor, dass sie sich zeitweise auch durch solch starke Reize nicht mehr zum Fressen oder Objektspiel verlocken ließen.

Angstbeißen: Magrit war die einzige, die bei Berührung manchmal kräftig zubiss. Auch wenn die Furcht beim Tragen über das Gelände mit zunehmendem Alter der Kätzchen größer wurde, zappelten Jan und Lutz (dieser urinierte und defäkierte sogar vor Angst), aber sie bissen nie zu. Ähnliche Beobachtungen machte ARMSTRONG (1975) bei dem weiblichen und männlichen handaufgezogenen Schwarzfußkätzchen. Dagegen bissen die beiden Kater manchmal im Eifer des Spielens kräftig in Füße und Hände, während dies bei Magrit nie vorkam.

Blinzeln ist bei Schwarzfußkatzen, ebenso wie bei den meisten Feliden ein Mittel zur Beruhigung und Abschwächung von Aggression. Fortgesetzter Blickkontakt, das sogenannte „Anstarren" durch eine andere Katze oder den Menschen wirkt für jede Katze bedrohlich. Dies kann durch völligen Abbruch des Blickkontaktes oder durch einen Kompromiss mit langsamem Schließen und Öffnen der Augen abgemildert werden. Diese Art zu „blinzeln" ist eine anscheinend nur den Katzenartigen eigentümliche Ausdrucksbewegung. Im gleichen Funktionszusammenhang ist sie weder bei anderen Raubtieren noch bei Primaten bekannt (PFLEIDERER, 1997). Blinzeln lässt sich unter Umständen, die auf eine Bedeutung für die Kommunikation schließen lassen, gezielt hervorrufen. Es verlangt nach einer Antwort oder ist selbst eine (PFLEIDERER, 1986).

Bei den jungen Schwarzfußkatzen konnte man die Veränderung des Verhaltens, bzw. der Stimmung, deutlich erkennen. Während des Blinzelns und ev. leisem Sprechen zu den ängstlichen Kätzchen, entspannten sie sich sichtbar. Die seitlich angelegten Ohren wurden wieder aufgestellt, der Blick war nicht mehr starr, der Körper entspannte sich und meist begannen sie ebenfalls zu blinzeln und schließlich zu dösen (Protokoll 2006 18.05. 15 Uhr, 20.05. 11,30 Uhr und 17,30 Uhr).

Fast alle Feliden reagieren auf Blinzeln. Auch bei Schneeleoparden (*Uncia uncia*) konnte die beruhigende Wirkung und auch Zurückblinzeln festgestellt werden (ALMASBEGY, 2001). HARTMANN (2008) beruhigt die Wildkatzen (*Felis silvestris*) in ihrer Forschungsstation in Horgen immer wieder durch Blinzeln und empfiehlt dies auch ihren Tierpflegern und sogar fremden Besuchern.

Die Falbkatze Dani antwortete auf leises Sprechen und Blinzeln ebenfalls mit Blinzeln, manchmal regierte sie auch mit Maunzen und Gurren. Sogar der scheue Kater Ulrich gurrte und maunzte einmal als Antwort auf Ansprechen. Als ich daraufhin zum rückwärtigen Gehegeteil ging, kam er sogar nach und maunzte und gurrte wieder.

Der Serval Arno reagierte auf ruhiges Sprechen von sich aus mit Blinzeln und sehr leisem Maunzen. Allerdings außerhalb der Fütterungszeit, dort begrüßte er seine Betreuer mit Knurren und Fauchen.

Abb.18 Servalkater Arno blinzelt

Streicheln: Die jungen Schwarzfußkatzen schmeichelten beim Streicheln nicht, wie das bei jungen Hauskatzen, Falbkatzen und auch bei vielen anderen Feliden der Fall ist. Bestenfalls dulden sie es. Ab einem bestimmten Zeitpunkt war es nicht mehr möglich, die Kätzchen zu streicheln, weil bei dem Versuch, mit der Hand von oben nahe zu kommen, sofort wegliefen. Magrit biss manchmal heftig zu, wenn man sie berühren wollte.

Streicheln konnte ich Lutz zuletzt im Alter von 99 Tagen, Jan mit 111 Tagen und Magrit mit 81 Tagen. Auch Köpfchengeben, Flankenreiben und den Körper der Hand entgegenstrecken kam bei ihnen nicht vor. Es war ihnen offensichtlich unangenehm von oben berührt zu werden. **Mögliche Ursache:** Vielleicht empfinden die Jungen die von oben kommende Hand als Bedrohung. Schließlich werden Schwarzfußkatzen oft die Beute von Greifvögeln.

Lutz rieb sich zur Begrüßung ein paar Mal an Gegenständen und wälzte sich anschließend kurz am Boden.

Erkennen einzelner Personen, Herankommen bei Rufen:
Die drei jungen Schwarzfußkatzen machten deutlich erkennbare Unterschiede zwischen den ihnen vertrauten Personen. Wenn mehrere Menschen den Raum betraten, ging jedes Kätzchen auf die Person zu, mit welcher es die meiste Zeit verbracht hatte.

Zwei der Jungen, Lutz und Magrit, erkannten Pfleiderer und mich nach einer Abwesenheit von 8 Monaten eindeutig wieder und verhielten sich so, als wären wir immer hier gewesen.

Der Kater Lutz erkannte Pfleiderer sogar nach einer Trennung von ein Jahr bereits an der Stimme, als sie ihn im Wildlife Awareness Centre in Plettenberg Bay besuchte und kam auf ihr Rufen herbei. Die Schwarzfußkatzen reagierten teilweise auf Rufen mit ihrem Namen, aber so wie andere Katzen auch, nur wenn sie Lust hatten oder Futter erwarteten.

Anpassung der Ruhezeiten an menschliche Gewohnheiten
Obwohl Schwarzfußkatzen nacht- und dämmerungsaktiv sind, können sie sich weitgehend an Änderungen in ihrer Umgebung anpassen.

Dies zeigte sich deutlich bei den drei jungen Schwarzfußkatzen (Fig.1). Solange sie sich mit ihrer Mutter zusammen teils im Zimmer und teils im Gehege aufhielten, waren sie nachts noch etwas aktiver, aber auch damals ruhten sie in den Nachtstunden viel länger und öfter, als dies bei Schwarzfußkatzen, welche nur im Gehege gehalten werden, der Fall ist.

Am 1. Mai übersiedelte die Mutter in ein anderes Gehege und die drei Junge, Lutz, Magrit und Jan blieben im Mai tagsüber meist im Freien und nachts im Haus. In dieser Zeit schliefen sie nachts zugleich mit den menschlichen Betreuern. Tagsüber ruhten sie nur in den Mittagsstunden. Im April ruhten Lutz, Magrit und Jan nachts noch weniger und bei Tag mehr als im Monat Mai.

In Fig.2 werden die Ruhezeiten der beiden Schwarzfußkatzen, Lutz und Magrit 8 Monate später, teils im Freigehege, teils im Haus in einem Diagramm dargestellt. Die Werte für ihre nächtlichen Ruhezeiten sind noch relativ hoch, weil sie sich während des Aufenthaltes im Zimmer, wieder an die menschlichen Schlafenszeiten anpassten. In der Zeit von 8 bis 17 Uhr wird am häufigsten geruht und geschlafen, Um 7 Uhr morgens und von 19 bis 20 Uhr abends lässt sich die Fütterungszeit in der Kurve deutlich erkennen. In der Nacht von 22 bis 2 Uhr ruhten die Katzen gerne. Sie waren also nicht die ganze Nacht aktiv. Trotzdem unterscheidet sich dieses Diagramm wesentlich von Fig. 1.

In Fig.3 wurden die Schlafens- und Ruhezeiten aller fünf im Jänner, Feber 2007 beobachteten Schwarzfußkatzen aufgezeichnet. Die Linien des Diagrammes stimmen im Wesentlichen überein. Eine besonders lange Mittagsruhe wurde von allen Katzen wegen der heißen Jahreszeit eingehalten. Individuelle Unterschiede sind in den Nachtstunden zu erkennen. Aber bei allen Katzen wechselten nachts Ruhezeiten mit aktiven Phasen ab.

Einen ganz anderen Verlauf als in Fig.1 nimmt die Linie der Ruhezeit von Klein Jock im Vergleich zu dem Diagramm der drei Schwarzfußkätzchen im Mai und April 2006, welche die Nacht mit ihren menschlichen Betreuern verbrachten
.

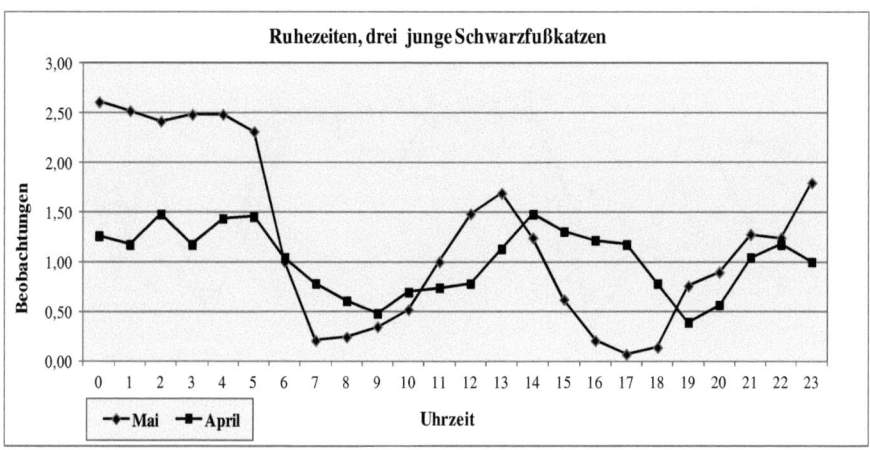

Fig.1 In diesem Diagramm ist die Häufigkeit der Ruhezeiten der Schwarzfußkätzchen Lutz, Magrit und Jan für die Monate April und Mai 2006 dargestellt.

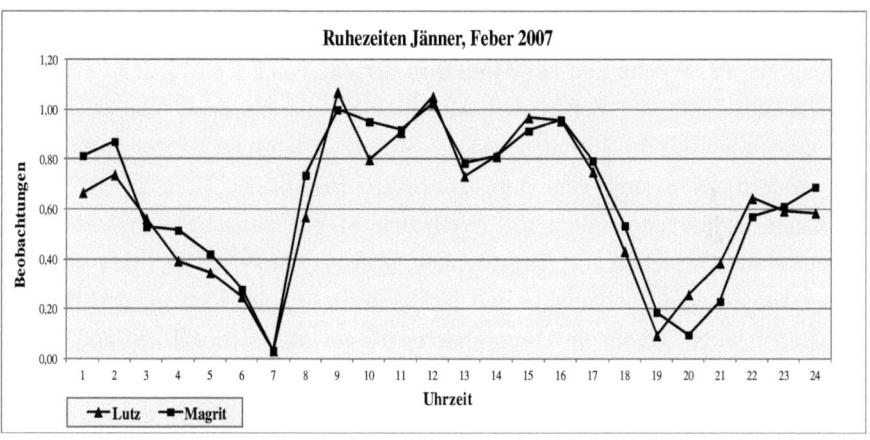

Fig.2 Dieses Diagramm zeigt die Ruhezeiten von zwei der Schwarzfußkatzen 8 Monate später im Freigehege.

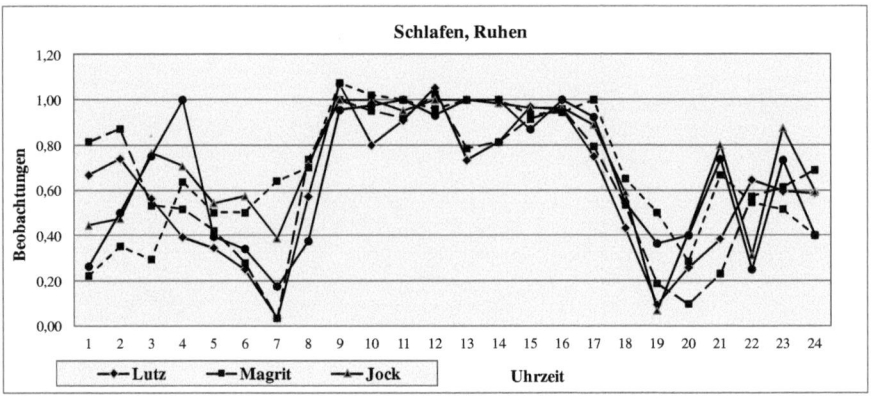

Fig.3. Hier sind die Ruhezeiten der fünf Schwarzfußkatzen in der Zeit vom Jänner und Feber 2007 dargestellt.

Ein Einbruch der Zutraulichkeit erfolgte bei allen Schwarzfußkätzchen, im Laufe der Entwicklung, allerdings leicht zeitversetzt.

Zuerst bei **Lutz**, Anfang der 11. Woche, dann bei **Jan**, am Ende der 11. und Anfang der 12. Woche und bei **Magrit** in der 13. Woche. Bei jedem Kätzchen dauerte diese Zeit der Scheu und Ängstlichkeit ein bis zwei Wochen. Dann gewannen alle drei ihr Zutrauen und die Sicherheit langsam wieder zurück. Bei den Katern Lutz und Jan gab es keine erkennbare Ursache für diese Verhaltensänderungen. Auch das Weibchen Magrit zeigte am Ende der 12. Woche erste Anzeichen von Ängstlichkeit, aber ein Auslöser für ihre plötzliche Scheu könnte eine Panikattacke mit heftigem Strampeln, Kratzen und Beißen, verursacht durch Tragen in einen anderen Raum sein, obwohl sie sich früher ohne Protest tragen ließ.

Auch ARMSTRONG (1975) stellte bei ihren beiden handaufgezogenen Schwarzfußkatzen, im Alter von 3 ½ Monaten, das sind 14 – 15 Wochen, eine erhöhte Schreckhaftigkeit und Aggressivität fest. Der Kater Kaoko von OLBRICHT & SLIWA (1995) griff im Alter von 92 Tagen, das sind 13 Wochen, Personen bei Erschrecken an.

Diese beiden Beispiele zeigen, dass die Verhaltensänderungen der von mir beobachteten jungen Schwarzfusskatzen keine Ausnahme ist. Dieser Einbruch in

das Vertrauen zum Menschen könnte ein Entwicklungsschritt sein, welcher nicht unbedingt von einem bestimmten Ereignis ausgelöst werden muss, aber vielleicht dadurch beschleunigt werden kann.
PECHLANER pers. Mitteilung: „Zu Vertrauensverlust erwähne ich das Parade-Beispiel Feldhase, welcher nach Handaufzucht sofort verwildert, wenn er den Raum dazu bekommt".
THALER pers. Mitteilung: „Auch bei anderen Tierarten, z.B. Vögeln in Menschobhut konnte ein solcher Einbruch festgestellt werden. Spontanes Auftreten von sog. "Scheuheit" gibt es bei allen von mir beobachteten Singvogelarten, aber auch anderen Nesthockern (also nicht bei Nestflüchtern wie Hühnervögel etc.) und fällt überall zusammen mit der optischen Entwicklung. Grob gesagt, wenn die Augen den typischen (Kinder-)Blauschleier verlieren, gibt es je nach Gattung 1-5 Tage "Hysterie", dann ist der Lernvorgang, nämlich völlig artfremde Situationen, die eben erst bei klarer Sicht registriert werden können, zu verarbeiten, abgeschlossen. Je nach „Entwicklungsgeschwindigkeit" findest Du es bei Schnellentwicklern früher (Amseln, wenn ich mich recht erinnere, um den 8.-11. Tag, Turmfalken um den 17. 18.Tag. Vielleicht - nein, sehr wahrscheinlich, findet diese Umstellung auch bei Deinen Katzen statt."

Beschreibung des Ablaufes dieser Verhaltensänderungen:

Lutz
Im Alter von 11.Wochen, am 30.04.06 trat plötzlich eine Veränderung in Lutz's Verhalten ein. Vormittags zeigte Lutz mir gegenüber erstmals Anzeichen von Furcht. Später fauchte er, erschrak, zog sich zurück, sobald ich mich näherte. Auch am nächsten Tag legte er die Ohren zurück, knurrte, fauchte und versteckte sich, sobald man sich ihm bis auf einen Meter näherte.
Er flüchtete auch vor seiner persönlichen Betreuerin, zu welcher er bisher immer das größte Vertrauen hatte. Schließlich ließ er sich sogar mit Locken durch Spiel und mit Futter nicht mehr fangen, wenn er in einen anderen Raum gebracht werden sollte.

Auch in der 12.Woche, dem 06.05. bis 12.05.06 kam Lutz den ihm bekannten Menschen nicht mehr entgegen, wenn sie das Zimmer betraten. Nachts schlief er in menschlicher Nähe, aber nicht in Körperkontakt. Er spielte in Anwesenheit von Personen mit Gegenständen, ließ sich jedoch nicht fangen, wenn man ihn aus dem Zimmer holen wollte. Wurde er schließlich erwischt, knurrte er während er in den anderen Raum getragen wurde.

Wenn man sich ganz ruhig verhielt, ruhte oder schlief Lutz. Aber bei einer plötzlichen Bewegung, flüchtet er fauchend in ein Versteck. Wenn das Futter gebracht wurde, kam er seiner Betreuerin mit Jan und Magrit entgegen. Sonst flüchtete er, sobald man sich ihm näherte. Es war täglich schwieriger, ihn ins Außengehege, wo die jungen Katzen den Tag verbrachten, zu tragen. Abends ließ er sich leichter fangen, weil er im Gehege noch gehemmter war und vielleicht auch gerne ins Zimmer zurückkommen wollte. Zweimal fürchtete er sich so sehr, dass er beim Tagen urinierte und defäkierte. Trotzdem biss er nie.

Am Beginn der 13.Woche schlief Lutz nachts mit seinen beiden Geschwistern in Körperkontakt. Er war ängstlich, wenn man ihn aufnehmen wollte, aber er hielt still, wenn er zum Gehege getragen wurde. Als er bei Ausbruch eines Gewitters ins Haus geholt wurde, lief er seiner Betreuerin gleich entgegen und ließ sich ruhig tragen. Am Morgen kamen zwei Personen zum Füttern ins Zimmer. Lutz zeigte, dass er seine Betreuerin erkennt, miaute sie an, hielt sich in ihrer Nähe und war deutlich weniger scheu als in der letzten Zeit. Am Ende dieser Woche zeigte sich Lutz ähnlich zutraulich, wie vor seiner Veränderung.

In der 14. Woche lag Lutz untertags während am PC gearbeitet wurde auf einer Wärmeflasche, schaute ängstlich, beruhigte sich aber durch Blinzeln und Sprechen, ließ sich sogar streicheln. Nachts, ließen sich Lutz und Magrit ohne Protest zur Seite schieben, schliefen gleich weiter bis zum Morgen, z.T. in Körperkontakt mit Menschen.

Wenn man mit Futter ins Gehege kam, liefen alle drei ihrer Betreuerin entgegen, machten „Männchen", Lutz kletterte an ihrem Bein hoch. Als Lutz am Abend in der Hand vom Gehege ins Zimmer zurück getragen wurde, zitterte er vor Angst und strampelte vor der Zimmertüre. Im Zimmer wurde er ruhig und ließ sich streicheln. In den nächsten Nächten schliefen die Kätzchen in Körperkontakt zum Menschen.

Nachdem die Jungen den ganzen Tag im Gehege verbracht hatten, waren sie hungrig und liefen ihrer Pflegerin entgegen. Lutz kletterte wieder an ihrem Bein hoch. Als Lutz abends noch alleine im Gehege war, kam er gleich herbei, ließ sich widerstandslos aufheben, in die Box setzen und ins Zimmer tragen. Nach gemeinsamem Spiel, Nachlaufen der Schnur mit Straußenfeder schliefen die drei Kätzchen neben der Schulter ihrer Betreuerin.
Lutz hatte seine Scheu weitgehend abgelegt und war wieder fast so selbstbewusst wie früher.
In der folgenden Woche ließ Lutz sich ohne Protest in die Box setzen und zum Gehege bringen. Dort wollte er der Betreuerin gleich wieder ins Freie folgen. Wenn Futter gebracht wurde lief er nach, miaute, machte „Männchen" wenn man stehen blieb und folgte durch den Hausgang ins Zimmer. Lutz hat in dieser Woche weiter an Selbstbewusstsein gewonnen. Er war nicht mehr ängstlich und genoss es, in den verschiedenen Räumen umherzugehen.

Jan

Am Ende der 11. Woche begann sich auch Jan ein wenig zu verändern. Wenn man sich ihm näherte, legte er die Ohren seitlich an und zeigte erste Anzeichen von Scheu, jedoch keineswegs so stark wie Lutz.
Während der 12.Woche ruhte oder schlief Jan noch in menschlicher Nähe, aber nicht mehr in Körperkontakt. Er spielte nur mehr selten mit Händen oder Füßen. Aber er fraß und spielte unbekümmert mit Gegenständen in Gegenwart bekannter Personen, wenn diese sich ruhig verhielten. Beim Tragen in andere Räume sträubte er sich nicht, wirkte aber ängstlich, machte sich steif und legte die Ohren zur Seite. Wenn eine bekannte Person das Zimmer betrat, legte Jan die Ohren seitlich an und nahm eine fluchtbereite Stellung ein.
Auch in der 13. Woche ließ Jan sich nicht leicht vom Boden aufheben, zappelte und legte die Ohren zur Seite, wenn man ihn zum Gehege trug und strampelte heftig, sobald die Türe erreicht wurde. Aber bei Gewitter kam er im Gehege der Betreuerin mit den anderen Jungen entgegen, ließ sich ohne Widerstand aufheben und ins Zimmer tragen. Täglich wurde es jedoch schwieriger, Jan zu fangen und ihn in einen anderen Raum oder ins Gehege zu tragen. Er war weiterhin scheu und flüchtete bei Annäherung. Am 18.05. geriet **Magrit in**

Panik und steckte Jan (vermutlich) an. Beide verschwanden sobald sie jemanden sahen. Beim Betreten des Zimmers legte Jan die Ohren zurück und flüchtete. Den Rest des Tages blieb Jan ängstlich und ließ sich auch mit Futter nicht locken. Abends wollte die Betreuerin ihn füttern, aber er fauchte und flüchtete. Seit diesem Tag. hat bei Jan die Scheu und Ängstlichkeit stark zugenommen.

In der 14. Woche wehrte Jan sich, wenn er aus dem Gehege geholt wurde, sodass man ihn am Nacken fassen musste um ihn in die Box zu setzten. Nachts schlief er mit seinen beiden Geschwistern entspannt, z.T. in Körperkontakt mit der Betreuerin bis zum Morgen. Beim Verlassen des Zimmers lief er ihr nach und wenn sie es betrat, kam er ihr entgegen. In dieser Woche war Jan nicht mehr so scheu, aber doch nicht so zutraulich wie früher. Einige Rückfälle in sein schreckhaftes Verhalten gab es auch noch in der 15. Woche. Jan ließ sich am Morgen nicht fangen, sodass man ihn beim Fressen packen und ihn in die Box setzen musste, um ihn ins Gehege zu bringen. Nachmittags spielte er im Wohnzimmer, biss die Betreuerin in die Zehen, lief hinaus und wieder herein, biss und spielte ziemlich grob. Etwas später miaute Jan laut, weil er plötzlich allein im Zimmer war. Anschließend lag er in der Sonne, ließ sich ca. eine Minute lang streicheln, schaute etwas ängstlich, ging aber nicht weg. Jan war auch in dieser Woche noch etwas zaghafter als früher, aber er begann langsam wieder Vertrauen zu gewinnen.

Magrit
Während der 11. Woche schlief Magrit in Körperkontakt bei ihrer Betreuerin, spielte, sprang umher, übte Verfolgungsspiele mit Menschen, ließ sich streicheln, legte sich auf den Rücken und spielte mit den Fingern. Eine ihr unbekannte Person biss sie jedoch heftig in die Hand, als diese sie aufheben wollte. Von vertrauten Menschen ließ Magrit sich ohne Protest in einen anderen Raum tragen. Im neuen Gehege war sie ängstlich. Wenn man hineinging kam sie gleich entgegen und ließ sich gerne ins Haus zurücktragen. Wenn die Betreuerin im Zimmer umherging, lief sie ihr nach, wollte mit hinausgehen (Nachlaufreaktion). Saß man zum Arbeiten am Tisch, kam sie und spielte mit Kugelschreiber und Papier.

In der 12. Woche schlief auch Magrit nicht mehr in Körperkontakt mit Menschen, sondern lag meist bei ihren Geschwistern. Wenn jemand das Zimmer betrat, kam sie fast immer entgegen und beim Verlassen lief sie der Person nach. Ihr Verhalten menschlichen Betreuern gegenüber war v.a. durch ihre starke Gier nach Futter geprägt. Wenn sie einen Teller oder Futter in der Hand ihrer Pflegerin sah, konnte es sein, dass sie versehentlich in die Hand biss. Magrit war sehr verspielt, lief gerne Gegenständen an der Schnur nach und spielte auch mit menschlichen Füßen in Hausschuhen. Magrit flüchtete nicht, wenn man sie hochheben wollte, aber sie ließ sich nicht gerne tragen und hatte keine Hemmungen zu beißen (was bei Lutz und Jan nie vorkam). Sie war nicht mehr ganz so zutraulich, aber doch weniger scheu als Jan oder gar Lutz. Auch in der 13. Woche war Magrit zutraulicher als ihre Brüder, spielte mit menschlichen Fingern und Hausschuhen an den Füßen.

Am Morgen des 18.05. nach den Fressen sollte sie ins Gehege getragen werden. Sie wehrte sich mit Zähnen und Krallen, wurde deshalb im Genick gepackt und vor die Türe getragen. Im Gang wollte ihre Betreuerin Magrit in die Hand nehmen, da biss diese heftig zu. Trotz nochmals versuchtem Nackengriff wand sie sich, biss und kratzte. Schnell wurde sie ins Zimmer zurück gebracht. Magrit und dadurch auch Jan waren so verstört, dass sie gleich in ein Versteck verschwanden. Sie weigerten sich zu fressen. Magrit und Jan blieben den ganzen Tag verschreckt. Später ruhten alle drei Jungen im Zimmer. Ihre Betreuerin setzte sich in die Nähe. Plötzlich lauten Kreischen und Knurren (ohne erkennbaren Anlass). Alle drei flohen. Sie nahmen abends kein Futter an und kamen erst um Mitternacht aus ihrem Versteck.

Am nächsten Tag hatte sich alles beruhigt. Beim Freilauf im Haus war Magrit ängstlich.

Magrits Wesen war seit diesem Zwischenfall grundlegend verändert. Sie ist von einer Minute zur anderen scheu geworden. Den Auslöser für diese Panik war nicht zu erkennen, weil sie sich schon früher oft ohne besondere Proteste umhertragen ließ.

In der 14. Woche klettere Magrit nachts auf ihrer Betreuerin herum und legte sich dann in Körperkontakt an ihrer Seite schlafen. Als diese sich am nächsten Mittag zu ihr setzte, schaute Magrit sie ängstlich an, ließ sich aber durch

Sprechen und Blinzeln beruhigen und schlief ein. Nachmittags ruhte sie auf der Wärmeflasche, neben ihrer Betreuerin, gegenseitiges Blinzeln. Eines Abends nach dem Putzen legte Magrit den Kopf auf ihre Hand und schlief eine halbe Stunde. Magrit hat sich von ihrem Schreck erholt und war in dieser Woche wieder sehr zutraulich. Obwohl in der 15. Woche abends alle Türen im Haus offen waren und die Kätzchen frei umher liefen, legte Magrit sich nachts in Körperkontakt zur Betreuerin. Seit ihrer Panik beim Tragen wurde Magrit nicht mehr hochgehoben. Um sie ins Gehege zu bringen, lockte man sie mit Futter in die Box. Beim Zurückholen aus dem Gehege war sie nicht ängstlich, ließ sich leicht in die Box setzen und als sie im Zimmer herausstieg, wirkte sie entspannt. Mittags ruhte sie zusammen mit Jan auf den Füßen der Betreuerin.
Magrit war nun nicht mehr so ängstlich, aber in fremder Umgebung ein wenig zaghaft.

Vertrautheitskriterien

Die folgenden Listen und Diagramme stellen die oben beschriebenen Änderungen im Verhalten der drei Schwarzfußkätzchen, Lutz, Jan und Magrit dar.

Vertrautheitskriterien bei Schwarzfußkatzen gegenüber Betreuern			
Verhaltensweisen	Punkte	Verhaltensweisen	Punkte
zahm		Scheu	
Menschen herankommen lassen, bis 3 m	1	Flüchten bei großem Abstand mehr als 7 m	-7
Menschen herankommen lassen, bis 1 m	2	Flüchten bei geringem Abstand mehr als 2 m	-3
an Menschen herankommen zum Gitter	2	Flüchten bei Bewegung des Menschen	-4
an Menschen herankommen	3	Knurren bei Bewegung des Menschen	-3
nachlaufen	4	Flüchten bei Geräuschen	-5
sich anfassen lassen	6	Flüchten vor Berührung	-1
sich streicheln lassen	6	bewegungslos liegen, Verteidigungsschlaf	-4
sich aufheben lassen	8	Knurren und/oder Fauchen bei Annäherung	-7
Spielen mit Körperkontakt	5	Knurren und/oder Fauchen bei Berührung	-2
Spielen mit bewegten Gegenständen	3	mit Pfote schlagen	-6
am Menschen hochklettern	6	beißen bei Berührung	-7
aufs Bett kommen	3	Spiel nicht annehmen trotz Stimmung	-3
auf Bett spielen	4	Futter nicht annehmen	-5
auf Bett entspannt schlafen, ruhen	4	Milchspritze unter Widerstand trinken	-3
in Gegenwart von Menschen entspannt schlafen	4	kurz in Versteck bleiben, bis 5 Min	-2
in Körperkontakt zum Menschen schlafen	6	mittel in Versteck bleiben, bis 30 Min	-4
freundliche Lautgebung	5	lange in Versteck bleiben, über 30 Min.	-6
sich Putzen in Anwesenheit von Menschen	4	Abwehrstellung mit Ohren zurücklegen	-5
Milchspritze ohne Widerstand austrinken	5	beim Hochheben Ohren zurücklegen,strampeln	-2
Fressen in Anwesenheit von Menschen	3	beim Hochheben Koten /Urinieren	-4
Futter aus der Hand nehmen	4	Flüchten bei Blickkontakt	-5
Futter aus der Hand abessen	5		
Entspannen bei Blickkontakt	3		
Namen kennen "Appell"	3		
Blinzeln als Antwort auf Blinzeln	4		
sich an Gegenständen reiben, schmeicheln	7		

Tab.1. In dieser Tabelle sind typische Verhaltensweisen aufgelistet, welche als Kriterien für Vertrauen oder Scheu gegenüber Menschen heran zuziehen und zu bewerten sind.

Die Vertrautheitskriterien wurden in einer Liste nach laufendem Datum erfasst, deren Grundlage die Protokolle bildeten. Das Alter der jungen Schwarzfußkatzen wurde in Tagen und Wochen angegeben.

Für die Erstellung der Diagramme wurden die Punkte pro Woche zusammengezählt und der Mittelwert errechnet.

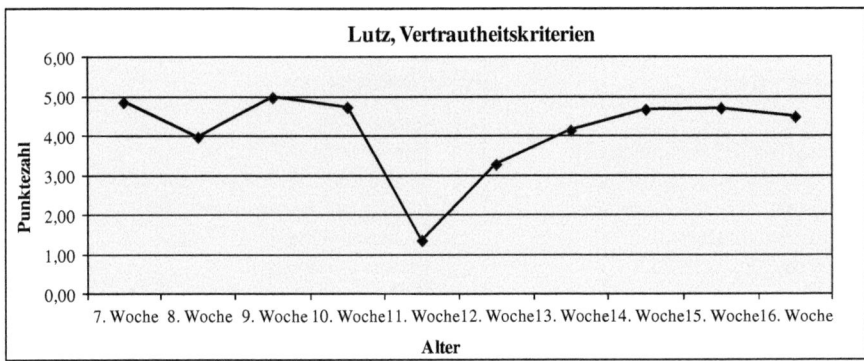

Fig.4 Lutz wurde im Alter von 6 Wochen krank und geschwächt in menschliche Obhut genommen. Als er zu Kräften kam zeigte er keine Scheu. In der achten Woche hielt er sich täglich bei seiner Mutter im Außengehege auf und hatte deswegen wenig Kontakt zu seiner Pflegemutter. Sobald er wieder mehr Zeit in menschlicher Gesellschaft verbrachte, zeigte er sich sehr zutraulich. Ohne erkennbare Ursache veränderte sich sein Benehmen in der elften Woche. Lutz wurde schreckhaft und ängstlich. Von der zwölften bis zur vierzehnten Woche entwickelte er langsam wieder Vertrauen zu Menschen.

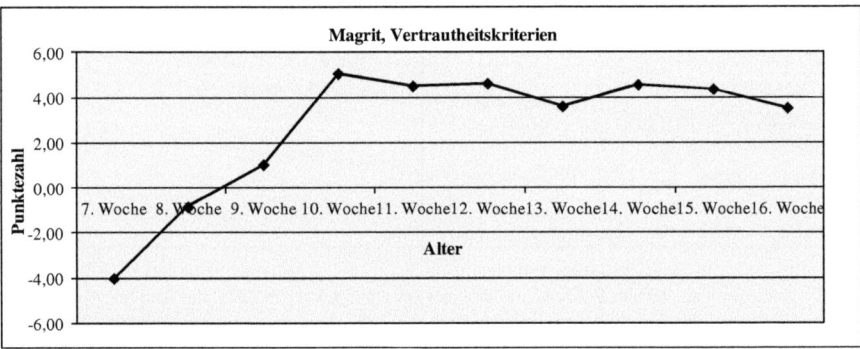

Fig.5 Magrit und Jan kamen in der siebten Woche zusammen mit ihrer Mutter Nina nach Honingkrantz, wo sie direkten Kontakt mit Menschen hatten und extrem ängstlich waren. Durch die zeitweise Trennung von der Mutter in der neunten Woche entwickelte Magrit schnell Zutrauen zu ihrer Pflegefamilie. Dieses wurde nur durch eine heftige Panikattacke in der dreizehnten Woche (ausgelöst durch Tagen in einen anderen Raum), und deren Nachwirkung unterbrochen. Auch Magrit beruhigte sich nach einigen Tagen wieder.

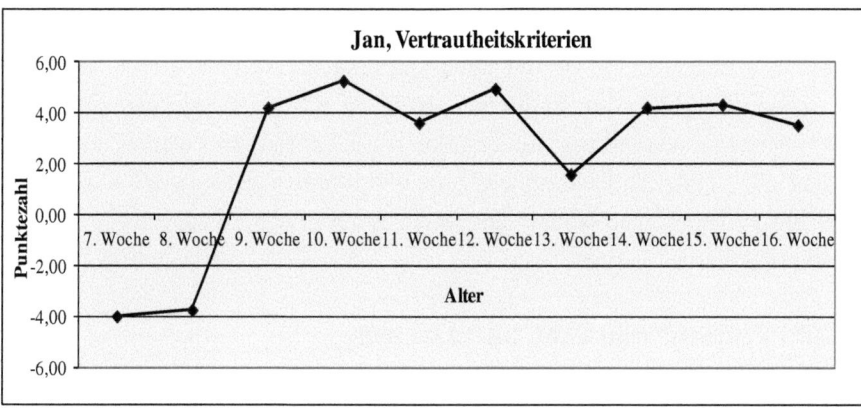

Fig.6. Jan blieb in den beiden ersten Wochen unverändert scheu. Als er in der neunten Woche nachts von seiner Mutter getrennt und in ein anderes Zimmer gebracht wurde, änderte sich sein Verhalten binnen zwei Tagen. Er wurde freundlich und zahm. In der elften Woche zeigte Jan sich manchmal etwas ängstlich. Dies dauerte nur wenige Tage, dann war er wieder zutraulicher. Bis zur dreizehnten Woche, wo er plötzlich vor den ihm bekannten Menschen erschrak und flüchtete. In der vierzehnten Woche verlor er seine Angst weitgehend und zeigte sich wieder selbstbewusster.

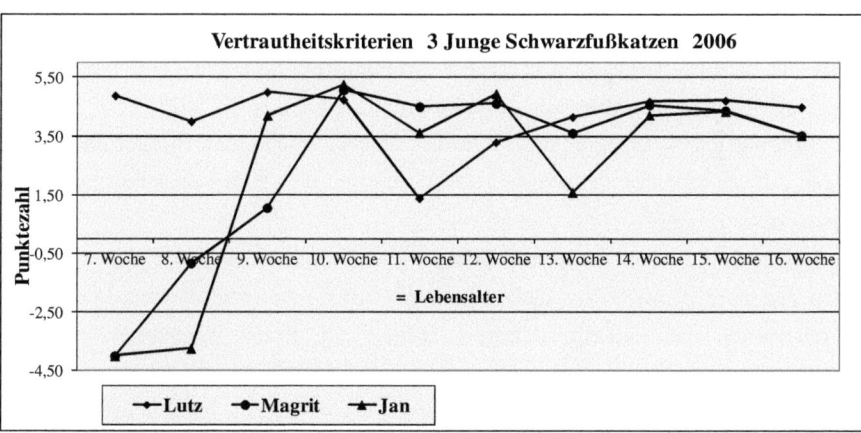

Fig.7. In diesem Diagramm ist das Verhalten aller drei jungen Schwarzfußkatzen im Vergleich dargestellt.
Abgesehen vom Beginn ist ein ähnlicher Verlauf, allerdings zeitlich etwas verschoben, zu erkennen. Bei Magrit war der Einbruch des Zutrauens zum Menschen nicht so deutlich, wie bei ihren Brüdern. Am Ende der Beobachtungszeit lässt sich feststellen, dass Lutz in seinem Verhalten den Menschen gegenüber stabiler und selbstsicherer geblieben ist als seine Geschwister.

Leider hatte ich keine Gelegenheit, die drei Schwarzfußkätzchen im Jahr 2006 weiter zu beobachten. Es war für mich von besonderem Interesse, zu erfahren, wie sich ihr Verhalten zu Menschen später entwickeln würde und ob dieses Experiment eine Auswirkung auf ihr zukünftiges Leben haben würde.

im Jahr 2007 hatte ich Gelegenheit, Lutz und Magrit wieder in der Karoo-Cat-Research zu beobachten, sodass ich meine Aufzeichnungen über ihr Verhalten fortsetzen konnte.

2. Teil, Zeitraum vom 17.01. bis 23.02.2007

Bei meiner Ankunft am **17.01.07** befanden sich **Lutz und Magrit** zusammen mit ihrer Mutter **Nina** im großen Gehege. Jan wurde inzwischen an Reuben Saayman von der Buffalo Ranch im Freistaat verkauft. Er heißt jetzt Sasha. Leider war es nicht möglich, über sein weiteres Schicksal etwas zu erfahren.

Die beiden Geschwister Lutz und Magrit zeigten mir gegenüber keine Scheu. Es ist anzunehmen, dass sie mich noch erkannten, denn sie kamen herbei, sobald ich sie rief, schnupperten an meiner Hand. Wenn ich mich ihnen näherte während sie ruhten, z.B. um den leeren Teller wegzunehmen schauten sie mich an, wirkten aber nicht beunruhigt.

HARTMANN-FURTER (2001) beobachtete bei ihren Europäischen Wildkatzen (*Felis silvestris*), dass diese in ihrer Fähigkeit, Menschen wieder zu erkennen, uns offenbar weit überlegen sind. Ihre Katzen erkannten einen Pfleger nach zwei Jahren Abwesenheit sofort wieder, und verhielten sich ihm gegenüber, als wäre er gestern dagewesen.

Die Schwarzfußkatzen **Lutz und Magrit** ließen sich auch nicht stören, wenn ihnen vertraute Personen ins Gehege kamen, um sie zu fotografieren. Wenn ihre Betreuerinnen das Gehege betraten, folgten sie ihnen manchmal bis zum hinteren Gitter und wieder zurück zur Türe.

Nina war in dieser Zeit unverändert scheu, ebenso wie im letzten Jahr. Sie lag meistens in ihrem alten Versteck unter dem Wurzelstock und schlich nach der Fütterung erst heraus, um zu fressen, wenn man sich vom Gitter entfernt hatte.

Ab **03.02.07** kamen Magrit und Lutz in ein kleines Gehege mit Zugang durch das Fenster in das Haus. Am ersten Abend kam Lutz um 21 Uhr ins Zimmer. Minutiös wurde von ihm alles abgeschritten, betrachtet, beschnüffelt, der Kopf gerieben. Er sprang am Terrassenfenster hinauf- und hinunter, zweimal aufs Bett, zupfte ein paar Mal am Vorhang, spielte jedoch nicht. Dreiviertel Stunden lang wurde der Raum von Lutz durchgegangen, durchgetrabt, er schaute unter jedes Möbel, richtete sich auf. Lutz hatte dieses Zimmer seit 8 Monaten nicht mehr betreten, aber das gründliche Untersuchen und Betrachten beweist, dass ihm die Einrichtung noch vertraut war. In einem völlig fremden Raum hätte er sich unsicher und viel vorsichtiger verhalten. Magrit betrat das Zimmer erstmals am 07.02., wurde dabei jedoch nicht beobachtet. Auch sie schien sich dort nicht unsicher zu fühlen, denn am Nachmittag spielte sie mit Lutz und als das Futter gebracht wurde, lief sie der Betreuerin gleich entgegen.

Ab dieser Zeit verbrachten Lutz und Magrit die Nacht und teilweise auch den Tag im Zimmer. Magrit war weniger schreckhaft als Lutz, aber auch weniger interessiert. Sie war wesentlich passiver und zeigte weniger Erkundungsverhalten (ist geschlechtsspezifisch). PFLEIDERER pers. Mitteilung: „Das ist auch ein Grund, warum fast nur Männchen in Fallen gehen."

Während dieser Periode passten die Katzen, ebenso wie im Vorjahr, ihre Ruhezeiten wieder an die Schlafenszeiten des Menschen an.

Wenn Margit auf dem Schreibtischsessel lag und von dort vertrieben wurde, kratzte sie und zeigte sich wütend. Sie blieb liegen und ging erst im letzten Augenblick weg. Magrit hatte einen wesentlich geringeren Fluchtabstand als Lutz.

Beim Betreten des Außengeheges musste man dicht an Lutz und Magrit vorbeigehen. Sie kannten Jörg Pfleiderer nicht so gut wie Mircea Pfleiderer oder mich, aber sie flüchteten nicht, wenn er zum Füttern ins Gehege kam. Allerdings nahmen sie ihr Futter vom Teller und zogen sich zum Fressen zurück. Wenn ich das Gehege betrat, kamen sie sofort auf mich zu und wollten das Gehege anschließend mit mir verlassen. Man sieht daraus, dass die beiden sehr wohl zwischen mehr oder weniger vertrauten Personen unterscheiden konnten (Protokoll 2007, vom 13.02, 11,30 Uhr).

Am 15.02 übersiedelten Lutz und Magrit ins „Arnogehege", einem etwas abseits gelegenen, 56,50 m^2 großen Gehege. Beide fühlten sich in dieser Umgebung sichtbar wohl. Wenn man das Gehege betrat und die beiden rief, kamen sie herbei, und rochen und der ausgestreckten Hand. Lutz ließ sich auch zum Spielen mit der Spielspinne auf dem Sandfleck anregen.

Vertrautheitskriterien 2007
Die folgenden Diagramme zeigen die Schwankungen im Verhalten der beiden Schwarzfußkatzen Lutz und Magrit im Alter von 11 und 12 Monaten auf.

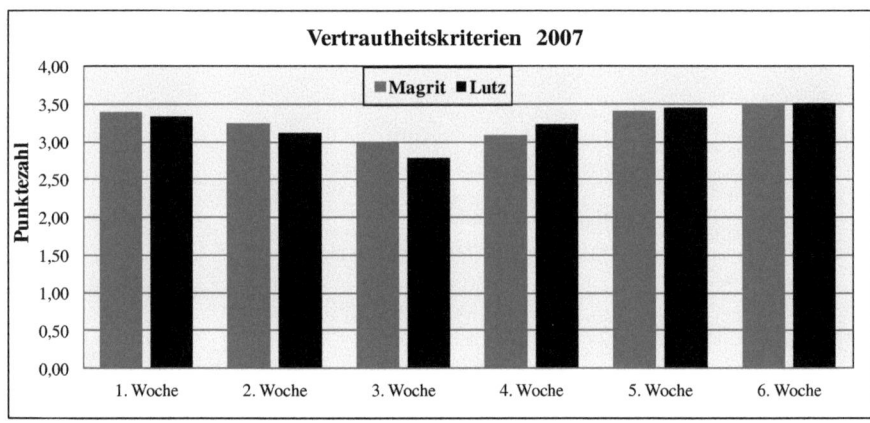

Fig.8. Hier wird das Vertrauen von Lutz und Magrit zu Menschen in ihrem 11. und 12. Lebensmonat dargestellt.

Magrit und Lutz wurden nach fast sieben Monaten wieder beobachtet. Dabei wurden alle Vorkommnisse, welche aufgrund der Bewertungsskala, Tab.1, Seite 121, Scheu oder Vertrauen darstellen, berücksichtigt. Am Ende der dritten Beobachtungswoche wurden beide vom großen Außengehege in ein kleines Gehege mit Zugang zum Zimmer und daher viel engerem Kontakt zu Menschen umgesiedelt. Diese Veränderung führte zu einer vorübergehenden Verunsicherung, die durch einen leichten Einbruch auf der Tabelle zu erkennen ist. Sobald sie eingewöhnt waren, normalisierte sich ihr Verhalten gegenüber den Menschen. Ende der fünften Woche kamen Lutz und Magrit in ein anderes Freigehege, in welchem sie sich sofort wohl fühlten und trotz der Aufregung des Einfangens und Umsetzen den vertrauten Personen gegenüber gleichmäßig freundlich blieben.

Aus **Fig. 9** und **10** ist zu sehen, dass Lutz und Magrit im Jugendalter Menschen gegenüber deutlich zutraulicher waren. Die Werte haben sind im subadulten Alter stabilisiert, während sie im juvenilen Alter größeren Schwankungen unterlagen. Der Minuswert der ersten Beobachtungswoche bei Magrit ist darin begründet, dass sie erst 10 Tage später als Lutz in menschliche Obhut kam.
Im Jahr 2007 bestand nur 6 Wochen lang die Möglichkeit zum Beobachten, daher gibt es für die Wochen 7 bis 10 keine Vergleichswerte.

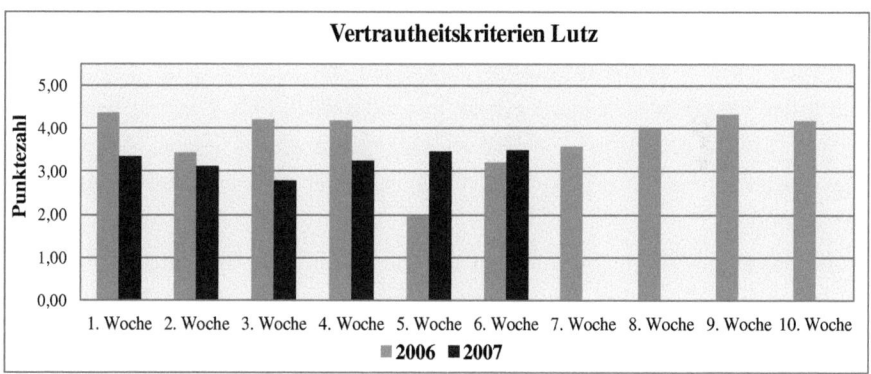

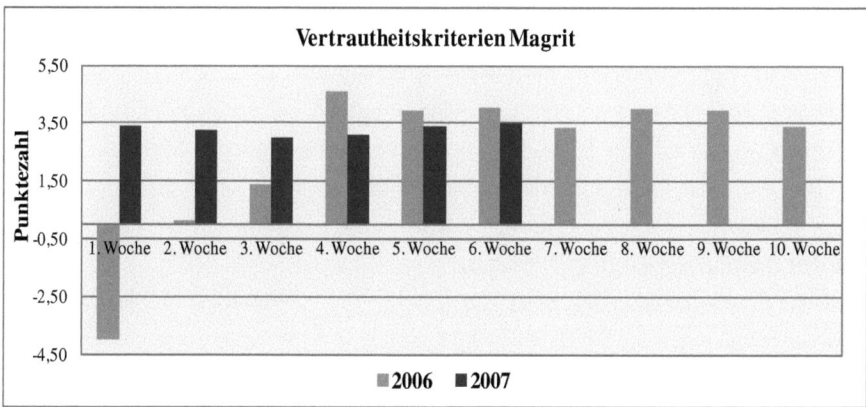

Fig.9, 10 In diesen beiden Diagrammen ist die Änderung des Vertrautheitsverhältnisses zum Menschen im juvenilen Alter aus 2006 und im subadulten Alter 8 Monate später in 2007 dargestellt.

Am 17.01. war **Jock**, erst allein, ab 22.01. mit **Maja** und **Klein Jock** im kleinen Gehege mit Zugang ins Zimmer.
Der Kater **Jock** zeigte sich nur Pfleiderer gegenüber relativ zutraulich, weil sie ihn schon als junger Kater sehr intensiv betreut hat. Als er gerufen wurde, kam er vom Außengehege auf das Fensterbrett, wo er in ihrer Gegenwart die angebotene Kondensmilch trank. Wenn sie ans Fenster trat, kam er manchmal herbei, stellte die Vorderpfoten auf das Fensterbrett und roch an ihren Fingern.
Obwohl **Maja** sehr scheu war, konnte man sie doch mit Blinzeln und zur Seite Schauen beruhigen. Nach einigen Tagen in der Anlage kam sie nachts, wenn sie sich unbeobachtet fühlte, ins Zimmer, erkundete den Raum und das angrenzende Bad gründlich. Alle Strecken legte sie trabend zurück (das Trippeln war nachts laut hörbar). Sie schlüpfte in alle Ecken, kam gleich wieder heraus, trabte weiter. Dies dauerte von 2 bis 4 Uhr, vielleicht auch länger, aber dann ohne Beobachtung.
Wenn **Maja** mit ihrem Sohn **Klein Jock** im Zimmer war, verfolgte sie die umhergehende Betreuerin, knurrte und starrte sie an. Ging man in ihre Richtung, flüchtete sie knurrend und spuckend unter den Schrank, worauf Klein Jock ebenfalls dorthin flüchtete. Verhielt sich die Betreuerin ruhig, und sprach beruhigend auf die Katzen ein, hörte das Knurren auf und Klein Jock kam sogar heraus, ging auf den Menschen zu, um den Fuß zu untersuchen. Manchmal kam Klein Jock, angelockt von dem Reiz, welchen die sich bewegenden Finger auslösten, herbei um zu spielen, erschrak jedoch immer wieder und sprang fauchend weg. Auch das Band der Kamera verlockte ihn jedes Mal zum Spielen und ließ ihn seine Vorsicht vorübergehend vergessen.

Am 03.02.07 wurden Jock, Maja und Klein Jock ins große Schwarzfußkatzen-Gehege versetzt.
In Fig.11 werden die Vertrauenskriterien von Klein Jock dargestellt. Die Beobachtungszeit, vom 26.01 bis 19.02 wurde in vier Teile zu je sieben Tagen gegliedert. Am letzten Tag von Teil 2 kam Klein Jock mit seinen Eltern vom Zimmergehege ins große Freigehege. Dort war er deutlich zutraulicher und weniger schreckhaft.
Der positive Wert erreichte bei Klein Jock nur die Zahl 4,5, bei den drei Jungen Schwarzfußkatzen aus 2006 dagegen Werte 5,2. Das lag vermutlich daran, dass

er nur selten von seiner Mutter getrennt war, und sie ihn immer wieder durch Fauchen warnte, sobald sich jemand näherte.

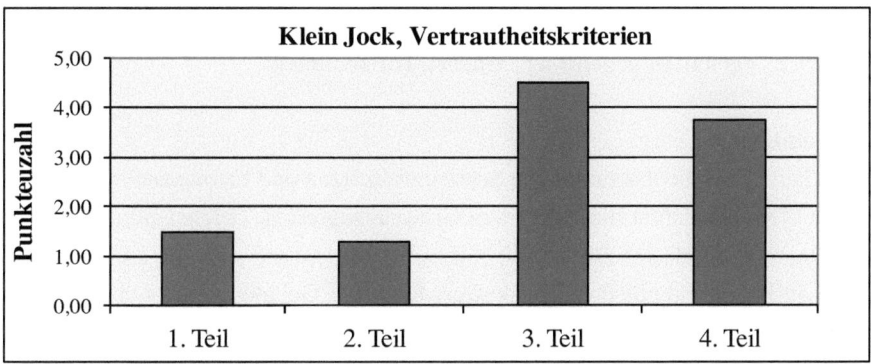

Fig.11 Aufzeichnung des Verhaltens nach Vertrauenskriterien von Klein Jock in der Zeit vom 26.01 bis 19.02. 2007

Jock befand sich im kleinen Gehege vor dem Zimmerfenster, wo im letzten Jahr Nina mit den Jungen wohnte. Immer wenn ich das Gehege betrat, fauchte er und zog sich in seine Höhle zurück. Wenn Pfleiderer zu ihm kam, war er nicht so beunruhigt und fauchte kaum. Nur wenn Futter gebracht wurde, kam er immer zum Gitter.

Lutz und Magrit in Tenikwa:
Als Mircea Pfleiderer nach einem Jahr wieder nach Tenikwa kam, ging Lutz, sobald er ihre Stimme hörte, auf sie zu. Er erkannte seine frühere Betreuerin offensichtlich (siehe oben).

Bericht von Mandy Freeman:
Lutz verhielt sich in Tenikwa auch bekannten Personen gegenüber eher zurückhaltend, lief aber nicht fort, vorausgesetzt man hielt eine bestimmte Distanz ein. Wenn er unter einer Aloe oder einem Baumstamm ruhte und man näherte sich ihm, wollte er sich nicht bewegen, gelegentlich fauchte er ein bisschen. Er benahm sich gleichgültig gegenüber Personen die er kannte, zeigte auch keinen Stress, wenn Fremde herankamen, außer sie näherten sich zu schnell. Lutz ließ sich niemals anfassen, aber er kam speziell während der

Fütterungszeit herbei und nahm seinem Betreuer eine Maus, die er besonders gerne fraß, sogar aus der Hand. Für eine Schwarzfußkatze konnte er als zahm gelten. Magrit war sogar noch etwas zutraulicher als Lutz.

4.1.2.1.2. Verhalten gegenüber anderen Katzenarten

Hauskatzen
Die Hauskatzen beobachteten die Schwarzfußkatzen und Falbkatzen und nutzten gerne die Gelegenheit diese vor dem Gitter anzugreifen. Offensichtlich wussten sie, dass sie durch das Gitter geschützt sind. Das zeigte sich, als die Falbkatze Dani ausbrach und alle drei Hauskatzen durch das Gelände jagte, wobei diese in Panik flüchteten.
Sobald die Hauskatzen zu nahe an das Gitter kamen, verteidigten sich die Schwarzfußkatzen wütend. Die Katze Nusha schlich immer wieder zum Gitter der Schwarzfußkatzen und sprang sogar manchmal dagegen. Den Schwarzfußkater Jock reizte sie besonders gern. Man hatte den Eindruck, dass es ihr Spaß machte. Manchmal mussten wir sie einsperren, damit Jock endlich Ruhe fand. Auch die beiden Hauskater Riaan und Bastian provozierten manchmal die Schwarzfußkatzen. Es kam wegen des Gitters aber nie zu einer echten Konfrontation. Ich vermute jedoch, wenn kein Gitter vorhanden wäre, würden die Hauskatzen vor den Angriffen einer Schwarzfußkatze im Ernstfall ebenso flüchten wie vor der Falbkatze.
Gegenüber den jungen Schwarzfußkätzchen, welche im Haus wohnten, benahmen sich die Hauskatzen zurückhaltend. Im Alter von 6 Wochen zeigte sich Lutz den beiden großen, sieben Monate alten Hauskatern selbstbewusst und ging furchtlos auf sie zu.
Beobachtung PFLEIDERER: Eines Morgens ließ man die Hauskatze Nusha versehentlich ins Zimmer zu Lutz, die schon zuvor am Außengehege feindlichen Kontakt zu dem einjährigen Lutz aufgenommen hatte. Sie lief, durchs halbe Zimmer auf Lutz zu, der sich auf der Fensterbank zum Außengehege befand und buckelte. Dann ging Nusha freiwillig aus dem Zimmer. Danach war wieder Friede. Daraus kann man sehen, dass die Hauskatzen ohne trennendes Gitter sich Wildkatzen gegenüber nicht aggressiv, sondern eher ängstlich verhalten.

LEYHAUSEN (1979) hybridisierte Hauskatzen mit Schwarzfußkatzen erfolgreich. Sein Schwarzfußkater begattete ein Hauskatzenweibchen. Aber als er später Gelegenheit hatte, mit einem artgleichen Weibchen zu kopulieren, war es auch nach einer langen Trennung von diesem, nicht mehr möglich, ihn mit einer Hauskatze zu paaren.
Offensichtlich spricht der AAM der Schwarzfußkatze auf die Merkmale einer Falbkatze zur Erkennung eines Artgenossen und Geschlechtspartners an.

Falbkatzen
Die Reviere von Falb- und Schwarzfußkatzen überschneiden sich in der freien Natur nur teilweise, weil die Falbkatze ein Gelände mit mehr Busch- und Graswuchs bevorzugt.
Sie sind Nahrungskonkurrenten, aber nicht eigentliche Fressfeinde, obwohl nicht auszuschließen ist, dass ein junges Schwarzfußkätzchen Beute einer Falbkatze werden kann.
Ob in menschlicher Obhut Paarungen zwischen den beiden Arten versucht wurden, ist mir nicht bekannt. Da die Hybridisierung mit Hauskatzen gelang, könnte dies wahrscheinlich auch mit Falbkatzen möglich sein. Allerdings besteht lt. PFLEIDERER (1998) eine reproduktive Barrieren zwischen diesen beiden Arten.
Lutz und Magrit bewohnten im Jänner 2007 das große Gehege, welches nur durch ein schmales Zwischengehege vom Falbkatzengehege getrennt ist. Während Lutz die Falbkatzen kaum beachtete, lag Magrit immer wieder in Lauerstellung flachgedrückt auf einem erhöhten Platz direkt am Gitter und beobachtete stundenlang das Falbkatzenweibchen Dani. Dieses nahm von Magrit kaum Notiz. Auch Lutz beobachtet Dani, aber nicht so intensiv und ausdauernd wie Magrit. Diese schaute so gebannt zu Dani, dass sie einmal sogar die Fütterung übersah. Auch Nina kam manchmal vorsichtig aus ihrem Versteck und beobachtete Dani, wenn diese umherlief, war aber keineswegs so interessiert wie Magrit. Die Ursache für die offensichtliche Faszination, die Dani auf Magrit ausübte, konnte ich nicht erkennen.

Abb.19. Magrit beobachtet Falbkatze Dani

Karakal

In der freien Natur überschneiden sich die Lebensräume von Karakal und Schwarzfußkatzen, welche er erbeutet, wenn er die Gelegenheit dazu hat. Es ist daher nicht verwunderlich, wenn er bei den Jungen Furcht auslöst. Für das Schema des bedrohlichen Fressfeindes könnte ein AAM vorhanden sein, denn diese Erkenntnis kann kaum durch Erfahrung gewonnen werden. Möglicherweise wird das Erkennen der Gefahr durch die mütterliche Warnung begründet.

Das große Schwarzfußkatzen-Gehege, war vom Karakal-Gehege zu weit entfernt, als dass diese den Karakal beachtet hätten. Im Alter von 11 Wochen hatten die Schwarzfußkätzchen gerade ein neu eingerichtetes Gehege, nur durch einen Abstand von ca. 2 Metern vom Karakal-Gehege getrennt, bezogen, als sie den Karakal Flip entdeckten, der am Gitter pendelte. Lutz stand auf dem Holzbau, stellte die Haare auf, Magrit schaute hin, zeigte aber keine Reaktion. Flip kam zum Gitter gegenüber Lutz und Magrit, schaute zu ihnen, lief hin und her. Lutz machte einen Buckel, legte die Ohren seitlich, der Schwanz, gesträubt wie eine Bürste, zeigte in einem Bogen nach unten. Die Rückenhaare waren gesträubt, typisch für eine extreme Abwehrhaltung.

Abb.20. Lutz sieht den Karakal Flip

Als Flip sich entfernte, beruhigte Lutz sich. Später lief Jan aufgeregt im Kreis umher, stellte sich immer wieder am rechten Gitter auf, schaute zu Flip, der am linken vorderen Gitter pendelte. Alle drei liefen aufgeregt im Gehege umher, wenn sie Flip pendeln sahen. Lutz und Jan stellten sich auf den Stamm, der die Höhle bildet und schauten hinüber. Magrit versuchte am rechten Gitter auf die Äste zu klettern, sie fiel aber immer wieder herunter (Schwarzfußkatzen sind keine guten Kletterer). Die Jungen saßen manchmal auf der Box oder auf der rechten Höhle und schauten zu Flip, wenn dieser wieder pendelte. Eine Woche später zeigten die jungen Schwarzfußkatzen kaum noch Interesse an Flip und waren nicht mehr so ängstlich. Auch in diesem Falle trat eine „Habituation" ein, durch welche die Reizschwelle zur Auslösung von Flucht, Abwehr oder Neugierverhalten so erhöht wurde, dass der Karakal bei den Kätzchen nur mehr wenig Beachtung fand.

Im Alter von 9 Wochen befand sich Klein Jock im Nebengehege des Karakals Flip. Als dieser laut rief, lief Klein Jock in Deckung durch die Bodenrinne zum Gitter, schaute zu Flip welcher pendelte und ging wieder zurück. Hier war offensichtlich die Neugier größer als die Furcht. Das Ausnützen von Bodenrinnen ist typisch für die Fortbewegung von Schwarzfußkatzen in offenem Gelände und wird schon von Jungtieren praktiziert.

Lutz und Magrit kamen im Alter von einem Jahr in ein Gehege, von welchem sie sowohl die Falbkatzen, wie auch den Karakal Flip sehen konnten. Wenn Lutz und Magrit im Gehege umher gingen, blieben sie zwischendurch oft stehen oder setzen sich, um in die anderen Gehege zu schauen. Magrit war von den Falbkatzen fasziniert, Lutz schaut öfter zu dem Karakal Flip, zeigte jedoch keine Furcht.

Serval

Das Gehege der Falbkatzen liegt zwischen dem Serval- und dem Schwarzfußkatzengehege. Nachts beobachtete Lutz die Servale beim Umhergehen. Er war jedoch zu weit entfernt, um diese als Bedrohung zu empfinden.

Obwohl die Servale durch Ihre Größe Fressfeinde der Schwarzfußkatzen sein könnten, stellen sie in der Natur kaum eine Bedrohung dar, weil ihr Lebensraum, Flussufer mit üppiger Vegetation, sich nicht mit den ariden Gebieten, welche Schwarzfußkatzen bewohnen, überschneidet.

Hybridisierung zwischen Serval mit anderen Felisarten wird in freier Wildbahn kaum vorkommen. Im Zoologischen Garten Magdeburg entstanden durch Zufall intergenerische Bastarde zwischen zwei gemeinsam handaufgezogenen Tieren, einem männlichen Serval und einer Europäischer Wildkatze. Die beiden Jungtiere, als „Serkas" bezeichnet, wurden von der Mutter erfolgreich aufzogen und wiesen Merkmale beider Arten auf (BÜRGER, 1978). Obwohl der Wildkatze ein arteigener Kater zugeführt wurde, akzeptierte sie nur den Serval als Geschlechtspartner. Hier kann schon in früher Jugend eine Prägung stattgefunden haben.

4.1.2.1.3. Verhalten gegenüber Caniden

Schwarzfußkatzen unterscheiden sich von vielen anderen Kleinkatzen durch ihren entschlossenen Angriff, auch gegen einen überlegenen Feind. Besonders ausgewachsene Kater setzen sich sogar oft gegen einen durchschnittlich viermal so schweren Schabrakenschakal (*Canis mesomelas*) durch. Allerdings kann ein Schakal einer weiblichen Katze oder Jungtieren gefährlich werden. Besonders paarweise jagenden Schakale stellen eine ernste Gefahr für Schwarzfußkatzen dar (SLIWA, 2007).

Eine außerordentlich bedrohliche Auswirkung auf das Geschlechterverhältnis bei den Schwarzfusskatzen im Studiengebiet „Benfontein" (über 110 km[2)] hatte die starke Zunahme der Schakalpopulation seit dem Jahr 1998 von ca. 5 Tieren auf etwa 50 Tiere. Seit 2008 konnte keine weibliche Schwarzfußkatze für Studienzwecke gefangen werden, und es ist anzunehmen, dass im ganzen Gebiet kein weibliches Tier mehr vorhanden ist (SLIWA 2010).

PFLEIDERER und LEYHAUSEN (Freilandbeobachtungen 1993, 1994) fanden ähnliche Verhältnisse im Mountain Zebra National Park (2 Schwarzfußkatzen, männlich), Karakal auffällig selten (3 Exemplare), Schakal (15+ Exemplare).

Ähnliches gilt für Jagdhunde, die oft eine Meute bilden. Auch hier kann sich eine Schwarzfußkatze vielleicht gegen einen Hund durchsetzen, aber nicht gegen ein Rudel.

Auf diese Weise kam der Kater Jock zu M. Pfleiderer in Betreuung, als ein Rudel Jagdhunde seine Mutter tötete. In besiedeltem Gebiet sind die Katzen auch durch streunende Hunde bedroht.

In menschlicher Obhut werden Schwarzfußkatzen selten mit Hunden in Kontakt kommen.

Trotzdem halte ich die Beobachtungen über das Verhalten der Schwarzfußkatzen gegenüber Hunden für besonders interessant, weil beide Arten eine völlig andere Verhaltenspalette haben und daher die Verständigung zwischen ihnen problematisch sein könnte.

Das folgende Beispiel zeigt, dass Katzen in anderen Tierarten Artgenossen sehen können und manchmal zu ihnen sogar eine engere Beziehung aufbauen, als zu anderen Katzen.

OLBRICHT & SLIWA (1995) beobachteten, dass der handaufgezogene Schwarzfußkater „Kaoko" gegenüber Tieren, die schon früh in seiner Nähe waren, nie Aggressionen zeigte. Ein handaufgezogener Weißhandgibbon wurde zu seinem Spielgefährten. Auch als der Kater fast 5 Monate alt war, kam es beim Beutespiel mit dem Gibbon zu keiner Beißerei. Kaoko ließ sich von einer Ridgeback-Hündin im Alter von einer Woche beschnüffeln, ohne dass dies Abwehrreaktionen auslöste. Später duldete die Hündin sein oft raues Spiel, konnte ihn aber mit einem kurzen Knurrlaut davon abbringen.

Im Clifton Zoo hält Marion Holmes mehrere Hunde, die regelmäßig Kontakt zu den wilden Katzen haben. Sie besitzt einen Border-Collie und zwei ältere Jack Russel Terrier, sowie deren vier Junge. Die Hunde begleiten sie bei der Fütterung und Pflege zu den Gehegen und z.T. auch hinein.

HOLMES pers. Mitteilung: „Alle Katzen zeigen großes Interesse an den Hunden. Beim Border Collie vor allem durch das Gitter. Im Gehege fürchten sie ihn wahrscheinlich wegen seiner Größe und flüchten. Die einjährige Schwarzfußkatze Phoebe scheint zwischen den einzelnen Jack Russel Terriern zu unterscheiden. Sie geht den Hunden oft nach und riecht an ihrem After.

Abb.21 Schwarzfußkatze Phoebe folgt Jack Russel Terrier li. und springt ihn an, re.
(Foto Marion Holmes)

Die alten Jack Russel Terrier spielen nicht gerne, daher sind sie für Phoebe nicht so interessant. Einen der jungen Hunde, ein 6 Monate altes Weibchen namens „Puppy" bevorzugt sie deutlich und hat regelmäßig Körperkontakt mit ihm. Wenn der Hund einem geworfenen Stein nachläuft, versteht sie das als Beutespiel, jagt hinter ihm her und springt auf seinen Rücken. Beim Verfolgungsspiel springt sie ihm manchmal ins Genick, versucht den „Tötungsbiss". Wenn der Hund dann Phoebe nachjagt, saust sie schnell in ihr Versteck in dem hohlen Agavenstrunk, aber sobald er wegschaut, ist sie wieder heraußen und jagt ihm nach. Bei der Fütterung kommen alle Hunde mit zu den Gehegen. Wenn Phoebe in Spielstimmung ist, „wackelt" sie mit dem Kopf und versucht den jungen Hund mit Sprüngen gegen das Gitter aufzufordern. Wenn sie dieses Verhalten zeigt, wird „Puppy" in ihr Gehege gelassen".

4.1.2.2 Verhalten im intraspezifischen Bereich

Dieser Abschnitt beschreibt das Sozialverhalten der Schwarzfußkatzen untereinander und ihre Familienbeziehungen. Vergleiche mit anderen Katzenarten werden durchgeführt.
Es soll die Frage untersucht werden, ob Schwarzfußkatzen so solitär sind, wie bisher vermutet wurde.
Als vorwiegend allein lebende Säugetiere verfügen alle Feliden über ein erstaunlich reichhaltiges Repertoire an Ausdrucks- und Verständigungs-Möglichkeiten. Wahrscheinlich ist es gerade bei Tieren, welche sich nur selten und bei speziellen Gelegenheiten treffen, z.B. an Reviergrenzen oder bei der Paarung, manchmal auch nur zufällig und unerwartet, besonders wichtig, durch eindeutige Ausdrucksweisen ihre Stimmung bekanntzugeben (LEYHAUSEN, 1979).
Das Ausdrucksvermögen einer Katze setzt sich aus einer vielfältigen Kombination von optischen Zeichen, olfaktorischen Mitteilungen und Lauten zusammen, die von jeder Katze verstanden und richtig interpretiert werden, sodass unnötige Kämpfe und Verletzungen meist vermieden werden. In dieser Hinsicht unterscheiden sich die verschiedenen Katzenarten nicht wesentlich.
Optische Signale

Sie sind für die Katzenartigen von größter Bedeutung, da ihr Sehvermögen besonders gut entwickelt ist. Durch die Mimik kann eine Katze einer anderen Katze unmissverständlich ihre Stimmung bekanntgeben. Der **Blickkontakt**, bzw. dessen Abbruch kann das Verhalten einer anderen Katze beeinflussen. Anstarren bedeutet eine Drohung, weshalb Katzen, wenn sie einen Konflikt vermeiden wollen „umherschauen" (LEYHAUSEN, 1979). Die Augenregion der Wildkatzen weist eine mehr oder weniger deutliche Zeichnung auf, die den Ausdruck des Blickes noch verstärkt. Auch das „Blinzeln", ein mehrmaliges, langsames Öffnen und Schließen der Augen, ist ein aggressionshemmendes Verhalten, das beruhigend wirkt, ob es nun vom Menschen oder von einer anderen Katze ausgeht (PFLEIDERER, 1997, 1998).

Ein weiteres Mittel zur Verstärkung des Gesichtsausdruckes sind die **Vibrissen**. Diese Tasthaare geben je nach Stellung Auskunft über die Stimmung. Sie unterstreichen durch ihre gespreizte Stellung die Fauchgrimasse oder betonen die Wirkung des Gähnens, das oft als Beruhigungsgeste dient.

Die **Stellung der Ohren** einer Katze ist von großer Bedeutung für das Erkennen ihrer Stimmung. Steil aufgerichtete, seitwärts gedrehte Ohren sind ein Zeichen von Kampfbereitschaft. Seitlich flach angelegte Ohren (im Extremfall sind sie kaum noch zu sehen) zeigen Angst, aber auch Verteidigungsbereitschaft an. Zwischen diesen beiden Stellungen gibt es fließende Übergänge, da zwischen Angriffs und Abwehrverhalten zweier Katzen eine wechselseitige Überlagerung stattfinden kann. (LEYHAUSEN, 1979). Schon kleinste Veränderungen in der Beziehung zwischen zwei Katzen (auch Katze und Mensch) sind an der Ohrenstellung zu erkennen. Manchmal ist es nur eine kaum sichtbare Bewegung eines einzelnen Ohres, die einen beginnenden Stimmungsumschwung anzeigt.

Die mimischen Signale werden von der **Körperhaltung**, d.h. der Stellung von Kopf, Rumpf und Schwanz unterstrichen. Bei der Angriffshaltung sind die Beine hochgestreckt, der Rücken ist gerade und der Schwanz stellt sich an der Wurzel steil auf und macht dann einen scharfen Knick nach unten. Dagegen ist für die Abwehrhaltung das Einziehen des Kopfes, Zusammenziehen des Körpers, Sträuben der Haare über den ganzen Körper und Schwanzspitze, die steif und ruhig gehalten wird, charakteristisch. Auch hier sind die Übergänge zwischen Droh- und Verteidigungshaltung fließend.

Bei den von mir beobachteten **Schwarzfußkatzen** kam es gelegentlich zu Übergriffen, aber kaum zu den hier beschriebenen Droh- und Verteidigungsstellungen, denn die Tieren kannten sich und es befanden sich nie zwei adulte gleichgeschlechtliche Tiere in einem Gehege, sodass ein Anlass zur Revierverteidigung vorhanden gewesen wäre. Bei den jungen Schwarzfußkatzen konnte man jedoch alle Phasen des Angriffs und der Verteidigung im sozialen Spiel beobachten, wobei es manchmal zu ernsteren Auseinandersetzungen kam. Besonders das **Breitseitendrohen** wurde zu einem festen Bestandteil der Kampfspiele. Diese Haltung entwickelt sich aus der Buckelstellung und erklärt sich durch die Überlagerung von Flucht-, Abwehr- und Angriffsstimmung, wobei die Vorderbeine zurückweichen, während das Hinterteil noch stehen bleibt.

Olfaktorische Kontrolle

Begegnen sich zwei Katzen in neutraler Umgebung, gehen sie aufeinander zu und beschnuppern sich „Nase gegen Nase", dann gehen sie die Flanken entlang und jede versucht zur Analgegend der anderen zu gelangen. Verläuft die Begegnung freundlich, gestattet eine Katze der anderen die Analkontrolle mit erhobenem Schwanz. Gelingt dies, kommt es manchmal zum Flehmen. Siehe oben Abb.21, Schwarzfußkatze mit jungem Hund bei Analkontrolle.

Katzen hinterlassen durch Versprühen von Urin olfaktorische Nachrichten, die bei der Revierbegrenzung und der Partnersuche eine wichtige Rolle spielen. Siehe unter „Markierverhalten".

Flehmen

Viele Säugetierarten, wie Ungulaten, Rodentia und bei den Carnivoren Viverridae und Felidae sind mit einem Jacobson'schen Organ ausgestattet und können daher flehmen. Dieses Organ ist ein spezielles Hilfsmittel des Geruchsinns. Es liegt in der Mundhöhle am Gaumendach und kann wasserlösliche Duftstoffe aufnehmen. Beim Flehmen zieht die Katze die Oberlippe meist auffällig zurück, um den Geruchsstoffen den Zugang zum Jacobson'schen Organ zu erleichtern. Wenn die Katze bestimmte Gerüche mit der Nase wahrnimmt und noch genauer prüfen möchte, flehmt sie. Sie hebt den Kopf, zieht die Mundwinkel zurück und hält kurz den Atem an. Zum Abschluss dieses Vorgangs schlucken die Katzen und lecken sich kurz über den

Nasenspiegel. Meist sind es Duftstoffe (Pheromone) aus dem Sexualbereich, welche das Flehmen auslösen (PFLEIDERER und RÖDDER, 2010).

Lautäußerungen
Schwarzfußkatzen verfügen wie die meisten Katzenarten über ein reichhaltiges Repertoire von Lauten, die ihre jeweilige Stimmung ausdrücken und ihnen ermöglichen sich auch über weite Entfernungen mitzuteilen.
Positiv:
Gurren, Maunzen, Miauen, Schnurren
Die Schwarzfußkatzen-Mütter locken ihre Jungen **gurrend**, manchmal unterbrochen von **Maunzen** und Rufen, wenn diese nicht gleich kommen. Das junge Schwarzfußkätzchen Klein Jock fing verzweifelt an zu weinen mit einem hohen dünnen Fiepen, sobald es sich verlassen fühlte. Mit sieben Wochen riefen Lutz und Jan mit lauter und etwas heiserer Stimme (wesentlich lauter als junge Hauskatzen) nach ihrer Mutter. Nur Magrit hatte eine etwas feinere Stimme.

Der Kater Jock näherte sich seinem Sohn Klein Jock meist gurrend, manchmal stieß er zwischen dem Gurren einen Hauptruf aus.
Im Alter von 8 Monaten forderte Lutz seine Schwester Magrit zum sozialen Spiel auf, rannte häufig hinter ihr her. Dabei **gurrte** er die ganze Zeit, sehr vokal mit Locklauten.
Das **Miauen** kommt bei wilden Katzen viel seltener vor, als bei Hauskatzen.
Der Serval Arno miaute oftmals, wenn man ihn bei seinem Gehege besuchte, v.a. wenn kein Futter gebracht wurde, wobei er den Kopf am Gitter rieb, zwischendurch fauchte er auch ein wenig. Das Servalweibchen Bonnie rief und lockte ihre Jungen mit leisem Miauen.
Schnurren ist eine stimmlose Lautäußerung, die fast bei allen Felidenarten vorkommt, und Wohlbefinden ausdrückt. Die Schwarzfußkatzen-Mütter und ihre Jungen schnurrten beim gemeinsamen Ruhen und der Fellpflege. Während des Säugens konnte man von Mutter und Kind „Saugschnurren" hören. Das Schnurren der Jungen wird durch Saugen und Schlucken nicht unterbrochen. Die beiden von ARMSTRONG (1975) handaufgezogenen aufgezogenen Schwarzfußkatzen schnurrten in den ersten beiden Lebensmonaten beim

Körperkontakt mit dem Menschen, der für sie Mutterersatz war. Die drei Schwarzfußkätzchen Lutz, Jan und Magrit schnurrten nicht, wenn sie mit mir in Körperkontakt ruhten. Nur Lutz schnurrte bei seiner persönlichen Betreuerin PFLEIDERER, zu welcher er durch die Pflege während seiner Krankheit ein besonders enges Verhältnis entwickelt hatte, bei Körperkontakt und Fellpflege. Die jungen Schwarzfußkatzen hörte ich auch nicht schnurren, wenn sie gemeinsam ruhten. Adulte Schwarzfußkatzen, mit Ausnahme der Mütter beim Säugen, konnte ich nie Schnurren hören. Vermutlich kommt es in freier Wildbahn nicht vor.

Ein handaufgezogenes Bengalkätzchen (*Felis bengalensis*) schnurrte zum ersten Mal im Alter von 7 Tagen, als es zur Anregung des Kreislaufes gebürstet wurde (POHLE, 1973).

Bei der Servalmutter mit ihren Jungen konnte ich kein Saugschnurren hören. Es ist aber möglich, dass ich nichts hörte, weil ich zu weit entfernt war. PFLEIDERER, pers. Mitt. bestätigte mir, dass sowohl beim Serval wie auch beim Karakal Mütter und Junge beim Saugen und bei der Fellpflege durch die Mutter gelegentlich schnurren können.

Neutral:
Hauptruf, Junge rufen, Warnen, Entwarnen, Schnattern,
stimmlose Gaumenlaute CH, CH.
Alle Feliden haben einen speziellen **Hauptruf.** Der bekannteste ist der Ruf des Löwen, aber auch bei kleinen Feliden kann er sehr intensiv, imponierend und weittragend sein.

Bei den Schwarzfußkatzen klingt er im Verhältnis ihrer Körpergröße besonders laut und ist über weite Strecken zu hören. Er hat eine kommunikative Funktion, und wird am häufigsten während der Paarungszeit ausgestoßen, dient aber auch zur Kontaktaufnahme mit Artgenossen, wie das folgende Beispiel zeigt. Wenn Jock seinen Sohn rief, stieß er zwischen dem Gurren manchmal einen langgezogenen Hauptruf aus. Dabei nahm er eine Sitzstellung ein, vorne aufrecht und die Hinterbeine manchmal leicht angehoben, mit etwas seitlich gestellten Ohren. Diese Haltung ist typisch für die Art.

Abb.22 Schwarzfußkater Jock stößt den Hauptruf aus. (Foto M. Pfleiderer)

Bei Gefahr für die Jungen stößt die Schwarzfußkatzen-Mutter einen **Warnlaut** aus. Zur Entwarnung lässt die Mutter einen spezifischen Ruf hören, wie (ah, ah, ah) der von synchronen Auf- und Abbewegungen der halb angelegen Ohren begleitet ist, ähnlich wie beim Hauptruf.

Das **Schnattern** ist ein fast stimmloses Geräusch, bei wenig geöffnetem Mund, wobei sich der Unterkiefer in schneller Folge auf- und ab bewegt. Die Ursache wurde unter Jagdverhalten beschrieben.

Der Karakal Flip erzeugte häufig beim Laufen und Wandern, manchmal eine Stunde lang ohne Unterbrechung stimmlose, fast keuchende, **prustende Geräusche,** welche leider nicht aufgenommen werden konnten und nur schwer zu beschreiben sind. Auch im zweiten Jahr, als Flip allein im Gehege wohnte, stieß er besonders nachts beim Wandern diese Geräusche aus. PETERS (1978) beschreibt dies als WAH-WAH–Laute.

Negativ:
Knurren, Grollen, Schreien, Fauchen, Spucken, Schnauben
Knurren als Droh- oder Warnlaut ließen die Schwarzfußkatzen immer wieder hören.

Es kann bei Steigerung durch Nichtbeachtung in ein bedrohlich klingendes Grollen übergehen. Bei den jungen Schwarzfußkätzchen war das Knurren bei jeder Fütterung (siehe unter Fressverhalten), aber auch im kämpferischen sozialen Spiel zu hören. Bei den Auseinandersetzungen aus Futterneid kam es jedoch nie zum Grollen, sondern das Knurren steigerte sich zu lautem **Schreien** und **Kreischen**.

Wenn man sich dem Servalkater Arno beim Fressen eines großen Fleischstückes näherte, ließ er ein **singendes Knurren** hören, ohne sein Futter loszulassen.

Das **Fauchen** der Katzen entsteht durch Hochziehen der Oberlippe mit Faltenbildung, mit nach hinten gewölbter, vorne hochgedrückter und seitlich gewölbter Zunge, wobei die Atemluft scharf ausgestoßen wird. PFLEIDERER (2001) konnte bereits bei 4 Tage alten Falbkätzchen das typische „Fauchgesicht" erkennen, wenn auch noch kein Ton zu hören war.

Das **Fauchen** ist als Abwehrreaktion zu verstehen. So bedrohlich es aussieht, versucht die Katze nicht anzugreifen, sondern ihr Gegenüber so zu erschrecken, dass sie Gelegenheit zu Flucht oder einen besseren Ausgangspunkt für die Vereidigung zu bekommt.

Das **Spucken** ist die Steigerung des Fauchens, in eine rasche Folge von Reihe von Warnlauten, die explosionsartig ausgestoßen werden, wobei die Katze oft mit den Tatzen auf den Boden vor sich schlägt. Die beiden Servale Bonnie und Arno bildeten hiervon eine Ausnahme. Sie schlugen mit ihren langen und kräftigen Pfoten auf ihr Gegenüber (auch auf Menschen) ein und konnten dabei erhebliche Verletzungen verursachen. Dieses Schlagen ist typisch für die Art. Die jungen Servale fauchten und spuckten schon im Alter von 28 Tagen, sobald sich ein Unbekannter dem Gehegegitter näherte.

Auch beim Fauchen und Knurren kann zwischen zwei Katzen ein Wechsel von Droh- und Abwehrhaltung eintreten. Aggressive Auseinandersetzungen zwischen dem Schwarzfußkater Jock und den Weibchen waren sowohl von lautem Knurren und Schreien, sowie Fauchen begleitet. Bei einem Angriff von Maja auf Jock knurrte Maja in einem hohen Ton, der in Schreien überging. Klein Jock knurrte, sobald ihm sein Vater Jock, freundlich gurrend, zu nahe kam. Wenn sich ein Mensch näherte, fauchte er oft. Jock knurrte und fauchte vor der Fütterung immer vor Aufregung und Ungeduld, bis er sein Fleisch erhielt.

Das **Servalweibchen Bonnie** knurrte, fauchte und maunzte abwechselnd, wenn sich eine Person dem Gitter des Geheges näherte. Dies drückte ihre ambivalente Stimmung aus, weil ihre Jungen in der Nähe lagen.

Die **Falbkatze Dani** ließ nur, wenn sie auf Futter wartend hinter dem Gitter saß, manchmal ein leicht auf- und abschwellendes, fast singendes Knurren hören. Dies war jedoch keine feindliche Lautäußerung, sondern drückte eher ihre Aufregung vor der Fütterung aus.

Schnauben war zwischen verfeindeten Katern nach bereits erfolgten Kämpfen bei Blickkontakt (Gerrie und Ulrich) zu hören (PFLEIDERER, pers. Mitt).

Verhaltensweisen im sozialen Bereich

Zoobeobachtungen allein ermöglichen wenige Rückschlüsse auf das Sozialverhalten von kleinen Feliden in freier Wildbahn. Die geringe Körpergröße, die relativ großen Reviere, ihre Scheu und die nocturnale Lebensweise erschweren Beobachtungen in der Natur.

Erst seit wenigen Jahren wurden Freilanduntersuchungen an Schwarzfußkatzen möglich (SLIWA 1993–2010, PFLEIDERER & LEYHAUSEN 1993–2001), durch welche doch manches über das Sozialverhalten dieser Katzenart unter natürlichen Bedingungen bekannt wurde.

Im Zoo herrschen für die Katzen andere Bedingungen, v.a. durch das Entfallen der Nahrungssuche und die Vermeidung von Beutegreifern. Auch die Verteidigung des Territoriums entfällt bis auf einige Ausnahmen, z.B. bei Tieren die erstmals in einem gemeinsamen Gehege zusammengebracht werden.

In Menschenobhut entsteht bei vielen Wildkatzenarten eine ganzjährige, oft sogar lebenslange Paarbindung. Auch die Beteiligung des Vaters an der Jungenaufzucht, die in einigen Tiergärten erfolgreich versucht wurde, konnte bei freilebenden Felisarten meines Wissens bisher nur selten beobachtet werden.

In der intraspezifischen Sozialstruktur gibt es bei verschiedenen Katzenarten deutliche Unterschiede. In diesem Kapitel wird das Verhalten aller beobachteten Schwarzfußkatzen, aber auch von anderen südafrikanischen Katzenarten beschrieben, sowie Vergleiche mit weiteren Feliden angestellt.

Besonders das Sozialverhalten einer Servalmutter mit ihren drei Jungen, welche sich zur gleichen Zeit wie die Schwarzfußkatzen-Mutter mit ihren drei Jungen in der Karoo Cat Research befanden, soll hier verglichen werden. Ich beobachtete die jungen Servale vom ihrem 25. bis zum 85. Lebenstag. Jedoch im Gegensatz zu den Schwarzfußkätzchen wurde jeder unnötige Kontakt der kleinen Servale mit Menschen vermieden, weil diese für ein Auswilderungsprogramm vorgesehen waren.

4.1.2.2.1. Eltern - Kind – Geschwister – Verhalten

Die **Schwarzfußkatze Nina** befand sich in einer schwierigen Situation, da sie sich in den ersten Tagen nach ihrer Ankunft mit ihren Jungen nur im Zimmer aufhalten konnte. Der Kater Lutz war schon eingewöhnt, aber die beiden anderen Jungen Jan und Margrit sind mit ihr angekommen, waren noch sehr ängstlich und riefen oft nach der Mutter. Nina hatte sich ein Versteck unter dem Spiegelschrank ausgesucht, rief immer wieder nach ihren Jungen und trug diese, obwohl sie schon schwer waren, in ihr „Nest", weil sie nicht zu ihr kamen. Sie liefern ihr jedoch immer wieder davon und schrien weiter. Daher kamen sie recht wenig zum Saugen. Nina kümmerte sich deutlich mehr um Lutz, der schon eine Woche von ihr getrennt war. Wenn er bei der Mutter lag, hörte man lautes Saugschnurren. In den ersten Nächten galt Ninas Aufmerksamkeit zu 80 % Lutz und nur zu 20 % den beiden anderen Jungen.
Ab 9.04.06, vier Tage nach ihrer Ankunft, war das Gehege vor dem Zimmerfenster fertig gestellt, sodass die Katzen sich sowohl im Außengehege, wie auch im Zimmer aufhalten konnten.

Ruhen, Schlafen, Körperkontakt, Grooming

Häufig ruhten oder schliefen die drei Kätzchen in Körperkontakt, eng aneinander gekuschelt. Eine der Ursachen hierfür war sicherlich die kalte Jahreszeit. Nachts sanken die Temperaturen manchmal unter 0° C, das Haus war nicht geheizt und im Freigehege blies oft ein kalter Wind.
Im Zimmer bevorzugten alle drei Jungen das Bett und dort suchten sie sich, wenn möglich einen Platz auf der Wärmeflasche. Untertags suchten sie im Haus zum Ruhen und Schlafen gerne einen Platz, wo ein Sonnenstrahl durchs Fenster

fiel. Sie veränderten ihre Ruhestellung indem sie dem wandernden Sonnenstreifen folgten. In diesem warmen Raum ruhten sie auch gerne allein. Bereits im Alter von 7 Wochen, als die drei Jungen nach Honingkrantz kamen, ruhten sie manchmal alleine. Je älter sie wurden, desto öfter zogen sie sich auf einen eigenen Ruheplatz zurück. Magrit, das schwächste und ängstlichste Junge hatte bereits im Alter von neun Wochen manchmal Schwierigkeiten die Annäherung der Geschwister zum Kontaktliegen zu akzeptieren. Sie knurrte, duldete die Nähe aber doch, wenn das andere Junge sehr vorsichtig an sie heranrückte (Protokoll vom 18. und 19.4.06).

Im Außengehege, wenn das Fenster zum Zimmer verschlossen war, ruhten die Jungen mit ihrer Mutter Nina gemeinsam in der Steinhöhle oder allein auf dem Sandplatz. Beim Saugen oder Ruhen wurden die Jungen von Nina gründlich geleckt. Auch untereinander putzen sich die Kätzchen. Oft begann eines bei sich selbst und leckte dann gleich das danebenliegende Geschwister mit.

Saugintention der Geschwister untereinander: Als die jungen **Schwarzfußkatzen** bereits 14 Wochen alt waren, konnte ich im Außengehege folgende Beobachtung machen:

Lutz ging zu Jan und Magrit, drängte sich zwischen die beiden und versuchte zu saugen. Jan ging zurück, er versucht es bei Magrit. Jan versuchte dann bei Lutz zu saugen. Dieser wich aus, Lutz versuchte es wieder bei Jan, der packte ihn am Hals, biss und leckte dann. Margit zog sich etwas zurück. Drei Stunden später kam ich wieder zum Gehege, alle drei Kätzchen waren vorne am Gitter und versuchten wieder gegenseitig zu saugen, wahrscheinlich weil sie hungry waren. Ich bin nicht sicher, ob die Nina die Jungen in diesem Alter noch säugen würde, wenn man sie nicht von ihnen getrennt hätte. In der Literatur wird das Ende des Säugens von jungen Schwarzfußkatzen mit 59 bis 70 Tagen angegeben (OLBRICHT & SLIWA, 1995, PUSCHMANN, 2007, HOHAGE, 2010).

Ab 17.01.07 lebten **Lutz und Magrit** im Alter von fast einem Jahr im großen Schwarzfußkatzen-Gehege zusammen mit ihrer Mutter Nina, welche am 22.01 nach Clifton kam. Ihrer Mutter gingen sie wenn möglich aus dem Weg, aber die Geschwister ruhten und schliefen manchmal in Körperkontakt. Am 26.01. saß Magrit vor dem Schweinsohrenstrauch, einem beliebten Ruheplatz. Lutz ging zu ihr, wollte sich neben sie legen. Magrit knurrte, Lutz schaute zur Seite, offensichtlich zur Beschwichtigung, dann rückte er vorsichtig an sie heran, bis sie nebeneinander hockten.

Dann blieben sie parallel nebeneinander mit geschlossenen Augen sitzen. Magrit verhielt sich bei Annäherung noch immer so, wie als junges Kätzchen.

Abb.23 . li. die einjährigen Geschwister Magrit und Lutz ruhen parallel nebeneinander.
re. Die 15 Monate alten Brüder Bob und Bill aus dem Zoo Wuppertal liegen in engem Körperkontakt.

Zwei Tage später trafen sich Magrit und Lutz wieder vor dem Schweinsohrenstrauch. Lutz gurrte, rieb sich an ihr, sie fiel um, ohne zu protestieren. Dann ging Lutz auf den Sandhügel, legte sich flach hin und stieß einen Hauptruf aus, wobei er die Ohren seitlich drehte (typisch für Schwarzfußkatzen).

Während der sehr warmen Sommerzeit, als Lutz und Magrit im Gehege mit Zugang zum Haus lebten, legten sie sich manchmal ins kühlere Bad und schliefen zusammen am Boden in Körperkontakt.

In den nächsten Jahren lebten Lutz und Magrit in einem Gehege des Tenikwa Wildlife Awareness. Sie hatten dort einen gemeinsamen Wurf mit 3 Jungen, der nicht aufkam, später nochmals zwei Junge, welche Magrit aus unbekannter Ursache am 4.Tag tötete und auffraß. In ihrem dritten Wurf hatte sie nochmals zwei Junge, von denen ein Männchen überlebte. Magrit wurde von einem Bandwurm befallen und litt infolge dessen an Epilepsie. Daraufhin trennte man sie von Lutz, aber beide litten so offensichtlich unter der Trennung, dass man sie wieder zusammenbrachte, worauf sie wieder in Körperkontakt beide über einander gerollt schliefen. Leider wurden die Epilepsieanfälle immer stärker, bis eine Euthanasie Magrits notwendig wurde.

Im Zoo Wuppertal konnte man die beiden 15 Monate alten Brüder Bob und Bill beim Ruhen in Körperkontakt beobachten, wobei einer oft seinen Kopf über die Schulter des anderen legte. Diese Stellung ist typisch für junge Schwarzfußkatzen. Lt. Zookurator STADLER, pers. Mitt. vertrugen sich die Geschwister dieses Wurfes bis ins Erwachsenenalter sehr gut. In diesem Wurf vom 26.07.2008 gab es 2,1 Junge, wobei das weiblich Kätzchen schon früher von seinen Brüdern getrennt wurde, weil es nach Belfast kommen sollte.

Die **Servalmutter Bonnie** und ihre drei jungen Servale schliefen und ruhten meist in engem Körperkontakt. Wenn die Mutter ihren Nachwuchs alleine ließ, blieben die Jungen beisammen, wobei sie sich manchmal gegenseitig putzten. Untertags ruhten die Jungen nach dem Spiel gerne an verschiedenen Plätzen. Aber nachts und in der langen Mittagspause ruhten und schliefen sie gemeinsam mit ihrer Mutter.

Rufen, Junge eintragen, Säugen

In der ersten Nacht nach Fertigstellung des Außengeheges wollten die jungen Katzen, besonders Magrit, immer wieder ins Zimmer kommen. Dadurch war die Mutter Nina gezwungen, durch das Fenster hereinzuklettern und ihre Jungen ins Gehege zu locken oder zu tragen.

Nackengriff: Bei allen Katzen erfolgt der Transport der Jungen durch den Nackengriff. Die Mutter fasst das Junge unmittelbar hinter dem Kopf am Hals, nimmt das Nackenfell vorsichtig zwischen die Zähne und hebt es hoch. Dadurch fällt das Junge in eine Tragstarre, hängt aber nicht schaff herunter, sondern rollt den Unterleib ein wenig ein und zieht die hinteren Extremitäten ein.

Beobachtung von PFLEIDERER: in der Nacht vom 13. Zum 14. April 2006: Nina kam ins Zimmer, gurrte und lockte ständig, lief unruhig herum, worauf sich Magrit ins angrenzende Bad zurückzog und wieder rief. Nina versuchte Magrit mit Tragegriff zum Fenster zu schleppen. Sie benahm sich sehr ungeschickt. Jedes Mal, wenn Nina versuchte sie hochzunehmen, knurrte Magrit

heftig und abwehrend. Hielten sich Personen im Zimmer auf, zeigte sich Nina sehr angriffslustig. Schließlich wurde sie ins Außengehege gescheucht und auch Magrit hinausgesetzt. Kurz darauf war Magrit wieder herinnen! (Obwohl sie fast zu schwach für dieses Hindernis war.) Nina kam auch wieder herein, alles wiederholte sich. Nina wollte Magrit zum Fenster holen und rief sie, Magrit weigerte sich getragen zu werden oder ihr zu folgen. Erst als das Fenster geschlossen wurde und die Katzen draußen blieben, beruhigten sie sich.
Untertags hielten sich Nina und die Jungen meistens im Gehege auf. Nachts bevorzugten die Jungen das Zimmer, wo sie am Bett schlafen wollten. Nur wenn das Fenster geschlossen blieb, verbrachten sie die Nacht mit ihrer Mutter im Außengehege.
Die folgende Beschreibung des nächtlichen Verhaltens zeigt die Problematik für die Schwarzfußkatzen-Mutter, welche trotz ihrer Scheu mit erstaunlichem Mut versuchte, ihre Jungen in Sicherheit zu bringen. Im Alter von 10 Wochen schliefen die Jungen Lutz und Jan im Bett, Lutz auf der Mohairdecke, Jan in Körperkontakt mit der Betreuerin von 21,00 bis 24,00 Uhr. Nina war sehr unruhig, Gurren, Locken, mit Hauptruf dazwischen, Umhertraben, Knurren bei Blickkontakt mit Mensch. Sie machte mehrere Versuche, Lutz vom Bett zu holen. Lutz verhinderte dies einige Male indem er sich auf den Rücken drehte. Vier Mal erwischte Nina ihn, zweimal korrekt zwischen den Schulterblättern, einmal in der Mitte des Rückens, einmal am Hinterteil. Lutz protestierte jedes Mal. Sie schleppte ihn ein paar Meter weiter und wenn sie ihn loslassen musste, rannte er davon. Um 3,30 Uhr beruhigten sich die Jungen allmählich und schliefen wieder im Bett. Nina versuchte mehrmals die Mohairdecke mit den Zähnen herunterzuziehen. Sie stemmte sich mit den Pfoten gegen das Bett und zog die Decke so herunter. Um 6,00 Uhr lag die Mohairdecke ausgebreitet im Bad, die Jungen waren im Bett und schliefen bis 7,30 Uhr.
Oft lockte die Mutter ihre Jungen im Gehege gurrend, aber diese schenkten ihr keine Beachtung, wenn sie gerade umherliefen oder spielen wollten. Nina säugte ihre Jungen im Zimmer unter dem Spiegelschrank und im Außengehege in der Steinhöhle. Dabei war immer Saugschnurren, laut von der Mutter und leise von den Jungen zu hören.

Als die Jungen waren 68 Tage alt waren, konnte erstmals die Ablehnung von Saugintention seitens Nina beobachtet werden. Im Gehege versuchte einer der jungen Kater zu saugen, aber Nina ließ es nicht zu. Auch Magrit wollte trinken, jedoch Nina saß aufrecht mit geschlossenen Beinen und ließ sie nicht an die Zitzen. In der nächsten Nacht graulte und schrie Magrit, verfolgte Nina, näherte sich ihr jeweils von vorne, wieder Saugintension. Nina wehrte nicht ab, sondern ergriff die Flucht, worauf Magrit immer lauter schrie.

Am 01.05., als die Jungen 11 Wochen alt waren, wurden sie von Nina getrennt. In den letzten Tagen gab es keine Beobachtungen beim Säugen mehr, obwohl nicht auszuschließen ist, dass es gelegentlich noch vorkam. Es ist anzunehmen, dass auch in der freien Wildbahn, die Säugezeit in diesem Alter zu Ende geht. Im Zoo Wuppertal wurde das Einzeljunge Tuli im Alter von 70 Tagen noch einmal beim Saugen beobachtet (HOHAGE, 2010).

PUSCHMANN (2007) schreibt dass Schwarzfußkatzenmütter ihre Jungen bis zur 8., höchstens 10. Woche säugen.

Dies ist die kürzeste Säugezeit der beschriebenen Felisarten und weist auf eine sehr frühe Selbständigkeit bei Schwarzfußkatzen hin.

Die Schwarzfußkätzchen in Honingkrantz ruhten in den letzten Tagen vor der Trennung nur mehr selten bei ihrer Mutter in der Höhle, sondern meist hinter einem Holzstück. Trotzdem beschäftigte sich Nina viel mit den Kleinen, rief und lockte sie mit Gurren und fordere sie zum Spielen auf.

Junge Schwarzfußkatzen beginnen im Alter zwischen 32 und 35 Tagen feste Nahrung zu sich zu nehmen (LEYHAUSEN & TONKIN 1966, SCHÜRER 1978, OLBRICHT & SLIWA 1995). Als die drei Schwarzfußkätzchen Lutz, Jan und Magrit nach Honingkrantz kamen, waren sie bereits 45, bzw. 53 Tage alt und nahmen selbständig Fleischnahrung zu sich.

Die **Servalmutter** Bonnie säugte ihre Jungen und leckte sie dabei ausgiebig. Die hinteren Zitzen schienen die ergiebigsten zu sein, denn alle Jungen bemühten sich, diese zu erreichen und kämpften um den besten Platz, wobei die kräftig mit den Köpfen stießen. Wenn nur eines gesäugt wurde, suchte es immer die letzen Zitzen. Meine Beobachtungen bei den Servalen endeten, als die Jungen 85 Tage alt waren. Zu dieser Zeit wurden sie von der Mutter noch gesäugt, allerdings seltener. Als die Jungen 72 Tage alt waren, begann Bonnie sich ihnen manchmal durch Aufstehen zu entziehen, wenn sie trinken wollten. In diesem Alter waren die Michzähnchen der Jungen schon recht spitz und das Saugen für die Mutter recht schmerzhaft. Aus Fig.12 ist der Unterschied zwischen den Monaten April und Mai bei der Säugezeit der Servalmutter Bonnie ersichtlich. Während Bonnie ihre Jungen im April noch Tag und Nacht mit nur kurzen Unterbrechungen um 3 Uhr morgens und während er Mittagsruhe säugte, verschlief sie im Mai die Nacht mit den Jungen und wurde nur mittags und in den Abendstunden bei Säugen beobachtet. Als die Jungen noch kleiner waren, verbrachten sie die Mittagsstunden oft mit ihrer Mutter in einem Versteck. Es ist daher nicht auszuschließen, dass sie im April auch während dieser Zeit gesäugt wurden.

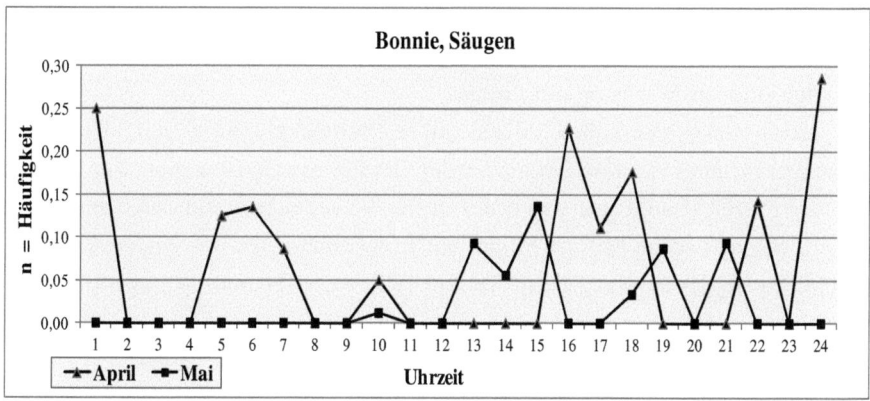

Fig.12 Gegenüberstellung des Verlaufs der Säugezeit des Servalweibchen Bonnie im April und Mai. Gezeigt werden n Häufigkeiten/h. im Tages- und Nachtverlauf, April n = 444, Mai n = 1006.

Die jungen Servale nahmen sehr spät feste Nahrung zu sich. Sie waren 61 Tage alt, als sie erstes Interesse an Fleisch zeigten. Dabei wurden sie jedoch von der Mutter jedes Mal durch Fauchen und Pfotenschläge vertrieben. Offensichtlich erhielten die Jungen noch ausreichend Milch, und die Mutter wusste, dass eine zusätzliche Fütterung nicht nötig war.
Im Alter von 67 Tagen konnten die Jungen zum ersten Mal beim Fressen beobachtet werden. Sie nagten an einem Fisch (Wels), Bonnie sah ihnen dabei

zu, ohne sie zu stören. Vielleicht war jetzt der richtige Zeitpunkt zum Verzehren von fester Nahrung gekommen. Trotzdem kam es später noch gelegentlich vor, dass Bonnie ein Junges vertrieb, wenn es von ihrem Fleisch fressen wollte. Dann warteten die Jungen, bis sie fertig war, bevor sie sich dem Futter näherten. An einem anderen Tag trug Bonnie einen Fisch zwischen ihren Zähnen zum kleinsten Jungen, dem Weibchen Cosima und legte ihn ihr vor, worauf dieses gleich zu fressen begann. Die beiden handaufgezogenen Servale von JOHNSTONE (1977) wurden im Alter von 70 Tagen erstmals mit gehackten Küken zugefüttert und erst mit 12 Wochen nahmen sie selbständig ganze Küken zu sich. Die Entwöhnung fand im Alter von 16 bis 20 Wochen statt, als beide Tiere die Flasche verweigerten (WENTHE, 1994). Diese Daten beweisen, dass die Entwicklung junger Servale im Vergleich zu derjenigen von Schwarzfußkatzen viel langsamer fortschreitet.

Warnen und die Wirkung auf Junge
Ein erstaunliches Verhalten zeigen junge **Schwarzfußkätzchen,** wenn die Mutter beunruhigt ist, bzw. bei drohender Gefahr. Sie flüchten nicht zur Mutter, sondern rennen von ihr weg und drücken sich bewegungslos auf den Boden. Erst auf einen spezifischen Ruf der Mutter zur Entwarnung, der von synchronen Auf- und Abbewegungen der Ohren (ähnlich wie beim Hauptruf) begleitet wird, geben sie das Drücken auf (LEYHAUSEN & TONKIN, 1966). PFLEIDERER pers. Mitt.. Die Jungen der **Falbkatze Dani** flüchteten beim leisesten Warnlaut der Mutter in ihr Versteck. Anders verhielten sie die Jungen der drei **Schwarzfußkatzen** Nina, Maja und Sonja. Bei allen drei schenkten die Jungen den mütterlichen Warnrufen keine Beachtung. Bei Warnung vor Gefahr wurden die Jungen eher neugierig.

Reaktion der Mütter:
Maja rief mit zunehmender Intensität, aber umsonst.
Nina sammelte die Jungen ein, die anschließend gleich wieder fortliefen.
Sonja war die erfahrenste Mutter. Als das Gehege gereinigt wurde, kam das Junge neugierig herbei, Sonja warnte, verprügelte das Junge mit der Pfote bis es schrie (das kam öfter vor).

SCHÜRER (1978) schreibt, dass im Zoo Wuppertal die jungen Schwarzfußkätzchen nicht zur Mutter flüchteten, wenn diese sich außerhalb der Höhle aufhielt, sondern immer möglichst schnell in die Höhle liefen um sich zu verstecken.

Serval Bonnie beobachtete ihre Jungen, die im Alter von 29 Tagen noch recht unsicher im Gehege umherliefen, alles untersuchten und ertasteten. Sie ging herum und stellte sich immer wieder auf erhöhte Plätze, um einen besseren Überblick zu haben. Näherte ich mich dem Gitter, packte sie das mir am nächsten stehende Junge und trug es zum gegenüberliegenden Zaun, wo sie mit ihm minutenlang umherlief, obwohl es schon recht schwer war. Nur Pfleiderer, die ihr seit Jahren vertraut war, konnte Bonnie beruhigen, indem sie ihr leise zusprach. Wenn man sich dem Gitter näherte, und Bonnie zu fauchen und knurren begann, fauchten die jungen Servale ebenfalls sofort. Sobald sich ein Junges verlassen fühlte, weinte es piepsend, worauf Bonnie herbei kam und es holte.

Die Rolle des Vaters

Dieses Kapitel möchte ich etwas ausführlicher behandeln, denn es herrscht in vielen Tierhaltungen noch immer die Ansicht, dass der Katzenvater vor der Geburt der Jungen vom Weibchen zu trennen sei, weil er bei der ersten Gelegenheit die Kleinen auffressen würde.

Gerade bei sehr seltenen und schwierig zu züchtenden Arten, ist man um den Nachwuchs besonders besorgt und möchte keine Experimente machen. In den letzten Jahren ist jedoch in einigen Tiergärten ein Umdenken eingetreten und man versucht nun vermehrt den Kater während oder kurz nach der Geburt der Jungen bei der Mutter zu lassen.

Bei der Aufzucht in menschlicher Obhut konnte dennoch bei vielen verschiedenen Katzenarten ein besonders gutes Verhältnis zwischen dem Vater und seinen Jungen beobachtet werden.

Die Teilnahme des Katers am Familienleben bedeutet für alle beteiligten Katzen eine erhebliche Erweiterung des Behavioural Enrichment, da gerade das Leben der Zootiere oft recht arm an positiven Ereignissen und Abwechslung ist.

Eine wesentliche Voraussetzung für die gelungene Aufzucht der Jungen mit beiden Elternteilen ist eine artgerechte Haltung mit ausreichend großen und gut strukturierten Gehegen, gut geschulten, einfühlsamen Pflegern (wenn möglich, kein Wechsel während der Aufzucht) und möglichst wenig Störung durch Besucher.

Eine harmonische Beziehung zwischen dem Elternpaar ist eine wichtige Basis für das gute Verhältnis des Katzenvaters zu seinem Nachwuchs. Wenn eine starke Paarbindung vorhanden ist, kann die Trennung beim Weibchen sogar das Gegenteil bewirken, sodass die Abwesenheit des Partners zur Vernachlässigung der Jungen führen könnte (LUDWIG, W. & C., 1999).

Alle **Falbkater** in der Karoo Cat Research und im Clifton Cat Conservation Trust erwiesen sich als gute Väter. Die Kater Manuel, Eddie und Gerrie, alle drei Väter von Danis Jungen zeigten sich ihrem Nachwuchs gegenüber sehr freundlich. Besonders Manuel spielte gerne mit den Jungen.

Anders war die Situation der beiden **Servale** Bonnie und Arno, die in der Karoo Cat Research ein sehr großes, gut ausgestattetes Gehege bewohnten. Obwohl sie seit Jahren zusammen lebten und auch früher schon Würfe hatten, war ihre Beziehung immer gespannt. Sie ruhten nie zusammen, stritten gelegentlich um das Futter, wichen sich möglichst aus und wenn sie aufeinander trafen, gab es häufig Auseinandersetzungen, die von Fauchen und Knurren begleitet waren. In diesem Falle war es sicher richtig, Arno schon einige Wochen vor der Geburt von Bonnie zu trennen. Es war zu befürchten, dass Bonnie andernfalls ihre Jungen vehement gegen Arno verteidigten und diese dabei möglicherweise vernachlässigen würde.

Die Beobachtung von zwei **Schneeleopardenfamilien** (*Uncia uncia*) in den **Tiergärten Eichberg** (zwei Junge) und **Basel** (drei Junge) ergab, dass die Väter in beiden Fällen ihre Jungen ausgesprochen freundlich behandelten. In den ersten Wochen fühlten sie sich manchmal gestört, wenn die Jungen auf ihnen herum kletterten und sprangen. Sie zogen sich dann zurück, wurden aber nie aggressiv. Als die Jungen älter waren, spielten sie viel mit dem Vater und ruhten ebenso oft bei ihm, wie bei der Mutter (ALMASBEGY, 2001).

Die Schneeleoparden im **Zoo Zürich** haben ein besonders gutes Verhältnis zu einander. Als die Schneeleopardin am 5.Mai 2010 ein weibliches Junges gebar, durfte das Männchen im Gehege bleiben. Der Kurator Dr. ZINGG berichtete, dass sich der Vater bereits kurz nach der Geburt der Wurfbox näherte und von der Mutter nicht abgewiesen wurde.

Im **Zoo Dresden** machte man schon früh Erfahrung mit der Toleranz von Katzenvätern gegenüber ihren Jungen. Als ein Schneeleoparden-Säugling, der der gerade zu laufen anfing, in das benachbarte Gehege des Katers gelangte, behandelte dieser das Junge freundlich und vorsichtig. Er nahm den Kleinen sogar in den Fang und „praktizierte" ihn wieder in seinen Käfig zurück (KRUMBIEGEL, 1937).

Im **Zoo Howletts** in England hatte ich im Jahr 2003 Gelegenheit eine **Nebelparder-Familie** (*Neofelis nebulosa*) mit zwei Jungen zu beobachten. Der Vater befand sich in dem sehr großen und hohen Gehege, während die Mutter mit den beiden Jungen die ersten Wochen in ihrer Wurfbox verbrachte. Man plante eine Trennung, sobald die Jungen aus der Box kämen, sah aber dann davon ab, weil sich zeigte, dass für diese keine Gefahr durch den Vater bestand. Die Eltern ruhten oft in Körperkontakt mit gegenseitigem Grooming, meist vom Weibchen ausgehend. Im Alter von drei bis vier Monaten spielten die Jungen gerne mit ihrem Vater und ruhten sogar häufiger bei ihm als bei ihrer Mutter.

Als die Nebelparder im **Zoo Wuppertal** Nachwuchs hatten, ließ man den Vater ebenfalls bei der Mutter und ihren Jungen. Der Vater betreute die Kleinen gemeinsam mit der Mutter, lag oft bei ihnen in der Box und spielte gerne mit dem Nachwuchs (STADLER, pers. Mitt. 2010). PECHLANER, pers. Mitt.: Im **Tiergarten Schönbrunn** gelang die Aufzucht im Beisein und unter Mitwirkung des Vaters einmal beim **Manul** (*Felis manul*), mehrmals beim **Sibirischen Tiger** (*Panthera tigris altaica*) und beim **Löwen** (*Panthera leo*).

Im **Zoo Zürich** versuchte man im Jänner 2003 einen 5 Monate alten handaufgezogenen **Sibirischen Tiger** (*Panthera tigris altaica*) wieder an seine Eltern zu gewöhnen. Die 14-jährige Mutter (es war ihr letzter Wurf) lehnte das Junge entschieden ab, aber der Vater nahm es freundlich auf und spielte stundenlang mit ihm im Schnee. Allerdings kann man in diesem Falle nicht davon ausgehen, dass er den Jungtiger als seinen Nachkommen betrachtete. Es ist eher zu vermuten, dass das Männchen, welches wesentlich jünger als das Weibchen war, einen verträglichen Charakter hatte. PFLEIDERER (2000) beobachtete dasselbe Tigerpaar, mit einem früheren Wurf, noch im alten, engen Gehege. Die damals schon recht alte Mutter ruhte viel, aber der Vater spielte intensiv und ausdauernd mit den Jungen und war sehr freundlich zu ihnen.

Bei den **Bengalkatzen** (*Felis bengalensis*) im Tierpark Berlin brachte das Zuchtweibchen „Sura" zwischen 1964 und 1972 13 Würfe mit 32 Jungen zur Welt. Die Anwesenheit des Katers hatte keine nachteiligen Folgen auf die Aufzucht der Jungen. Dagegen gelang die Zucht nicht, wenn sich ältere Junge aus früheren Würfen noch in der Anlage befanden (POHLE, 1973).

TONKIN & KOHLER (1980) hielten 1,2 **Steppenkatzen** (*Felis silvestris ornata*) im Max-Plank-Institut. Als das erste Weibchen zwei Junge gebar, holte der Kater kurz danach eines aus dem Nest. Er verhielt sich eher räuberisch als väterlich, aber die Mutter konnte ihm das Junge unbeschädigt abnehmen und es zusammen mit dem anderen in einen kleinen, sicheren Käfig tragen. Hier war die Anwesenheit des Vaters nicht unbedenklich, aber danach gab es keinen Zwischenfall mehr. Da der Vater auch beim Wurf des zweiten Weibchens ein „ungesundes" Interesse an den Jungen zeigte, musste er getrennt werden.

Erstmals wurde die gelungene Aufzucht von **Europäischen Wildkatzen** (*Felis silvestris*) in Anwesenheit des Vaters von BÜRGER (1964) beschrieben. PIECHOCKI (1990) vertritt die Ansicht, dass auch bei anderen Kleinkatzen die Aufzucht in Anwesenheit des Katers nicht nur möglich ist, sondern dass dessen Verbleib bei der Katze für das Aufkommen des Wurfes erforderlich ist.

In der **Forschungsstation Bockengut** von HARTMANN in Horgen, Schweiz, fanden bis zum Jahr 2001 27 Geburten von Europäischen Wildkatzen statt. Bei allen Geburten war der Vater dabei und manchmal auch noch andere Familienmitglieder. Als die Jungen im Alter von 3 ½ bis 4 ½ Wochen zum ersten Mal die Höhle verließen, wurden sie von allen Familienmitgliedern freundlich begrüßt, und wenn sie auf die großen Katzen zu krabbelten, wurden sie von allen geleckt. Bei der Aufnahme von Futter ließen die Erwachsenen den Kleinen den Vortritt. Aber nur die Mutter trug den Jungen Futter zu oder rief sie, um es ihnen zu überlassen. In allen Fällen waren die Väter ihren Jungen gegenüber sehr freundlich. Einige von ihnen nahmen sogar aktiv an der Betreuung teil, indem sie sich zu ihnen legten, sie leckten und, wenn die Jungen älter waren, mit ihnen spielten. Oft durften die Jungen noch mit ihrem Vater in

derselben Höhle schlafen, wenn sie schon entwöhnt waren und die Mutter sie nicht mehr in ihrer Nähe duldete.
Bei den Europäischen Wildkatzen im Tierpark Dählhölzli in der Schweiz verblieb das Männchen auch während der Geburt der Jungen beim Weibchen. Das Weibchen war hinreichend aggressiv um das Männchen, welches eine eigene Schlafbox hatte, in der ersten Zeit von der Nestbox zu vertreiben (MEYER-HOLZAPFEL, 1968).
Im neuen, größeren Wildkatzengehege des Alpenzoos Innsbruck hatte das Weibchen im Juni 2010 einen ungewöhnlich großen Wurf. Die Wildkatze gebar 5 Junge, welche sie gemeinsam mit einem Weibchen aus ihrem Wurf vom letzten Jahr, aufzog und betreute. Auch der Vater verblieb bei den Weibchen und den Jungen und verhielt sich lt. Auskunft des Säugetierkurators, Dirk ULRICH, allen jungen wie adulten Katzen gegenüber ausgesprochen freundlich.
PFLEIDERER (1998) stellte anhand von Zoo-Beobachtungen fest, dass Falbkatzen ihren Artgenossen gegenüber außerordentlich tolerant sind und daher problemlos paarweise gehalten werden können.
LEYHAUSEN und PFLEIDERER (1996) schreiben in ihrem Buch „Katzenseele", dass viele wilde Katzenaren wohl nicht so einzelgängerisch sind, wie seit jeher behauptet wird. Rotluchskater leben zumindest zeitweilig mit Mutter- und Jungtieren. Tiger- und Leopardenväter hat man beobachtet, wie sie ihre Familien besuchten und mit den Jungen spielten. In menschlicher Obhut haben mehrfach Kater unserer europäischen Wildkatze und in einem Fall ein Fischkater der Mutterkatze bei der Aufzucht der Jungen geholfen, indem sie Futter heranschleppten oder die Jungen in Abwesenheit der Katze beaufsichtigten. Wie weit bei der Stammform unserer Hauskatze, der afrikanischen Wildkatze, die Ungeselligkeit geht und ob sie nicht doch auch im Freileben vielgestaltige Sozialstrukturen entwickelt hat, ist bisher völlig unbekannt.
Im **Zoo Dresden** gelang es **Sandkatzen** (*Felis margarita*) erfolgreich zu züchten. Der Kater blieb bei der Katze mit ihren Jungen. Er verhielt sich nicht aufdringlich und die Mutter zeigte kurz vor der Geburt und bis zum 3. Tag danach kein Interesse an dem Kater. Ab dem 8. Tag wurde der Kater

gelegentlich in der Nestbox oder an deren Eingang geduldet. Er wurde vom Weibchen auffallend freundlich begrüßt. Auch gegenseitiges Beriechen und Belecken fand statt (LUDWIG, W. & C., 1999).

Im **Zoo Wuppertal** wurden die **Schwarzfußkatzen** paarweise gehalten. Der Kater blieb auch während der Geburt und danach bei dem Weibchen mit ihren Jungen im Gehege. Am 15. Tag nach der Geburt versuchte der Kater in die Höhle zu gelangen. Die Katze duldete zwar den Kopf des Katers in der Höhle, ließ ihn aber nicht ganz hineingehen. Währenddessen versuchte ein Junges am Bauch des Katers Zitzen zu finden. Der Kater wehrte es nicht ab. Am gleichen Tag war ein Junges etwa 50 cm von der Höhle entfernt. Der Vater beschnupperte das Kleine im Gesicht und leckte es an Bauch, Flanken und Rücken. Das Junge lief daraufhin mit durchgedrückten Beinen schnell in die Höhle zurück. Am 17. Tag wurde der Kater beim Spielen mit den Jungen beobachtet. Ein einziges Mal zeigte er aggressives Verhalten, als er ein 20 Tage altes Junges angriff, weil dieses sehr schnell auf ihn zugelaufen war. Der Vater stieß oder biss es kurz in die Nackenregion. Das Kleine rannte ohne erkennbaren Schaden in die Höhle zur Mutter zurück. Am 23. Tag ruhten die beiden Jungen eng an den Bauch des Katers geschmiegt unter einem Grasbüschel. Am 25. Tag schnupperte ein Junges an dem Küken, welches der Vater im Mund hielt. Dieser ließ von dem Küken ab, beleckte das Junge und holte sich ein anderes Küken zum Fressen (SCHÜRER, 1978).

Im **Katzen-Zoo Clifton** bilden die beiden Schwarzfußkatzen Sonja und Frasier, beide 7 Jahre alt, ein sehr harmonisches Paar. Die Jungen haben sie immer gemeinsam aufgezogen, wobei sich der Vater Frazier sehr freundlich zur Mutter und ihren Jungen verhielt (HOLMES pers. Mitt. 2009).

Vater-Sohn Beziehung unter besonderen Umständen in Honingkrantz:
Klein Jock geboren am 12.12.2006, war der erste Nachkomme des 10 Jahre alten Katers Jock, weil dieser alle Weibchen ablehnte, die man zu ihm brachte. In Clifton wurde Maja als sehr junges Weibchen (10 Monate alt) vorübergehend in Jocks Gehege untergebracht, wo es zur allgemeinen Überraschung zu einer Paarung kam. Während der Geburt des Kleinen blieb Jock bei Maja im Gehege, wo er ein freundliches Verhalten zeigte und manchmal beim Zusammenliegen mit dem Jungen beobachtet wurde.

Am 29.12.2006 kam Jock zuerst allein nach Honingkrantz, in das kleine Gehege mit Zugang zu einem Zimmer im Haus. Erst am 23.01.07 (fast ein Monat später), wurde sein Sohn Klein Jock, im Alter von 6 Wochen mit der Mutter Maja zum Vater ins Gehege gebracht. Als Jock mit Maja und seinem kleinen Sohn plötzlich vereint war, verhielt er sich dem Jungen gegenüber erstaunlich freundlich. Klein Jock hingegen fürchtete sich vor seinem Vater. Die Ursache hierfür war sicher Majas feindselige Haltung gegenüber Jock. Sie knurrte und fauchte sobald Jock ihr oder ihrem Jungen zu nahe kam. Diese Warnungen der Mutter waren offensichtlich die Ursache, dass Klein Jock kein Vertrauen zu seinem Vater fassen konnte, obwohl es manchmal Ansätze dazu gab.

Beschreibung des Verhaltens von Vater und Sohn in den ersten Tagen: Jock rief immer wieder, oft in der Gehegemitte sitzend, mit freundlichen, fast werbenden Tönen. Beim Äußern des Tones legte er jedes Mal die Ohren flach. Wenn Klein Jock aus der Höhle kam, erschrak dieser und knurrte. Da zog sich Jock unter das Holz zurück und knurrte ebenfalls. Anschließend kletterte das Junge unter das Holz, wo Jock lag, nach leisem Knurren trat Ruhe ein. Einige Minuten später kam Jock heraus, gurrte, Etwas später lag er unter dem Holz, mit dem Rücken zu Klein Jock, streckte zeitweise das Hinterbein und spreizte die Zehen, was auf Entspannung deutete. Es war besser, wenn Klein Jock zu seinem Vater kam und nicht umgekehrt. Am Nachmittag des zweiten Tages schliefen Jock und sein Sohn erstmals gemeinsam unter dem Holz. Ob in Körperkontakt, konnte nicht festgestellt werden. In der dritten Nacht, am 26.01. gab es zwischen 0,30 und 3 Uhr dreimal einen Zusammenstoß zwischen Jock und Maja mit Knurren v.a. von Maja. Sie stieß einen hohen Ton, in Schreien übergehend aus. Das Junge flüchtete ins Steinhaus, dann zu Maja. Jock wollte Kontakt zu Maya, aber sie war die Ablehnende. Er fühlte sich durch Größe, Alter und Heimvorteil selbstsicher. Von 2 bis 4 Uhr gurrte Jock mehrmals freundlich, zweimal erklang der Hauptruf, aber kurz. Von Klein Jock war nur leises Knurren zu hören. Als Klein Jock am nächsten Tag spielte, wollte sich sein Vater gerne beteiligen, indem er ihm gurrend nachlief und sanft mit der Pfote auf ihn tappte. Jock rieb seine Wange gurrend am Holz und legte sich auf die Seite. Er folgt dem Kleinen weiter gurrend, stieß ihn mit der Nase an, aber Klein Jock blieb ablehnend, nahm eine Abwehrstellung ein, machte einen Buckel. Jedoch wenn Jock sich zurückzog, kam das Junge nach. Am Nachmittag spielten Jock und sein Sohn unter dem Holz bereits richtig miteinander. Beide warfen sich abwechselnd auf den Rücken, spielten mit den Pfoten. Jock gurrte häufig, Klein Jock erschrak noch manchmal, dann machte er einen Buckel. Das Junge legt sich neben dem Holz auf den Boden, Jock ging von hinten gurrend unter das Holz, wo er ruhte. Klein Jock ging weiter hinten unter das Holz, putzte sich. Jock kam halb unter dem Holz hervor, lag am Rücken, gurrte. Klein Jock kletterte hinter das Grasbüschel, Jock ging gurrend durchs Gehege, setzte sich auf den Sand, gurrte weiter. Der Kleine hinter dem Gras knurrte, Jock gähnte, putzte sich das Gesicht (Übersprunghandlung).

Abb.24. Der Schwarzfußkater Jock fordert seinen Sohn Klein Jock zum Spiel auf.

Am 03.02. wurden Jock, Maja und Klein Jock ins große Schwarzfußkatzen-Gehege versetzt. Auch hier änderte sich am Verhalten von Jock und seinem Sohn nichts. Der Vater lief seinem Sohn oft gurrend nach und versuchte mit ihm zu spielen. Diese Aufforderung beantwortete Klein Jock meistens mit Knurren und Buckel machen. Wenn Jock wegging, lief ihm der Kleine jedoch manchmal nach und forderte ihn zum Spielen auf. Klein Jock verschwand am 20. Feber im Alter von 70 Tage nachts aus dem Gehege.

Drei Faktoren bestimmten das gestörte Verhältnis zwischen Jock und seinem Sohn:

Erstens die Trennung der Familie für die Zeit von 25 Tagen in einer sensiblen Phase der Jungendentwicklung. Zweitens der mehrmalige Wechsel von einem

Gehege in eine anderes und drittens die disharmonische Beziehung zwischen Jock und Maja.

Dennoch ist Jocks freundliches, sogar liebevolles Verhalten seinem Sohn gegenüber besonders erstaunlich, da er im hohen Alter von 10 Jahren zum ersten Mal Vater wurde, also noch keine Erfahrung im Umgang mit Jungen hatte und immer als besonders ungesellig und aggressiv Artgenossen, auch Weibchen gegenüber galt.

Schlussfolgerung zur Rolle des Vaters
STAUFFACHER (1998) vertritt die Ansicht, dass ein Individuum in freier Wildbahn nie das gesamte artspezifische Verhaltensrepertoire zeigt. Sein Verhalten wird von genetischen, endogenen und exogenen Faktoren gesteuert, über Erfahrungen während seiner Ontogenese modifiziert und von aktuellen externen Stimuli allenfalls gefördert oder gehemmt. Ein Wildtier zeigt fast immer nur diejenigen Verhaltensmuster, die für sein individuelles Wohlergehen (Bedarfsdeckung und Schadenvermeidung) und für die Weitergabe seiner Gene optimal sind. Dies könnte eine Erklärung für die häufig beobachteten engen sozialen Bindungen zwischen Vater und Jungen bei verschiedenen Felidenarten in menschlicher Obhut sein.

Die soziale Organisation der meisten Katzen besteht in der Natur in einer territorialen Polygynie (KITCHENER, 1991). Das Territorium der meisten Kater überschneidet die Reviere mehrerer Weibchen. In diesem Gebiet erfüllt der Kater eine bestimmte Schutzfunktion für die Katze und ihre Jungen durch die Sicherung des Territoriums. Er verhindert dass andere Kater eindringen. Dabei muss er nicht unmittelbar Kontakt zu der säugenden Mutter haben, aber auf das Revier bezogen ist er zumindest anwesend.

In wenigen Fällen gibt es jedoch Feldbeobachtungen, die beweisen, dass auch freilebende Kater sich an der Aufzucht der Jungen beteiligen, oder zumindest eine freundschaftliche Beziehung zu ihrem Nachwuchs haben.

LEYHAUSEN (pers. Mitt. an LUDWIG 1998) beobachtete ein Rotluchspaar (*Lynx rufus*), bei gemeinsamer Jungenaufzucht. Der Kater kam regelmäßig zum Lager der aufziehenden Katze und brachte auch Beute mit.

Im Wildschutzgebiet Ranthambhore zogen 3 Bengal-Tigerinnen (*Panthera tigris tigris*) ihre Jungen auf. Der ansässige Kater (der Vater) besuchte in allen drei

Fällen seine Tigerin und ihre Jungen. Er teilte seine Nahrung mit der Familie oder es wurde ihm gestattet, von der Beute des Weibchens zu fressen. Mit den Jungen schmuste und spielte der Tiger, bei Abwesenheit der Mutter blieb er manchmal bei ihnen. (THAPAR & RATHORE 1990).

Junge und ältere Geschwister:
Bei Wildkatzen in menschlicher Obhut kommt es selten vor, dass die älteren Geschwister noch im Gehege sind, wenn die Mutter wieder Nachwuchs bekommt.
SCHÜRER (1978) schreibt, dass ein Schwarzfußkatzen-Wurf von 3 Jungen noch am Tage der Geburt von den älteren Geschwistern aufgefressen wurde. Als in der Karoo Cat Research das Falbkatzenweibchen Mara Junge bekam, wurden diese nicht vom dem sehr fürsorglichen Vater umgebracht, sondern von den beiden älteren Geschwistern (PFLEIDERER, 2001).
Im Zoo Wuppertal wurden zwei junge Afrikanische Goldkatzen (*Profelis aurata*) wenige Tage nach der Geburt im Oktober 1975 von ihren älteren Geschwistern umgebracht, jedoch nicht vom Kater Lou der, wie auch seine Vorbesitzer bestätigten, immer ein guter Vater und sehr freundlich mit seinen beiden, noch in Afrika geborenen Jungen war (TONKIN & KOHLER, 1978).
Die Europäischen Wildkatzen in der Schweizer Forschungsstation Bockengut bewiesen soziale Fähigkeiten, die überraschend sind. So zogen mehrmals zwei Weibchen in Anwesenheit der älteren Jungen gleichzeitig ihre Würfe auf (HARTMANN-FURTER, 2001). Es ist anzunehmen, dass nicht nur die individuellen Unterschiede, sondern auch die Art der Haltung beim Sozialleben von Wildkatzen in menschlicher Obhut eine wesentliche Rolle spielen.

Spielverhalten – soziales Spiel, Initiative
Eltern und Junge
Adulte Schwarzfußkatzen spielen selten, außer mit ihren Jungen.
Sogar ein alter Kater wie Jock forderte seinen Sohn immer wieder zum Spielen auf, wobei er ihn besonders sanft mit den Pfoten stupste. Manchmal konnte man Nina dabei beobachten, wie sie aufgeregt und gurrend durchs Gehege lief. Damit lockte sie ihre Jungen, worauf diese sie ansprangen und mit ihr spielten.

Da Klein Jock keine Geschwister hatte, spielte er besonders oft und ausdauernd mit seiner Mutter. Maja gurrte beim Spielen mit ihrem Jungen häufig im gleich klingenden Kontaktlaut.

Eines Nachts kam Maja um 12,15 Uhr ins Zimmer zu Klein Jock. Sie spielten 2 ½ Stunden lang mit kurzen Ruhepausen. Zwei Mal kam Jock auf die Fensterbank, wurde aber von Maja jedes Mal intensiv angeknurrt. Mutter und Sohn spielten mit viel Gepolter mit Korken, Schuhen, und Verfolgungsspiele, aber kein Balgen, wie es unter Geschwistern üblich ist, war zu beobachten. Oft spielte Klein Jock mit seinem Schwanz. Ca. um 3 Uhr trat Ruhe ein. Meist gelingt es den Schwarzfußkätzchen nicht, den eigenen Schwanz zu fangen, weil er zu kurz ist.

Das Servalweibchen spielte selten mit seinen drei Jungen, sondern beobachtete sie mehr. Beim Spiel mit den Jungen zeigte Bonnie ein auffallendes Verhalten: sie legte sich auf den Rücken, wälzte sich hin und her und ihre drei Jungen sprangen abwechselnd auf ihren Bauch. Dann drehte sie sich wieder um, aber die Jungen spielten weiter, balgten und sprangen auf sie. Anschließend legte sie sich auf die andere Seite und das Spiel wurde fortgesetzt. Alle drei Jungen hüpften übermütig umher und immer wieder direkt auf sie. Die jungen Servale kletterten bei Spielen besonders gerne auf ihrer Mutter herum.

Folgendes Spiel-Verhalten konnte ich bei Schwarzfußkatzen beobachten:
Die Mutter schlägt den Schwanz sehr schnell und ruckartig hin und her, um die Jungen zum Spielen aufzufordern. Bei anderen Katzenarten wurde das nicht in dieser Form beobachtet. Auch bei Löwen, Servalen, oder Hauskatzen zucken die Mütter manchmal mit der Schwanzspitze oder bewegen diese, wenn sie erregt sind, und die Jungen spielen dann damit. Dies geschieht jedoch mehr zufällig und nicht als eindeutige Aufforderung.

Ninas kräftiges Hin- und Herschlagen des Schwanzes, während sie saß, war meiner Ansicht nach nicht das Zeichen von Aufregung, sondern eine deutliche Aufforderung an ihre Jungen zum Spiel. Sie setzte sich direkt vor die Jungen und schlug mit dem Schwanz kräftig hin und her, bis die Kleinen herbeiliefen und damit spielten. Dieses Verhalten zeigte Nina mehrmals in einer Nacht als die Jungen 68 Tage alt waren (Protokoll vom 20. April 2006).

Auch **Maja** forderte ihren Sohn Klein-Jock auf diese Weise zum Spiel auf. Um 7 Uhr morgens spielten Maja und ihr 46 Tage alter Sohn. Sie ging ein paar Schritte vor, blieb stehen und wedelte heftig mit dem Schwanz, mit abgesenktem Hinterteil (Hyänenstellung). Klein Jock tatzte und haschte danach, mit Unterbrechungen bis ca. 8,30 Uhr (1 ½ Stunden lang). Eines Nachmittags ruhte Maja im großen Gehege neben dem Termitenbau am Boden. Klein Jock spielte ein wenig um sie herum. Sie legte sich auf die Seite und schlug fest mit dem Schwanz um Klein Jock zum Spielen aufzufordern.

SCHÜRER (1978) beschreibt dieses Verhalten bei seinen Schwarzfußkatzen im Zoo Wuppertal, wo sowohl der Vater, wie auch die Mutter die Jungen durch Schlagen und Zucken mit der Schwanzspitze zum Spiel aufforderten.

Etwas Vergleichbares beobachteten THAPAR & RATHORE (1990) im **Nationalpark Ranthambhore**: Die 5 Monate alten **Tigerjungen** liebten es ganz besonders, auf den Schwanz ihrer Mutter Laxmi zu springen, den sie hin und her schlug, als führe sie Kunststücke mit einem Seil vor.

Vom **Servalweibchen** Bonnie wurde das Schwanzspiel oft initiiert, indem sie sich auf den Boden legte und die Schwanzspitze bewegte (PFLEIDERER, pers. Mitt.).

Geschwister untereinander

Die Schwarzfußkätzchen spielten in den frühen Morgenstunden ca. zwischen 5 und 7 Uhr nach dem Aufwachen besonders ausdauernd, bis zu zwei Stunden, mit kurzen Unterbrechungen, mit Lauern, Verfolgen, sich gegenseitig Anspringen, auf den Rücken rollen, Raufen, auch Breitseitendrohen.

Von Magrit war oft lautes Knurren zu hören, wenn ihr die Spiele zu wild wurden.

Als Lutz sie mit Anspringen zum Spielen aufforderte, obwohl sie ruhen wollte, führte sie einen Kontaktabbruch durch Schließen der Augen herbei.

Manchmal ging Magrit knurrend umher, wenn ihre Geschwister sie weiter zum Spielen aufforderten, schließlich warf sie sich auf den Rücken, balgte mit ihnen, zog sich aber dann bald auf einen erhöhten Platz zurück und schaute den anderen zu.

Abb. 25 Schwarzfußkätzchen möchte nicht mehr mit den Geschwistern spielen. Kontaktabbruch durch Augen schließen.

Vormittags spielten die jungen Kätzchen gerne in einem sonnigen Zimmer. Wenn man Magrit in diesen Raum zu ihren Brüdern brachte, spielten alle, aber Magrit wich immer etwas aus. Das soziale Spiel wurde manchmal durch Objektspiel mit Federbüschel und Kork (beide an einer Schnur) unterbrochen oder auch dadurch ausgelöst. Verfolgungsspiele entstanden oft, weil ein Kätzchen mit einem Gegenstand spielte, der sofort durch die Geschwister beansprucht wurde. Das geschah mit verschiedenen Spielzeugen, wie Fellball, Klopapierrolle, Plastikfläschchen, große Plüsch-Spielspinne. Wenn ein Kätzchen sein Spielzeug liegen ließ, war es für die anderen auch nicht mehr interessant.

Im Alter von 10 Wochen spielten alle drei Jungen sehr lebhaft, jagten sich und balgten. Auch Magrit war nun eifrig dabei, verfolgte sogar ihre Brüder. Manchmal ergriff auch Magrit die Initiative. Sie begann mit Jan zu spielen, Lutz kam dazu, er griff Magrit spielerisch an, es folgte lebhaftes Raufen, Balgen und immer wieder Breitseitendrohen.

Das folgende Beispiel soll das Spielverhalten von **Lutz und Magrit** im Alter von **11 bis 12 Monaten** darstellen. Am frühen Morgen fand ein Verfolgungsspiel um den Hügel mit dem Schweinsohrenstrauch statt. Magrit lief Lutz nach. Er legte sich vor das Gitter, rieb den Kopf an einem Stein, gurrte leise. Magrit kam herbei, erst gurrte Lutz, dann knurrte er ein wenig. Es kam zwischen den beiden jedoch nie zu ernstlichen Auseinandersetzungen. Solitäres Objektspiel konnte bei keinem der beiden Geschwister beobachtet werden, außer im Zusammenhang mit dem sozialen Spiel. In Fig. 13 ist aus dem parallelen Verlauf der Kurve für die Spielaktivität im Diagramm erkennbar, dass nur gemeinsam gespielt wurde, wobei Lutz einen geringfügig höheren Mittelwert aus der n-Häufigkeit (Lutz, n = 877 und Magrit, n = 871) erreichte.

Ihre bevorzugte Zeit dafür war zwischen 20 und 23 sowie zwischen 3 und 5 Uhr nachts. Manchmal spielten sie auch am frühen Morgen und am Nachmittag, aber nie in der Mittagszeit. Dass soziales Spiel bei Geschwistern noch bis ins Erwachsenenalter vorkommt, konnte man am Verhalten von Magrit und Lutz beobachten.

Dem jungen Schwarzfußkater **Klein Jock** fehlten Geschwister, weshalb er seine Mutter Maja immer wieder zum Spiel aufforderte, worauf diese meist positiv reagierte. Manchmal ergriff auch Maja die Initiative. Im Alter von 6 bis 8 Wochen spielte der Schwarzfußkater Klein Jock häufig in den frühen Morgenstunden, von 5 bis 8 Uhr und am späten Nachmittag zwischen 18 und 19 Uhr. Besonders aktiv war er in der Nacht zwischen 21 und 2 Uhr. Eine Ruhepause wurde am frühen Morgen zwischen 3 und 4 Uhr, sowie abends zwischen 19 und 20 Uhr eingelegt. Untertags ruhte und schliefen Klein Jock und Maja mit kurzen Unterbrechungen von 9 bis 17 Uhr. Im Diagramm ist der fast parallele Verlauf beim Spielverhalten zu erkennen, die Spiel-Frequenz ist bei Klein Jock jedoch signifikant höher, da sowohl Objektspiel, welches bei Maja selten beobachtet wurde, wie auch soziales Spiel darin enthalten sind (Fig. 14).

Das Spielverhalten von drei jungen **Servalen** im Alter von 8 bis 13 Wochen wurde im Mai 2006 aufgezeichnet. Sie spielten am Morgen zwischen 7 und 10 Uhr und am Nachmittag zwischen 16 und 20 Uhr mit Spitzenwerten um 9 und 18 Uhr besonders ausdauernd, manchmal bis zu zwei Stunden fast ohne Unterbrechung. Von 21 bis 23 Uhr wurde nur selten gespielt und zwischen 24 Uhr und 6 Uhr morgens schliefen die Jungen bei ihrer Mutter Bonnie. Eine für Katzen relativ kurze Mittagspause wurde zwischen 12 und 15 Uhr eingehalten. Die Ursache für die hohe Tagesaktivität lag wahrscheinlich an der kühlen Jahreszeit im Mai, vergleichbar mit November auf der nördlichen Erdhalbkugel

(Fig.15). Das Spiel wurde meist mit langsamem Umhergehen und Schauen eingeleitet, dann begannen die jungen Servale zu laufen und zu springen, sich gegenseitig zu jagen, balgen und am Stützbaum hochzuklettern, wobei sie sich gegenseitig um den Stamm mit den Pfoten zu fangen versuchten. Besonders auffallend waren ihre hohen Sprünge, die sie spielerisch vollführten. Nach langem und ausdauerndem Spiel wurden die Bewegungen langsamer, die Jungen gingen im Gehege umher, schließlich begab sich eines nach dem anderen zur Ruhe. Eine charakteristische Spielmethode fiel bei den jungen Servalen auf. Sie legten sich auf den Rücken und spielten mit einem Zweig oder auch den eignen Beinen und versuchen in dieser Stellung den eigenen Schwaz zu fangen. Das Spielverhalten der jungen Servale unterscheidet sich aufgrund der anatomischen Unterschiede deutlich vom Spiel der Schwarzfußkätzchen. Mit dem Hochspringen im Gras zeigt sich schon die spätere Jagdmethode, auch das eifrige und spielerische Klettern ist bei jungen Schwarzfußkatzen kaum zu beobachten, obwohl auch sie gelegentlich Kletterversuche machen. Die Spiele der jungen Servale fanden überwiegend im vorderen Gehegeteil statt. Dort war der Grasbewuchs am höchsten und es gab mehrere Klettermöglichkeiten.

In Fig.16 werden die Unterschiede von Schwarzfußkatzen und Servalen in der Spielintensität und dem zeitlichen Spielverlauf dargestellt. Die höchsten Werte sind bei den Servalen zu erkennen. Als Ursachen hierfür ist einerseits die Beobachtungszeit in der kühlen Jahreszeit anzunehmen und andrerseits im Alter von 8 bis 13 Wochen der drei jungen Servale, einem sehr verspielten Lebensabschnitt, zu suchen. Auch die Tatsache, dass sich drei Geschwister immer wieder gegenseitig zum Spielen anregen, spielt hier sicher eine Rolle.

Der Schwarzfußkater Klein Jock war zur Beobachtungszeit gleich alt wie die Servale, aber als Einzeljunges wurde er wahrscheinlich weniger zum Spielen motiviert. Die subadulten Schwarzfußkatzen Lutz und Magrit spielten noch gelegentlich, aber deutlich seltener als die Jungtiere. Die lange Mittagsruhe bei den Schwarzfußkatzen hat ihren Grund offenkundig in dem sehr heißen Klima während der Beobachtungszeit in den Monaten Jänner/Feber, wo die Temperatur auf über 40°C steigen kann.

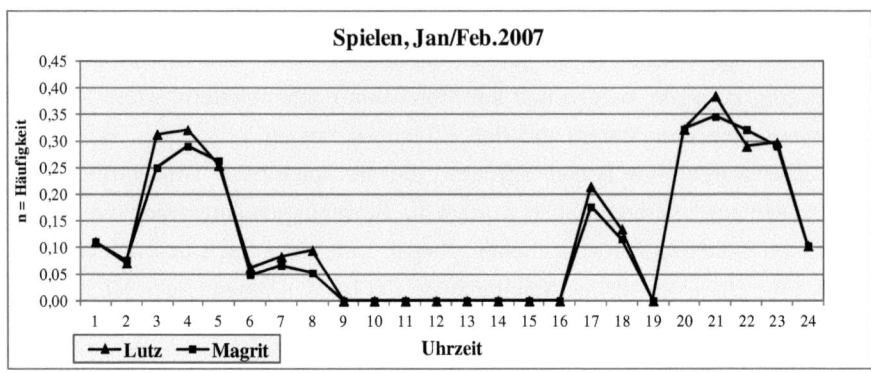

Fig.13 Unterschiede und Parallelen beim Spielverhaltens der subadulten Schwarzfußkatzen-Geschwister Lutz und Magrit. Gezeigt werden n Häufigkeiten/h. Lutz, n = 877 und Magrit, n = 871 im Tages- und Nachtverlauf.

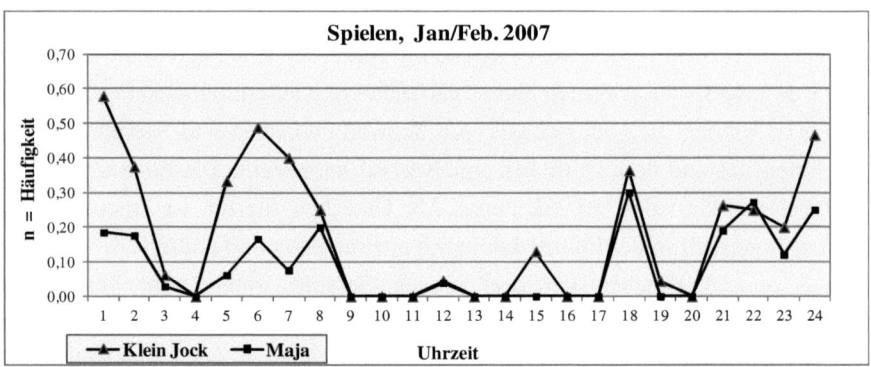

Fig.14. Spielverhalten der Schwarzfußkatzenmutter Maja und ihrem Sohn Klein Jock. Gezeigt werden n Häufigkeiten/h. Maja, n = 693 und Klein Jock, n = 562 im Tages- und Nachtverlauf.

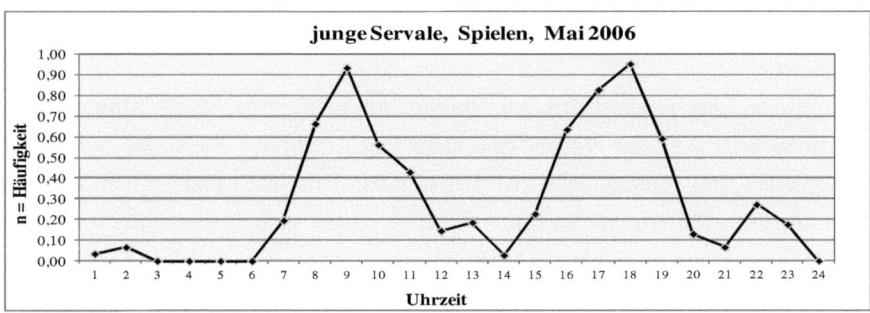

Fig.15. Darstellung des Spielverhaltens der drei jungen Servale im Mai 2006. Gezeigt werden n Häufigkeiten/h. n = 749 im Tages- und Nachtverlauf.

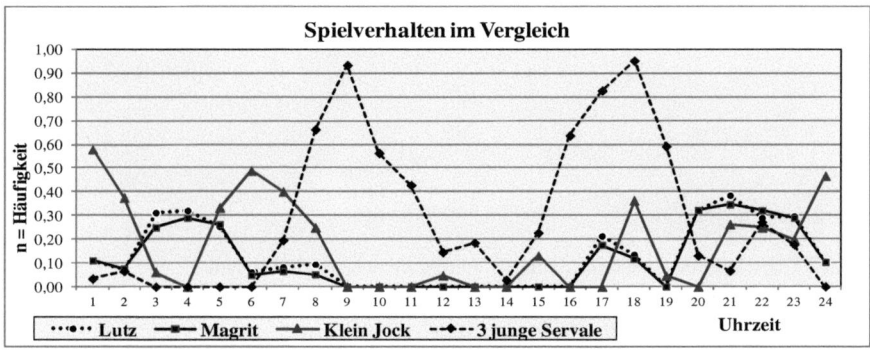

Fig. 16. Hier ist der Unterschied zwischen dem Aktivitätsrhythmus des Spielverhaltens bei jungen, bzw. subadulten Schwarzfußkatzen und jungen Servalen im Tages- und Nachtverlauf dargestellt.

In zwei Kreisdiagrammen wird die Spielbeteiligung der Servalmutter Bonnie und der Schwarzfußkatzenmutter Maja verglichen. Ein wesentlicher Grund für die signifikant höhere Spielbeteiligung von Maja ist vermutlich die Tatsache, dass sie nur ein Junges hatte, welches sie in Ermangelung von Geschwistern immer wieder zum Spiel animierte, während die drei Servaljungen jederzeit Gelegenheit hatten, miteinander zu spielen und sich immer wieder gegenseitig anregten. Die Servalmutter war während des Spieles der Jungen vor allem damit beschäftigt, sie zu beobachten und zu bewachen (Fig.17).

In Fig.18 wird das Spielverhalten aller Schwarzfußkatzen im Jänner/Feber dargestellt.

Klein Jock, das junge Kätzchen, spielte am häufigsten, seine Mutter Maja beteiligte sich oft, der Vater Jock hatte trotz mehrerer Versuche, so selten Gelegenheit, mit seinem Sohn zu spielen, dass sein Anteil unter einem Prozent blieb. Lutz und Magrit als Subadulte spielten immer gemeinsam, jedoch seltener als Klein Jock und seine Mutter Maja.

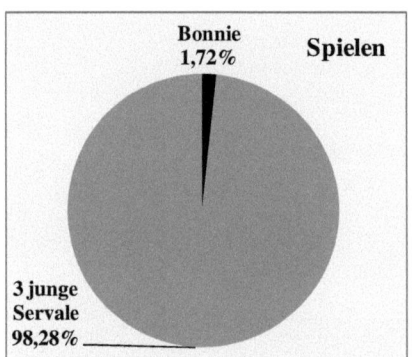 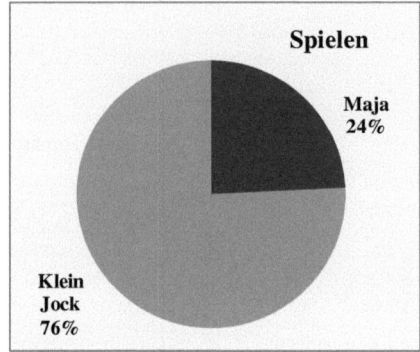

Fig. 17. Darstellung des Unterschieds bei der Spielbeteiligung der Serval- und Schwarzfußkatzenmütter in Prozent.

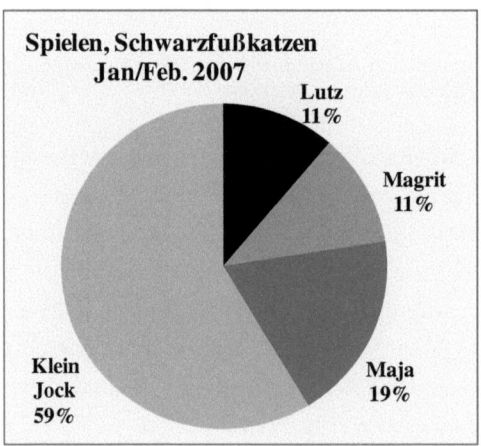

Fig. 18. Vergleich der Spielbeteiligung aller Schwarzfußkatzen im Jänner /Feber 2007 in Prozent.

Aggressives Verhalten unter Geschwistern

Beim Sozialen Spiel
Bei den jungen **Schwarzfußkatzen** Magrit, Jan und Lutz kam beim sozialen Spiel (mit Verfolgen und Balgen) Breitseitendrohen und Knurren häufiger vor, als bei vielen anderen Katzenarten. Soziales Spiel wurde ab der 12 Woche zusehends seltener. Schon die Ansätze endeten oft mit Knurren und Fauchen und häufigem Breitseitendrohen.
Beim Spielen zeigten sich die jungen **Servale** wesentlich sanfter als die Schwarzfußkatzen. Aggressionen kamen kaum vor. Im Alter von 59 Tagen hörte ich erstmals Knurren beim Raufspiel. Es ist nicht auszuschließen, dass dies schon früher vorkam, aber sicher nur sehr selten.

Beim Fressen
Schon im Alter von 7 Wochen konkurrierten die **Schwarzfußkätzchen** mit Knurren, Fauchen, Schreien und sogar Pfotenschlägen um das Futter. Die Konkurrenz beim Fressen (Beute) wurde immer schärfer. Mit 12 Wochen kamen die Jungen kaum zum Fressen, weil sie so viel knurrten und sich gegenseitig angriffen. Lutz, der Stärkste, blieb meist Sieger, Magrit, die Schwächste, ging oft leer aus. Dies wurde bereits ausführlich in einem früheren Kapitel unter „Fressverhalten" beschrieben.
Bei den jungen **Servalen** konnte ich wenig Fressgier und nur selten Auseinandersetzungen um das Futter beobachten. Als es einmal nur einen großen Knochen gab, war es das größte männliche Junge Cid, welches diesen ergatterte und knurrend und fauchend gegen seine Schwester Cosima verteidigte. Wenn ein Junges an einem großen Stück Fleisch fraß, saßen die beiden anderen in der Nähe und schauten ihm zu.
Bei den subadulten **Schwarzfußkatzen-Geschwistern** reduzierte sich das aggressive Verhalten sowohl beim Spiel wie auch beim Fressen. Es gab immer noch Auseinandersetzungen, aber sie wurden nicht mehr so heftig geführt, wie im dritten und vierten Lebensmonat. Vermutlich beruht die starke Aggression zwischen Geschwistern vor der Selbständigkeit auf den knappen Ressourcen in der Natur, wo die Überlebenschancen nicht für alle Jungen gesichert sind.

Erkennen im Spiegel:
Im Alter von 16 Wochen reagierten die Kater Jan und Lutz auf den Spiegel ähnlich wie viele andere Katzen. Sie pendelten vor dem Spiegel hin und her, offensichtlich um die andere Katze zu finden. Sie versuchten sogar durch den Spiegel zu gehen.
Bobachtung PFLEIDERER vom 11.02.2007. **erstmalig beobachtet:**
Die einjährige Magrit springt auf den Spiegelschrank, schaut einmal in den einen, dann in den anderen Spiegel (dreiteiliger Spiegel), setzt sich hin, macht mit dem Kopf einen Kreis ohne den Hals zu bewegen (wie Eule) und kontrolliert die Bewegung im Spiegel. Lutz kommt von hinten, murrt. Magrit ignoriert ihn völlig, weil sie fasziniert vom Spiegelbild ist (möglicherweise **„Ich – Evidenz")**.

PFLEIDERER, pers. Mitt. Falbkatze Ilse zeigte im Jahr 2010 im selben Zimmer das gleiche Verhalten zum Spiegelbild. Auch die jugendlichen Falbkatzen Dani und Stoffel beschäftigten sich wiederholt und dauerhaft mit ihrem Spiegelbild.
Im Alter von fast 1 ½ Jahren erblickte Maja zum ersten Mal ihr Bild im Spiegel. Großes Geknurre und Gefauche beim Anblick der drei Spiegelbilder. Maja schaute immerzu hinter den Spiegel, was sie sichtlich beunruhigte. 15 Minuten später pendelte sie sehr nervös 20 Minuten lang vor den Spiegeln hin und her. Inzwischen hatte Klein Jock seine Mutter vor den Spiegeln entdeckt, kletterte über den Hocker hinauf, sah sein Spiegelbild und betrachtete es minutenlang ruhig. Dann fing er an zu spielen und herum zu klettern, die Hauptattraktion blieb aber der Spiegeltisch. 25 Minuten später kam Maja wieder herein, nochmals zum Spiegeltisch, davor herum pendelnd und laufend. Um 3,20 Uhr (10 Minuten später), waren sie immer noch um den Spiegel aktiv.
Junge Kätzchen, die zum ersten Mal ihr Spiegelbild sehen, beschäftigen sich meist nur kurze Zeit damit, und interessieren sich nicht mehr, wenn sie die „zweite Katze" nicht finden. Aber eine adulte Katze ist vielleicht misstrauischer und versucht dieses „Phänomen" gründlicher zu untersuchen.
LINDEMANN (1955) untersuchte das Verhalten von Luchsen und Europäischen Wildkatzen.

Er schreibt, dass bei beiden Arten das Erkennen des eigenen Spiegelbildes zu verzeichnen war. Das Spielgelbild wurde beschnuppert, von hinten untersucht und sogar angegriffen bzw. zum Spiel aufgefordert. HEDIGER (1966) schreibt von einem zahmen Luchs, der auf einen im Freien aufgestellten Spiegel mit Fauchen und Drohgebärden reagierte. Hier ist allerdings eine offensichtliche **„Du – Evidenz"** festzustellen, wie bei den Hauskatzenversuchen von LEYHAUSEN (1979).

4.1.2.2.2. Beziehungen adulter Tiere

In den meisten Tiergärten werden Feliden, mit Ausnahme von Löwen (*Panthera leo*) (POWELL, 1995), entweder einzeln oder paarweise gehalten.
Eine größere Anzahl von Katzen findet man nur bei Familien, z.B. Mütter oder beide Eltern mit ihren Jungen. Es kommt nur sehr selten vor, dass sich ältere Geschwister nach dem nächsten Wurf noch bei den Eltern aufhalten. Eine Ausnahme scheint die Kleinfleckkatze (*Leopardus geoffroyi*) zu bilden. FOREMAN (1997) untersuchte in einer umfangreichen Studie Kleinfleckkatzen in verschiedenen Haltungen und kam zu dem Ergebnis, dass diese Katzenart einen niedrigen Level zu aggressivem, aber einen hohen Level zu altruistischem Verhalten aufweist. Dies mag bezeichnend für die gute und dauerhafte Paarbindung und sogar eine lockere soziale Beziehungen zwischen gleichgeschlechtlichen Tieren sein. Kleinfleckkatzen sollten nicht alleine gehalten werden, noch sollten sie oft zu verschiedenen Zuchtpartnern versetzt werden.
Ich konnte in keinem Tiergarten Wildkatzen beobachten, wo Tiere, welche nicht verwandt waren und auch kein Paar bildeten, in einem Gehege gemeinsam gepflegt wurden.
Der einzige mir bekannte Fall wird von PFLEIDERER beschrieben. Die Schwarzfußkatze Maja lebte einige Zeit mit den Geschwistern Lutz und Magrit im Tenikwa Wildlife Awareness Centre. Die beiden nicht verwandten Weibchen vertrugen sich gut, ruhten sogar zusammen und putzten sich gegenseitig. Das ist wirklich erstaunlich bei einer so solitären Art.
Eine Ausnahme bilden manchmal Mütter mit erwachsenen Töchtern.

Vielleicht sind solche Beziehungen zwischen nicht verwandten Katzen aus Mangel an Gelegenheit bisher nicht untersucht worden.
STUBBE und KRAPP (1993) beschreiben das Kommunikationsverhalten der Europäischen Wildkatze außerhalb der Ranzzeit als ausgesprochen ungesellig. Bei Paaren in menschlicher Obhut ist mehr ein Beieinanderliegen als ein echtes Kontaktliegen zu beobachten. Zum Artgenossen entsteht ein „gespanntes Feld", in dem Sozialspiele unmöglich werden (ZIMMERMANN (1976).
Ein anderes Bild des Wildkatzen-Verhaltens vermitteln Beobachtungen in der Wildkatzenhaltung Bockengut und im Alpenzoo Innsbruck. HARTMANN-FURTER (2001) schreibt, dass die Europäischen Wildkatzen in ihrer Forschungsstation Bockengut mehrmals gleichzeitig mit ihren erwachsenen Töchtern Junge aufzogen und die Weibchen sich ausgesprochen freundlich zueinander verhielten. Auch im Alpenzoo Innsbruck lebt die Wildkatze mit ihrer erwachsenen Tochter, welche ihrer Mutter bei der Aufzucht des nächsten Wurfes half, und dem Vater der Jungen friedlich zusammen.
Das Zusammenleben adulter Katzen ist nicht immer problemlos und frei von Aggressionen. Gerade bei Katzartigen spielen individuelle Sympathien oder Antipathien eine große Rolle.

Paarbeziehungen
Man kann die **Paarbeziehungsmuster in drei Gruppen** einteilen, wobei die Übergänge fließend sind.
1.) Es kommt immer wieder vor, dass zwei Katzen sich vom ersten Moment an hassen und aufeinander losgehen, sodass es zu ernsten Verletzungen und sogar zum Tod eines Tieres kommen kann.
Beispiele:
Der **Schwarzfußkater** in Bloemfontein verbrachte die überwiegende Lebenszeit allein.
Als man dann im Jahr 2009 ein Weibchen zu ihm ins Gehege setzte, wurde dieses von ihm angegriffen und durch einen Nackenbiss getötet.
HARTMANN-FURTER (2001) hat bei ihren Forschungen an **Europäischen Wildkatzen** die Erfahrung gemacht, dass es zwischen den einzelnen Katzen ausgesprochene Sympathien und Antipathien gibt. Wenn sich zwei Tiere absolut

nicht vertragen, besteht die Gefahr, dass das stärkere das schwächere, welches sich im Freiland zurückziehen würde, was im Gehege nicht möglich ist, tötet.

PFLEIDERER (2000) beobachtete das **Nebelparderpaar** im Zoo Zürich, welches sich mehrere Jahre das Gehege teilte und ein typisches Beispiel für ein disharmonisches Paar darstellte. Es gab keinen Zuchterfolg, weil sie sogar während der Östruszeit keinen Kontakt zueinander fanden. Das Weibchen Sawa fürchtete den Kater Tutong und ließ ihn nicht an sich heran. Die beiden waren meist zu verschiedenen Zeiten aktiv, um Zusammentreffen zu vermeiden, und ruhten nur auf getrennten Plätzen. Die Furcht von Sawa war sicher begründet, denn Tutong hatte bei einem früheren Zuchtversuch bereits das Weibchen (eine Schwester von Sawa) durch einen Nackenbiss getötet.

2.) Trotz anfänglicher Feindseligkeiten kommt es bei manchen Katzenpaaren zu einer Koexistenz. Sie gehen sich aus dem Wege, ruhen an eigenen Plätzen und zu Aggressionen kommt es nur gelegentlich beim Fressen oder einem unerwarteten Aufeinandertreffen. Trotzdem kann sich die Beziehung während der Östruszeit vorübergehend verbessern, sodass eine Paarung stattfinden kann.

Beispiele:

Der alte **Schwarzfußkater Jock** zeigte sich verschiedenen Weibchen gegenüber, welche mit ihm verpaart werden sollten, gleichgültig mit einer gewissen Toleranz, außer bei Fütterungssituationen.

Zwischen den Schwarzfußkatzen Jock und Maja herrschte ein gespanntes Verhältnis. Beide knurrten, sobald sie einander näher kamen. Majas Knurren ging manchmal in einen hohen Ton, fast Schreien über. Dann zog sie sich meistens zurück. Jock wollte Kontakt zu Maja, aber sie war die Ablehnende. Er war ihr durch seine Größe, Alter und dem Heimvorteil überlegen. Aber zwei Tage nach dem Verschwinden von Klein Jock lagen Jock und Maja gemeinsam im Termitenbau in Körperkontakt. Jock hatte sich zu ihr gelegt und sie akzeptiere es. Davor hatte Maja Jock strikt abgelehnt bzw. angefaucht und angeknurrt, wahrscheinlich glaubte sie, Klein Jock schützen zu müssen, obwohl sich sein Vater ausgesprochen liebevoll verhielt.

Die **Falbkatzen Dani und Ulrich** lebten 1996 bis 1997 fast ein Jahr lang im gleichen Gehege, ohne dass ihre Beziehung mit der Zeit besser wurde. Sie ruhten auf getrennten Plätzen und nachts wanderte jeder auf einer anderen Seite des Geheges. Es gab wenig Aggressivität zwischen den beiden, aber sie vermieden Begegnungen. Beim Warten auf das Futter saß Dani immer auf einem etwas höheren Stein und manchmal setzte sich Ulrich auf den kleinen Stein daneben. Sobald das Futter gebracht wurde, pendelten sie aufgeregt, wobei sie sich gelegentlich knurrend und fauchend in die Quere kamen. Bei den nächtlichen Wanderungen durch das Gehege maunzte Ulrich manchmal, Dani reagierte jedoch nie darauf. An einem sehr heißen Sommertag ruhten beide in der gleichen Höhle, aber nicht in Körperkontakt. Dass sie voneinander Abstand hielten, konnte auch an der Hitze liegen. Ein paar Tage später hörte man ihn nachts im hinteren Gehegeteil zweimal den Hauptruf ausstoßen. In den folgenden Tagen gurrte und maunzte Ulrich häufiger bei den Wanderungen durch das Gehege. In der nächsten Nacht liefen Dani und Ulrich sehr hektisch umher und es gab immer wieder Zusammenstöße mit Knurren und Fauchen beiderseits. Ulrich wetzte nach einer dieser Auseinandersetzungen die Krallen, lief nach hinten und miaute. Den Rest der Nacht versuchte Ulrich immer wieder, sich Dani mit Gurren und rufen zu nähern, aber sie beachtete ihn nicht. Am Morgen konnte Dani beim Rollen beobachtet werden. Sie kam aber doch nicht in Östrus und danach gab es keine weiteren Annäherungsversuche von Ulrich mehr.

Im Jahr 2010 wohnten Dani und Ulrich wieder im gleichen Gehege. Diesmal verhielten sie sich freundlich zueinander mit viel Kontaktliegen. Die Konkurrenz beim Futter war scharf aber nicht grob (PFLEIDERER, pers. Mitt.). Ulrich war der einzige Falbkater in der Karoo Cat Research und im Zoo Clifton, welcher nie Nachkommen zeugte.

Das **Servalpaar Bonnie und Arno** bewohnte im Jahr 2007 wieder gemeinsam das große Gehege, im welchem Bonnie im Jahr 2006 ihre Jungen aufzog. Die beiden hatten immer noch ein recht gespanntes Verhältnis, obwohl sie schon mehrere Jahre zusammen waren. Sie wanderten meist zur gleichen Zeit umher, aber getrennt, jeder auf einer anderen Gehegeseite. Bonnie wich Arno nach Möglichkeit aus. Am 28.01.2007 nachts zeigte sich in Arnos Verhalten Bonnie gegenüber plötzlich eine Änderung. Er ging nach dem Wandern im Gehege zu seinem Ruheplatz, rief in hohen Tönen, gurrte, drehte sich, legt sich nieder und rief wieder. Bonnie wander weiter und beachtet ihn nicht. Untertags hört man ihn nicht rufen, aber er markierte verstärkt. Am 07.02. um 21 Uhr kam es zur Kopulation mit Nackenbiss. Beide knurrten, Bonnie fauchte, Arno sprang schnell weg und Bonnie wälzte sich. Am folgenden Morgen folgte Arno Bonnie gurrend und häufig spritzharnend. Sie knurrte fast ständig und wenn er zu nahe kam, fauchte sie. Der einzige Platz, wo sie Ruhe fand, war eine Erdgrube in der Gehegeecke. Dort putzte sie sich immer wieder am After. Schließlich verschwand Bonnie im hohlen Baumstamm. Am Abend lag Bonnie wieder in der Erdgrube. Arno stand so nahe wie möglich neben ihr, schaute sie an und lauerte auf jede ihrer Bewegungen. Bonnie drückte die Augen zu als schliefe sie, aber ihre Kopfhaltung und die Ohren zeigten, dass sie wach war. Sie schien sich auf diese Weise vor Arnos Annäherung schützen zu wollen: Cut off = Kontaktabbruch. In den nächsten beiden Nächten war mehrfach Gurren und Maunzen von Arno und Knurren von Bonnie zu hören. Es konnten jedoch keine weiteren Kopulationen beobachtet werden. Es kam zu keiner Trächtigkeit.

Nach dieser Zeit gab es keine freundlichen Lautäußerungen mehr zwischen Bonnie und Arno.

Trotzdem litt Arno offensichtlich unter der Trennung von Bonnie, als diese Junge hatte, und er deswegen in ein kleineres Gehege umgesiedelt wurde. Er pendelte mehr, wanderte weniger und suchte Anschluss bei Menschen, die ihm freundlich zusprachen. Die Ursache kann die Trennung vom Weibchen, aber auch die Übersiedlung in ein kleineres Gehege sein.

Das Aktivitätsmuster des Serval Arno weist einen unterschiedlichen Verlauf zwischen den Monaten April/Mai 2006, wo er allein in einem kleineren Geheges untergebracht war und Jänner/Feber 2007, welche er im großen Gehege zusammen mit Bonnie verbrachte. Eine Rolle spielte dabei sicher auch der jahreszeitliche Unterschied. Im Jänner und Feber ist die heiße Jahreszeit, während es im April und Mai schon sehr kalt werden kann. Als Arno allein war, schloss er sich den menschlichen Betreuern an, während er die Nacht größtenteils verschlief. In den Morgen- und Abendstunden, besonders vor der Fütterung konnte man Lokomotionsstereotypen beobachten. Sah er seine Betreuerin, begann er hektisch am Gitter hin und her zu laufen. Wieder im großen Gehege pendelte er nur wenige Minuten vor der Fütterung. Der hohe

Wert zwischen 3 und 4 Uhr nachts entstand durch Laufen und Verfolgungsjagden im hinteren Gehegeteil mit dem Weibchen Bonnie (Fig. 22). Wieder im großen Gehege, wanderte er mit Bonnie nachts und in den frühen Morgenstunden, sowie gegen Abend ab 18 Uhr umher, während er im kleinen Gehege nur selten ruhig umherging (Fig. 23). Die Markierungstätigkeit durch Spritzharnen war nach der Zusammenführung mit Bonnie signifikant verstärkt (Fig. 21). Trotz der langen Mittagsruhe, welche sicher durch die Hitze bedingt war, erreichte seine Gesamtaktivität im Jänner und Feber einen höheren Prozentanteil, als im April und Mai, wie aus Fig. 19 und 20 zu ersehen ist.

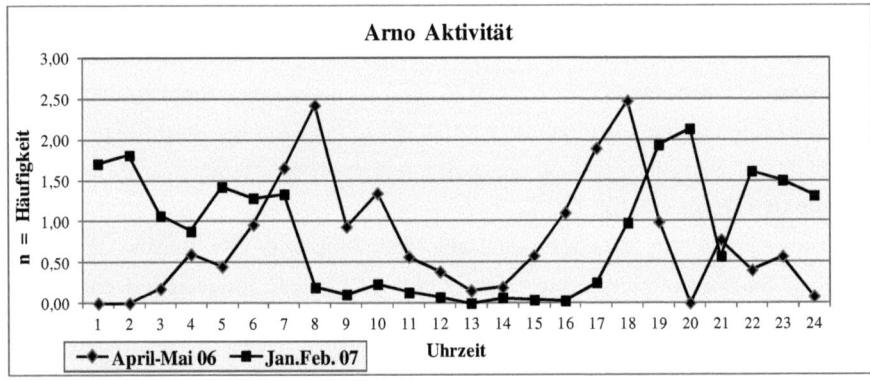

Fig.19 Vergleich der Gesamtaktivität des Servalmännchens Arno zwischen den Monaten April-Mai 2006 und Jänner-Feber 2007

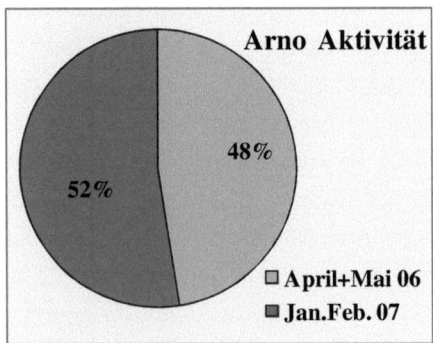

Fig. 20 Prozentuelle Anteile an Aktivität des Servals Arno in zwei verschiedenen Beobachtungsperioden.

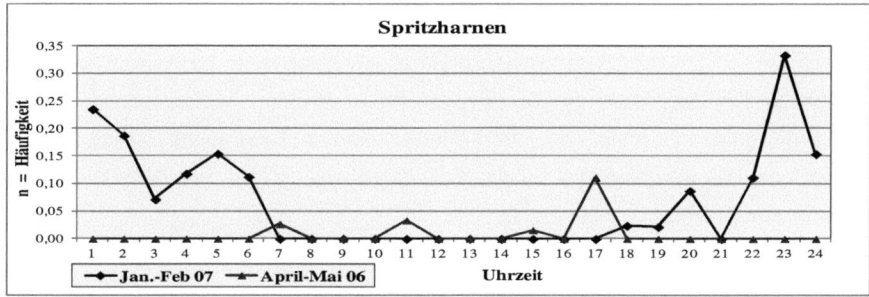

Fig.21 Sobald der Serval Arno im Jan.-Feber 2007 wieder mit dem Weibchen Bonnie vereint war, nahm sein Markierungsverhalten signifikant zu.

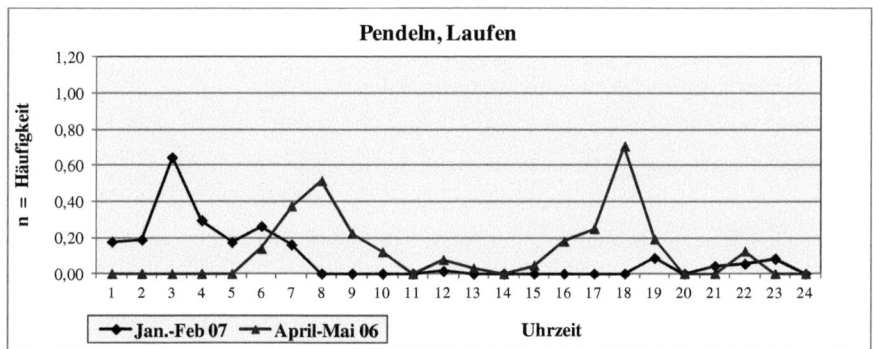

Fig.22 Der Serval Arno zeigte im April-Mai Laufstereotypen bis zu 30 Minuten vor der Fütterung.

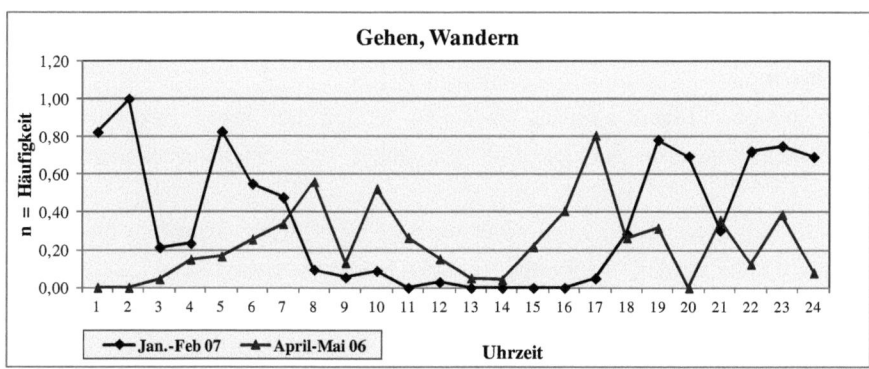

Fig.23. Dargestellt werden die unterschiedlichen Aktivitäts-Spitzen des Servals Arno beim Wandern im Jan/Feb. 2007 und April/Mai 2006

Im Jahr 2008 wurde es versäumt, Arno rechtzeitig von Bonnie zu trennen, worauf diese ihr Junges offensichtlich aus Unruhe und Nervosität auffraß, obwohl sie bei Einzelhaltung immer eine sehr fürsorgliche Mutter war.

Bevor die beiden Servale nach Honingkrantz kamen, hatte Bonnie zwei Würfe, bei welchen sie den Nachwuchs ebenfalls tötete. Auch hier war Arno nicht von ihr getrennt worden.

Ende 2010 hatte Bonnie zwei Junge, 1,1 die sich seit Feber 2011 mit ihren Eltern in Honingkrantz befinden und ausgewildert werden sollen. Auch hier wurde versäumt die Eltern zu trennen, aber erstaunlicher Weise gelang die Aufzucht des Nachwuchses diesmal.

Bei den beiden **Karakals Flip und Isabel** war eine Paarung noch nicht möglich, weil das Weibchen zu jung war. Isabel war zur Beobachtungszeit erst 10 Monate alt und wurde einen Monat zuvor in einer Falle gefangen. Flip, ebenfalls ein Wildfang, war noch nicht ganz zwei Jahre alt. Isabel verhielt sich besonders verschreckt und versteckte sich meist im hintersten Winkel des Geheges. Die Geschlechtsreife tritt beim Karakal erst mit ca. 14 Monaten ein (SMITHERS, 2000). Der Kater Flip verhielt sich dem Weibchen gegenüber von Anfang an sehr freundlich. Er versuchte immer wieder, sie mit Gurren und Maunzen anzulocken, aber sie war zu ängstlich und wehrte ihn bei jeder Annäherung ab. Trotzdem ging er Isabel weiter nach, setzte oder legte sich gurrend vor sie. Wenn er ihr zu nahe kam, reagierte Isabell in der ersten Zeit mit lautem Knurren, Fauchen, Spucken und Schreien. Flip wanderte weiterhin gurrend und maunzend durchs Gehege, unterbrach nur zum Krallenwetzen am großen Baumstamm.

Nach einigen Tagen kam es zwischen beiden bei einer Begegnung zur Nasenbegrüßung, sie standen sich gegenüber und gingen dann zusammen umher.

Am 20. Tag antwortete Isabell zu ersten Mal mit Gurren. Trotzdem hielten sie Abstand voneinander, wanderten an verschiedenen Gehegeseiten und ruhten getrennt, jeder auf seinem Platz. In der sechsten Beobachtungswoche rollte sich Flip ein paar Mal auf dem Boden, stand auf, ging zu Isabell und legte sich mit leise prustenden Geräuschen neben sie, ohne dass sie protestierte. Dies wiederholte sich auch am nächsten Tag. Als sich Flip ihr jedoch einmal zu schnell näherte, wehrte Isabell ihn wieder mit lautem Schreien und Fauchen ab. Beim Füttern wurden den Karakals die Futterstücke an verschiedenen Plätzen zugeworfen. Als einmal beide das gleiche Fleisch nehmen wollten, kam es zum Streit. Beide fauchten, Flip packte es und trug es weg um zu fressen. Gegen Ende des zweiten Monats ruhten Flip und Isabell erstmals zusammen in Körperkontakt in ihrem Versteck.

Abb.26 Das Karakalpaar Flip und Isabel ruht in Körperkontakt

Leider gab es im nächsten Jahr keine Beobachtungen mehr, denn Isabell wurde am Ende des Jahres im Wildreservat Bankfontein ausgewildert. Es ist jedoch anzunehmen, dass die beiden bis zu Isabels Geschlechtsreife ein recht verträgliches Paar geworden wären.
3.) Es entsteht eine **enge Paarbindung**. Die Katzen ruhen häufig in Körperkontakt, lecken sich gegenseitig, begrüßen sich freundlich, wenn sie sich beim Wandern treffen und streiten nicht oder nur selten, ev. bei der Fütterung. Dies ist die beste Voraussetzung dafür, den Kater das ganze Jahr, also auch nach der Geburt bei dem Nachwuchs zu lassen.

Es kann sogar vorkommen, dass bei einem Paar, welches schon jahrelang zusammenlebte, der Tod eines Partners, den Lebenswillen des anderen so schwächt, dass dieser bald stirbt oder apathisch und inaktiv bleibt. PUSCHMANN (2007) schreibt, dass bei verschiedenen Katzenarten der Partnerverlust zu Antriebs- und Appetitlosigkeit führen kann.

Die beiden **Schwarzfußkatzen Frasier** und **Sonja** in Clifton bildeten ein sehr harmonisches Paar, das die Jungen gemeinsam aufzog. Frasier ist ein besonders verträglicher Kater, der grundsätzlich nicht gerne alleine in einem Gehege lebt. Daraus kann man erkennen, dass innerhalb einer Art sehr große individuelle Unterschiede im Sozialverhalten bestehen können. Frasier wurde bereits mit verschiedenen Weibchen verpaart und mit allen vertrug er sich gut. Wenn das Zusammenleben nicht so einträchtig war, lag es an dem Weibchen. **Dagmar** war eine sehr reservierte Katze die als sie mit ihm in einem Gehege wohnte, keinen engen Kontakt wollte. **Phoebe** wurde bereits in einem früheren Kapitel als besonders zutraulich zu Menschen und Hunden erwähnt. Sie kam 2010 im Alter von zwei Jahren zu Frasier in Gehege. Marion Holmes beschreibt das Verhalten der beiden als sonders liebevoll. Sie liegen oft in Körperkontakt und lecken sich gegenseitig. Auch das 2-jährige Paar **Dale** und **Jessie** verträgt sich sehr gut und zeigt sich ebenso freundlich zueinander wie Frasier und Phoebe.

Die **Falbkatzen Dani und Eddie** hatten schon drei gemeinsame Würfe von 2004 bis 2005. Als sich zeigte, dass Ulrich nicht der geeignete Kater für Dani war, wurde er nach Clifton zurückgebracht und stattdessen kam Eddie wieder zu ihr. Er war in dem fremden Gehege zunächst ängstlich und pendelte panisch am hinteren Gitter. Dani kam aus ihrer Höhle, ging auf Eddie zu und schaute ihn an. Er pendelte aufgeregt weiter. Sie zog sich zurück und wälzte sich kurz im Sand. Ein paar Tage später wanderten sie gemeinsam nachts im Gehege umher, Eddie lief ihr nach, rief und gurrte abwechselnd. Auch in den nächsten Nächten konnte man Eddie rufen hören. Am nächsten Vormittag ruhten Eddie und Dani in Körperkontakt in einer kleinen Steinhöhle. den Nachmittag verbrachten sie dort schlafend. Diese Höhle benutzen sie auch später gemeinsam, aber an sehr heißen Tagen wechselten sie in die große Holzhöhle, wo es kühler war.

HARTMANN-FURTER (2001) beschreibt die nahezu perfekte Beziehung zwischen den beiden **Europäischen Wildkatzen** Nino und Irina. Sie betreuen sich jeweils gegenseitig, als ein Partner erkrankte, indem das gesunde Tier dicht beim kranken saß, es leckte und leise damit „redete". Nino war auch der einzige Kater, der die Katze Irina während der Geburt betreute und sich sogar einmal zur erschöpften Mutter setzte und sie ausgiebig leckte.

Besonders enge Paarbindungen konnte ich bei **Schneeleoparden** beobachten. Die Schneeleoparden Osman und Palpa im **Zoo Augsburg** waren ein sehr harmonisches Paar, mit viel Grooming, Kontaktliegen und sozialem Spiel. Sie hatten jedoch nie Nachwuchs. Als Palpa starb, war sie 8 Jahre und Osman 10 Jahre alt. Die beiden hatten 6 Jahre zusammen gelebt. Nach Palpas Tod veränderte sich Osmans Verhalten auffallend. Er lag meist nur apathisch an seinen Plätzen und zeigte wenig Aktivität. Auch noch 2 Jahre später war deutlich zu erkennen, dass er das Weibchen stark vermisste.

Beim Schneeleopardenpaar im **Tierpark Hellabrunn, München** lebten das 17 Jahre alte Weibchen Elli und das um 10 Jahre jüngere Männchen Bert ebenfalls 6 Jahre lang zusammen. Man sah viel Kontaktliegen und gegenseitiges Grooming, allerdings war Ellie manchmal gereizt, weil sie die lebhaften Spiele und Sprünge von Bert nicht mitmachen wollte. Bert starb ohne ersichtlichen Grund 5 Monate nach Ellies Tod im Alter von 8 Jahren. Pfleger teilten mir mit, dass er in diesen Monaten völlig verändert und teilnahmslos war, offensichtlich fehlte ihm Ellie sehr (ALMASBEGY 2001).

Das Schneeleoparden-Paar im **Zoo Basel** hatte schon mehrmals gemeinsam Junge aufgezogen und lebte recht friedlich zusammen. Konflikte gab es nur in der kurzen Zeit, als der zweijährige Sohn noch im gleichen Gehege lebte. Queen und Puschkin waren fast gleich alt, beide im Mai 1993 geboren, und lebten seit 13 Jahren zusammen. Queen starb im Alter von fast 15 Jahren Anfang 2008 und Puschkin, zwei Monate später. Lt. Mitteilung des Pflegers war der Schneeleopard seit dem Tod seiner Partnerin völlig apathisch und hatte jeden Lebenswillen verloren.

Abb.27 Der alte Schneeleopard Puschkin, kurz vor seinem Tod. Er vermisste seine zwei Monate zuvor verstorbene Partnerin Queen sehr.

Bei den **Nebelpardern im Howletts Zoo** in England lebte das Zuchtpaar einträchtig mitsammen. Sie zogen nicht nur gemeinsamem die Jungen auf, sondern lagen auch oft in Körperkontakt mit gegenseitigem Lecken.

4.2. Aktivitätsvergleich zwischen verschiedenen Katzenarten

Das Verhalten eines Tieres tritt nicht beliebig auf, sondern folgt Gesetzmäßigkeiten: Das Tier übt zu bestimmten Zeiten an bestimmten Stellen seines Raumes bestimmte Tätigkeiten aus. Es lebt, in der Wildnis wie in menschlicher Obhut, in einem Raum-Zeist-System.
Dieses Raum-Zeit System wird einerseits durch das Verhalten des Tieres und andrerseits durch die Raumstruktur bestimmt (HEDIGER 1942). Dabei ist zwischen quantitativen Aspekten (Größe) und qualitativen (Anordnung der Raumelemente) zu unterscheiden.
Die meisten Katzenarten zeigen generell ein diphasisches Aktivitätsmuster, dessen Schwerpunkte täglicher lokomotorische Aktivität in den frühen Morgenstunden und vom späten Nachmittag bis in den Abend liegen.

Zwischengipfel sind festzustellen, aber nicht von starker Ausprägung (HALTENORTH 1957). Fast alle Katzen halten zumindest eine kurze Nachtruhe ein.

Im Zoo bestimmt der Mensch die Inneneinrichtung des Geheges und nimmt damit Einfluss auf das Raum-Zeit-System eines Tieres. Im Tierpark Dählhölzli, Bern wurde die Auswirkung der Haltungs-Bedingungen (Management, Raumstruktur) auf das Aktivitäts-Verhalten von zwei Sibirischen Tigern (*Panthera tigris altaica*) untersucht (WIEDENMAYER und SÄGESSER 1988). Die Ergebnisse bewiesen, dass sowohl Raumgröße und Struktur, wie auch Fütterung und Besucher eine Auswirkung auf den Aktivitätsrhythmus der Tiger hatten. Solche Untersuchungen sollten bei allen Zootieren angestellt werden, denn sie geben wichtige Hinweise auf die Bedürfnisse der Tiere.

Der Aktivitätsrhythmus wird durch die endogene Periodik und die Außenreize bestimmt. Zeitgeber synchronisieren die endogene Periodizität mit der Umwelt, indem sie ihre Phasenlage bestimmen.

Für die Tagesperiodik der Tiere ist meist der Licht- Dunkel-Wechsel der aktuelle Zeitgeber (ASCHOFF 1958).

Eine weit verbreitete Ansicht ist, dass Katzen von Natur aus „faul" sind und es in Zoos unmöglich sei, sie zur Futtersuche und Jagd zu stimulieren. Aber auch in freier Wildbahn verbringen Katzen lange Perioden des Tages mit Ruhen, weil übermäßige Aktivität unnütz ist. Eine Studie an Ozelots (*Leopardus pardalis*) im Freiland zeigt, dass diese mehr als 12 Stunden kontinuierlich inaktiv sein können (EMMONS 1988).

Die Ansicht, dass Wildkatzen ausschließlich nachtaktiv sind, wurde durch viele Untersuchungen, sowohl an freilebenden, wie auch an Katzen in menschlicher Obhut widerlegt.

Beobachtungen an Europäischen Luchsen (*Lynx lynx*) zeigten, dass weibliche Tieren weniger nachaktiv waren als männliche. Besonders während der Jungenaufzucht sind die Mütter oft gezwungen, ihre Jagd auf die Tageszeit auszudehnen (SCHMIDT 1999). Weibchen mit Jungen waren untertags doppel so lange aktiv, wie nicht reproduzierende Weibchen. Mütter waren in den Monaten Mai bis August um 26% länger aktiv als vom September bis April. Die Lokomotions-Aktivität der männlichen Luchse war in der Paarungszeit vom

Jänner bis März um 30 – 70 % höher als in anderen Monaten. Am wenigsten aktiv waren alle Luchse an Tagen mit einer Temperatur von über 30°C. Störungen in den Wäldern durch Menschen haben ebenfalls einen Einfluss auf die Tagesaktivität von Luchsen. Im polnischen Bialowieza National Park war ein Weibchen mit Jungen während 24 Stunden aktiv, wogegen sich ein anderes Weibchen, ebenfalls mit Jungen in einem Gebiet mit häufiger menschlicher Betätigung fast ausschließlich nocturnal verhielt (SCHMIDT, JEDRZEJEWSKI, OKARMA, 1997).

Ähnliches wie Schmidt bei den europäischen Luchsmüttern, fanden WASSMER, GUENTHER & LAYNE (1988) bei der Beobachtung des nordamerikanischen Rotluchses (*Lynx rufus*), dass die Weibchen im Sommer ebenfalls während der Tagesstunden aktiver waren als die Männchen.

In freier Wildbahn sind Ozelots (*Leopardus pardalis*) ausgesprochen nocturnal. Feldstudien zeigten, dass sie zwischen 52 und 92% der Nacht aktiv waren (WELLER & BENNET, 2001; LUDLOW and SUNQUIST, 1987). Spitzen im Aktivitätsmuster wurden kurz nach der Dämmerung und vor Sonnenaufgang aufgezeichnet. Nachts gab es kurze Rastpausen und untertags eine viel längere Ruheperiode (EMMONS 1989). Die nächtlichen Aktivitätsspitzen von wilden Ozelots reflektieren die Aktivitätsspitzen ihrer bevorzugten Beutetiere (LUDLOW,1986; EMMONS, 1988).

Eine Studie von WELLER & BENNET (2001) zeigte, dass Ozelots in Zoohaltung einen höheren Prozentsatz an Tages- als an Nachtaktivität aufweisen. Sie hatten morgens zwischen 7 und 9 Uhr eine Aktivitätsspitze, welche sicher auf die Fütterungszeit abgestimmt war. Aber obwohl sie abends kein Futter erhielten, und nur manchmal einige routinemäßige Aufräumarbeiten durchgeführt wurden, erreichten sie am Abend die gleiche Aktivität, wie wilde Ozelots.

Freilebende Europäische Wildkatzen (*Felis silvestris*) sind auch untertags aktiv mit Spitzen im Morgengrauen und der Abenddämmerung (LIBEREK, 1999; STAHL, 1986). Dieses Aktivitätsmuster zeigte sich auch bei den Wildkatzen in der Schweizer Tierstation Bockengut bei Beobachtungen über einen Zeitraum von 13 Jahren (HARTMANN, 2008).

Nach ASCHROFF (1958) kann jeder periodische Vorgang der Umwelt, der für das Tier reizwirksam ist, Zeitgeber sein. Bei den Tigern in Bern zeigte sich, dass die Fütterung zum Zeitgeber geworden ist und den aktuellen Zeitgeber (Licht-Dunkel-Wechsel) ersetzt hat. Dafür spricht, dass die Tiger, trotz Verschiebung der Abenddämmerung im Jahresverlauf, immer zur selben Zeit am aktivsten waren, nämlich vor der Fütterung um 17,30 Uhr (WIEDENMAYER und SÄGESSER, 1988).
Untersuchungen an verschiedenen anderen Katzenarten haben ebenfalls bewiesen, dass das zeitliche und räumliche Muster ihrer Aktivität in Zoos durch Haltungsbedingungen beeinflusst werden kann.

4.2.1. Aktivitätszyklus südafrikanischer Wildkatzen

In diesem Abschnitt werden Vergleiche über Aktivität und Inaktivität, sowie einige ausgewählte, relativ häufige und bei allen Arten vorkommenden Verhaltensweisen der vier beobachteten südafrikanischen Katzenarten: Schwarzfußkatze (*Felis nigripes*), Falbkatze (*Felis libyca*), Karakal (*Profelis caracal*) und Serval (*Leptailurus serval*) angestellt.
Die Darstellung der Verhaltensweisen erfolgt sowohl in Tabellen, wie auch in Form von Graphiken. Die Aktivität, bzw. Inaktivität wurde unter verschiedenen jahreszeitlichen Bedingungen untersucht. Zusätzlich wurden Unterschiede bei Individuen einer Art, getrennt nach Männchen und Weibchen, sowie zwischen gut eingewöhnten, im Zoo geborenen Katzen und Wildfängen dargestellt. Einen eigenen Abschnitt bildet der Vergleich zwischen den vier beobachteten Katzenarten.
Es sollen die Muster des Verhaltens der beobachteten Katzenarten und der Einfluss der Haltungsbedingungen auf das **Raum-Zeit-System** dargestellt werden. Die in gleichen Abständen wiederkehrenden Schwankungen ergeben den **Aktivitätsrhythmus.**
Bei allen Katzenarten sind in den Diagrammen deutliche Aktivitätsmaxima („Fütterungsappetenz") zu den Fütterungszeiten zu erkennen. Es wurde versucht zu erreichen, dass dieser durch die Haltung entstandene Zeitgeber dem Biorhythmus der Katzen entspricht. Gefüttert wurde in Anpassung an die

Jahreszeit, wenn möglich in der Morgen- und Abenddämmerung. Lt. SCHUH (1980) kann nur so die feste zeitliche Funktionsordnung als eine Grundlage optimaler biologischer Leistungen gewahrt bleiben.

Vergleiche: Aktivität, Inaktivität, andere Verhaltensweisen
In den Tabellen sind folgende Verhaltensweisen als
inaktives Verhalten zusammengefasst:
Schlafen, Ruhen, Grooming, Säugen.
Aktive Verhaltensweisen sind:
Laufen, Gehen, Stehen, Sitzen, Schauen, Spielen, Jagen, Fressen, Urinieren, Defäkieren (incl. Markierverhalten), Lautgebung (freundlich und unfreundlich).
Einige dieser Verhaltensweisen werden in Diagrammen gesondert dargestellt.

4.2.1.1. Schwarzfußkatze (*Felis nigripes*)

Schwarzfußkatzen gelten als vorwiegend nacht- und dämmerungsaktive Tiere.
Wie Untersuchen belegen, sind sie im Freiland länger und ausdauernder aktiv als in menschlicher Obhut. Eine freilebende mit einem Sender versehene Katze wurde 85 Nächte lang beobachtet, wobei die Aktivitätszeit 11 bis 14 Stunden dauerte, in welcher 10 bis 30 km zurückgelegt wurden (SLIWA 2007).
Die Ursachen für diese Aktivitätsspitzen liegen in der Jagd und Futtersuche, aber auch in der Feindvermeidung, welche bei Zootieren entfällt, bzw. stark reduziert ist.
Trotzdem kann in Tiergärten auch bei Schwarzfußkatzen das Aktivitätsmuster und dessen zeitlichen Schwankungen je nach Individuum oder Geschlecht, durch äußere Einflüsse verändert werden.

Die folgenden Aufzeichnungen sollen Ursachen und Unterschiede im Verhalten eines adulten Männchens, Jock, zwei adulter Weibchen, Nina und Maja, sowie des subadulten Geschwisterpaares Lutz und Magrit darstellen.

Jock April – Mai 06: Monatsvergleich
Jock befand sich im April allein im großen Gehege, am 1.Mai kam Nina zu ihm. Aus dem Diagramm (Fig. 24), ist zu ersehen, dass Jock im April, als er noch allein war, wesentlich mehr aktives Verhalten zeigte als im Mai. Die Aktivität

Jocks verringerte sich von April auf Mai um 43 Prozent. Wahrscheinlich fühlte er sich durch die Anwesenheit des Weibchens in dem Gehege, welches er bisher allein bewohnte, gestört.

Während der kalten Jahreszeit wurde meist zwischen 7 und 8 Uhr morgens, und um 18 Uhr abends gefüttert. Schon zwei Stunden vorher begann Jock Ausschau nach seiner Betreuerin zu halten. Im April gab es auch während der Mittagsruhe einige Aktivitäten, wogegen er im Mai zwischen 9 und 14 Uhr durchgehend ruhte. Nachts war Jock im April von 21 bis 22 Uhr und um 1 Uhr aktiv. Im Mai wurde seine Nachtruhe nur von wenigen Aktivitäten unterbrochen.

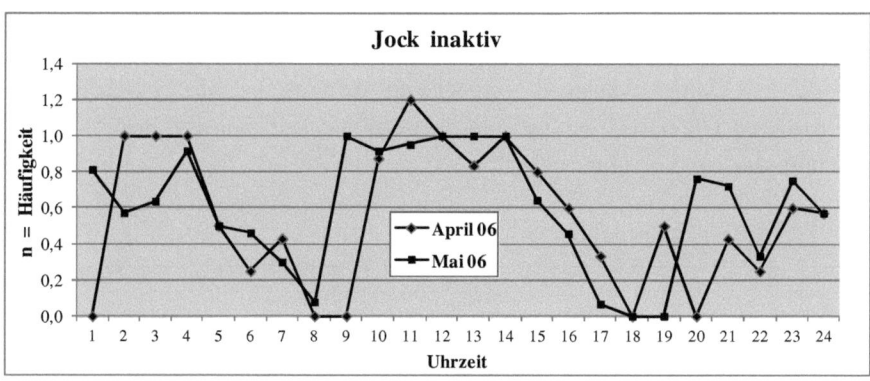

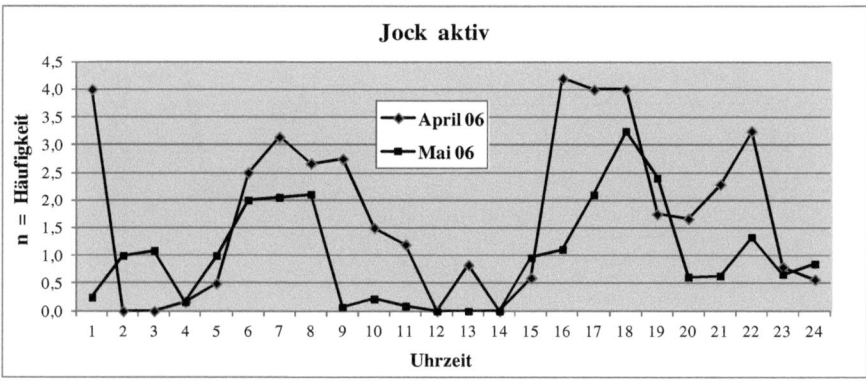

Fig.24 Gegenüberstellung des Aktivitäts- bzw. Ruhe-Verlaufs eines Schwarzfußkaters. Gezeigt werden n Häufigkeiten/h. im Tages- und Nachtverlauf, April n = 150, Mai 605.

Jock und Nina: Verhaltensvergleiche
Mai 2006

Jock   10-Minuten-Beobachtungseinheiten   n = 605
Nina   10-Minuten-Beobachtungseinheiten   n = 557

Sowohl beim Ruhen, wie auch bei der Lokomotion zeigen die Linien der Diagramme von Jock und Nina einen fast parallelen Verlauf. Spitzen bei der Aktivität sind vor und während der Fütterung zu erkennen. Beide Schwarzfußkatzen waren bei der Abendfütterung aktiver als morgens. Anschließend folgte eine Ruheperiode, die sich vom Morgen bis über die Mittagzeit erstreckte. Nach der Abendfütterung wurde nur kurz geruht. Beide Katzen hielten ungefähr zwischen 22 und 2 Uhr eine Nachtruhe. Jock verbrachte viel Zeit mit Umherschauen. Er saß meist auf dem Dach seines Futterhäuschens am vorderen Gitter und beobachtete die Aktionen der menschlichen Betreuer, v.a. in Erwartung von Futter (Fig.25).

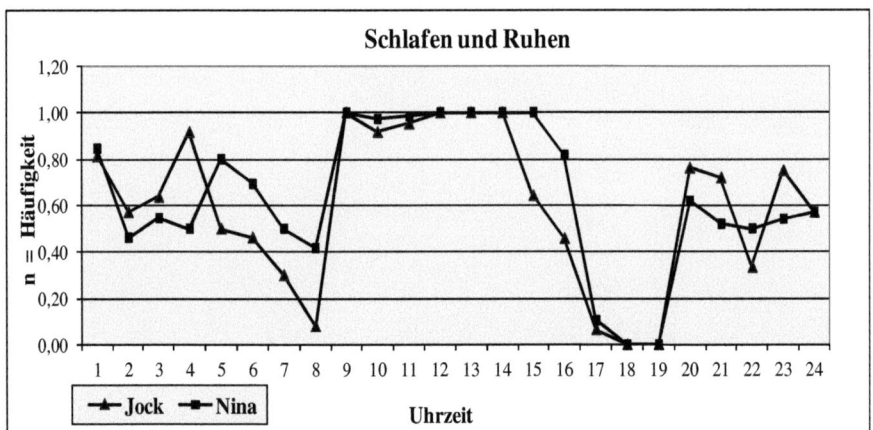

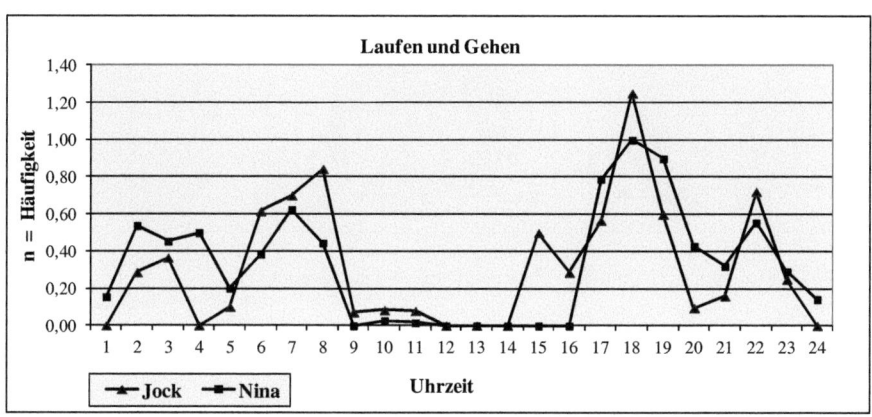

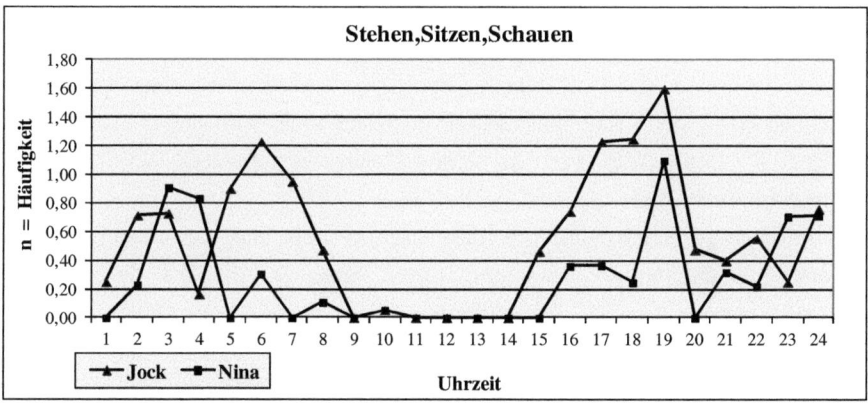

Fig.25 Verglichen werden drei Verhaltensgruppen bei Nina n = 557 und Jock n = 605, im Tages- und Nachtverlauf.

Auch aus den folgenden Diagrammen (Fig. 26) sind an den Prozentanteilen beim inaktiven Verhalten und bei der Lokomotion ähnliche Werte beim zu erkennen, wogegen ein signifikanter Unterschied beim Stehen, Sitzen, Schauen besteht.

192

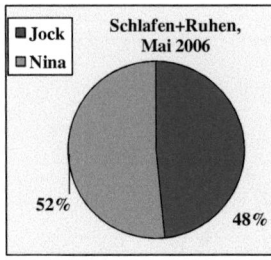 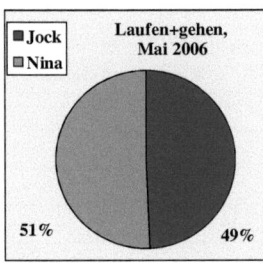 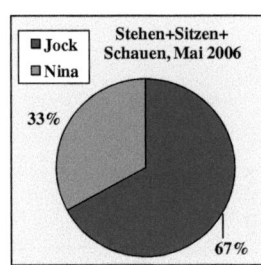

Fig.26 Prozentvergleich der in Fig. 25 dargestellten Verhaltensweisen

Jock, Maja und Klein Jock
Jänner, Feber 2007
Jock 10-Minuten-Beobachtungseinheiten n = 929
Maja 10-Minuten-Beobachtungseinheiten n = 693
Klein Jock 10-Minuten-Beobachtungseinheiten n = 562

Die unterschiedliche Zahl an Beobachtungseinheiten, ist darin begründet, dass Maja und Klein Jock etwas später von Clifton nach Honingkrantz kamen als Jock. Die wenigsten Einheiten gibt es von Klein Jock, weil dieser eine Woche vor Ende der Beobachtungszeit aus seinem Gehege verschwand.

Klein Jock und Maja:

Der Prozent-Vergleich zwischen dem aktiven und inaktiven Verhalten der Schwarzfußkatzenmutter Maja und ihrem Sohn Klein Jock zeigt große Übereinstimmung (Fig.27). Sie ruhten fast immer gemeinsam in Körperkontakt. Trotz einiger Unterschiede in den einzelnen aktiven Verhaltensweisen sind keine großen Differenzen bei den Gesamtwerten festzustellen.

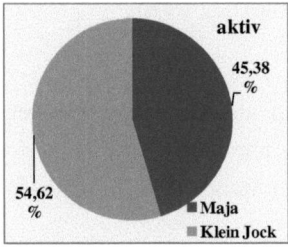 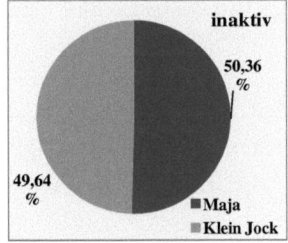

Fig.27 Prozentvergleich zwischen aktivem und inaktivem Verhalten der Schwarzfußkatzenmutter und ihrem Sohn

Jock, Maja, Klein Jock: Aktivitätsmuster

Beim Vergleich der Aktivitätsmuster von Jock, Maja und Klein Jock zeigt sich beim inaktiven Verhalten sowohl beim zeitlichen Verlauf, wie auch bei den Häufigkeiten eine prinzipielle Übereinstimmung. Zeitlich verläuft auch das Muster bei der Aktivität ähnlich, aber beim Kater Jock liegen die Gesamtwerte deutlich höher (Fig. 28). In den Abendstunden, nach der Fütterung war Jock aktiver als Maja und Klein Jock. Meistens wartete er noch auf weitere Futterstücke, oder versuchte Reste von Majas Futter zu finden. Nachts wanderte Jock gerne auf den von ihm ausgetretenen Pfaden. Die von allen drei Schwarzfußkatzen eingehaltene lange Ruhepause von 9 bis 16 Uhr kann auf die heiße Jahreszeit zurückzuführen sein.

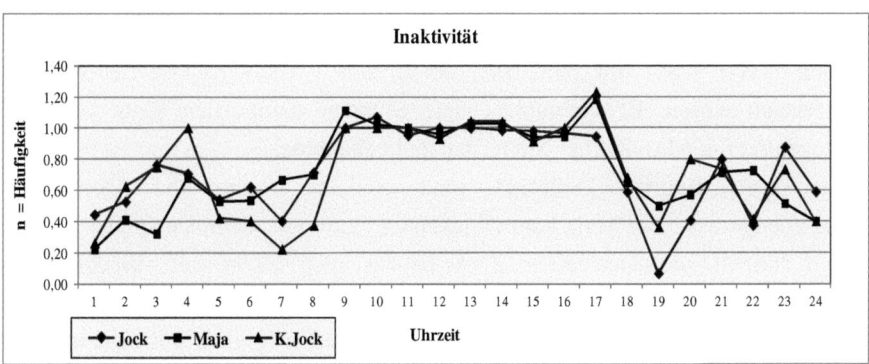

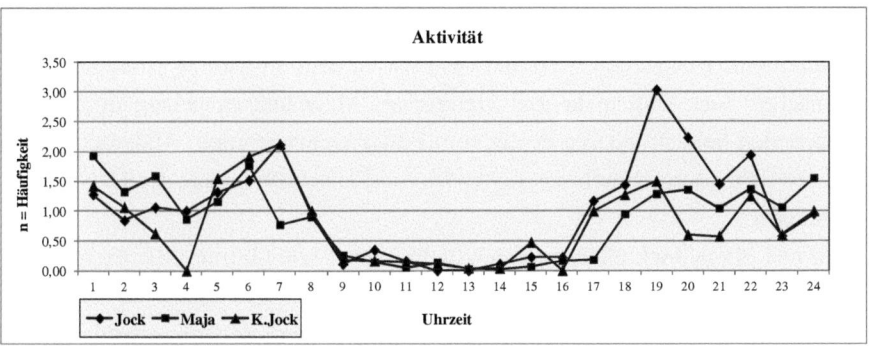

Fig. 28 Muster der Aktivität, bzw. Inaktivität von Jock n = 929, Maja n = 693 und Klein Jock n = 562. Gezeigt werden n Häufigkeiten/h im Tages- und Nachtverlauf.

Jock, Maja, Klein Jock: Verhaltensvergleiche
Trotz des gleichlaufenden Aktivitätsmuster werden Unterschiede sichtbar, wenn man die einzelnen Verhaltensweisen einander gegenüberstellt (Tab.2).
Bei den inaktiven Verhaltensweisen von Maja und Klein Jock sind auch in der Aufteilung keine deutlichen Unterschiede festzustellen. Jock schlief weniger, ruhte dafür aber mehr als die beiden anderen. Beim „Putzen" ist sowohl gegenseitiges Grooming, wie auch Autogrooming enthalten. Dies gilt auch für Jock der immer wieder versuchte, sein Junges zu lecken.
Bei den aktiven Verhaltensmustern sind die Werte der Lokomotionen von Maja und Klein Jock ähnlich, bei Jock jedoch signifikant höher, denn er trabte ausdauernd auf seinen Wegen im hinteren Gehegeteil. Maja verbrachte viel Zeit damit, ihr Junges zu bewachen, deshalb sind bei ihr die Zahlen für „Stehen, Sitzen, Schauen" höher als bei Klein Jock, jedoch keineswegs so wie bei Jock, dessen Werte schon im Jahr 2006 bei diesen Verhaltensweisen auffallende Spitzen erreichten. Er verbrachte viele Stunden damit, den Platz vor dem Gehege und die Aktivität der Menschen zu beobachten.
Unter dem Begriff „Spielen" sind soziales Spiel und Objektspiel zusammengefasst. Bei Maja kam Objektspiel kaum vor, denn sie spielte nur mit ihrem Jungen, wogegen Klein Jock häufig auch allein mit verschiedenen Gegenständen spielte und daher eine höhere Zahl bei dieser Verhaltensweise erreichte. Jock versuchte immer wieder, aber meist erfolglos, mit seinem Sohn zu spielen, daher blieb bei ihm der Wert für diese Aktivität gering.
Während Maja zweimal pro Tag gefüttert wurde, erhielt Klein Jock mehrmals täglich kleine Mahlzeiten, wodurch das Fressen beim ihm einen größeren Anteil ausmachte. Jock fraß mehr und gieriger als Maja und es gelang ihm immer wieder, den beiden anderen etwas vom Futter wegzunehmen. Außerdem nahm Jock zwischendurch durch das Gitter frische Fleischstücke aus der Hand seiner Betreuerin.
Maja und Klein Jock äußerten freundliche Laute, wie Gurren, Maunzen, Rufen und Schnurren nur gegenseitig, wenn sie sich suchten oder beim Saugschnurren. Besonders Maja lockte und rief ihren Sohn immer wieder, sobald er sich entfernte. Jock verbrachte viel Zeit damit, seinen Sohn mit Gurren und Rufen

anzulocken, aber er hatte keinen Erfolg damit, denn Maja warnte den Kleinen vor seinem Vater, sobald dieser sich näherte. Unfreundliche Lautäußerungen, wie Knurren, Fauchen, Spucken, Schreien richteten sich bei Maja noch viel stärker als bei Klein Jock sowohl gegen menschliche Betreuer, wie auch gegen den Kater Jock. Dieser knurrte Maja teils in Abwehr ihrer Angriffe an, teils um an ihr Futter zu kommen. Bei jeder Fütterung knurrte und fauchte Jock, sobald er die Betreuerin mit seinem Teller kommen sah. Deshalb sind bei ihm die Werte für diese Verhaltensweise relativ hoch.

	inaktiv				aktiv						Lautgebung	
	schlafen	ruhen	putzen	säugen	laufen	gehen	stehen	sitzen	schauen	spielen	fressen	freundl.	unfreundl.
Klein Jock	8,09	7,79	0,56	0,92	4,48	4,07	0,27	0,93	1,19	4,26	1,38	0,56	1,46
Maja	8,17	8,18	0,30	0,92	4,46	3,70	0,82	1,52	2,40	2,07	0,65	1,30	3,05
Jock	7,76	9,24	0,32	0,00	3,87	5,20	1,43	3,46	3,78	0,21	0,98	1,99	2,75

Tab. 2. Gegenüberstellung des Verhaltens von drei Schwarzfußkatzen in Mittelwerten aus der Summe der Beobachtungen.

Lutz und Magrit: Aktivitätsmuster
Jänner, Feber 2006

Lutz   10-Minuten-Beobachtungseinheiten   n = 877
Magrit 10-Minuten-Beobachtungseinheiten   n = 871

Das Verhaltensmuster von Lutz und Magrit zeichnet sich durch einen simultanen Verlauf der Aktivitätskurven aus.
Die beiden Diagramme von Fig. 29 weisen durch ihre Parallele auf eine harmonische Beziehung zwischen Lutz und Magrit hin, die fast immer zur gleichen Zeit ruhten oder aktiv waren.

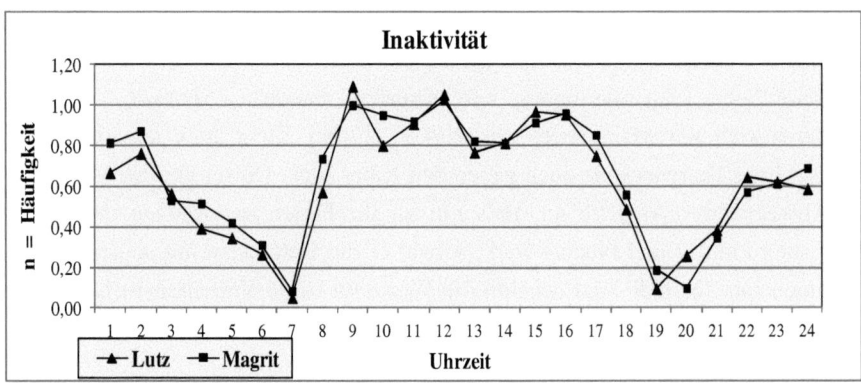

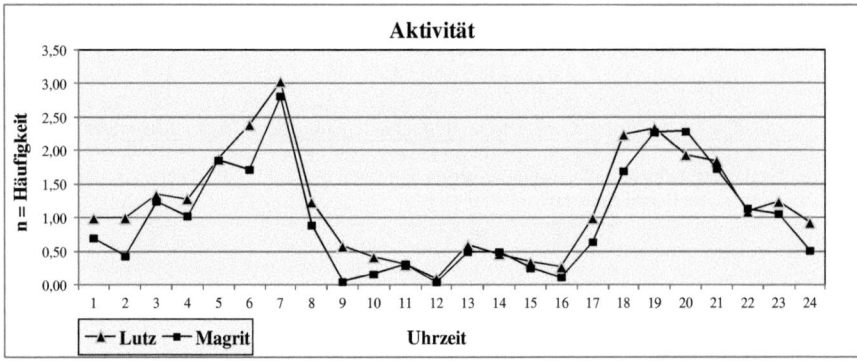

Fig.29 Gegenüberstellung des Aktivitäts- bzw. Ruhe-Verlaufs von zwei Schwarzfußkatzen im Jan/Feb.2007. Gezeigt werden n Häufigkeiten/h. im Tages- und Nachtverlauf.

Lutz und Magrit: Verhaltensgruppen

Trotz des ähnlichen Verlaufes sind die Häufigkeiten der zusammengefassten Verhaltensweisen Laufen/Gehen bei Lutz mit einem Mittelwert von 14,28 deutlich höher als bei Magrit, die nur einen Mittelwert von 10,73 erreichte. Lutz trabte öfter und länger als Magrit, wie auch in der freien Wildbahn die Reviere der Männchen größer sind und sie weitere Strecken zurücklegen (SLIWA, 2004, 2007).

Die Mittelwerte der zusammengefassten Verhaltensweisen Stehen/Sitzen/Schauen sind bei Lutz mit 8,23 und bei Magrit mit 8,17 annähernd identisch (Fig.30). Trotzdem galt ihre Aufmerksamkeit unterschiedlichen Objekten. Lutz beobachtete mehr die Menschen, Hauskatzen oder den Karakal Flip, während das Interesse Magrits fast ausschließlich der Falbkatze Dani galt. Sie hockte manchmal stundenlang in angespannter Haltung auf einem Stein an der Seite des Gitters, von welchem sie das Falbkatzengehege überblicken konnte (Seite 131-132).

Das Kreisdiagramm dieser beiden Verhaltensgruppen zeigt die Prozentanteile der Mittelwerte aus den n-Häufigkeiten von Lutz und Magrit, woraus die Unterschiede beim Laufen/Gehen, sowie die Übereinstimmung der Verhaltensweisen Stehen/Sitzen/Schauen eindeutig erkennbar werden (Fig.31).

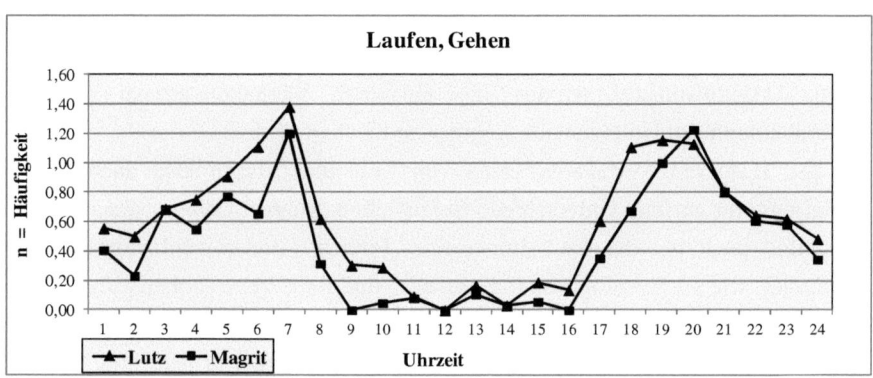

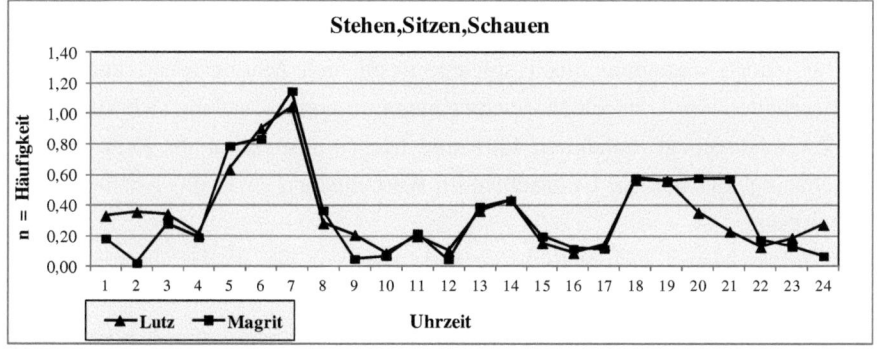

Fig.30 Dargestellt werden die Unterschiede und Übereinstimmungen von zwei Verhaltensgruppen anhand der n Häufigkeiten/h im Tages- und Nachtverlauf.

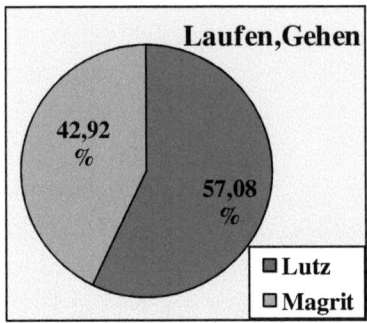 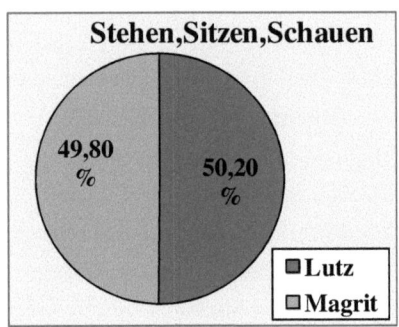

Fig.31 Prozentanteile des lokomotorischen und des beobachtenden Verhaltens.

Lutz und Magrit: Verhaltensvergleiche

Beim Aktivitätsmuster werden die einzelnen Verhaltensweisen einander gegenübergestellt um Unterschiede sichtbar zu machen (Tab. 3).

Bei den inaktiven Verhaltensweisen von Lutz und Magrit sind auch in der Aufteilung nur geringe Unterschiede festzustellen. Magrit schlief etwas mehr als Lutz, und auch bei der Verhaltensweise „Putzen", die sowohl gegenseitiges Grooming, wie auch Autogrooming umfasst, sind ihre Werte höher.

Die aktiven Verhaltensweisen Laufen und Gehen, sowie Sitzen, Schauen und Spielen sind schon im vorherigen Absatz untersucht worden. Das Spielen erfolgte fast ausschließlich gemeinsam und wurde im Kapitel: Intraspezifisches Sozialverhalten bereits analysiert. Die Mittelwerte sind fast gleich hoch, Lutz wollte jedoch manchmal noch spielen, wenn sich Magrit schon zurückzog. Jagdverhalten wurde durch Meerschweinchen ausgelöst, welche sich kurze Zeit im Zwischengehege befanden. Lutz und Magrit verzehrten ihr Futter immer gleichzeitig. Der geringe Unterschied im Wert entstand durch das Auffinden von Futterresten.

Lutz folgte Magrit gelegentlich gurrend, aber von ihr waren nie freundliche Laute zu hören.

Unfreundliche Lautäußerungen waren sehr selten und hatten ihre Ursache meist in Differenzen beim Fressen, wobei Magrit öfter knurrte als Lutz. Die menschlichen Betreuer wurden von beiden nie angeknurrt.

	inaktiv			aktiv								Lautgebung	
	schlafen	ruhen	putzen	laufen	gehen	stehen	sitzen	schauen	spielen	jagen	fressen	freundl.	unfreundl
Lutz	8,28	6,33	0,19	6,79	7,49	1,74	1,94	4,56	3,06	0,16	1,84	0,72	0,30
Magrit	9,01	6,28	0,32	5,96	4,78	1,18	2,46	4,53	2,84	0,09	1,76	0,00	0,43

Tab.3 Gegenüberstellung des Verhaltens zweier Schwarzfußkatzen in Mittelwerten aus der Summe der Beobachtungen.

Alle Schwarzfußkatzen: Jock, Maja, Klein Jock, Lutz, Magrit.
Aktivitätsmuster Jänner, Feber 2007

Im Jahr 2007 konnten fünf Schwarzfußkatzen in Gehegen beobachtet werden.
Nur Nina befand sich in diesem Jahr nicht mehr in Honingkrantz.
Die folgende Liste zeigt die Beobachtungseinheiten der fünf Schwarzfußkatzen und die Mittelwerte der gesamten aktiven Verhaltensweisen.

Name	Lutz	Magrit	Jock	Maja	K.Jock	alle SK
Beobachtungseinheiten	877	871	929	693	562	3932
Aktivität	28,91	24,05	24,04	19,97	18,66	

In Fig. 32 ist der Aktivitätszyklus aller fünf Schwarzfußkatzen in den Monaten Jänner/Feber 2007 graphisch dargestellt.
Generell ist eine Übereinstimmung im zeitlichen Verlauf festzustellen. Aktivitätsspitzen erreichen Lutz, Magrit und etwas weniger Klein Jock kurz vor der Morgenfütterung, während Jock vor der Abendfütterung eindeutig am aktivsten war, gefolgt von Lutz und Magrit, deren Werte abends nicht so hoch waren, wie am Morgen. Die Mutter Maja und ihr Sohn Klein Jock ruhten öfter und länger als die anderen Katzen, weil sie mit Säugen und Kontaktliegen beschäftigt waren. Die Mittagsruhe von 9 bis 16 Uhr wurde von allen Schwarzfußkatzen eingehalten und nur selten unterbrochen. Nachts gab es von 23 bis 4 Uhr Zeiten mit geringer Aktivität. Von allen Katzen war Maja in diesen Stunden am aktivsten, während Klein Jock öfter schlief.

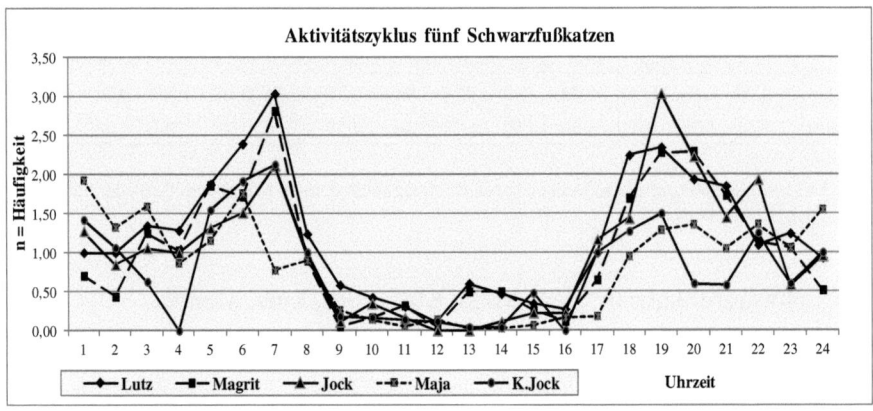

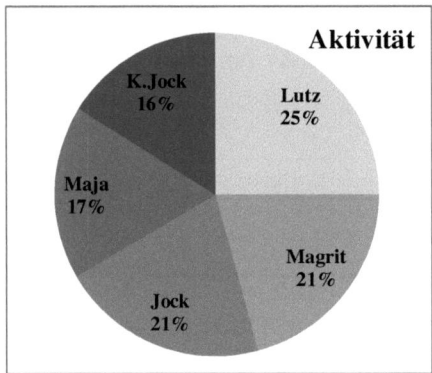

Fig.32 Gegenüberstellung des Aktivitäts-Verlaufs von fünf Schwarzfußkatzen im Jänner/Feb.2007. Gezeigt werden n Häufigkeiten/h. im Tages- und Nachtverlauf.
Das Kreisdiagramm stellt die Prozent-Anteile am aktiven Verhalten dar.

Klimavergleich: Mai 2006 (Winter) und Jan./Feb 2007 (Sommer)

Am Beispiel von Jock wurde der Unterschied der Aktivität zwischen dem Winter mit nächtlichen Minusgraden bis -6°C im Mai 2006 und dem Sommer mit Tagestemperaturen von über 40°C im Jan/Feber 2007 untersucht (Fig. 33). In beiden Beobachtungs-Zeiträumen ergaben die Mittelwerte von Jock eine fast gleich hohe Summe: 24,00 in Jahr 2006 und 24,04 im Jahr 2007. Die Jahreszeit hatte also keinen Einfluss auf die Gesamtaktivität. Jedoch der zeitliche

Aktivitätsrhythmus verschob sich sowohl morgens, wie auch an den Abenden um 2 Stunden. Im Sommer war die nächtliche Aktivität insgesamt höher, während die Mittagsruhe zwei Stunden länger dauerte.

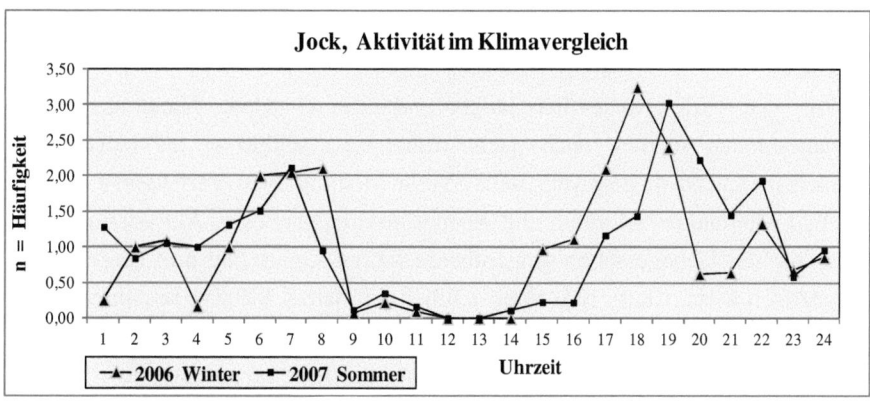

Fig.33 Jahreszeitliche Veränderungen beim Aktivitätsrhythmus.

4.2.1.2. Falbkatze (*Felis libyca*)

Die folgenden Aufzeichnungen sollen die Ursachen und Unterschiede im Aktivitätszyklus und einigen ausgesuchten Verhaltensweisen bei Falbkatzen darstellen. Beobachtet wurden ein adultes Weibchen, Dani, sowie zwei adulte Männchen, Ulrich und Eddie.

Vergleiche: Aktivität, Inaktivität, andere Verhaltensweisen

Die Gliederung der aktiven und inaktiven Verhaltensweisen erfolgte wie bei den Schwarzfußkatzen.

April und Mai 2006

Dani Summe der 10-Minuten-Beobachtungseinheiten April n = 351 Mai n = 792

Ulrich Summe der 10-Minuten-Beobachtungseinheiten April n = 119 Mai n = 772

Bei den Falbkatzen fällt besonders die geringe Aktivität des Katers Ulrich im April, aber auch im Mai auf. Als Ursache ist in seine Scheu, er ist ein Wildfang und das Gehege in Honingkrantz war ihm fremd, anzusehen. Im April konnten von ihm besonders wenige Beobachtungseinheiten aufgezeichnet werden, da er sich meist in den verschiedenen Verstecken des fast 200 m² großen Geheges aufhielt. Im Mai konnten sowohl von Ulrich, wie auch von Dani wesentlich mehr Beobachtungseinheiten erfasst werden.

Daher wurden in Fig. 34 die Daten der beiden Monate zusammengefasst, um ein realistischeres Bild der Aktivität, bzw. Inaktivität von Dani und Ulrich zu erhalten.

Inaktiv war Ulrich wesentlich länger und öfter als Dani. Nicht nur in den Mittagsstunden sondern auch nachts ruhte oder schlief er die meiste Zeit. Dementsprechend niedrig sind seine Werte beim aktiven Verhalten. Lediglich vor und während der Morgen- und Abendfütterung kam es zu Aktivitätsspitzen.

Dani, die das Gehege schon von früheren Jahren kannte und dort bereits Junge aufgezogen hatte, fühlte sich offensichtlich zu Hause. Sie war besonders aktiv, wanderte viel und nahm Anteil am Geschehen außerhalb des Geheges. Sie ruhte vor allem in den Mittagsstunden, aber nachts wanderte sie ausdauernd umher.

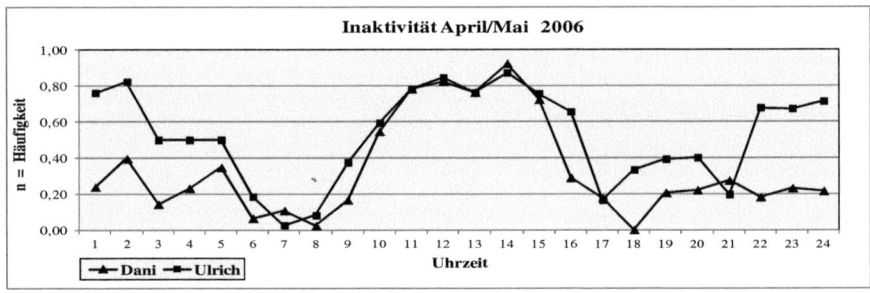

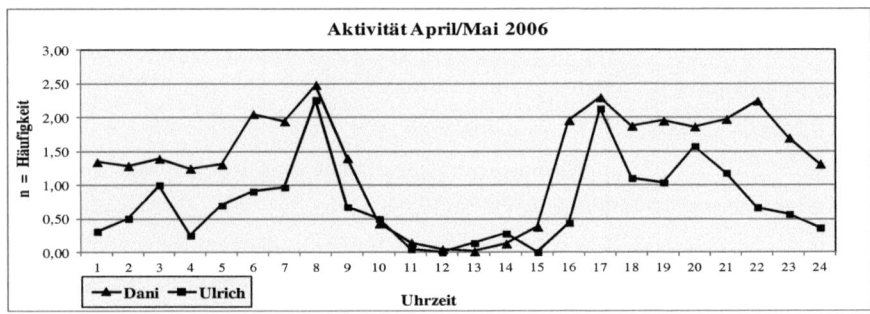

Fig.34 Vergleich der Aktivität, bzw. Inaktivität eines Falbkatzenpaares.
Gezeigt werden n Häufigkeiten/h im Tages- und Nachtverlauf.

Wie bei den Schwarzfußkatzen, wurden auch bei den Falbkatzen drei Gruppen aus ähnlichen Verhaltensweisen gebildet: Schlafen und Ruhen als inaktives Verhalten, Laufen und Gehen als Lokomotions-Verhalten und Stehen, Sitzen und Schauen als Beobachtungs-Verhalten.

Die Monate April und Mai wurden getrennt ausgewertet. An den Unterschieden kann man erkennen, dass Ulrich sich im Mai besser eingewöhnt hat und aktiver war, als im Vormonat. Dani ruhte im Mai fast so lange wie Ulrich, aber beim lokomotorischen Verhalten hatten sich die Werte von Ulrich eindeutig erhöht, während er im Mai beim Beobachten auch aktiver war als im April, aber Dani signifikant höhere Zahlen erreichte.

In Fig.35 sind die Prozentzahlen der Verhaltensgruppen im April dargestellt und in Fig.36 werden die Häufigkeiten der Monate April und Mai vergleichen.

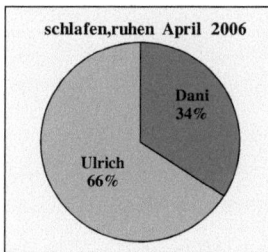 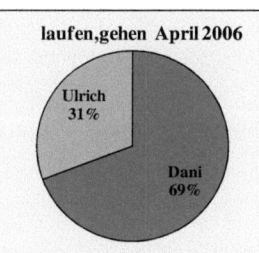 

Fig.35 Prozentanteile des Verhaltens eines Falbkatzenpaares bei drei Verhaltensgruppen

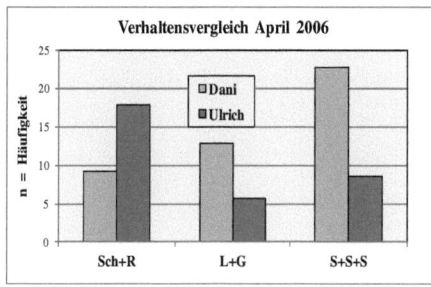 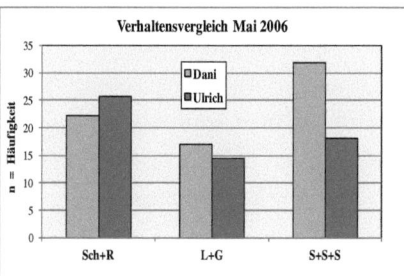

Fig.36 Gegenüberstellung des Verhaltens eines Falbkatzenpaares in Mittelwerten.
Sch+R = Schlafen und ruhen, L+G = Laufen und Gehen, S+S+S = Stehen, Sitzen und Schauen

Jänner/Feber 2007
Dani Summe der 10-Minuten-Beobachtungseinheiten Jänner/Feber n = 1055
Ulrich Summe der 10-Minuten-Beobachtungseinheiten Jänner/Feber n = 384
Eddie Summe der 10-Minuten-Beobachtungseinheiten Jänner/Feber n = 565

Ungefähr zu Halbzeit der Beobachtungsperiode wurde der Falbkater Ulrich gegen den Kater Eddie ausgetauscht. Dies ist die Ursache für die geringere Anzahl an Beobachtungseinheiten der beiden Kater gegenüber Dani.

Auch im Jahr 2007 war Dani wieder die aktivste von allen drei Falbkatzen. Sie wanderte nachts sehr ausdauernd, meist im rückwärtigen Gehegeabschnitt umher. Vor und während der Morgen- und Abendfütterung saß sie auf ihrem Stein vor dem Gitter und beobachtete die Umgebung, v.a. die Tätigkeit der menschlichen Betreuer, aber auch die Hauskatzen und andere Wildkatzen. Dieser Stein war Danis Stammplatz mit der besten Aussicht und keiner der beiden Kater wagte es, darauf zu sitzen. Gelegentlich unterbrach sie kurz ihre Beobachtungen und ging im vorderen Gehegeteil umher.

Alle drei Falbkatzen hielten wegen der heißen Jahreszeit eine ausgedehnte Tagesruhe von ca. 9 bis 17 Uhr, wobei sie sich die kühlsten Plätze im Gehege aussuchten. Die Ruhephase dauerte doppelt so lange wie in der kühlen Jahreszeit im April, Mai 2006 (Fig. 38).

Trotz der warmen Jahreszeit war Ulrich im Jänner/Feber 2007 wesentlich aktiver als im April, Mai 2006. Wahrscheinlich kannte er das Gehege, die Umgebung und auch das Weibchen Dani inzwischen besser, und war nicht mehr so ängstlich. Nachts wanderte er manchmal mit Dani im Gehege umher, jedoch meist auf der entgegengesetzten Seite. Am aktivsten war er in der Zeit von 24 bis 2 Uhr. Ulrich schlief oder ruhte nachts mehr als Dani, meist in seiner Höhle, in welcher er auch den größten Teil des Tages verschlief. Oft ruhte er noch während der Morgenfütterung, oder saß im Höhleneingang und schaute zu. Mehrfach kam er gar nicht zum Fressen. Dagegen wartete er schon vor der Abendfütterung, indem er in Danis Nähe saß und Ausschau hielt oder ungeduldig umherging. Auch nach der Fütterung blieb Ulrich noch einige Zeit aktiv.

Obwohl Eddie Dani bereits kannte, als er zu ihr ins Gehege kann, dauerte es einige Tage, bis er sich eingelebt hatte. Durch diese Eingewöhnungsphase erreichten die Werte von Eddies Aktivität in den ersten beiden Wochen keinen so hohen Anteil wie später. Weil die Hitze im Feber noch zugenommen hatte, erreichte die Abendaktivität von Eddie ihre Spitze eine Stunde später, als bei Ulrich.

Insgesamt gab es bei den drei Falbkatzen keine großen Unterschiede in den Prozentanteilen beim inaktiven Verhalten. Deutlich unterschieden sich jedoch die Anteile beim aktiven Verhalten, wo sich die Prozentanteile von Ulrich und Eddie nur gering unterscheiden, während Dani eindeutig aktiver war (Fig.37).

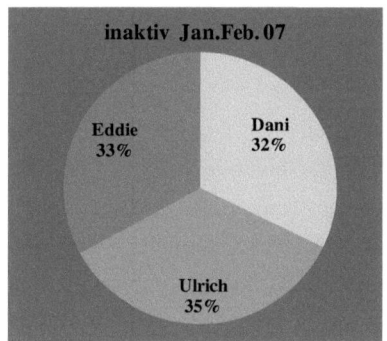
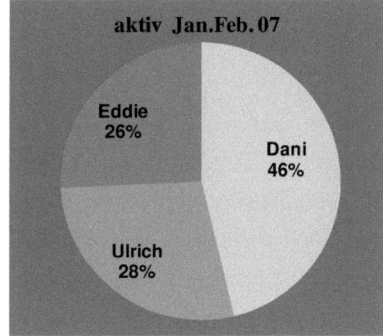

Fig.37 Prozentanteile des inaktiven und aktiven Verhaltens von drei Falbkatzen.

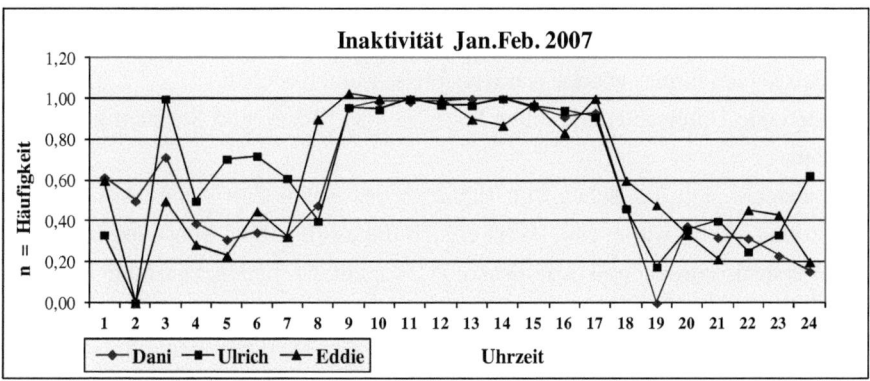

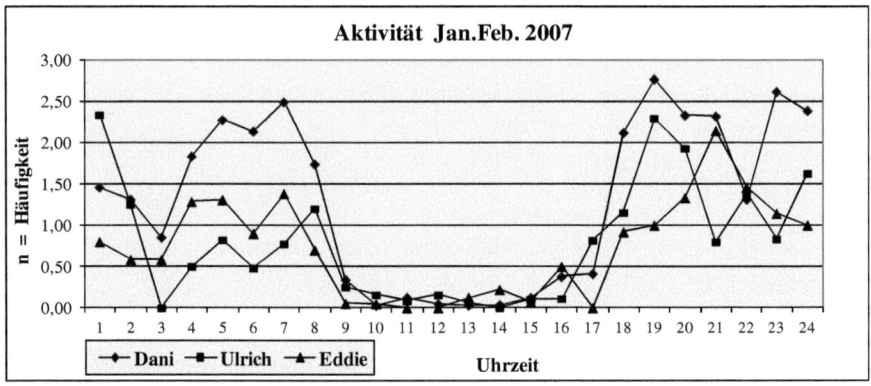

Fig.38 Vergleich der Aktivität, bzw. Inaktivität von drei Falbkatzen.
Gezeigt werden n Häufigkeiten/h im Tages- und Nachtverlauf.

Die beiden aktiven Verhaltensgruppen werden in Fig.39 mit einem Liniendiagramm dargestellt, damit der der zeitliche Ablauf zu erkennen ist. Die inaktive Verhaltensgruppe ist fast identisch mit dem Diagramm „Aktivität" weil diese nur noch zusätzlich die Verhaltensweise „Grooming" enthält, welche bei allen drei Falbkatzen selten oder gar nicht beobachtet werden konnte. Bei den lokomotorischen Verhaltensweisen gibt es außer einer geringen Zeitverschiebung in der Häufigkeit keine wesentlichen Unterschiede zwischen den drei Falbkatzen Dani, Ulrich und Eddie.

Es fällt auf, dass die Aktivität bei Ulrich in den Morgenstunden erheblich geringer war, als in den Abend- und Nachtstunden von 19 bis 2 Uhr. Eddie war überwiegend von 18 abends bis 8 Uhr morgens aktiv. Seine Wanderungen wurden jedoch immer wieder von Ruhephasen unterbrochen.

Gravierende Unterschiede konnten beim Stehen, Sitzen, und Schauen gemessen werden.

Hier machte sich die Scheu von Eddie in der ersten Zeit seines Aufenthaltes bemerkbar. Aktiv war er nur, wenn er sich ungestört fühlte. Sonst zog er sich in ein Versteck zurück und war deshalb oft nicht zu finden, weshalb es keine Aufzeichnung gab. Ulrich fühlte sich sicherer als im ersten Jahr und beobachtete die Umgebung häufiger als früher. Die Werte von Dani beweisen, dass sie sich als Besitzerin ihres Territoriums fühlte und ihre Umgebung aufmerksam und ohne Furcht kontrollierte.

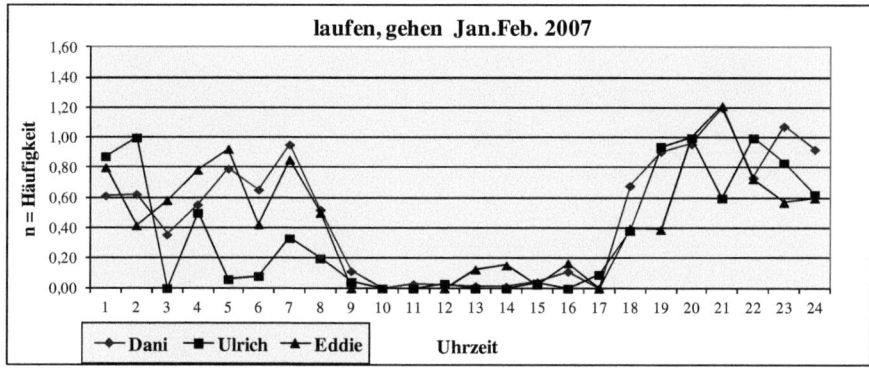

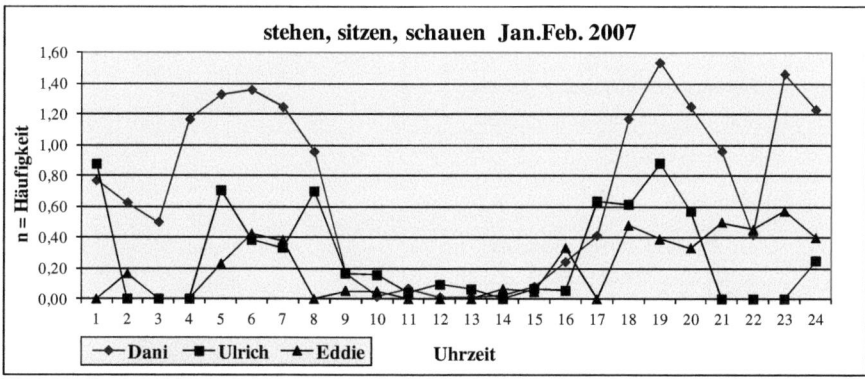

Fig.39 Gegenüberstellung der lokomotorischen Verhaltensweisen: Laufen, Gehen und der bobachtenden Verhaltensweisen: Stehen, Sitzen, Schauen bei drei Falbkatzen

Die drei oben beschriebenen Verhaltensgruppen werden nochmals in je einem Balkendiagramm mit den Mittelwerten aus der n-Häufigkeit und einem Kreisdiagramm mit den Prozentanteilen dargestellt. Auch hier sind die Übereinstimmungen bei den inaktiven Verhaltensweisen, die geringen Unterschiede bei den Lokomotionen und die signifikanten Differenzen beim beobachtenden Verhalten zu erkennen (Fig. 40).

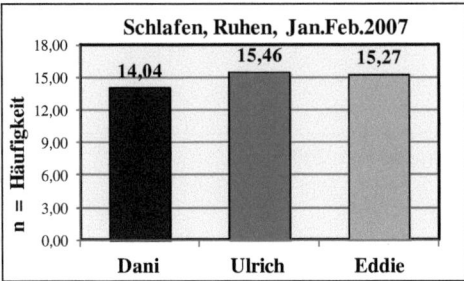 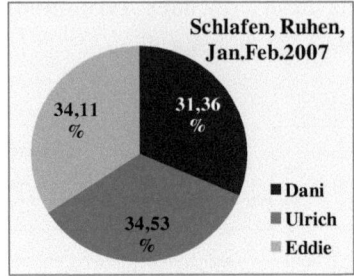

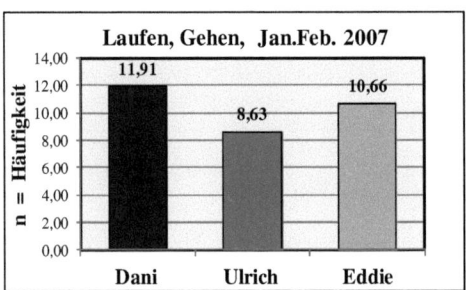 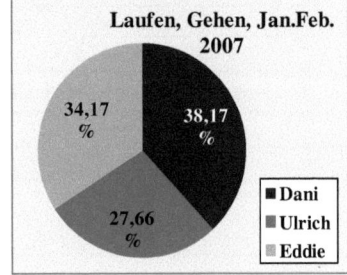

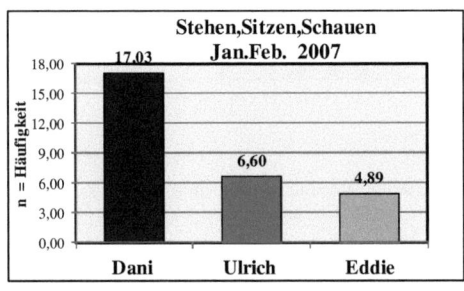 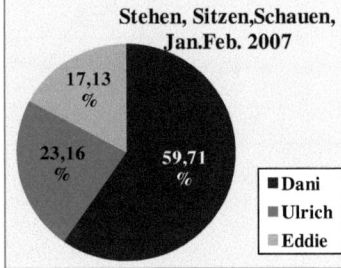

Fig.40. Darstellung der zusammengefassten inaktiven, lokomotorischen und beobachtenden Verhaltensweisen von drei Falbkatzen in Mittelwerten.

Die Mittelwerte einiger ausgesuchter Verhaltensweisen werden hier einzeln, pro Falbkatze ausgewiesen (Tab.4). Die Werte beim Schlafen und Ruhen wurden oben bereits dargestellt und sind hier noch einmal getrennt aufgelistet. Ulrich und Eddie konnten nie beim Grooming beobachtet werden. Es ist anzunehmen dass sie sich nur im Versteck putzen, wenn sie sich unbeobachtet fühlten. Auch bei Dani wurde Autogrooming nur selten beobachtet und gegenseitiges Grooming kam bei keiner der drei Falbkatzen vor. Schnelleres Laufen bei den drei Falbkatzen kann nicht als Stereotypie bezeichnet werden, denn sie bewegten sich im gesamten Gehege und nicht in einem festgelegten Muster. Dani und Eddie wanderten besonders nachts ausdauernd gleichzeitig, aber nur selten gemeinsam. Wie schon aus den bisherigen Diagrammen zu erkennen ist, waren Danis Werte beim Sitzen und Schauen auffallend höher als bei den Katern. Sie fraß auch öfter und früher als die beiden anderen, die sich nur selten ans Futter wagten, solange jemand im Gehege war. Außerdem kam Dani immer wieder zum Gitter und nahm kleine Fleischstückchen aus der Hand, die sie sofort verzehrte. Freundliche Lautgebung wurde meist als Gurren, manchmal auch Maunzen von den Katern geäußert, wenn sie sich Dani nähern wollten. Diese verhielt sich größtenteils ablehnend, v.a. Ulrich gegenüber, sodass es immer wieder zu Knurren oder Fauchen kam. Ulrich fauchte auch wenn jemand das Gehege betrat und in die Nähe seines Versteckes kam. Eddie ließ sich dadurch kaum beunruhigen.

	inaktiv			aktiv						Lautgebung	
	schlafen	ruhen	putzen	laufen	gehen	stehen	sitzen	schauen	fressen	freundl.	unfreundl
Dani	8,41	5,63	0,21	4,08	7,82	0,82	8,68	7,52	1,45	0,06	0,88
Ulrich	8,59	6,87	0,00	3,64	4,99	0,63	2,61	3,36	0,96	2,26	0,74
Eddie	8,25	7,02	0,00	3,71	6,95	0,67	2,48	1,74	0,79	0,81	0,34

Tab.4   Gegenüberstellung des Verhaltens von drei Falbkatzen in Mittelwerten aus der Summe der Beobachtungen.

Die Fig. 41 von PFLEIDERER (2001) zeigt das Aktivitätsmuster der beiden juvenilen, ca. fünf Monate alten, Falbkatzen-Geschwister Dani (siehe Beobachtungen 2006 und 2007) und Stoffel. Wie auch bei allen vorherigen Tabellen zeichnet sich zur Fütterungszeit eine Aktivitätsspitze ab. Die Beobachtungen fanden während der heißen Sommerzeit statt, sodass die Ruhepausen von 7 Uhr morgens bis fast 17 Uhr nachmittags entsprechend lange ausfielen.

Lebehaften Sozial- und Objektspiel fand morgens zwischen 4 und 6 Uhr und abends von 19 Uhr bis fast Mitternacht statt. Eine längere Nachtruhe wurde von 24 bis 3 Uhr eingehalten.

Es fällt auf, dass auch bei anderen Katzenarten die Jungen nachts länger schliefen als adulte Tiere. Bei den Servalen in der Karoo Cat Research ruhte die Mutter, wenn sie Junge hatte, nachts ebenfalls. Es ist jedoch anzunehmen, dass die Katzenmütter im Freiland ihre Jungen verlassen um zu jagen während diese in einem geschützten Versteck schlafen.

Das Aktivitätsmuster der drei Servaljungen verläuft ähnlich wie bei den Falbkatzen, jedoch leicht zeitverschoben. Dies ist sicher eine Auswirkung der kalten Jahreszeit, denn die Servale wurde im Gegensatz zu den Falbkatzen in den Wintermonaten beobachtet. Geruht wurde mittags nur von 12 bis 14 Uhr, weil die Servale die angenehmen Tagestemperaturen von ca. 15°C zum Spielen nutzten. Dafür wurde in den Nächten mit Minusgraden von 24 bis 6 Uhr morgens geschlafen (Fig.42).

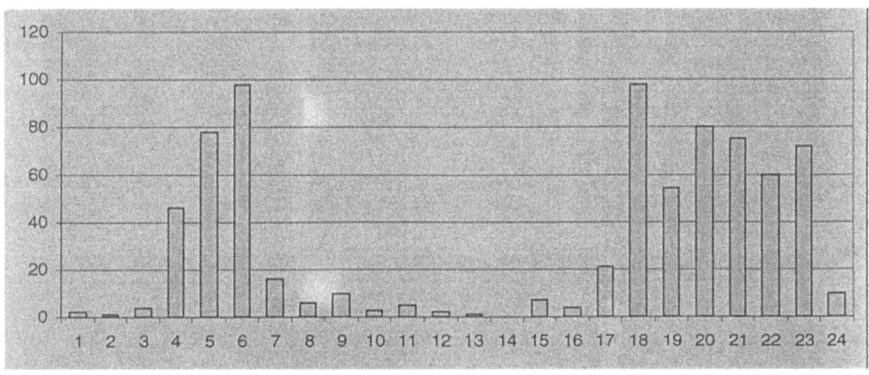

Grund-Aktivitätsmuster der beiden juvenilen Falbkatzen Stoffel und Dani in %. Als Aktivität gingen hier nur Handlungen wie Lokomotion (Laufen, Springen), alle Formen des Spieles, Rufen, Beutefang, Auseinandersetzungen, praesexuelle Verhaltensweisen, Kot- und Harnabsatz und Nahrungsaufnahme ein.
Sitzen, Kauern, Liegen, Umherschauen in den angegebenen Körperhaltungen und Körperpflege gelten hier als mäßige Aktivitäten und sind deshalb dem Ruheverhalten zugeordnet.

Fig.41 (PFLEIDERER, (2001)

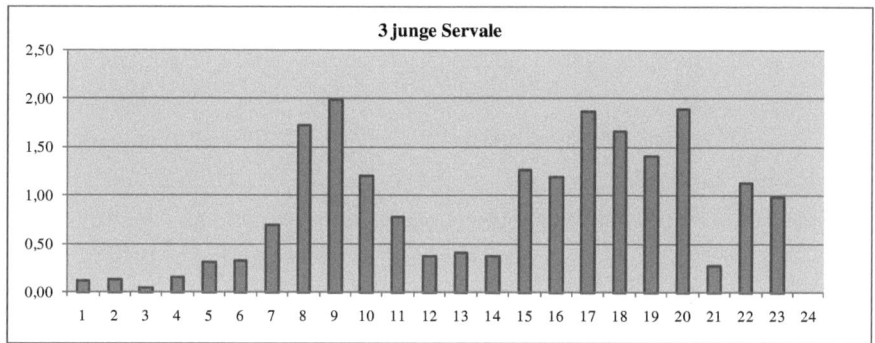

Fig.42 Aktivitätsmuster von drei Servalen im Alter von zwei bis drei Monaten im April/Mai 2006.

Das Aktivitätsmuster von handaufgezogenen Bengalkatzen (*Prionailurus bengalensis borneoensis*) zeigt einen ähnlichen Verlauf. Am aktivsten waren sie von 4 bis 5 Uhr morgens, 8 und 10 Uhr vormittags, sowie 17 und 22 Uhr abends. Nachts und in den Mittagsstunden schliefen sie (BIRKENMEIER, E. and E.; 1971).

4.2.1.3. Karakal (*Profelis caracal*)

Die folgenden Aufzeichnungen sollen die Ursachen und Unterschiede im Aktivitätszyklus und einigen ausgesuchten Verhaltensweisen von zwei Karakalen darstellen. Beobachtet wurden im April/Mai 2006 ein subadultes Weibchen, Isabel, sowie ein adultes Männchen, Flip. Im Jan./Feb. 2007 gab es nur von Flip allein Aufzeichnungen, weil man Isabel inzwischen ausgewildert hatte.

Vergleiche: Aktivität, Inaktivität, andere Verhaltensweisen
Die Gliederung der aktiven und inaktiven Verhaltensweisen erfolgte wie bei den Schwarzfußkatzen und Falbkatzen.
April und Mai 2006
Isabel Summe der 10-Minuten-Beobachtungseinheiten April n = 220 Mai n = 922
Flip   Summe der 10-Minuten-Beobachtungseinheiten April n = 229 Mai n = 944

Die Beobachtungseinheiten der Monate April und Mai wurden für die Auswertung zusammengefasst, weil die geringere Zahl im April allein nicht aussagekräftig genug war.

Isabel kam als scheuer Wildfang nach Honingkrantz, während Flip von Clifton in das ihm bekannte Gehege umzog. Isabel hielt sich nur im oberen, rückwärtigen Teil, des in Hanglage gebauten Geheges auf, wo sie sich hinter einem Holzverbau versteckte. Sie blieb auch nachts und in den Mittagsstunden bis 16 Uhr dort. Zur Fütterungszeit stand oder saß sie im oberen Gehegeteil und beobachtete Flip beim Fressen. Sie selbst fraß nur, wenn man das Fleisch nahe ihrem Versteck auslegte, aber erst, nachdem die Betreuerin das Gehege verlassen hatte und sie sich unbeobachtet fühlte. Ab der zweiten Hälfte des Monats Mai wagte sie sich manchmal in den vorderen Gehegeteil, wenn dort noch Fleischstücke lagen.

In den Vormittags- und Nachmittagsstunden pendelte Flip sehr ausdauernd, meist am linken oder vorderen Gitter. Auch Isabell konnte man in dieser Zeit bisweilen beim Pendeln beobachten, jedoch nur am hinteren Gitter, wo sie eine kurze Strecke von wenigen Metern hin und her lief. Flip war nachts zwischen 22 und 2 Uhr weniger aktiv als untertags. Er ruhte vorwiegend, lief aber zwischendurch immer wieder umher (Fig. 43 und 44). Während seinen Wanderungen gurrte und maunzte er fast ständig in Richtung Isabel, die jedoch nie darauf reagierte. Wenn er ihr zu nahe kam, knurrte und fauchte sie.

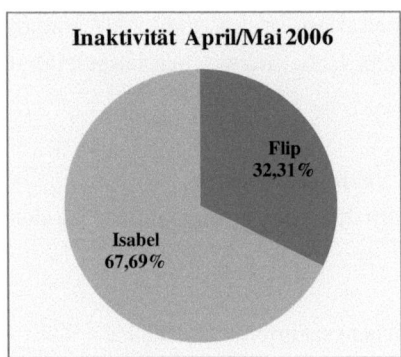 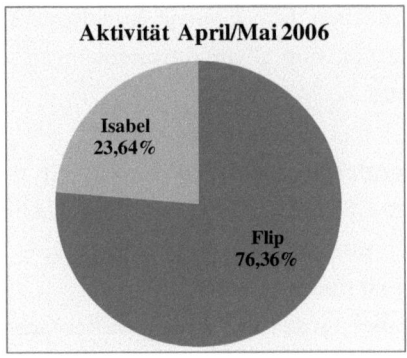

Fig.43 Prozentanteile am aktiven und inaktiven Verhalten eines Karakalpaares

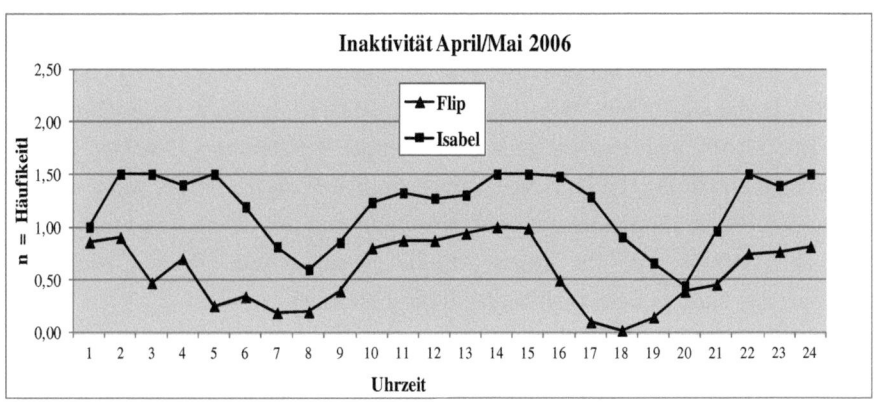

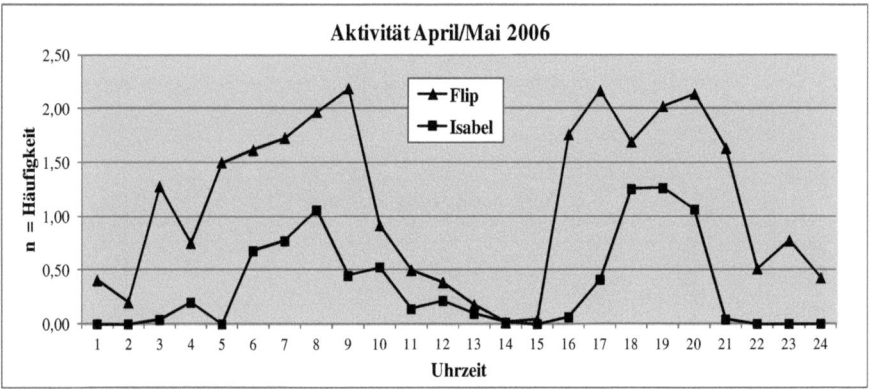

Fig.44 Vergleich der Aktivität, bzw. Inaktivität eines Karakalpaares.
Gezeigt werden n Häufigkeiten/h im Tages- und Nachtverlauf.

In der folgenden Tab.5 und Fig.45 werden die Mittelwerte einiger ausgesuchter Verhaltensweisen einzeln, pro Karakal ausgewiesen. Die Werte beim Schlafen und Ruhen wurden oben bereits als Inaktivität dargestellt und sind hier getrennt aufgelistet.

Beide Karakale schliefen fast gleich viel, Isabel erreichte jedoch beim Ruhen signifikant höhere Werte. Es ist anzunehmen, dass sie selten wirklich entspannt schlief und ihre Aufmerksamkeit auch beim Ruhen nie ganz nachließ.

Bei den Verhaltensweisen: Laufen, Gehen und Stehen war Isabel deutlich weniger aktiv als Flip. Sein häufiges, lange andauerndes Pendeln ist die Ursache für den besonders hohen Wert beim Laufen. Isabel dagegen verbrachte mehr Zeit mit Sitzen und Umherschauen von ihrem geschützten Platz im oberen Gehegeteil aus. Freundliche Laute waren von Isabel nie zu hören, während Flip bei seinen Wanderungen ausdauernd gurrte und maunzte. Manchmal fauchte sie Flip an, wenn er sich ihr näherte. Beide fauchten und knurrten, wenn ein Betreuer das Gehege betrat, oft auch bei der Fütterung.

	inaktiv		aktiv						Lautgebung	
	schlafen	ruhen	laufen	gehen	stehen	sitzen	schauen	fressen	freundl.	unfreundl
Isabel	7,24	12,08	2,40	0,66	0,17	1,63	0,98	0,69	0,00	0,58
Flip	6,56	5,22	9,51	4,16	0,55	0,18	0,45	1,15	7,61	0,50

Tab.5 Gegenüberstellung des Verhaltens von zwei Karakalen in Mittelwerten aus der Summe der Beobachtungen.

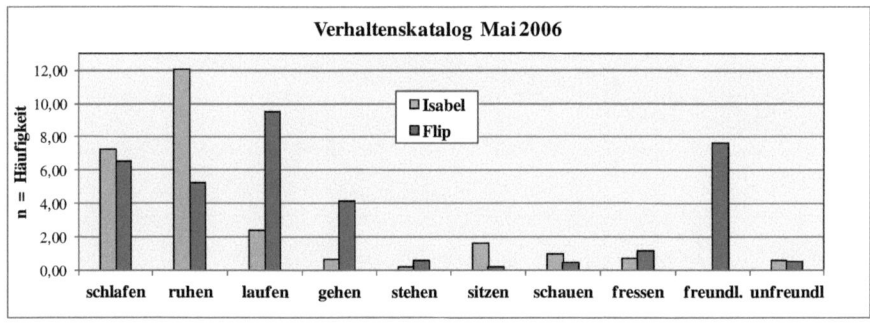

Fig.45 Gegenüberstellung des Verhaltens eines Karakalpaares, in Mittelwerten.

Jänner/Feber 2007

Flip Summe der 10-Minuten-Beobachtungseinheiten Jänner/Feber n = 1091
Isabel befand sich zu dieser Zeit nicht in Honingkrantz.

Die folgende Kurve beim Aktivitätsvergleich von Flip im April/Mai bei Anwesenheit des Weibchens Isabel und im Jan./Feb. 2007 ohne Isabel wird teils durch diese Tatsache beeinflusst, aber auch durch die verschiedenen Jahreszeiten.
Die Summe der Mittelwerte aus der Gesamtaktivität betrug im **April/Mai 2006** **26,78** und im **Jan./Feb. 2007** etwas weniger mit **23,63**.
Wie schon beim Schwarzfußkater Jock ist auch hier eine zeitliche Verschiebung der Aktivität um ca. 2 Stunden zu erkennen. Die Ursache hierfür ist die wesentlich längere Mittagsruhe in der heißen Jahreszeit (Fig.46).

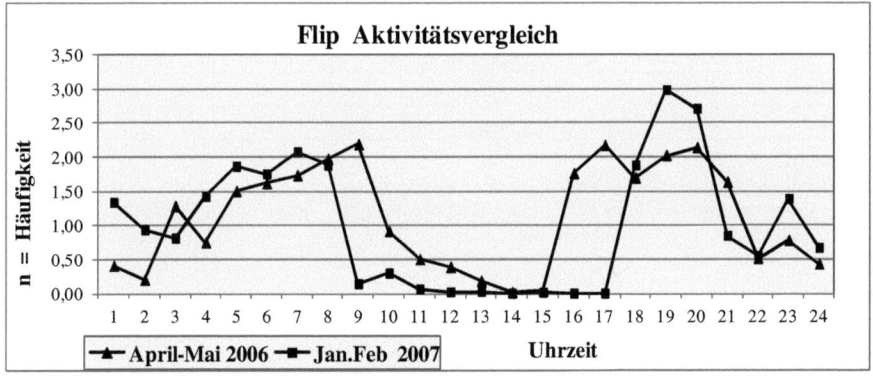

Fig.46 Jahreszeitlicher Aktivitätsvergleich eines Karakalmännchens.

In der folgenden Tab.6 werden die Mittelwerte der gleichen Verhaltensweisen, wie oben bei Flip und Isabel dargestellt. Hier wird jedoch ein Zeitvergleich des Verhaltens von Flip in zwei verschiedenen Beobachtungsperioden durchgeführt, um die Werte gegenüberzustellten, die sich aus der Anwesenheit, bzw. der Abwesenheit von Isabel, aber auch durch witterungsbedingte Unterschiede ergeben.
Flip ruhte und schlief im Jahr 2007 mehr als im Vorjahr, dafür pendelte er deutlich weniger.
Auch verbrachte er mehr Zeit mit Stehen, Sitzen und Beobachten. Dies lag wahrscheinlich an dem heißen Klima der Sommermonate. Er fraß etwas

langsamer und holte sich oft noch Reste, vermutlich weil keine Konkurrenz mehr vorhanden war. Die freundliche Lautgebung reduzierte sich im Jan./Feb.07 signifikant, was auf das Fehlen des Anreizes, den Isabel ausübte, zurückzuführen ist. Nur mehr selten wanderte er noch maunzend oder gurrend umher. Die vermehrte unfreundliche Lautgebung entstand durch das Ritual, welches sich bei der Fütterung entwickelt hatte. Wie schon früher beschrieben, stand er während der Vorbereitung des Futters fauchend und knurrend hinter dem Gitter und wartete auf den Moment, wo die Türe geöffnet wurde und er seinen Hochsprung nach dem zugeworfenen Fleisch vollführen konnte.

Flip	inaktiv		aktiv						Lautgebung	
	schlafen	ruhen	laufen	gehen	stehen	sitzen	schauen	fressen	freundl.	unfreundl
Jan.Feb. 07	8,11	7,75	6,36	5,00	2,20	0,96	2,60	2,00	2,09	1,99
Mai 06	6,56	5,22	9,51	4,16	0,55	0,18	0,45	1,15	7,61	0,50

Tab.6 Gegenüberstellung des Verhaltens eines Karakalmännchens in den Monaten Mai bei Anwesenheit des Weibchens und im Jan/Feb. allein im Gehege; in Mittelwerten aus der Summe der Beobachtungen.

4.2.1.4. Serval (*Leptailurus serval*)

Das Servalweibchen Bonnie zog in den Monaten April, Mai 2006 im großen Gehege drei Junge auf, während das Männchen Arno in einem kleineren Gehege untergebracht war.
Im Jan./Feb. 2007 befand sich das Serval-Paar wieder gemeinsam im großen Gehege.

Vergleiche: Aktivität, Inaktivität, andere Verhaltensweisen
Die Gliederung der aktiven und inaktiven Verhaltensweisen erfolgte wie bei den drei anderen Katzenarten.
Die Jungen wurden nicht getrennt beobachtet, weil es in dem großen Gehege nicht immer möglich war, sie zu unterscheiden.

April und Mai 2006
Arno   Summe 10-Minuten-Beobachtungseinheiten April n = 273 Mai n = 749
Bonnie Summe 10-Minuten-Beobachtungseinheiten April n = 444 Mai n = 1006
3 Junge Summe 10-Minuten-Beobachtungseinheiten April n = 437 Mai n = 953

Aktivitätsvergleiche des Servals Arno zwischen den Jahren 2006 und 2007 wurde bereits im Kapitel Intraspezifisches Verhalten dargestellt (Seite 178).
Die folgenden Diagramme (Fig.47) stellen die Abweichungen in der Aktivität des Servalweibchens Bonnie und ihrer drei Jungen, geboren am 6.März.2006, zwischen den Monaten April und Mai dar. Diese Unterschiede sind bedingt durch die Entwicklung der Jungen.
Im April, als die Jungen 4 bis 8 Wochen alt waren, konnte sowohl bei den Jungen, wie auch bei Bonnie nur geringe Aktivität festgestellt werden, da sie die meiste Zeit mit gemeinsamem Ruhen, Grooming und Saugen bzw. Säugen verbrachten. Die Jungen untersuchten das Gehege noch zaghaft, flüchteten fauchend in ein Versteck, sobald sich jemand näherte und begannen vorsichtig zu spielen. Im April war Bonnie besonders ängstlich und wachsam, sogar nachts, wenn die Jungen schliefen.
In der 9.bis 13. Woche, dem Monat Mai erhöhte sich die Aktivität der Jungen gegenüber den ersten Wochen auffallend. Ihre Hauptaktivität waren gemeinsame Spiele, Laufen und Explorationsverhalten. In dieser Zeit begannen sie feste Nahrung aufzunehmen. Der Übergang von Ende April bis Anfang Mai war fließend. Bonnies Aktivität reduziere sich im Mai, weil sie sich kaum an den Spielen der Jungen beteiligte, sondern mehr Zeit mit Beobachten verbrachte. Die höchste Aktivität konnte in den Vormittagsstunden und in den Abendstunden aufgezeichnet werden, während die Jungen und teilweise auch Bonnie von Mitternacht bis 6 Uhr morgens schliefen.
Die Prozent-Anteile der Aktivität von Bonnie und den 3 Jungen während der Monate April und Mai sind in Fig.48 in einem Kreisdiagramm dargestellt.

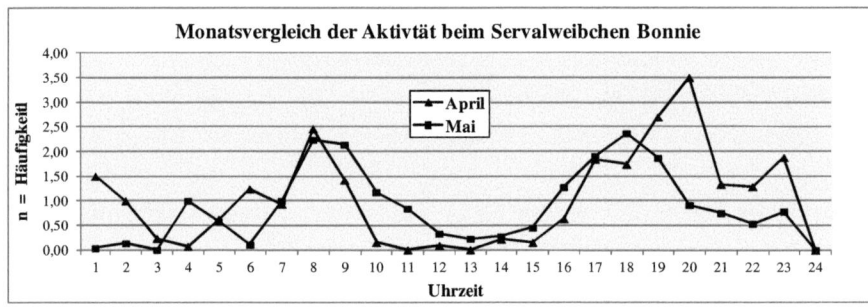

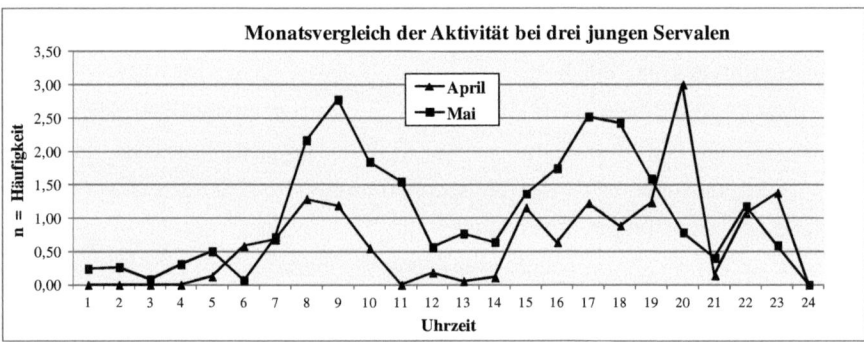

Fig.47 Aktivitätsunterschiede bei dem Servalweibchen und ihren drei Jungen in den Monaten April und Mai, bedingt durch die Entwicklung der Jungen.

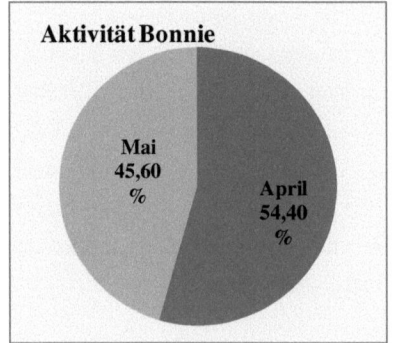
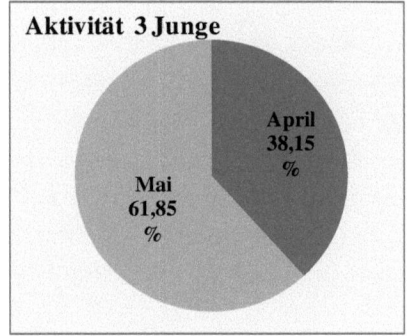

Fig.48 Aktivität des Servalweibchens und seine drei Jungen in Prozent-Anteilen.

Wie bei den bisher beschriebenen Katzenarten, wurden auch bei den Servalen drei Gruppen, Schlafen und Ruhen als inaktives Verhalten, Laufen und Gehen als Lokomotions-Verhalten und Stehen, Sitzen und Schauen als Beobachtungs-Verhalten unterschieden.

Die getrennte Auswertung der Monate April und Mai zeigt den Fortschritt in der Entwicklung der Jungen und das entsprechende Verhalten der Mutter Bonnie.

Im Verlauf der Fig.49 ist die Übereinstimmung beim inaktiven Verhalten von Mutter und Jungen im April sehr deutlich zu erkennen. Im Mai ruhten sowohl die Jungen, wie auch Bonnie etwas weniger. Man kann jedoch hier ebenfalls die parallele Kurve der Ruhezeiten erkennen.

Im Mai begann die nächtliche Ruhezeit schon um 21 Uhr und dauerte mit wenigen Unterbrechungen bis 6 Uhr morgens. Als Ursache für die lange Schlafenszeit ist die zunehmende Kälte der südafrikanischen Winterzeit anzunehmen. Alle Servale, Mutter und Junge, schliefen aneinander gekuschelt im Gras unter einem Akazienstrauch.

Insgesamt war sowohl bei Bonnie, wie auch bei den Jungen die Summe der Mittelwerte im Mai niedriger als im April.

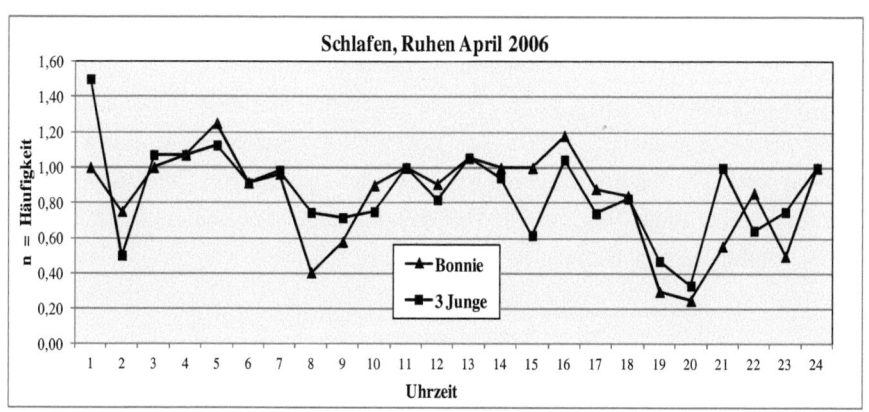

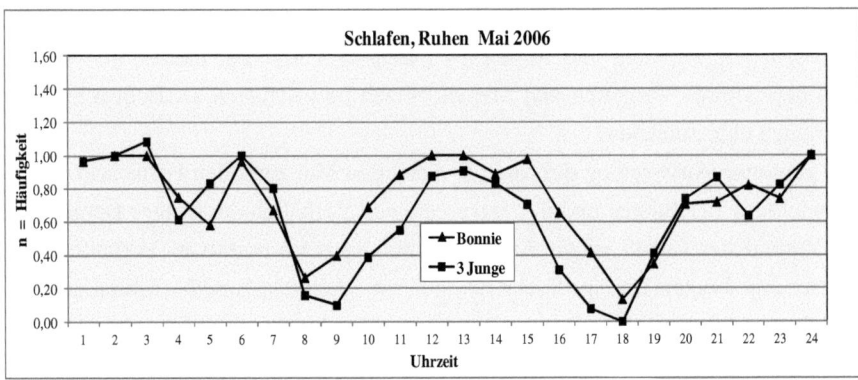

Fig.49 Vergleich der Ruhezeiten des Servalweibchens und seinen 3 Jungen in zwei aufeinander folgenden Monaten. Gezeigt werden die n Häufigkeiten/h. im Tages- und Nachtverlauf.

Bei den lokomotorischen Verhaltensweisen Laufen und Gehen ist zwischen den Monaten April und Mai bei den drei jungen Servalen ein signifikanter Unterschied festzustellen, während beim Servalweibchen Bonnie die Werte in den beiden Monaten fast gleich blieben. Lediglich eine leichte Verschiebung der Aktivität im Mai vom Nachmittag auf den Vormittag kann beobachtet werden. Dies ist wieder in Abhängigkeit von den Aktivitäten der Jungen zu sehen. Die hohen Werte beim lokomotorischen Verhalten der Jungen sind durch ihre Entwicklung bedingt. Mit jeder Woche wurden sie unternehmungslustiger, liefen im Gehege umher, jagten sich gegenseitig, sprangen und kletterten an Stämmen und Pfosten hoch und untersuchen alles stundenlang ohne zu ermüden. Währenddessen ruhte oder saß die Mutter Bonnie meist auf einem Platz, der ihr die Beobachtung ihrer Kleinen ermöglichte (Fig.50).

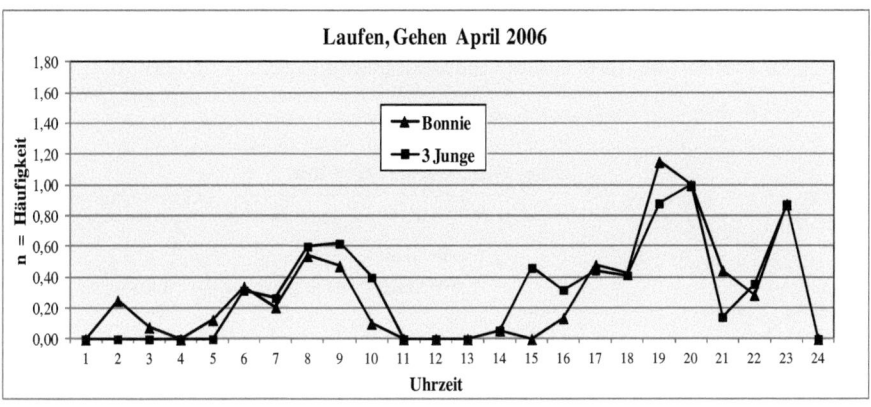

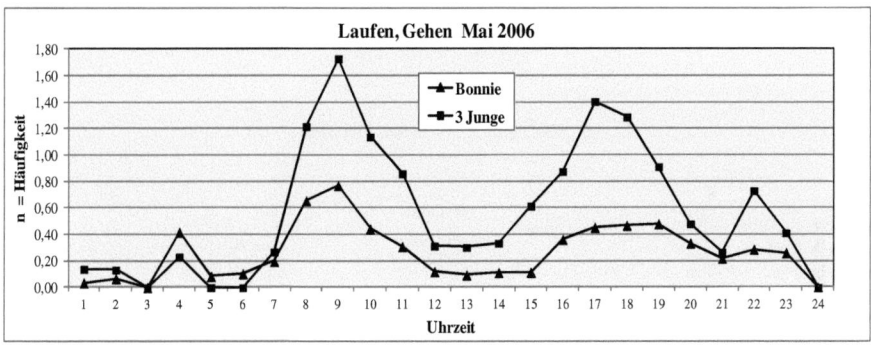

Fig.50 Gegenüberstellung der lokomotorischen Verhaltensweisen des Servalweibchens und seinen 3 Jungen in den Monaten April und Mai. Gezeigt werden die n Häufigkeiten/h. im Tages- und Nachtverlauf.

Beim Beobachtungs-Verhalten Stehen, Sitzen, Schauen, sind bei der Servalmutter Bonnie und ihren 3 Jungen kaum Unterschiede zwischen den Monaten April und Mai festzustellen.

Allerdings sind die Differenzen zwischen Bonnie und Ihren Jungen signifikant.

Während die Jungen, wenn sie nicht gerade ruhten oder schliefen, im Gehege umherliefen, kletterten und spielten, bestand das aktive Verhalten der Mutter größtenteils auch der Beobachtung und Überwachung ihres Nachwuchses.

Das nächtliche Ausschauhalten, während die Jungen schliefen, kann darauf zurück zu führen sein, dass Bonnie die Beobachtungsperson bemerkt hat.

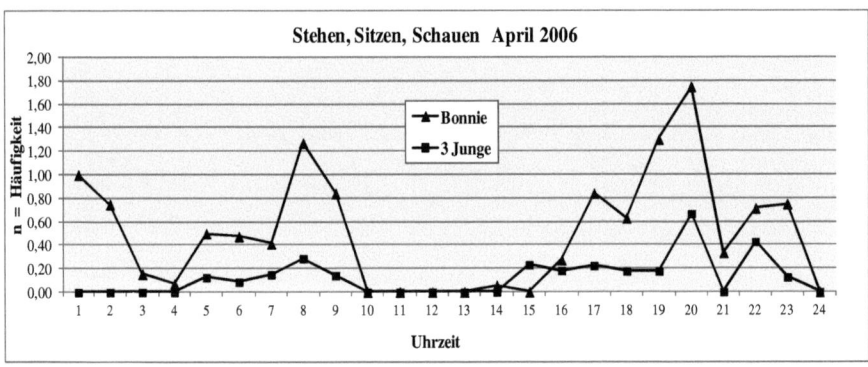

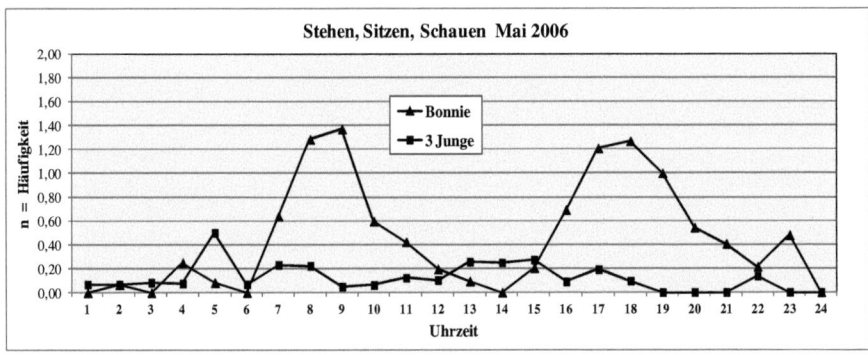

Fig.51 Gegenüberstellung der beobachtenden Verhaltensweisen des Servalweibchens und seinen 3 Jungen in den Monaten April und Mai. Gezeigt werden die n Häufigkeiten/h. im Tages- und Nachtverlauf.

In Fig. 52 werden die Verhaltensgruppen des Servalweibchens Bonnie und der drei Jungen, sowie deren Veränderungen in den Monaten April und Mai 2006 nochmals in Kreis-Diagrammen mit den Prozentanteilen dargestellt.

Hier ist deutlich zu erkennen, dass im Monat April die Prozentanteile von Bonnie und den Jungen beim Ruheverhalten ebenso wie beim lokomotorischen

Verhalten fast gleich hoch waren, während die beobachtenden Verhaltensweisen in beiden Monaten bei den Jungen nur einen geringen Anteil hatten, aber beim Bonnie den Großteil der Aktivität ausmachten.
Im Mai ist der Prozent-Anteil des Ruheverhaltens bei den Jungen etwas zurückgegangen, aber das lokomotorische Verhalten hat signifikant zugenommen, bei Bonnie dagegen macht es im Verhältnis zum beobachtenden Verhalten nur einen geringen Anteil aus.

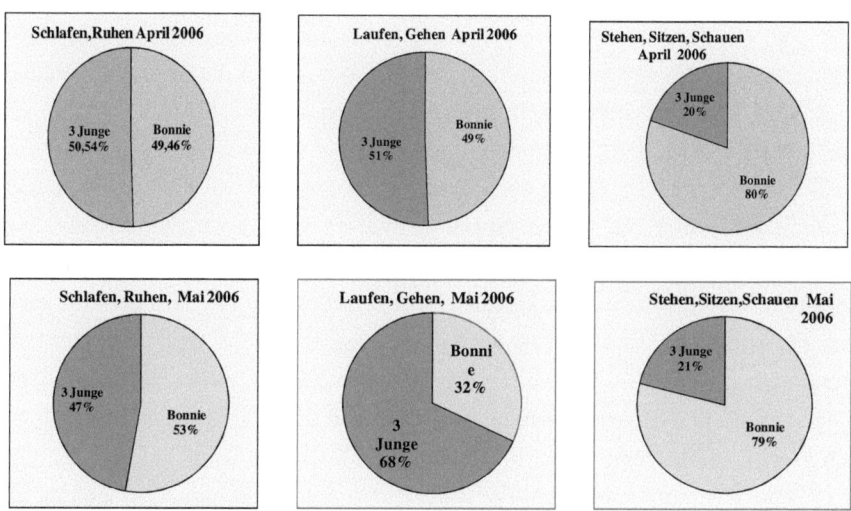

Fig.52 Darstellung der drei Verhaltensgruppen in Prozent-Anteilen.

die Mittelwerte einiger ausgesuchter Verhaltensweisen der Servalmutter Bonnie und ihrer
3 Jungen werden hier einzeln, getrennt nach Monaten, ausgewiesen (Tab.7).
Die Werte der inaktiven Verhaltensweisen Schlafen und Ruhen wurden oben bereits dargestellt und sind hier noch einmal gesondert aufgelistet. Im Mai sind Bonnies Werte beim Grooming, v.a. Lecken der Jungen, ebenso wie beim Säugen deutlich zurückgegangen. Das Säugen der Jungen wurde bereits im Kapitel Interspezifisches Sozialverhalten grafisch dargestellt. Grooming hatte

bei den Jungen einen geringeren Stellenwert Hier war sowohl Autogrooming, wie gegenseitige Fellpflege zu beobachten.

Bei den aktiven Verhaltensweisen Laufen und Gehen sind bei Bonnie nur geringe Änderungen zwischen den Monaten April und Mai zu sehen. Bei den 3 Jungen dagegen steigerte sich die Aktivität besonders beim Laufen, aber auch beim Gehen signifikant, weil sie in dieser Zeit sehr große Fortschritte, nicht nur beim Wachstum sondern in ihrer ganzen Entwicklung machten.

Wie schon in den bisherigen Diagrammen dargestellt, gab es sowohl bei Bonnie, wie auch bei den Jungen nur geringfügige Änderungen bei den beobachtenden Verhaltensweisen, wie Stehen, Sitzen und Schauen, wobei die Werte bei Bonnie extrem hoch und bei ihrem Nachwuchs sehr niedrig waren.

Als laktierende Mutter war Bonnie immer hungrig und fraß sehr viel, nicht nur zur Fütterungszeit. Sie erhielt auch manchmal tagsüber extra Fleischstücke und nachmittags, sowie am späten Abend suchte sie noch nach Futterresten. Die Jungen wurden erstmals am 30.April beim Fressen beobachtet. Im Mai begannen sie Knochen abzunagen und Fleischstücke zu fressen, oft erst nach den Fütterungszeiten, weil ihre Scheu vor Menschen sehr groß war. Bei den Diagrammen (Fig.53), welche die Fressenszeiten darstellen sind die unterschiedlichen Häufigkeiten in der vertikalen Zahlenreihe bei Bonnie und den Jungen zu beachten.

Aus Tab.8 ist zu erkennen, dass die freundlichen Lautäußerungen bei Bonnie im April einen deutlich höheren Wert hatten, als im Mai. Gurren, Maunzen und Rufen der Jungen äußerte sie nur, wenn sie sich sicher fühlte und der Beobachter weit genug entfernt war. Es ist anzunehmen, dass die Summen der Häufigkeiten für freundliche Lautäußerungen deshalb zu niedrig ausfielen. Saugschnurren von der Mutter und den Kindern habe ich nie gehört, möglicherweise weil ich nicht nahe genug herankam.

Die Summe an unfreundlichen Lautäußerungen bei Bonnie ist im Mai erstaunlich hoch, denn sie reagierte auf jede Störung durch menschliche Betreuer. Besonders in den ersten Wochen fauchte sie sofort, sobald jemand in die Nähe ihres Geheges kam. Auch die Jungen waren sehr ängstlich, und fauchten, wenn sich ihnen jemand näherte. Im Mai waren sie schon schneller und flohen rechtzeitig. Sie fauchten aber meistens, wenn man das Gehege zum

Füttern betrat. Bei den Jungen konnte ich kaum freundliche Lautäußerungen hören, außer im April, als eines sich verlassen fühlte und nach der Mutter rief. Im Mai miauten die Geschwister manchmal beim Spielen (Fig.54).

	inaktiv			saugen	aktiv							Lautgebung	
	schlafen	ruhen	putzen	säugen	laufen	gehen	stehen	sitzen	schauen	spielen	fressen	freundl.	unfreundl
Bonnie April	10,05	10,12	3,97	1,59	1,04	5,92	2,98	3,88	6,01	0,40	2,12	0,50	2,08
Bonnie Mai	9,71	7,87	0,55	0,51	0,58	5,79	2,37	3,48	5,16	0,12	2,68	0,10	0,66
3 Junge April	15,70	5,66	0,50	1,59	2,45	4,70	0,05	1,69	1,25	4,58	0,21	0,03	0,50
3 Junge Mai	11,51	4,17	0,09	0,51	7,10	6,53	0,17	1,00	1,78	7,13	0,78	0,05	0,27

Tab.7: Gegenüberstellung des Verhaltens der Servalmutter und ihren drei Jungen, in Mittelwerten aus der Summe der Beobachtungen.

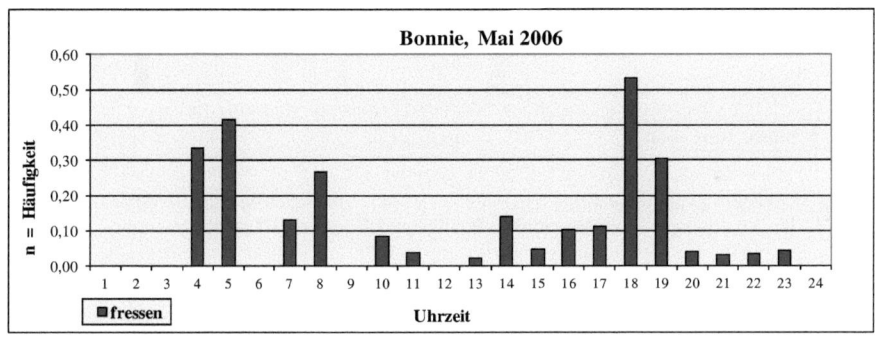

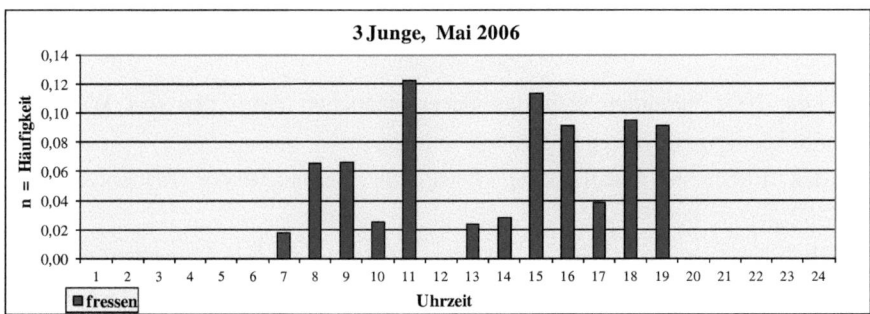

Fig.53 Darstellung des Fressverhaltens der Servalmutter und ihrer drei Jungen. Gezeigt werden n Häufigkeiten/h. im Tages- und Nachtverlauf.

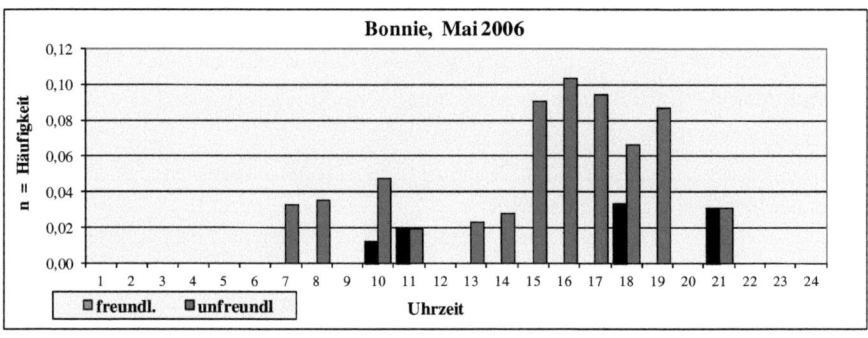

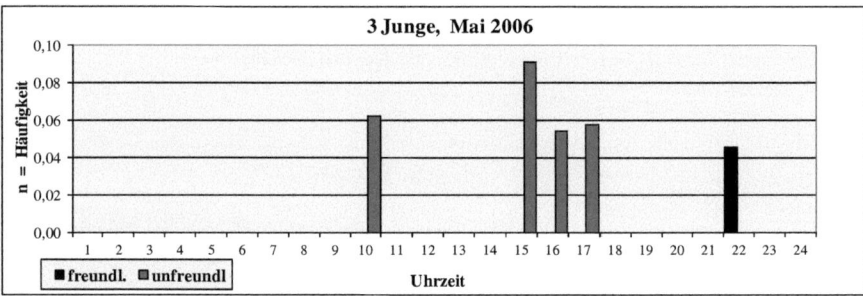

Fig.54 Darstellung von freundlichen und unfreundlichen Lautäußerungen beim Servalweibchen und ihren drei Jungen. Gezeigt werden n Häufigkeiten/h. im Tages- und Nachtverlauf.

Jänner/Feber 2007

Arno Summe der 10-Minuten-Beobachtungseinheiten n = 965
Bonnie Summe der 10-Minuten-Beobachtungseinheiten n = 960

Im Jahr 2007 befanden sich das Servalmännchen Arno und das Weibchen Bonnie wieder gemeinsam im großen Gehege.
In den folgenden Diagrammen wird das Verhalten der beiden Servale verglichen.
Wie bei den bisher beschriebenen Katzenarten sind die drei Verhaltensgruppen: Schlafen und Ruhen als inaktives Verhalten, Laufen und Gehen als Lokomotions-Verhalten und Stehen, Sitzen und Schauen als Beobachtungs-Verhalten in einzelne Liniendiagramme (Fig.55) aufgeteilt.

Aus der Darstellung des inaktiven Verhaltens ist zu erkennen, dass beide Servale während der heißen Jahreszeit untertags von 8 bis 17 Uhr, mit kurzen Unterbrechungen um 9 Uhr ruhten. Das sind ca. 9 Stunden, zu welchen noch die Zwischen-Ruhezeiten in den Abend- und Nachtstunden gezählt werden können. Bonnie ruhte nachts deutlich länger als Arno.
Bei der aktivsten Verhaltensgruppe, Laufen und Gehen war Arno nachts in der Zeit von 22 abends bis 7 Uhr morgens viel reger als Bonnie. Die restliche Zeit des Tages verliefen ihre Aktionskurven fast parallel. Bonnie beobachtete ihre Umgebung sorgfältiger und öfter als Arno, besonders in den frühen Morgenstunden und abends von 21 bis 22 Uhr. Vor und während der Abendfütterung erreichte die Kurve bei beiden Servalen die höchsten Spitzen, im Gegensatz zur Morgenfütterung, die nur wenig Aufmerksamkeit erregte.

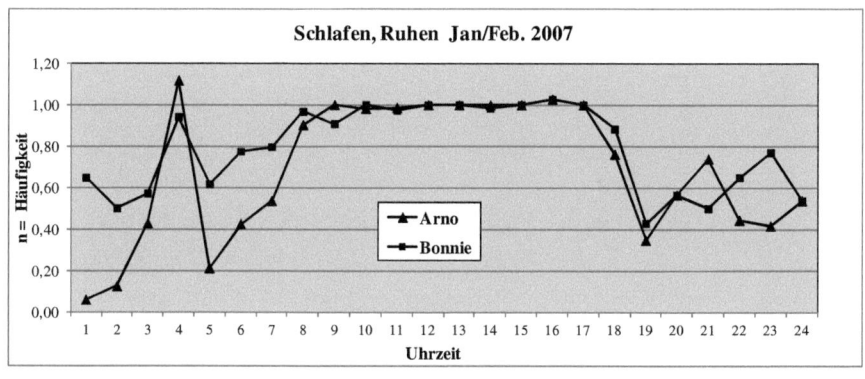

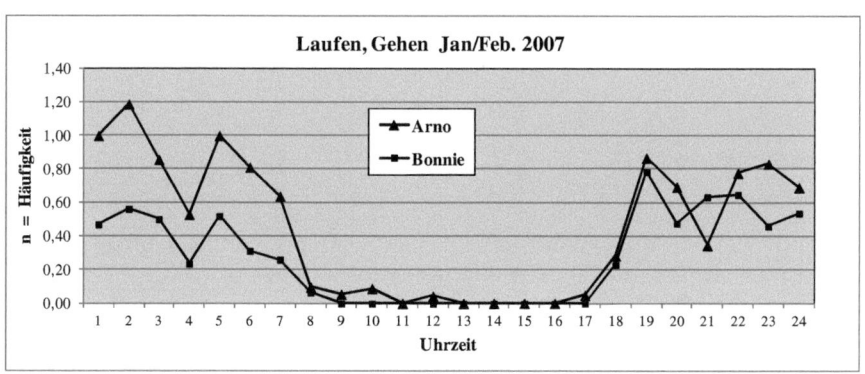

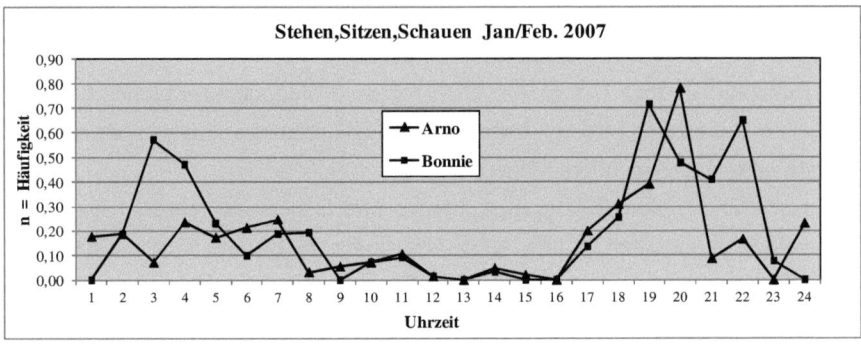

Fig.55 Darstellung der zusammengefassten inaktiven, lokomotorischen und beobachtenden Verhaltensweisen eines Servalpaares in Mittelwerten.

Das Diagramm (Fig.56) zeigt die Zeiten und Intensität der Nahrungsaufnahme bei beiden Servalen. Arno zeigte sich bei der Fütterung Bonnie gegenüber dominant. Er erfasste meist als Erster die größten Fleischstücke. Wie aus der Kurve des Diagrammes zu ersehen ist, fraß Bonnie morgens nicht immer. Manchmal erschien sie gar nicht zur Fütterung, besonders wenn diese etwas später stattfand und sie wegen der Hitze schon ruhte.

Abends nahm Bonnie an der Fütterung lebhaften Anteil und sicherte sich ihr Fleisch oder einen Fisch, trotz Arnos Bemühungen, möglichst viel zu ergattern.

Am späten Abend war Arno mehrfach bei der Futtersuche und dem Verzehren der übrig gebliebenen Reste zu beobachten.

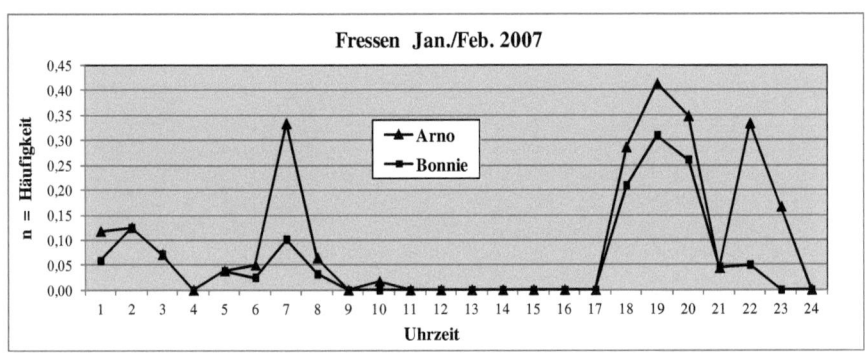

Fig.56 Vergleich der zeitlichen und mengenmäßigen Nahrungsaufnahme bei Servalen.

In Fig.57 sind die Unterschiede zwischen den beiden Servalen Bonnie und Arno bei der Lautgebung dargestellt. Von Arno war mehrere Tage lang viel Gurren und Maunzen zu hören, während er unruhig im Gehege umherlief. Bonnie reagierte darauf gar nicht oder mit heftigem Knurren und Fauchen. Nur in einer Nacht, als sie Anzeichen vor Östrus erkennen ließ, lockte Bonnie den Kater mit ausdauerndem Gurren, während sie umherwanderte.

Bei der Abendfütterung um 19 Uhr kam es zwischen den beiden Servalen immer wieder zu heftigen Auseinandersetzungen. Gleichzeitig fauchen und knurrten sie auch die fütternde Person an. Das ist die Ursache für den Spitzenwert um 19 Uhr. Untertags kam es gelegentlich zu kurzen Differenzen zwischen den beiden Servalen, wenn sie sich begegneten.

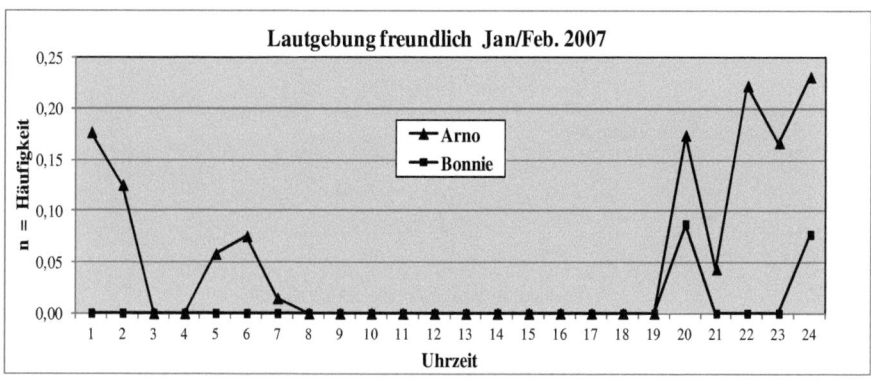

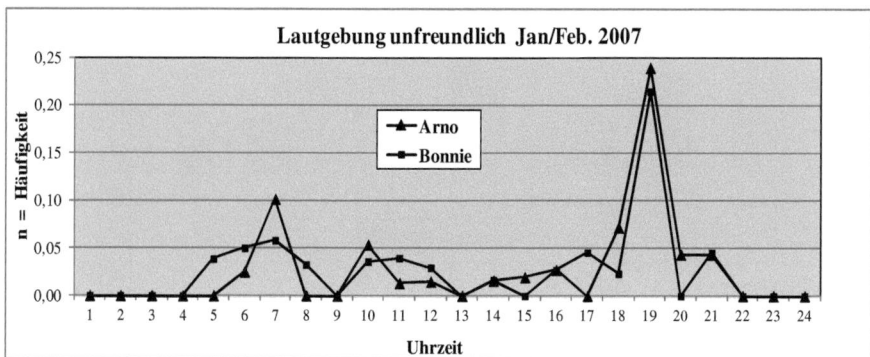

Fig.57 Gegenüberstellung von freundlichen und unfreundlichen Lautäußerungen bei Servalen .

In der (Tab.8) sind die Mittelwerte einzelner Verhaltensweisen, welche in den vorhergehenden Tabellen bereits beschrieben wurden, aufgelistet und in einem Balkendiagramm (Fig.58) gegenüber gestellt.

Beim „Putzen" handelt es sich ausschließlich um Autogrooming, wobei die Werte bei Bonnie, (wie bei den meisten weiblichen Katzen), deutlich höher waren als beim Kater Arno.

Die beiden Servale waren kein harmonisches Paar, deshalb konnte gegenseitiges Grooming nie beobachtet werden.

	inaktiv			aktiv						Lautgebung	
	schlafen	ruhen	putzen	laufen	gehen	stehen	sitzen	schauen	fressen	freundl.	unfreundl
Arno	8,37	8,25	0,31	2,18	8,68	1,80	0,44	1,58	2,41	1,29	0,67
Bonnie	9,52	9,52	1,30	0,28	6,43	1,30	0,96	2,62	1,33	0,16	0,66

Tab.8 Gegenüberstellung des Verhaltens des Servalpaares Arno und Bonnie in Mittelwerten aus der Summe der Beobachtungen.

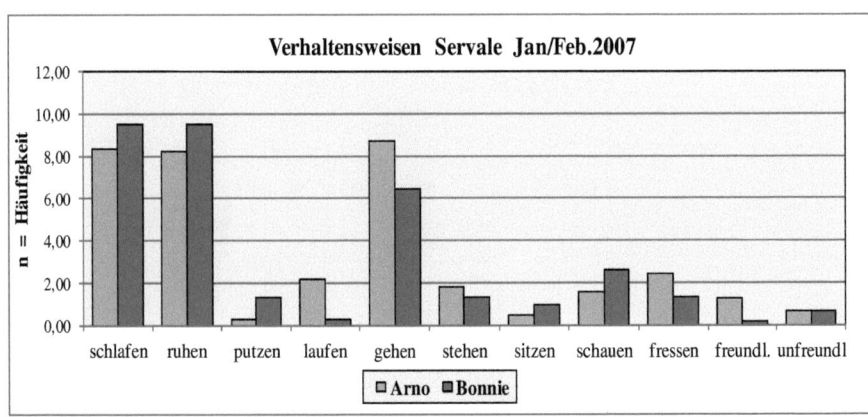

Fig.58 Gegenüberstellung des Verhaltens eines Servalpaares in Mittelwerten.

4.2.1.5. Zusammenfassung: Aktivitätsvergleich der vier Arten

In diesem Abschnitt werden Verhaltensunterschiede zwischen den Arten, sowie der Einfluss des Klimas, der Unterschied zwischen eingewöhnten Katzen und Wildfängen auf die Aktivität und Ungleichheiten zwischen den Geschlechtern beschrieben und graphisch dargestellt. Das Grooming-Verhalten wird im letzten Absatz behandelt.

4.2.1.5.1. Schwarzfußkatze, Falbkatze, Karakal, Serval

Für den Artenvergleich wurden fünf gut eingewöhnte Exemplare, aus den vier beobachteten Wildkatzenarten zur Gegenüberstellung herangezogen.

Beobachungseinheiten im Mai 2006 und Jan/Feb. 2007				
		Mai	Jan.Feb.	gesamt
Falbkatze	Dani	792	1055	1847
Schwarzfusskater	Jock	605	929	1534
Karakal	Flip	944	1091	2035
Serval	Bonnie	1066	960	2026
Serval	Arno	749	965	1714
Summe		4156	5000	9156

Tab.9 Liste der Anzahl der Beobachtungseinheiten, von fünf Katzen für den Aktivitätsvergleich

Von den 24 Stunden eines Tages wurden die durchschnittlichen Ruhestunden für jede Katzenart berechnet. Die Kreisdiagramme stellen den Prozentanteil an aktiven und inaktiven Verhalten pro Katze dar. Aus diesem Ergebnis wurde der durchschnittliche Anteil an aktiven und inaktiven Zeiten in Stunden pro Tag ermittelt.

Beim **Servalpaar Arno und Bonnie** betrug der prozentuale Anteil des aktiven Verhaltens am Gesamtverhalten in 24 Stunden im Jan/Feb. 2007 für Arno 55,98% und für Bonnie 40,55%, d.h. in diesen Monaten war Arno mit 13 Stunden aktiver als Bonnie mit 11 Stunden pro Tag. Die Beobachtungszeit Mai 2006 ergab ein umgekehrtes Ergebnis. Hier war Arno nur zu 45,63% und

Bonnie 52,93 % aktiv. Diesmal war Bonnie pro Tag durchschnittlich 13 Stunden aktiv und Arno nur 11 Stunden (Fig.59).

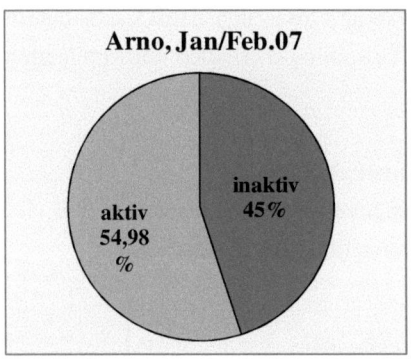

Jan.Feb. 07	Stunden		Stunden
Arno aktiv	13,20	inaktiv	10,80
gerundet	13		11

Jan.Feb. 07	Stunden		Stunden
Bonnie aktiv	9,73	inaktiv	14,27
gerundet	10		14

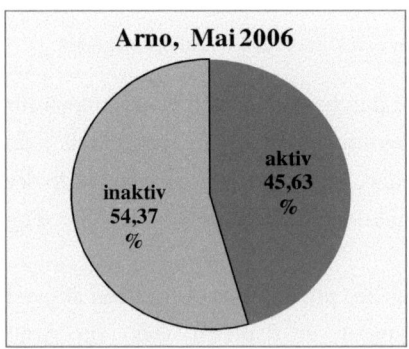

Mai. 06	Stunden		Stunden
Arno aktiv	10,95	inaktiv	13,05
gerundet	11		13

Mai. 06	Stunden		Stunden
Bonnie aktiv	12,70	inaktiv	11,30
gerundet	13		11

Fig.59 Jahreszeitlicher Aktivitätsvergleich zweier Servale.

Die Zusammenfassung zeigt, dass bei den Servalen die Schwankungen bei den Ruhe- und Aktivzeiten von zwei Individuen nicht witterungsbedingt sein müssen. In diesem Falle ist die Ursache in der besonderen Situation der beiden zu suchen (siehe Kapitel Intraspezifisches Sozialverhalten). Der Durchschnitt der Gesamtruhezeiten des 24-Stunden Tages beträgt bei beiden Servalen 12 Stunden.

Der **Schwarzfußkater Jock** war in beiden Beobachtungsperioden besonders aktiv und ruhte im Mai 2006 nur 9 Stunden und im Jan/Feb. 2007 durchschnittlich 10 Stunden pro Tag. Die etwas geringere Aktivität in der zweiten Beobachtungsperiode ist vermutlich jahreszeitlich bedingt (Fig.60). Sie wird im folgenden Abschnitt ausführlicher dargestellt.

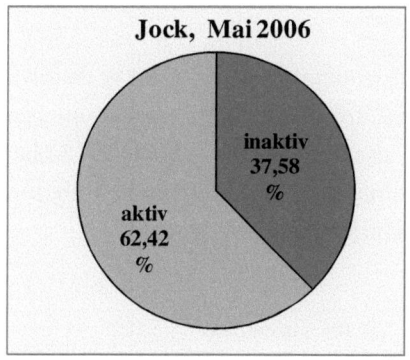

Mai 06	Stunden		Stunden
Jock aktiv	14,98	inaktiv	9,02
gerundet	15		9

Jan.Feb. 07	Stunden		Stunden
Jock aktiv	13,95	inaktiv	10,05
gerundet	14		10

Fig.60 Jahreszeitlicher Aktivitätsvergleich eines Schwarzfußkaters

Die **Falbkatze Dani** war von allen beobachteten Katzen am aktivsten. Sie ruhte in beiden Beobachtungsperioden im Durchschnitt nur 7,5 Stunden pro Tag (Fig.61).

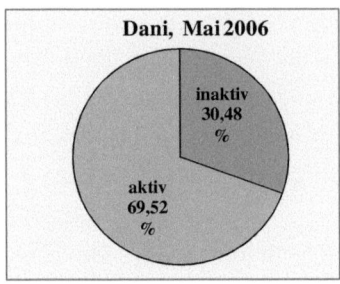

Mai 06	Stunden		Stunden
Dani aktiv	16,68	inaktiv	7,32
gerundet	16,5		7,5

Jan.Feb. 07	Stunden		Stunden
Dani aktiv	16,52	inaktiv	7,48
gerundet	16,5		7,5

Fig.61 Jahreszeitlicher Aktivitätsvergleich einer Falbkatze

Der **Karakal Flip** war im der ersten Beobachtungsphase, Mai 2006 deutlich aktiver als im Jan./Feb. 2007. Dies kann sowohl an den jahreszeitlichen Temperaturunterschieden, wie auch daran, dass im Mai das Weibchen Isabel sein Gehege bewohnte (Fig.62). Bei Flip betrug die Durchschnittliche Ruhezeit im Mai 8 und im Jan/Feb. 10, also im Jahresdurchschnitt 9 Stunden.

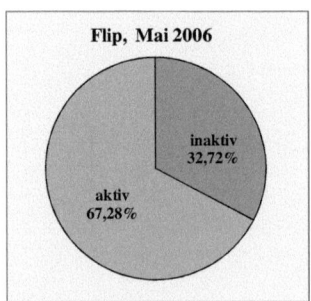

Mai 06	Stunden		Stunden
Flip aktiv	16,15	inaktiv	7,85
gerundet	16		8

Jan.Feb. 07	Stunden		Stunden
Flip aktiv	14,27	inaktiv	9,73
gerundet	14		10

Fig.62. Jahreszeitlicher Aktivitätsvergleich eines Karakals

Ruhezeiten in Stunden pro Tag		Mai 06	Jan.Feb. 07	Durchschnitt
Falbkatze	Dani	7,5	7,5	7,5
Schwarzfußkater	Jock	9,0	10,0	9,5
Karakal	Flip	8,0	10,0	9,0
Serval	Bonnie	11,0	14,0	12,5
Serval	Arno	13,0	11,0	12,0

Tab.10 Zusammenfassung der Ruhezeiten von fünf beobachteten Katzen aus vier Arten.

4.2.1.5.2. Der Einfluss des Klimas auf die Aktivität

Der Beobachtungs-Monat Mai 2006 war der Beginn der Winterzeit. Die Temperaturen schwankten nachts zwischen -6° und +2°C und untertags zwischen +5° und +15°C.

In den Sommermonaten Jänner und Feber fielen die Temperaturen nachts auf +10° bis +15°C und erreichen in der Mittagszeit Werte bis zu +45°C.

In den folgenden Diagrammen wird der Einfluss der Jahreszeiten auf das Aktivitäts-Verhalten der vier südafrikanischen Wildkatzenarten dargestellt.

Die Kurven der Diagramme aller vier Arten zeigen einen annähernd gleichen Verlauf, mit einigen Abweichungen, welche durch die unterschiedlichen Haltungsbedingungen (Gehegegröße, Vergesellschaftung, etc.) entstanden und bereits in der Beschreibung der einzelnen Arten erläutert wurden.

In der kalten Jahreszeit begann die Mittagsruhe zwischen 9 und 11 Uhr und endete zwischen 15 und 16 Uhr. Nachts wurde relativ ausgedehnt, mit Unterbrechungen geruht.

In den heißen Monaten Jan/Feb. hingegen, dauerte die Mittagsruhe bei allen Katzenarten wesentlich länger und wurde kaum unterbrochen. Spätestens um 9 Uhr ruhten alle Tiere, oft jedoch schon früher. Um 17 Uhr schliefen noch alle Katzen, erst um 18 Uhr begannen sie ihre Ruheplätze zu verlassen und auf die Fütterung zu warten.

Nachts wurde in der kalten Jahreszeit mehr geruht, als in den Sommermonaten (Fig.63).

In der Tab.12 werden die Ergebnisse aus den Beobachtungen des inaktiven Verhaltens der vier Katzenarten unter verschiedenen klimatischen Bedingungen in Mittelwerden dargestellt.

Alle Katzen waren in der kalten Jahreszeit weniger inaktiv, mit Ausnahme von Arno, dessen besondere Situation im Kapitel Intraspezifisches Sozialverhalten erläutert wurde.

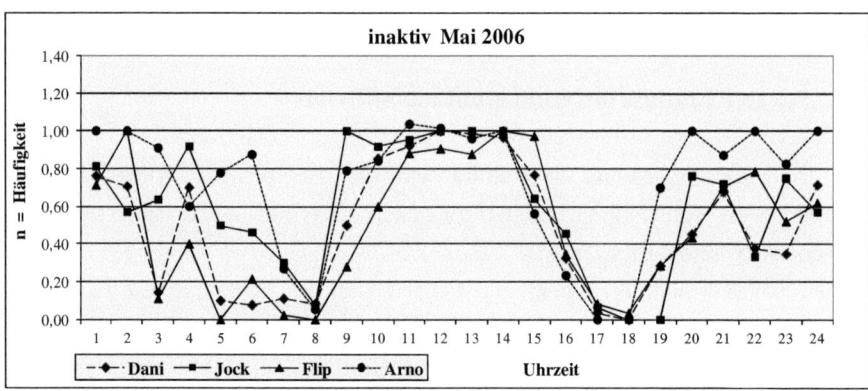

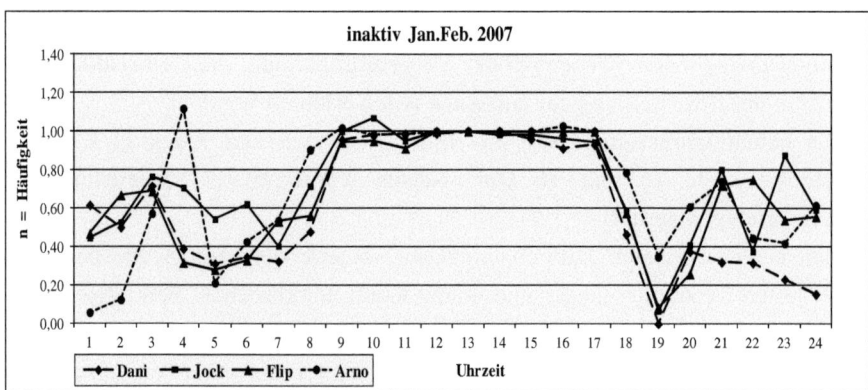

Fig.63 Unterschiede und Übereinstimmungen im inaktiven Verhalten während der kalten und warmen Jahreszeit, vier Katzenarten, Tages- und Nachtverlauf.

inaktiv	Falbkatze	Schwarzfußkater	Karakal	Serval
	Dani	Jock	Flip	Arno
Mai 06	11,90	14,45	11,80	17,32
Jan/Feb. 07	14,25	17,32	16,12	16,92

Tab.11 Gegenüberstellung des inaktiven Verhaltens im Mai / Jan-Feb. bei vier Katzearten in Mittelwerten aus der Summe der Beobachtungen.

Die beiden Diagramme über die Aktivität der vier Katzenarten in den Monaten Mai 2006 und Jänner/Feber 2007 weisen in ihrem Verlauf deutliche Unterschiede auf, welche durch die Temperaturdifferenzen der verschiedenen Jahreszeiten verursacht sind (Fig.64).

Die einzelnen Diagramme zeigen in ihrem Tagesverlauf meist synchrone Kurven. Es konnten keine auffallenden Unterschiede im Zeitsystem der vier Arten festgestellt werden. Einzelne Abweichungen sind in der Persönlichkeit der beobachteten Katze, bzw. unterschiedlichen Haltungsbedingungen begründet und nicht artspezifisch.

Einen wesentlichen Einfluss auf die Aktivität hatten die Fütterungszeiten.

In den Wintermonaten wurde aufgrund der kürzen Tageszeit morgens etwas später, zwischen 6,30 und 8 Uhr und abends etwas früher, von 17,30 bis 19 Uhr gefüttert. Die Katzen waren jedoch durchwegs schon 1 bis 2 Stunden zuvor aktiv, liefen umher oder saßen auf einem erhöhten Platz und hielten Ausschau nach der Betreuerin.

In der Sommerzeit wurde wegen der Tageslänge und der Hitze morgens schon zwischen 5,30 und 6,30 Uhr und abends von 18,30 bis 19,30 Uhr gefüttert. Diese Zeiten wurden zumeist, jedoch nicht immer genau eingehalten. Im Allgemeinen waren die Katzen bei der Morgenfütterung weniger aktiv, als bei der Abendfütterung. Die Servale Arno und besonders Bonnie, aber auch die Falbkater, Ulrich und Eddie (welche in dieser Tabelle nicht erfasst sind) versäumten manchmal die Morgenfütterung, nie aber das Abendessen. Die Falbkatze Dani, der Karakal Flip und der Schwarzfußkater Jock fehlten auch morgens bei keiner Mahlzeit.

Infolge der langen Tagesruhe waren alle Katzen in der warmen Jahreszeit nachts aktiver als in den kalten Wintermonaten, wo sie ihre Aktivität vermehrt auf die Tagesstunden verteilten.

In der Tab.12 werden die Ergebnisse aus den Beobachtungen des aktiven Verhaltens der vier Katzenarten unter verschiedenen klimatischen Bedingungen in Prozent ausgewiesen.

Alle Katzen waren in der warmen Jahreszeit insgesamt aktiver, mit Ausnahme von Flip, der im Mai 2006 das Gehege mit dem Weibchen Isabel teilte und damals aus diesem Grund besonders aktiv war.

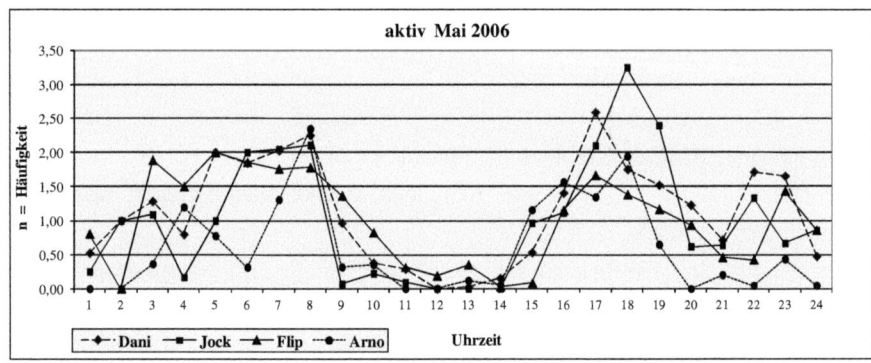

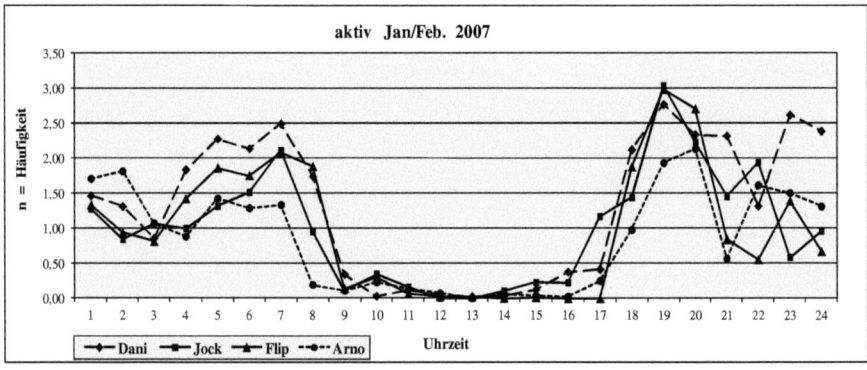

Fig.64 Unterschiede und Übereinstimmungen im aktiven Verhalten während der kalten und warmen Jahreszeit, vier Katzenarten, Tages- und Nachtverlauf.

Aktivität von 4 Katzenarten während zwei unterschiedlichen Jahreszeiten in Prozent				
Jahreszeit	Aktivität in Prozent	Werte	Diff. in Prozent	Katzenart
Mai 06	100 %	27,14		Falbkatze
Jan/Feb. 07	116,03 %	31,49	16,03 %	Dani
Mai 06	100 %	24,00		Schwarzfußkater
Jan/Feb. 07	100,17 %	24,04	0,17 %	Jock
Mai 06	100% %	24,26		Karakal
Jan/Feb. 07	97,40 %	23,63	-2,6 %	Flip
Mai 06	100% %	14,54		Serval
Jan/Feb. 07	142,09 %	20,66	29,62 %	Arno

Tab.12 Unterschiede beim aktiven Verhalten; vier Katzenarten, während der kalten und warmen Jahreszeit, in Prozent.

4.2.1.5.3. Aktivitätsvergleich zwischen eingewöhnten Katzen und Wildfängen

Hier wurden im Monat Mai 2006 drei Wildkatzen-Paare von drei verschiedenen Katzenarten untersucht, wobei jeweils ein Partner entweder in menschlicher Obhut geboren war, oder schon längere Zeit in der Karoo Cat Research auf Honingkrantz gut integriert lebte. Der andere Partner war ein der Wildnis entnommenes Tier. Der Falbkater Ulrich und die Schwarzfußkatze Nina lebten schon länger in menschlicher Obhut, waren aber noch immer sehr scheu, während das Karakalweibchen Isabel erst zwei Monate vor dieser Aufzeichnung in einer Falle gefangen wurde und sich dementsprechend ängstlich verhielt.

Die Aktivität dieser beiden Gruppen wurde in zwei Diagrammen dargestellt (Fig.65).

Die Gruppe der Wildfänge war tagsüber, mit Ausnahme der Fütterungszeit deutlich weniger aktiv. Ulrich nahm sein Futter meistens gleich an, während Nina abwartete und erst später zu ihrer Schüssel schlich. Isabel beobachtete die Fütterung von ihrem Versteck aus und wagte sich nicht hervor, solange sich menschliche Betreuer in ihrer Nähe befanden. Sie war von den drei Katzen am wenigsten aktiv. Auch nachts wagte sie sich kaum hervor. Die beiden anderen Katzen, Nina und Ulrich waren nachts aktiver als untertags.

Die drei gut eingewöhnten Katzen waren auch tagsüber deutlich agiler, wobei Jock und Dani bei der Fütterung ein besonders lebhaftes Verhalten, wie Umherlaufen, Springen und Fleischstücke fangen zeigten, sodass die Kurve ihres Diagrammes zu dieser Zeit Spitzenwerte aufweist.

In der Tab.13 werden die Ergebnisse aus den Beobachtungen der Aktivität von gut integrieren Katzen und Wildfängen in Mittelwerten dargestellt. Bei allen drei Katzenarten erzielten die eingewöhnen Tiere deutlich höhere Werte als die Wildfänge. Besonders auffallend ist die niedrige Aktivität des Karakalweibchens Isabel.

Die Unterschiede des Aktivitätsverhaltens in **Prozent** (gerundet) ergaben folgende Werte:

Bei den Schwarzfußkatzen war das Weibchen Nina um 29 % weniger aktiv, als das Männchen Jock.

Bei den Falbkatzen war das Männchen Ulrich um 39 % weniger aktiv, als das Weibchen Dani.

Bei den Karakalen war das erst frisch eingefangene Weibchen Isabel um 71 % weniger aktiv, als das Männchen Flip.

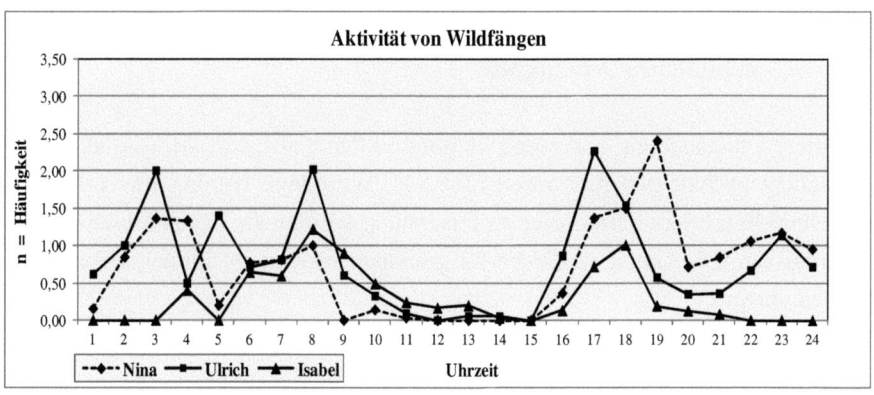

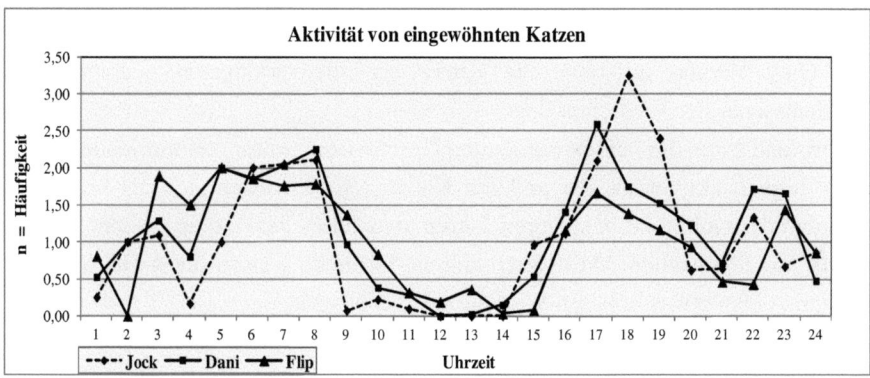

Fig.65 Vergleich der Aktivität von Katzenpaaren; drei Arten, mit je einem Wildfang und einem eingewöhnten Tier. Gezeigt werden n-Häufigkeiten/h im Tages- und Nachtverlauf.

Aktivität	Schwarzfußkatzen	Falbkatzen	Karakal
Eingewöhnte	Jock	Dani	Flip
	24,00	27,14	26,26
Wildfänge	Nina	Ulrich	Isabel
	17,01	18,64	7,10

Tab.13 Unterschiede beim aktiven Verhalten zwischen Wildfängen und eingewöhnen Tieren, bei drei Katzenarten, in Mittelwerten.

4.2.1.5.4. Aktivitätsvergleich zwischen weiblichen und männlichen Wildkatzen

Für diese Untersuchung erwiesen sich nur drei Paare als geeignet, weil alle Tiere in Gefangenschaft geboren waren (Tab.14). Wildfänge wurden im vorherigen Abschnitt beschrieben. In dieser Aufzeichnung würden sie das Aktivitätsmuster beeinflussen. Die Daten zu diesen Diagrammen wurden im Jänner, Feber 2007 aufgenommen.
Bei allen untersuchten Katzen, sowohl bei den Servalen, wie auch bei den Schwarzfußkatzen ergab die Summe der Beobachtungen beim aktiven Verhalten der Männchen eine höhere Frequenz als bei den Weibchen.
Aus den beiden Diagrammen (Fig.66) ist zu erkennen, dass der Aktivitätsrhythmus bei jedem Paar, auch bei den weniger harmonischen, einen ähnlichen Verlauf aufweist, die Kurve bei allen Männchen jedoch etwas oberhalb jener der Weibchen liegt.
Magrit und Lutz, die beiden subadulten Geschwister, waren vermutlich aufgrund ihrer Jugend aktiver als die anderen Katzen. Sie erwiesen sich als besonders verträglich (auch noch in späteren Jahren als adultes Paar), dies erkennt man an ihrem fast identischen Aktivitätsrhythmus. Dennoch weisen die n-Häufigkeiten bei Lutz einen etwas höheren Wert auf, als bei Magrit.
Die Unterschiede des Aktivitätsverhaltens in **Prozent** (gerundet) ergaben folgende Werte:
Bei dem Servalpaar war das Männchen Arno um 33 % aktiver, als das Weibchen Bonnie.
Bei den beiden Schwarzfußkatzenpaaren war das Männchen Jock um 17 % aktiver, als das Weibchen Nina und beim Geschwisterpaar Lutz und Magrit war das Männchen um 17 % aktiver als das Weibchen. Bei den Schwarzfußkatzenpaaren waren die Unterschiede in der Aktivität fast identisch, bei den Servalen hingegen, war das Männchen weitaus aktiver. Dies kann man jedoch nicht verallgemeinern, da individuelle Unterschiede bei allen Katzen eine bedeutende Rolle spielen können.
Es ist anzunehmen, dass auch in freier Wildbahn bei Schwarzfußkatzen, sowie bei andern Katzenarten die männlichen Tiere aktiver sind als die weiblichen,

weil sie größere Reviere bewohnen, mehr markieren und auch weitere Strecken zurücklegen müssen.

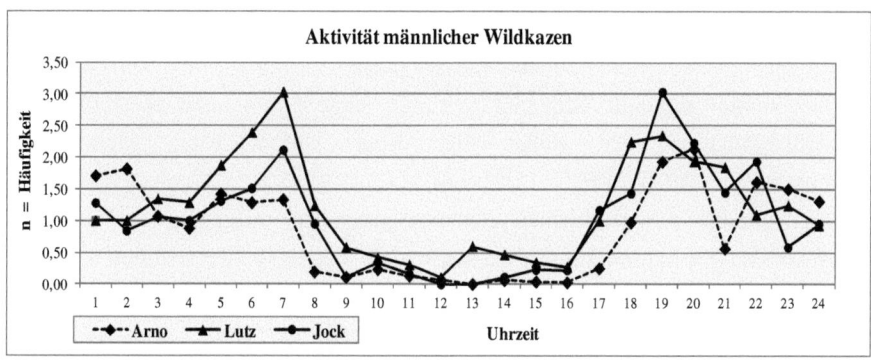

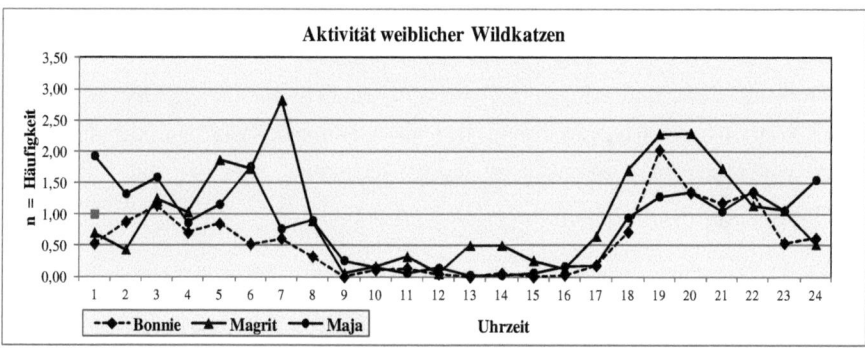

Fig.66 Vergleich der Aktivität von männlichen und weiblichen Tieren bei drei Wildkatzen-Paaren. Gezeigt werden n-Häufigkeiten/h im Tages- und Nachtverlauf.

Aktivität	Serval	Schwarzfußkatzen	
männlich	Arno	Lutz	Jock
	20,66	28,91	24,04
weiblich	Bonnie	Magrit	Maya
	13,87	24,05	19,97

Tab.14 Unterschiede beim aktiven Verhalten zwischen Männchen und Weibchen bei drei Katzenarten, in Mittelwerten.

4.2.1.5.5. Grooming bei Wildkatzen, Unterschiede zwischen den Geschlechtern

Nur zwei Paare eigneten sich zur Aufzeichnung der Grooming-Frequenzen, da Wildfänge oder besonders scheue Katzen dieses Verhalten nicht zeigen, wenn sie beobachtet werden. Katzenmütter mit Jungen hingegen sind in einer Ausnahmesituation und daher für diese Untersuchung auch nicht zweckentsprechend (Fig.67).

Aktive freundliche Sozialverhaltensweisen gelten ganz allgemein als Ausdruck des intakten Wohlbefindens. So ist die soziale Fellpflege der Felidae auch ein Zeichen des Behagens. Katzen deren Befinden gestört ist, suchen kaum die Nähe einer Mitkatze und reagieren auf Versuche der Zuwendung meist mit Abwehr oder Flucht (PFLEIDERER 2001).

Bei dem recht disharmonischen Servalpaar Arno und Bonnie wies das Weibchen eine signifikant höhere Grooming-Frequenz auf als das Männchen. Bei beiden konnte nur Autogrooming beobachtet werden. Die Schwarzfußkatzen-Geschwister Lutz und Magrit leckten sich manchmal auch gegenseitig. Bei ihnen kam sowohl Autogrooming, wie auch Allogrooming vor, die Initiative beim gegenseitigen Lecken ging vom Weibchen häufiger aus, als vom Männchen.

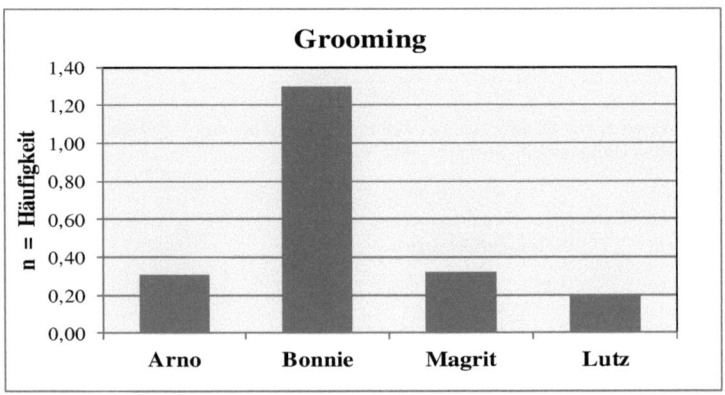

Fig.67 Unterschiede beim Grooming zwischen männlichen und weiblichen Tieren Bei einem Serval- und einem Schwarzfußkatzenpaar.

Bei langjährigen allgemeinen Beobachtungen an verschiedenen Katzenarten konnte ich feststellen, dass bei weiblichen Katzen sowohl Allogrooming, wie auch Autogrooming häufiger vorkommt, als bei männlichen. Bei allen vier Arten in der Karoo Cat Research waren jedoch soziale Grooming-Interaktionen ausgesprochen selten im Vergleich mit Autogrooming.
Beobachtungen an Schneeleoparden in vier Tiergärten zeigten, dass Autogrooming in drei Haltungen bei den Weibchen auffallend häufiger vorkam, als bei Männchen und nur in einem Zoo bei beiden Geschlechtern gleich oft (ALMASBEGY 2001). Im Zoo Zürich spielte lt. RIEGER (1980) besonders bei weiblichen Schneeleoparden Allogrooming bei der Initiative von sozialem Verhalten eine viel wichtigere Rolle als Elemente des Begrüßungsverhaltens. Die Beobachtungen an den Züricher Schneeleoparden zeigten jedoch, dass die Autogrooming-Frequenz meist größer war als jene von Allogrooming. Kontrollbeobachtungen in Seattle und Krefeld bestätigten diesen Befund.
Bei den südamerikanischen Kleinfleckkatzen, einer besonders sozialen Art, konnte bei 10 untersuchten Tieren Grooming als eine der häufigsten Aktivitäten festgestellt werden. Wobei Allogrooming mit vorwiegend gegenseitigem Lecken von Gesicht und Nacken wesentlich öfter beobachtet wurde als Autogrooming (FOREMAN 1997).
ECKSTEIN & HART (2000) untersuchten die Grooming-Aktivität bei 9 Hauskatzen, wobei zwischen „self-oral-grooming" und "scratch-grooming" unterschieden wurde. Den Hauptteil beim Self-grooming = Autogrooming machte die Gesichts- und Kopfwäsche mit 35% aus. Die Untersuchungen ergaben dass Self-grooming zwar ein wirksames Mittel gegen Ektoparasiten ist, aber auch in deren Abwesenheit fast unvermindert ausgeführt wird, da die Steuerung für dieses Verhalten von verschiedenen subcortikalen Gehirnarealen ausgeht.

4.3. Voraussetzungen für eine artgemäße Zoohaltung von Schwarzfußkatzen

Die Aufgabe der wissenschaftlich geführten Zoos liegt nicht nur darin, die Tiere am Leben zu erhalten und erfolgreich zu züchten. Tiergärten sollten dafür sorgen, dass diese ihr natürliches Verhalten bewahren, um eines Tages wieder im Freiland leben zu können, oder so viel von ihren ursprünglichen Anlagen erhalten bleibt, dass sie die dazu unbedingt notwendigen Fähigkeiten wieder erlernen können.

Das müssen nicht die derzeit in menschlicher Obhut lebenden Tiere sein, auch nicht die darauffolgenden Generationen, aber früher oder später kann es erforderlich werden, diese Arten wieder in die Natur zurückzubringen (TUDGE, 1991). Die internationalen Erhaltungszucht-Programme und die Auswilderung von Zootieren von im Freiland ausgestorbenen, bzw. stark bedrohten Arten, erfordern ebenso langfristige strategische Konzepte und ein koordiniertes Vorgehen, wie Forschung zur Optimierung von Haltungsbedingungen (STAUFFACHER, 1998).

Zoos haben heutzutage oft einer extrem kritischen Öffentlichkeit zu antworten, welche große Erwartungen bezüglich des Wohlbefindens der Tiere hat. Dies verlangt von Zoos Prioritäten zu setzen, und das Umstrukturieren der Personalaufgaben für ihre Pläne und neuen Zukunftsmodelle. Die Sicherstellung von genügend Personal und Betriebsmitteln ist erforderlich, um die zeitaufwändigen Arbeiten zu leisten, damit die hohen Standards von physiologischer und mentaler Gesundheit der betreuten Tiere aufrechterhalten bleiben (SHEPHERDSON, 2003). Die Pfleger-Tier Interaktion, ebenso wie der Effekt des Pfleger-Verhaltens auf das Verhalten und Wohlbefinden der Tiere wurde in mehreren Studien beschrieben (NEPRINTSEVA et. al., 2006; WIELEBNOWSKI et. al., 2002).

Kleine Katzen (*Felis spp.*) sind oft in armseligen Unterkünften ausgestellte Tiere. Sie tendieren zu inaktivem Verhalten, verbringen lange Zeit außer Sicht oder schlafen. Wenn sie aktiv sind, bewegen sie sich häufig in repetitiven stereotypen lokomotorischen Rastern. Dennoch sind die meisten kleinen Katzen-

Arten in der Wildnis gefährdet oder vom Aussterben bedroht und ihre Zucht in menschlicher Obhut hat eine hohe Priorität (SHEPHERDSON et. al., 1993).
Die Pflege von wilden Katzen im Zoo erweist sich in vielen Fällen als besonders schwierig.
Für alle kleinen Katzenarten liegen die Probleme der Zootierhaltung in ihrer Dämmerungs- und Nachtaktivität, sowie ihrer Scheu, die sie den Tag oft in einem Versteck verschlafen lässt, wodurch sie für Zoobesucher meist unattraktiv wirken, bzw. unsichtbar bleiben.
Gut strukturierte, deckungsreiche Gehege sind eine wichtige Voraussetzung für das Wohlbefinden der Katzen, werden jedoch von den Zoobesuchern oft als nachteilig angesehen, da sie von den Tieren kaum etwas zu sehen bekommen.
Gerade von den besonders stark gefährdeten Tierarten leben oft nur wenige Exemplare in menschlicher Obhut. Damit Fragestellungen auch an kleinen Tierzahlen wissenschaftlich untersucht werden können, sind experimentelle Veränderungen der Tierumgebung und störungsfreie Beobachtungsmöglichkeiten durch vertraute Personen oft unentbehrlich.
Tiergärten leiden meist unter Platzmangel und können es sich oft nicht leisten, für Arten die bei Besuchern nur geringe Beachtung finden, ein großes Gelände zur Verfügung zu stellen. Speziell bei kleinen Wildkatzen, welche in der freien Natur große Territorien bewohnen, ist es nicht leicht, ihr gesamtes Verhaltensrepertoire in den kleinen Gehegen, die ihnen im Zoo meistens zur Verfügung stehen, auszuleben. Deshalb ist es wichtig, dass Institutionen, die nicht zwingend vom wirtschaftlichen Erfolg abhängig sind, die Erforschung des artspezifischen Verhaltens dieser Tiere möglich machen. Beispiele hierfür sind die Karoo Cat Research in Honingkrantz von PFLEIDERER für Schwarzfußkatzen und andere kleine südafrikanische Wildkatzen, sowie die Tierstation Bockengut in Horgen für Europäische Wildkatzen, geleitet von HARTMANN und gefördert von der Universität Zürich.
In beiden Haltungen können die Katzenarten in ihren heimischen Klima- und Vegetationszonen beobachtet werden. Den Katzen stehen mehrere große Gehege mit ausgesuchten Strukturen zur Verfügung, in welchen sie naturnahe Lebensbedingungen vorfinden und eine Betreuung durch vertraute, gut geschulte Personen, wodurch Stress vermieden wird. Es ist eine wichtige

Aufgabe, die in solchen Forschungsstationen gewonnenen Erkenntnisse, in die Praxis der verschiedenen Zoos zu übertragen.

Schwarzfußkatzen waren in der Zootierhaltung schon immer eine Seltenheit. Sie sind nicht nur anspruchsvolle und heikle Pfleglinge, sondern haben auch einen geringen sogenannten „Schauwert". Sie sind die kleinsten Wildkatzen, dazu besonders empfindlich auf Störungen und verbringen den Großteil des Tages schlafend oder außerhalb des Blickfeldes der Besucher. Ihr natürlicher Lebensraum sind die ariden Klimazonen des südlichen Afrika. Dies stellt ihre Haltung in Tiergärten vor besondere Anforderungen.

Die Problematik der Betreuung und Zucht der Schwarzfußkatze wurde erstmals von LEYHAUSEN (1963,1966), SCHÜRER (1978) und später von PFLEIDERER (2001) beschrieben.

Die ersten Schwarzfußkatzen gelangten erst 1957 nach Deutschland. Seit 1974 werden Daten zur Schwarzfußkatzenhaltung gesammelt und 1988 wurde das Internationale Zuchtbuch für die Schwarzfußkatze vom Frankfurter Zoo veröffentlicht, 1993 an den Wuppertaler Zoo übergeben, der die längste Tradition in der Pflege und die größten Zuchterfolge dieser Katzenart aufzuweisen hat, und dort seitdem weitergeführt (SLIWA, 2000). Zuchtbuchführer ist Zoodirektor Dr. Ulrich SCHÜRER und zusammengestellt wurde das Zuchtbuch von Dr. Alexander SLIWA. Schon im Report des Zuchtbuches 2005 wurde auf die hohe Sterblichkeit von Schwarzfußkatzen in europäischen und amerikanischen Zoos durch die Nierenkrankheit AA-Amyloidose, sowie respiratorische Erkrankungen hingewiesen.

Seit 2006 ist Dipl. biol. André Stadler für die Erstellung des Zuchtbuches zuständig. Von den 75 im Zuchtbuch 2005 angeführten Schwarzfußkatzen, waren 13 Wildfänge (9 Männchen und 4 Weibchen). Die Differenz zwischen der Anzahl von männlichen und weiblichen Wildfängen liegt vermutlich daran, dass Weibchen wesentlich vorsichtiger sind als Männchen und daher nicht so leicht in Fallen gefangen werden können.

Seither ging die Anzahl der Schwarzfußkatzen in menschlicher Obhut dramatisch zurück.

Die größten Populationen sind noch in südafrikanischen Haltungen zu finden. Es besteht die Hoffnung, dass aus solchen Zuchten Nachwuchs für die europäischen Haltungen vermittelt werden kann. Seit Nov. 2010 befinden sich im Clifton Cat Conservation Trust sieben Schwarzfußkatzen, davon zwei zuchtfähige Männchen und vier Weibchen. Zwei der weiblichen Tiere sind Neuzugänge. Marion Holmes erhielt sie durch Beryl Wilson vom BFCWG (SLIWA et. al., 2010).

Lt. HOLMES, Mitt. vom 21.3.2011 wird ein Geschwisterpaar nicht, wie geplant nach Dänemark in den Rheepark geschickt, sondern kommt vorerst in das Hoedspruit Endangered Species Breeding Centre, Südafrika. Dort befindet sich ebenfalls ein Schwarzfußkatzen-Geschwisterpaar und man hat somit zwei Zuchtpaare und hofft auf baldigen Nachwuchs.

STADLER (2010) teilt im Schwarzfußkatzen-Report aus dem EEP Zuchtzentrum Wuppertal mit, dass weltweit nur mehr 49, davon 10 in Europa lebten. Aus seinem Bericht vom 12.01.2011 ist zu erkennen dass sich diese Zahl inzwischen auf 7 Katzen reduziert hat. Kurz vor Fertigstellung des Zuchtbuches, Stand 21.07.2011 ist zu erkennen dass sich die Situation in Europa nicht verbessert hat.

Der Bestand an Schwarzfußkatzen in europäischen Tiergärten setzt sich derzeit aus vier Männchen, zwei Weibchen und einem Jungtier zusammen. Mit dieser Anzahl kann ohne Nachschub aus außereuropäischen Haltungen keine erfolgreiche Zucht aufgebaut werden.

Aus dem Zoo Wuppertal erhielt ich diese deprimierenden Zahlen über den aktuellen Stand der Schwarzfußkatzen-Population in Europa.

Stand:	01.09.2010	12.01.2011	21.07.2011
Wuppertal	2,1	2,0	1,1
Howletts/Lympne	1,1	1,1	1,1,1
Sandwich	3,1	2,1	2,0
Belfast	1,0	0,0	0,0
gesamt	7,3	5,2	4,2,1

Tab.15 Entwicklung des Schwarzfußkatzen-Bestandes in Europa

Versuche Embryos mit Spermien von wild gefangenen Schwarzfußkatern und Oozyten im Zoo lebender Weibchen zu produzieren, wurden schon seit vielen Jahren unternommen (BLÜM, 1985). WILDT & ROTH (1997) arbeiteten mit dem Conservation and Research Center/NOHAS, in den USA an einem derartigen Forschungsprojekt. Sie schrieben, dass es angebracht wäre, eine unterstützende Reproduktion, mittels künstlicher Insemination (AI), In-vitro-Fertilisation (IVF), Embryo Transfer und Cryopreservation für das Management und die Conservation von Feliden einzusetzen. Es sei denkbar, dass in Zukunft die unterstützte Reproduktion den Versand von genetischem Material (einfacher als lebende Tiere) zwischen geographisch getrennten Populationen ermöglichen wird. Diese Techniken könnten auch bei sexuell unverträglichen Individuen angewandt werden (dieser Versuch wurde bei dem extrem unverträglichen Nebelparder-Paar im Zoo Zürich unternommen, blieb aber leider ohne Erfolg). Weil Katzen empfänglich für verschiedene Virusinfektionen sind, könnte die unterstützende Reproduktion ein Hilfsmittel zum Züchten einiger genetisch wichtigen Individuen unter Verwendung von gereinigten und pathogenfreien Gameten sein. Der größte Wert dieser Techniken ist die Entwicklung einer Datenbank auf dem Fundament der reproduktiven Biologie. Das ist äußerst wichtig für jede gefährdete Spezies. In den letzten 15 Jahren wurden auf diesem Gebiet immense Fortschritte gemacht und inzwischen ist viel Information über die reproduktive Physiologie mancher Katzenarten vorhanden; z.B. solche über den Gepard (*Acinonyx jubatus*), dessen Datenbank es ermöglichte, wiederholt Nachwuchs durch Verwendung der AI-Methode zu erzielen.

An einem solchen Forschungs-Projekt für Schwarzfußkatzen sind seit 2010 Dr.s Herrik (Cincinnati Zoo), N. Lamberski (San Diego Wild Animal Park) und A. Sliwa (Kölner Zoo) beteiligt. Lt. SLIWA pers. Mitt. sind in Europa bisher noch keine befriedigenden Ergebnisse erzielt worden und auch den amerikanischen Forschern gelang die Entwicklung der befruchteten Eizelle bisher nur bis zum Blastula-Stadium. Das Gelingen dieser Versuche könnte ein entscheidender Schritt zur Bewahrung und Zucht der Schwarzfußkatze in Zoologischen Gärten und in Folge auch in freier Wildbahn sein. STADLER (2010) vertritt die Ansicht, dass zur Erhaltung einer gesicherten Zoopopulation von

Schwarzfußkatzen je 100 Exemplare in Europa, Nordamerika und Südafrika notwendig wären.

In den folgenden Abschnitten soll versucht werden, die Voraussetzungen für möglichst optimale Bedingungen zur Haltung von Schwarzfußkatzen in menschlicher Obhut zu ermitteln. Durch die Zusammenwirkung aller dieser Anregungen, deren Resultate sich im letzten Kapitel, dem Environmental und Behavioural Enrichment offenbaren, könnte für diese Katzenart eine höhere Überlebensrate erreicht werden.

4.3.1. Gehege: Größe, Struktur, Einrichtung, Begrenzung, und davon abhängige Verhaltensbeeinträchtigungen.

Das Ideal für die Umgebung eines Tieres in menschlicher Obhut wäre die genaue Kopie seines natürlichen Habitats, mit Ausnahme seiner Feinde, Parasiten und Krankheiten. Dies ist natürlich unmöglich, aber sicherlich ist es unerlässlich, typische, lebensnotwendige Merkmale
seiner physischen und sozialen Umgebung zu kopieren (HUTCHINS, HANCOCKS, CROCKETT, 1984).
Die räumliche Enge eines Geheges im Vergleich zum natürlichen Habitat ist die häufigste, aber nicht alleinige Ursache für den Mangel an Lokomotion, welche für den Bewegungsapparat eines Tieres und somit für seine Gesundheit erforderlich ist. Die Struktur und artgerechte Einrichtung können eine ungenügende Größe zum Teil ausgleichen. Dennoch sollte jedem Tier eine artspezifische Mindestgröße als Lebensraum angeboten werden. Die Bedeutung der rein quantitativen räumlichen Ausdehnung einer Anlage stellt einen eigenständigen Aspekt dar, der nicht beliebig durch qualitative Verfeinerungen wettgemacht werden kann. Beobachtungen an Leoparden im Zoo Salzburg zeigten, dass verschiedene Verhaltensweisen, wie z.B. Verfolgungsspiele mit Anschleichen, Springen, Klettern oder Rückzug von Artgenossen, in einer 50 m^2 Anlage nicht möglich gewesen wären (REVERS & REICHARDT, 1986).
Bereits LEYHAUSEN & TONKIN (1966) wiesen darauf hin, dass das Traben (eine essentielle Verhaltensweise) der Schwarzfußkatzen bei nicht ausreichendem Platz unterdrückt wird. Daher ist es besonders wichtig, dass

diese kleinen Katzen in einem möglichst großen Gehege gehalten werden. Damals betrug allerdings die empfohlene Gehegegröße für eine Schwarzfußkatze 10 m^2, für eine zweite entsprechend mehr.

Struktur

Jeder Zoo muss ernsthaft bemüht sein, erstens Tiere vor Verletzungen zu bewahren und zweitens ihnen Lebensmöglichkeiten zu bieten, welche denjenigen im natürlichen Biotop so weit wie möglich entsprechen, jedoch größere Sicherheit gewähren, nämlich absolute Sicherheit vor Durst und Hunger, vor gefährlichen artgleichen Rivalen und vor artfremden Feinden (HEDIGER, 1965).

Zoos und Tierparks versuchen heutzutage für ihre Tiere artspezifische Behausungen bereitzustellen. In solchen Wohnsystemen haben die Tiere die Möglichkeit, ihr natürliches Verhalten mit Rücksicht auf alle lebenswichtigen Funktionen einzusetzen. Dadurch entwickeln sich keine Verhaltensstörungen, wie Stereotypien oder Apathie (HARTMANN, 2008). Diese Anlagen sind erfolgreich, wenn den Tieren essentielle Strukturen und erforderliche Anreize zur Auslösung ihrer unterschiedlichen natürlichen Verhaltensweisen angeboten werden. Viele Arbeiten befassten sich mit Entwürfen und Planung zur Verbesserung von Design und Ausstellung der Anlagen für Zootiere (YOUNG, 2003; SHEPERDSON, 1998).

Die Struktur eines Geheges sollte den Bedürfnissen der jeweiligen Tierart genau angepasst sein. Jede Haltungsanreicherung muss sorgfältig auf die artspezifischen Bedürfnisse und auf die lokalen, räumlichen und sozialen Gegebenheiten abgestimmt werden. Die Haltungsumgebung kann nicht nur unterfordert, sondern auch überfordert sein. Auf engem Raum ist es entscheidend, dass die verschiedenen Umgebungselemente so zueinander in Beziehung gebracht werden, dass sie trotz räumlicher Nähe funktionsspezifisch genutzt werden können (STAUFFACHER, 1998).

In Bezug auf die Haltung von Schwarzfußkatzen, aber auch die meisten anderen Wildkatzen, bedeutet das, dass sie ihren Bedürfnissen, wie Ruhen, Lokomotion, Fressen, Trinken, Defäkieren, Urinieren, Markieren und Krallenwetzten in gesonderten, nicht zu nahe beieinander liegenden Bereichen nachkommen können. Dies gilt in verstärkten Maß, wenn das Gehege von einer Mutterkatze mit ihrem Wurf bewohnt wird.

Mehrere Zoos versuchten dämmerungsaktive Kleinkatzen, wie z.b. die Schwarzfußkatzen im Frankfurter Zoo in den 1980-iger Jahren, in Nachttierhäusern unterzubringen. Dies erwies sich jedoch als wenig effektiv, da nachtaktive Katzen größtenteils auch in diesen Häusern die tagsüber erzeugte Kunstnacht verschliefen. Die Ursache hierfür lag wahrscheinlich darin, dass die Katzen in solchen Tierhäusern aus Platzmangel in viel zu kleinen Räumen gehalten wurden. Durch diese Enge und das Publikum direkt vor den Glasscheiben, werden Aktivitäten, wie Traben und Spielen unterdrückt, sodass die Katzen die meiste Zeit schlafend verbringen. Dämmerungs- und nachtaktive Kleinkatzen haben bei normalem Tag/Nacht- Belichtungsregime in nicht zu grell ausgeleuchteten, sondern mit gedämpfter Beleuchtung mäßig aufgehellten Unterkünften im Zusammenhang mit tierpflegerischen Routinearbeiten auch tagsüber oftmals mehrere Aktivitätsphasen (PUSCHMANN, 2007).

Einrichtung
Rückzugsmöglichkeiten und Aktivität:
Eine moderne Gehegegestaltung muss Zootieren erlauben erfolgreich zu fliehen, sich längerfristig in Schutz bietende Strukturen zurückzuziehen, sowie Störungen und plötzliche Umgebungsveränderungen (z.B. neu eingebrachte Artgenossen, Objekte oder Aufenthalt von Menschen im Gehege), von sicheren Warten aus beobachten und kontrollieren zu können. Haben die Tiere die Erfahrung gemacht, dass sie sich in subjektive Sicherheit zurückziehen können, reagieren sie auf Störungen weniger intensiv (STAUFFAHER, 1998).

Schutzbringende Strukturen sind nicht nur für die Kleinen Katzen sondern für alle Arten, auch für die Großkatzen ein wesentlicher Bestandteil der Gehegeeinrichtung. Die Wirkung optischer Barrieren in Form von Büschen wurde an Sibirischen Tigern (*Panthera tigris altaica*) und an Amurleoparden (*Panthera pardus orientalis*) im Zoo Zürich untersucht. Nach Anbringung einer Sichtbarriere, bestehend aus vier Bambusbüschen im Gehege, verbesserte sich die intraspezifische Toleranz. Die Katzen zeigten weniger Aggressionen und bei jüngeren Tieren konnte mehr Spielverhalten beobachtet werden. Die Vorteile der Barrieren durch Sträucher auf die sozialen Interaktionen wurden besonders während des Paarungsverhaltens, wo sich ein Partner bei Bedarf zurückziehen konnte, veranschaulicht. Die Büsche wurden von den Leoparden auch als Rückzug vom Publikum genützt (SCHIESS–MEIER & WIEDENMAYER (1994).

Geeignete Verstecke für Schwarzfußkatzen sind Steinhöhlen, hohle Stämme, Wurzelstöcke, Dickicht aus kleinen Sträuchern und Grasbüscheln. In südafrikanischen Haltungen sind Strünke der Agavenblüten und verlassene Termitenhügel als Höhle sehr beliebt.

SLIWA (1998) beobachtete Schwarzfußkatzen in freier Wildbahn, welche jeden Tag an einem anderen Platz innerhalb ihres Territoriums schliefen und zu einem bestimmten Platz erst nach ca. drei Wochen wieder zurückkehrten. Auch PFLEIDERER (2001) stellte bei ihren Beobachtungen fest, dass eine freilebende Schwarzfußkatze zu einem bestimmten Ruheplatz immer in Intervallen von ziemlich genau drei Wochen zurückkehrte.

Daher ist es wichtig, dass im Gehege mehrere teils sehr versteckte, teils halb offene Ruheplätze angeboten werden, je nachdem, ob die Katzen ungestört sein wollen, oder die Umgebung von einem sicheren Ort aus beobachten möchten. Besonders für Mütter mit ihrem Nachwuchs sollten die Wege zwischen den verschiedenen Unterschlüpfen und zum Futterplatz mit vielen Deckungsmöglichkeiten ausgestattet sein.

Die Eingangsöffnung einiger, aber nicht aller Ruheplätze kann bei gut eingewöhnten, menschvertrauten Tieren den Besucher zugewandt sein. Schwarzfußkatzen sitzen oder ruhen nur kurze Zeit völlig im Freien. Auch in diesem Falle benötigen sie zumindest eine Rückendeckung, um sich sicher zu fühlen. Ein gelegentlich neu angebrachter Ruheplatz ist immer interessant und sorgt für Abwechslung.

In der Karoo Cat Research wechselten die Schwarzfußkatzen nach zwei bis drei Wochen ihre Schlafstelle. In der freien Wildbahn verlegte eine Katzenmutter ihre Jungen schon ab dem 6. Tag regelmäßig in einen neuen Bau (SLIWA, 2007). Auch die Sandkatzenmütter im Zoo Dresden zogen mit ihren Jungen ab den 6. Lebenstag häufig um (LUDWIG, W. & C., 1999), (Seite 93). Anders als bei den meisten Wildkatzen der Alten Welt ist bei der südamerikanischen Kleinfleckkatze (*Leopardus geoffroyi*) eine Wurfbox ausreichend, weil kein Wechsel der Wurfkisten stattfindet. Wichtig ist allerdings dass sich die Box schon längere Zeit vor der Geburt im Gehege befindet (FORAMAN, 1997).

Um Lokomotionsstereotypen entgegenzuwirken sollte den Schwarzfußkatzen nicht nur ein ausreichend großes, sondern auch ein entsprechend strukturiertes Gehege angeboten werden.

Das Traben ist eine für diese Katzen typische Aktivität (Seite 80) und lässt sie in freier Wildbahn jede Nacht viele Kilometer zurücklegen (SLIWA, 2007).

Schon LEYHAUSEN (1961) schrieb, dass diese kleinen Katzen in einem Käfig ununterbrochen, wie ein „kleiner Spielzeugzug" im Kreis rennen können. Diese monotone Bewegung zeigen sie aber nur, wenn sie nichts anderes zu tun haben. Auch in einem abwechslungsreich eingerichteten Gehege laufen und traben Schwarzfusskatzen, aber sie unterbrechen diese Bewegung immer wieder, um etwas zu untersuchen oder zu beobachten.

Variationen und gelegentliche Veränderungen bei der Ausstattung können für Abwechslung sorgen und sich als nützlich erweisen, indem sie das Explorationsverhalten begünstigen (PFLEIDERER, 2001). Baumstämme (liegend, weil Schwarzfusskatzen nicht gerne klettern) um die Krallen zu wetzen und darauf zu sitzen, sowie um Ausschau zu halten, ebenso wie Steine als Beobachtungs- und Ruheplatz werden gerne benützt. Auch Büsche und Gräser (siehe Abschnitt Bepflanzung), gehören in das Gehege.

Bodenbedeckung:
Noch immer herrscht häufig die Ansicht, dass betonierte Gehege hygienischer, weil leicht zu reinigen sind. Diese Bauweise ist jedoch für die Unterbringung der meisten Carnivoren nicht empfehlenswert. Böden aus Spritzbeton können außerdem bei Katzen, die viel umherlaufen mit der Zeit zu Hautabschürfungen an den Pfoten führen (WOOSTER, 1997).

Gerade bei den Katzenartigen hat sich die Bedeckung des Gehegebodens mit Rindenmulch in den letzten Jahren immer mehr durchgesetzt. Dieser hat den Vorteil desinfizierend zu sein, außerdem benötigt man weniger Zeit für die Reinigung, weil nur Häufchen entfernt werden müssen und der Boden nicht täglich gewaschen werden muss. Weil kein Waschen mit dem Schlauch nötig ist, bleibt die Luft trockener (LAW, MACDONALD, REID, 1997). Man spart sich Desinfektionsmittel und verhindert unabsichtliche Vergiftungen von Katzen durch Phenol-Absorption. Katzen haben im Gegensatz zu vielen anderen Tieren einen niederen Level von Glucoronal Trasferase und können Phenol nicht leicht entgiften (FOWLER, 1978).

Für Schwarzfußkatzen und alle psammophilen Carnivoren ist Sand die ideale Bodenbedeckung. SCHÜRER (1978) ließ im Zoo Wuppertal den Boden des Geheges mit einer 10 bis 20 cm dicken Sandschicht bedecken und diesen durch eine elektrische Bodenheizung stets trocken halten. Auch in der derzeitigen Haltung wird im Zoo Wuppertal Sand als Bodendeckung verwendet. Sand ist nicht nur eine geeignete Bodenstreu und bietet Kotplätze und Stellen zum Urinieren, er wird auch zum Spielen, sowie zum Graben von Rinnen und Verstecken genutzt (PFLEIDERER, 2001).

In sehr großen Gehegen, wie in der Karoo Cat Research, genügt ein trockener Naturboden, der nur teilweise mit Sand bedeckt ist. Ein Haufen frischer Sand regt Schwarzfußkatzen immer wieder zum Spielen und Graben an (Seite 90).

Bepflanzung:

Oft herrscht die Ansicht, dass Pflanzen in Gehegen von Carnivoren von geringem Nutzen, durch Urin ohnehin zerstört werden und nur arbeits- und kostenintensiv sind. Die Bepflanzung und landschaftliche Gestaltung eines Geheges sollte jedoch nicht nur zur Aufwertung desselben in den Augen der Besucher dienen (LAW, MACDONALD, REID, 1997). Pflanzen und Substrate bieten den Katzen Schatten und Versteckmöglichkeiten, sowie Anreize zum Erkunden. Gerade Rückzugsmöglichkeiten sind äußerst wichtig für das physiologische und physikalische Wohlbefinden von Katzen. Untersuchungen ergaben, dass sich in einem Gehege ohne Bepflanzung und Versteckplätze der Cortisol–Level von Bengalkatzen (*Prionailurus bengalensis*) erhöhte. Dieser gilt als Indikator für Stress (CARLSTRAD et. al., 1992, 1993).

Die Art der Bepflanzung sollte den Ansprüchen der einzelnen Katzenarten angepasst sein. Tiere aus tropischen Regenwäldern benötigen Pflanzen mit dichtem Laubwerk, dagegen müssten die Gehege für Katzen aus ariden

Regionen, wie Schwarzfußkatzen oder Sandkatzen mit niedrigen Büschen, wie sie in ihrer Heimat vorkommen, ausgestattet werden.

Gras gehört in jedes Katzengehege. Es ist unerlässlich für das Wohlbefinden und eine funktionierende Verdauung (LEYHAUSEN & TONKIN, 1966; SCHÜRER, 1978; PFLEIDERER, 2001).

PUSCHMANN (2007) empfiehlt, den Katzen Gras oder 10-15 cm hohe Getreideschösslinge, z.B. von Weizen oder Hafer, anzubieten. Sie erleichtern das Hervorwürgen und Erbrechen von ev. im Magen verbliebenen Haaren und verhindern die Bildung von Haarballen (Trichobezoare).

Begrenzung

Die Grundvoraussetzungen für die Begrenzung eines Katzengeheges ist die Ausbruchssicherheit, die vor allem dem Schutz des Tieres, aber bei wehrhaften Arten auch dem der Besucher gilt. Aus diesem Grund ist eine doppelte Sicherung beim Eingang eine zwingende Notwendigkeit (HEDIGER, 1965).

Ein wichtiger Faktor ist auch der Abstand zu anderen Tiergehegen und zu Besuchern, um Stress durch scheinbare Bedrohung zu vermeiden. Trotzdem soll die Abgrenzung dem Besucher die Beobachtung der Katzen ermöglichen (PUSCHMANN, 2007).

Während der Aufzucht von Jungtieren sollte ein Teil der Begrenzung abgedeckt werden, um Störungen durch Besucher zu verringern, da sonst die Gefahr besteht, dass die Mutter den Wurf aufgibt.

Die leichte Gehegebauweise aus Holzstämmen und Maschendraht ist für Schwarzfußkatzen in ihrer Heimat sicher ideal, jedoch in unseren Gegenden aus verschiedenen Gründen nicht zu empfehlen.

Glasbauweise: Die Begrenzung durch Glasscheiben hat Vor- und Nachteile: Der Nutzen ist v.a. für Besucher erkennbar, denn das Glas ermöglicht diesen einen besseren Einblick in die gesamte Anlage. Für die Tiere kann die gute Sicht von Nachteil sein, wenn nicht ausreichende Möglichkeit zum Rückzug besteht. Die akustische und olfaktorische Abdichtung kann für beide Seiten vorteilhaft sein. Bei Sonneneinstrahlung besteht die Gefahr, dass durch die völlige Begrenzung mit Glasscheiben eine erhöhte Raumtemperatur in Verbindung mit

Stauluft entsteht und zu einer erheblichen Belastung für die Katzen führt (ALMASBEGY, 2001).
Bei Katzen aus ariden Lebensräumen, wie Schwarzfußkatzen, auch Sandkatzen (*Felis Margarita*) sind Begrenzungen aus Glas zur Verhinderung von Luftfeuchtigkeit erforderlich (SAUSMAN, 1997). Aber gerade dann ist darauf zu achten, dass immer wieder genügend Frischluft zugeführt wird. Ideal wäre ein Gehege, wo sich Maschendraht und Glasflächen abwechseln, wobei die Schwierigkeit besteht, in einer solchen Anlage die erforderliche Lufttrockenheit zu erreichen.
Ein zusätzliches Außengehege kann von allen Seiten, oben geschlossen, mit Maschendraht begrenzt werden. Dieser sollte für Kleinkatzen 24 x 48 mm, bei einer Stahldrahtstärke von 2mm betragen, damit er auch für Jungtiere ausbruchsicher ist.
Das Sicherheitsgefühl für die Katzen wird erhöht wenn der Abstand zum Besucherweg zumindest teilweise mit Büschen bepflanzt ist.
Besonders wichtig ist, dass keine Tiere, welche Fressfeinde der kleinen Katzen sind, wie z.B. Großkatzen ihre Gehege in Sichtweite der kleinen Katzen haben, da dies zu einer Dauerbelastung der kleineren Arten führen würde (WOSTER, 1997). Größere Carnivoren in den Nachbargehegen, deren akustische und olfaktorische Äußerungen wie auch deren Anblick AAMs aus den Bereichen Angst – Abwehr – Aggression ansprechen, führen bei kleineren Katzenarten zu einer dauernden Stresssituation, die Abwehrstrategien wie den Verteidigungsschlaf stark fördern (PFLEIDERER, 2001).

4.3.2. Das Gehege als Revier

Generell gilt für alle Tiere in menschlicher Obhut, dass das Gehege aus ihrer Sicht nicht als Gefängnis, sondern als eigenes Revier wahrgenommen werden sollte, mit möglichst allen Erfordernissen, die ein Revier auch in der freien Wildbahn enthält.
Zumindest sollte das Gehege für das Tier sein Heim „Erster Ordnung" bedeuten.

Dieses Territorium muss in seiner Größe nicht mehrere km^2 umfassen, denn auch im Freiland ist das Ausmaß vom Vorhandensein der lebensnotwendigen Ressourcen beeinflusst.

Deshalb kommt dem Kleintier-Territorial-Verhalten innerhalb der Tiergartenbiologie eine so entscheidende Bedeutung zu. Sie hat uns gelehrt, dass das sogenannt freilebende Tier nicht frei lebt, sondern vielmehr in räumlicher, zeitlicher und persönlicher Beziehung gebunden ist (HEDIGER, 1961, 1965).

Während meines Aufenthaltes in der Karoo Cat Research beschädigte ein nächtlicher Sturm das Gitter des Daches, sodass die Falbkatze Dani ihr Gehege verlassen konnte. Am Morgen wurde sie dabei beobachtet, wie sie vor der Gehegetüre stand. Als jemand aus dem Haus trat, lief sie davon und verschwand in der Wildnis. Eine ausgedehnte Suche blieb ergebnislos. Es war nicht möglich, die Türe für sie offen zu lassen, weil sie das Gehege mit einem weiteren Kater teilte. Lediglich die Türe des Zwischengeheges konnte offen bleiben. Am übernächsten Morgen wurde sie wieder gesehen, als sie zwei der Hauskatzen, welche sie oft vor dem Gitter gereizt hatten, über den Platz vor der Anlage jagte, bevor sie wieder verschwand. Bei der Abendfütterung des zweiten Tages erschien sie plötzlich, begleitete ihre Betreuerin zum Gehege und ging durch die Türe hinein. Die Rückkehr in ihr Gehege beweist, dass die Falbkatze Dani dieses als ihr eigenes Revier, in dem sie sich sicher fühlte, betrachtet hat.

Auch dem Schwarzfußkater Jock und später der Katze Magrit gelang es manchmal bei der Fütterung, sobald die Türe aufging, ins Zwischengehege zu entwischen. Aber jedes Mal machten sie schleunigst kehrt und folgten der Betreuerin zurück in ihr eigenes Gehege.

4.3.3. Klima und Krankheiten: ein spezielles Problem

Wie bereits beschrieben, wird die Anzahl der Schwarzfußkatzen in menschlicher Obhut weltweit durch Krankheiten, wie AA-Amyloidose, welche zu Nierenversagen führt, oder durch respiratorische Erkrankungen, sowie durch von Hauskatzen übertragenen Infektionen und Parasiten dezimiert.

STADLER (2010) schreibt in seinem Schwarzfußkatzen-Report vom 23.09.2010, dass sich der Weltbestand seit dem Jahr 2005 von 75 auf 49 Tiere vermindert hat, wovon in Europa in vier Haltungen nur noch 10 Exemplare leben (lt. letztem Bericht von Stadler vom 21.07.2011 sind es nur mehr 7 Schwarzfußkatzen), einige wenige in Nordamerika und die meisten in Südafrika. Im Jahr 2000 waren weltweit noch 83 Katzen im Zuchtbuch registriert (SLIWA, 2000), d.h. dass ein fortlaufender Schwund dieser Art in allen Tiergärten zu verzeichnen ist. Auch in den südafrikanischen Haltungen gab es mehr Todesfälle, als erfolgreiche Aufzuchten.

So starben allein in den drei Katzenforschungs–Stationen: Karoo Cat Research, Clifton Cat Conservation Trust und Tenikwa Wildlife Awareness–Wild Cat Experience in den Jahren 2008 bis 2010 zwölf Schwarzfußkatzen. Dabei wurden die totgeborenen, bzw. bald nach der Geburt verstorbenen Tiere noch nicht mitgezählt. Auch hier war die Krankheit Amyloidose, neben dem Calicivirus, einer Art Katzenschnupfen, und dem Befall mit Bandwürmern mit Epilepsie als Folge, die häufigste Todesursache. Der Calicivirus war besonders bei den Falbkatzen in Clifton epidemisch verbreitet, und wurde von diesen auf die Schwarzfußkatzen übertragen.

Hieraus ist ersichtlich, wie dringend Untersuchungen und Ursachenforschung notwendig sind, um diesem Problem entgegen zu wirken. Erschwerend hierbei ist die Tatsache, dass aus der freien Wildbahn möglichst keine Katzen entnommen werden sollten, weil die Verbreitungsdichte dieser gefährdeten Art sehr gering und geografisch beschränkt ist.

Die Nierenkrankheit Amyloidose gilt in der Medizin als genetischer Defekt, dessen Entstehung bisher noch nicht erforscht werden konnte. Es ist jedoch auffallend, dass nicht nur die Zoopopulationen davon betroffen sind, sondern auch Tiere, welche aus dem Freiland stammen, in vielen Haltungen früher oder später davon befallen werden.

AA-Amyloidose wurde auch bei anderen freilebenden Spezies, wie Geparden (*Acinonyx jubatus*) oft als sekundäre Erkrankung infolge chronischer Entzündungen diagnostiziert (PFLEIDERER, 2001; TERIO et. al., 2008). Diese Krankheit wurde ebenfalls beim Schwarzfußiltis (*Mustela nigripes*) untersucht. GARNER et. al., (2007) schließen eine genetische Veranlagung nicht aus, sehen jedoch bei Schwarzfußiltissen besonders in der Inzucht den Grund für die Ausbreitung von AA-Amyloidose.

Bei der Sandkatze (*Felis margarita*) wird diese Krankheit trotz des ähnlichen Lebensraumes nicht als Todesursache erwähnt. Bei dieser Art sind die Haupttodesursachen in menschlicher Obhut respiratorische Erkrankungen und infektiöse Rhinotracheitis (SAUSMAN, 1997).
Meiner Ansicht nach besteht die Möglichkeit einer genetischen Disposition für diese Krankheit, die hauptsächlich in Verbindung mit bestimmten umweltbedingten, bzw. haltungsbedingten Voraussetzungen zum Ausbruch kommt. Schwarzfußkatzen gelten als besonders anfällig für ein hohes Maß an chronischem Stress unter Gefangenschaftsbedingungen. Hormonelle Nebennierenrinden-Hyperplasie, ein Indikator für Stress, wurde in der Mehrzahl aller untersuchten Katzen festgestellt (TERIO et. al., 2008). Daher ist weitere Forschungsarbeit notwendig um festzustellen, ob chronischer Stress Grund für eine gewisse Veranlagung oder der entscheidende Faktor für die Entwicklung von Amyloidose bei Schwarzfußkatzen ist.
Untersuchungen an freilebenden Schwarzfußkatzen auf Amyloidose waren Bestandteil einer Feldstudie über das Verhalten und die Ökologie dieser Katzen, die zwischen 1992 und 1998 im Gebiet um Kimberley, Südafrika durchgeführt wurde (SLIWA, 2004, 2006, 2009). Es war jedoch nur bei einer juvenilen Katze eine geringe Menge von Amyloid im Milz-Follikel vorhanden. Kein Nieren-Amyloid wurde festgestellt. Das Vorhandensein vom Amyloid in einer freilebenden Schwarzfußkatze kann zusätzliche Nachweise für eine artspezifische Vorliebe erbringen und die Existenz eines möglichen familiären Typs von Amyloidose bei Schwarzfußkatzen absichern (TERIO et. al., 2008).
Schon in früheren Berichten wiesen SCHÜRER (1978), PFLEIDERER (2001) und SLIWA et. al., (2005) auf die Problematik der Luftfeuchtigkeit für diese Katzenart hin.
Schwarzfußkatzen benötigen eine sehr trockene Luft, ca. 40 %. Dies ist in den meisten Tiergärten schwierig zu bewerkstelligen, denn dadurch wird die Haltung in Freigehegen beeinträchtigt oder sogar unmöglich.
PUSCHMANN (2007) ist der Ansicht, dass die Raumtemperatur für Schwarzfußkatzen bis 26°C betragen soll. Die von mir beobachteten Katzen waren den extremen Temperaturen der Karoo, die zwischen unter -5°C und über 40°C schwanken können, ausgesetzt. Die Ursache für respiratorische

Erkrankungen liegt weniger an zu niedrigen Temperaturen, als vielmehr am feuchtkühlen Klima in den europäischen und nordamerikanischen Haltungen. Selbst die gelegentlichen Regengüsse in der Karoo mit der kurzfristigen Erhöhung der Luftfeuchtigkeit werden von den Katzen in freier Wildbahn ohne Probleme überstanden.

Auch in feuchtwarmen Klimazonen, wie an den südafrikanischen Küstenregionen, erkrankten Schwarzfußkatzen manchmal an Amyloidose, aber auch an Virusinfektionen, welche von anderen Katzenarten übertragen werden können.

Trotz seiner Lage in der Karoo, jedoch direkt neben dem großen Fluss Fish-River, breiteten sich im Clifton Cat Conservation Trust Infektionskrankheiten bei den Schwarzfuß- und Falbkatzen aus. Diese konnten jedoch inzwischen medikamentös und durch Impfungen erfolgreich bekämpft werden. In der mitten im trockenen Hochland gelegenen Karoo Cat Research war die einzige Katze, welche an Amyloidose starb, bereits infiziert nach einem halbjährigen Aufenthalt in einer anderen Haltung zurückgebracht worden. Die Tatsache, dass der Kater Jock dort ein Alter von 12 Jahren erreichte und dann innerhalb weniger Stunden, mit ziemlicher Sicherheit durch den Biss einer der dort häufigen Giftschlangen, starb, beweist, dass der Faktor Klima vielleicht das wichtigste Kriterium für die Erhaltung einer gesunden Population von Schwarzfußkatzen ist.

Im Zoo sind feuchtwarme Räume, wie sie beim Reinigen durch Spritzen mit Wasserschläuchen in geheizten Anlagen entstehen, durch die rasche Vermehrung von infektiösen Keimen und leichtes Entstehen von Erregerhospitalismus, für Schwarzfußkatzen besonders gefährlich. Klimatisierte Räume haben spezielle Nachteile. Sie erfordern einen relativ hohen technischen und demzufolge auch finanziellen Aufwand und können meist nicht in der idealen Größe gebaut werden. Als Begrenzung bietet sich Glas an, welches jedoch zu Stauluft führen kann (siehe oben).

Empfehlenswert wäre eine Anlage mit trockenem Innenraum und niedriger Luftfeuchtigkeit als Rückzugsgebiet, sowie einem Außengehege mit kontrolliertem Zugang ins Freie. Dies könnte vielleicht helfen, die Katzen an andere Klimazonen anzupassen, ohne dass sie gesundheitlichen Schaden nehmen. Im Zoo Wuppertal wurden lt. SCHÜRER (1978) Luftentfeuchter erfolgreich eingesetzt. Es gibt jedoch durch den heutigen technischen Standard sicher noch effizientere Möglichkeiten der Luftentfeuchtung als früher, ohne das Wohlbefinden der Tiere durch Geräusche oder zusätzliche Wärmeentwicklung zu beeinträchtigen.

Wichtig ist, dass die Räume nicht überheizt werden, denn Schwarzfußkatzen können in der Natur mit Temperaturschwankungen von 20°C pro Tag leben. Im Winter herrschen nachts Minusgrade. Deshalb ist es auch notwendig die Temperatur nachts abzusenken, wie das im Zoo Wuppertal schon in früheren Jahren erfolgte (SCHÜRER, 1978).

In dem halbwüstenartigen Lebensraum der Schwarzfußkatzen ist kaum Wasser vorhanden, außer nach den seltenen Regenschauern, weshalb das Blut der Beutetiere den Flüssigkeitsbedarf der Katzen ausreichend deckt (Seite 74). Da es manchmal nicht möglich ist, die Katzen mit frischtoten Tieren zu füttern, ist es empfehlenswert Blut mit etwas Wasser vermischt anzubieten (ALMASBEGY und PFLEIDERER, 2012).

Im Zoo Wuppertal erhalten die Katzen täglich eine kleine Schale mit frischem Wasser.

Lt. STADLER pers. Mitt. verhindert man durch die Wassergabe, dass die Tiere im Falle einer Erkrankung unter plötzlich auftretendem starkem Durst und unter Dehydration leiden müssen. Außerdem kann das Trinkverhalten zur Früherkennung der Amyloidose beitragen.

4.3.4. Menschlicher Einfluss: Pfleger und Besucher

Pfleger:
Ein Faktor, welcher bei der Behandlung der Tier-Umgebung noch weitgehend ignoriert wird, ist der Betreuer, obwohl dieser täglich in der Umgebung des Zootieres in Erscheinung tritt, indem er mit der Reinigung, Fütterung oder Wartungsarbeiten beschäftigt ist. Solche Arbeiten können auf verschiedenste Weise ausgeführt werden und sind oft vom persönlichen Stil des Pflegers abhängig (HARTMANN, 2008, 2009). Routineabläufe wie Fütterung, Öffnen oder Schließen der Innenräume und die Reinigung sind Zeitgeber und

beeinflussen die Verhaltensorganisation im Tagesablauf stark. Erfolgen sie regelmäßig und gleichförmig, lassen sich manche Tierarten bzw. Individuen positiv konditionieren, was zu einer erheblichen Reduktion von Störungen durch den Betreuer führt (STAUFFACHER, 1998).

Gerade für solitär lebende Säugetiere kann der Tierpfleger das bedeutsamste Element ihrer Zooumwelt sein (LEYHAUSEN, 1961). Arbeitsstil, Körperhaltung, Geruch, Gesichtsausdruck und andere nicht greifbare Signale, die von Pflegern ausgehen, beeinflussen das Verhalten der Tiere nachhaltig (HEYMANN & HOLIGHAUS, 1998).

Wesentliche Grundlagen für das soziale Arrangement und die Aufzucht sind neben artgerechter Nahrung, Klimakomfort und speziestypischer Umgebung auch die Illusion von Sicherheit, die durch einen einfühlsamen menschlichen Betreuer vermittelt werden kann (LUDWIG, W. und C., 1999).

Bei den Katzen ist die Toleranz oder Aggressivität gegenüber Menschen, weniger von der Art, als vom Individuum und Geschlecht, sowie von der Person und der Situation abhängig. Handlungen des Pflegers müssen für die Tiere voraussehbar sein. Plötzliches, unangekündigtes Betreten des Geheges sollte vermieden und die Katzen mit leisem Sprechen, wenn möglich auch mit Blinzeln, beruhigt werden. Ängstlichen Tieren sollte man die Gelegenheit zur Flucht und zum Verstecken ermöglichen. Das Geborgenheitsgefühl von Kleinkatzen wird in besonderem Maße beeinträchtigt, wenn diese bei Routine- und Reinigungsarbeiten häufig aus Verstecken, Schlaf- und Wurfplätzen vertrieben werden.

Sozialisierung bedeutet tägliche Pfleger-Tier-Interaktion während und außerhalb der Routinearbeiten. Regelmäßige kurze Beschäftigung mit den Katzen durch ruhige Kontaktaufnahme von außen (Fang- und Raschelspiele mit Zweigen, Fütterung kleiner Leckerbissen aus der Hand, beruhigendes Sprechen) dient dem Aufbau von Vertrauen zu bestimmten Personen und deren Akzeptanz, besonders auch bei Jungtieren etwa ab der siebten Lebenswoche mit dem Ziel der Sozialisierung, nicht Prägung auf den Menschen.

WIELEBNOWSKI, et. al., (2002) fanden höhere Durchschnittswerte von fäkalen Corticoid-Konzentrationen bei Nebelpardern (*Neofelis nebulosa*), welche einer größeren Anzahl von verschiedenen Pflegern ausgesetzt waren, als bei solchen Tieren, die nur von wenigen Pflegern betreut wurden. In derselben Studie konnte festgestellt werden, dass je mehr Stunden pro Woche ein bestimmter Pfleger mit dem Nebelparder verbrachte, bei diesem umso niedrigere Corticoid-Konzentrationen gemessen wurden.

HARTMANN (2008) beschreibt die Bedeutung des Pflegers bei der Betreuung von Europäischen Wildkatzen (*Felis silvestris*) als einen wesentlichen Faktor für das Wohlbefinden dieser Tiere. Alle Pfleger in ihrer Forschungsstation Bockengut waren angewiesen, die Arbeiten mit ruhigen Bewegungen auszuführen und dabei ständig leise und beruhigend mit den Katzen zu sprechen. Blinzeln sollte als Beschwichtigungsgeste bei der interspezifischen Kommunikation eingesetzt werden. Von unerlässlicher Bedeutung für den Pfleger und seine Beziehung zu den Tieren ist es, die Tatsache zu akzeptieren, dass Wildkatzen unter keinen Umständen berührt werden dürfen. Einer von drei Pflegern in der Forschungsstation befolgte die Vorgaben bezüglich des angebrachten Gebarens gegenüber den Katzen offensichtlich nicht. Die Verhaltensänderungen der Katzen waren daraufhin eklatant. Zwei der Katzen versteckten sich in ungewöhnlichen Positionen auf Ästen unterhalb des Gehegedaches, eine andere begann im zweiten Gehege stereotyp hin und her zu rennen. Die Fluchtdistanz der Wildkatzen erhöhte sich von Null bis einem Meter auf ungefähr fünf Meter. Drei Wochen nachdem dieser Pfleger seine Arbeit in der Wildkatzenanlage beendet hatte, hörten die Stereotypien der beiden Weibchen auf und die beiden anderen ruhten auch während ein Pfleger durch das Gehege ging, wieder entspannt auf dem Boden. Die Fluchtdistanz der adulten Tiere verringerte sich erst nach mehreren Wochen. In den nächsten sechs Monaten versteckten sich noch immer drei Katzen, sobald sie jemanden kommen hörten. Ihr Verhalten normalisierte sich erst später langsam. Dieses Beispiel zeigt, wie rasch durch das Fehlverhalten eines Pflegers Verhaltensstörungen besonders bei Kleinkatzen, sowohl in Form von Stereotypien, wie auch Apathie auftreten können.

Das Vertrauensverhältnis der Schwarzfußkatzen in der Karoo Cat Research zu ihren Betreuern wurde im Kapitel „Sozialverhalten im Interspezifischen Bereich" ausführlich beschrieben.

Der Einfluss des Pflegers auf den Zuchterfolg:
Zucht- und Aufzuchterfolge sind besonders dort zu erwarten, wo direkte Kontakte zu menschlichen Betreuern auf wenige und unbedingt vertraute Pfleger beschränkt bleiben (PUSCHMANN, 2007). Von einer gründlichen Gehegereinigung sollte während der Jungenaufzucht abgesehen werden. Nur unbedingt notwendige Arbeiten sind durch eine vertraute Person zu verrichten, wie das Entfernen von Kot, Urinflecken und Futterreste. Im Zoo Dresden konnte beobachtet werden, dass bei Sandkatzen, Karakalen, Amurkatzen und Ozelots die Mütter es während der ersten Aufzuchtwochen peinlich vermieden, Kot, Harn und Futterreste in der Nähe der Nestbox zu verscharren. In kleinen Gehegen, wie dem der Sandkatzen, stieg die Nervosität der Mutter bei stärkerer Verunreinigung, oder Mangel an Verstecken für Kot usw. (LUDWIG, W. und C., 1999).
Untersuchungen über das Reproduktionsverhalten von 17 Kleinkatzenspezies in Zoos ergaben, dass Katzen, die keine Sympathie zu ihrem Pfleger haben, keine erfolgreichen Zuchttiere sein können (MELLEN, 1991). Von verschiedenen Autoren wird empfohlen, bereits vor der Geburt und während der Aufzucht nur noch *einen* vertrauten Pfleger in die Nähe des Wurfkäfigs zu lassen. LUDWIG, W. und C., (1999) beschrieben den Einfluss des Pflegers für den Zuchterfolg bei den Sandkatzen (*Felis margarita*) des Dresdner Zoos. Dort gab die Sandkatze ihren ersten und zweiten Wurf kurz nach der Geburt infolge von Störungen bei der Pflege auf. Beim dritten Wurf versorgte die Katze ihre Jungen gut. Am 5. Tag fand jedoch ein Pflegerwechsel statt, dem im Verlaufe von zwei Tagen die Aufgabe des Wurfes durch die Mutter folgte. Erst der vierte Wurf wurde erfolgreich aufgezogen, woran die Betreuung durch den Pfleger, sowie die Abschirmung vom Publikum sicher einen wesentlichen Anteil hatten.
Die Margay-Unterart (*Leopardus wiedii yucatanica*) konnte bisher in menschlicher Obhut nicht gezüchtet werden. Im Ridgeway Trust für Endangered Cats (RTEC) in Süd-England wurde ein in Belize wildgefangenes, konfisziertes Margay-Paar in gut strukturierten Gehegen gehalten. In dieser Institution sind keine Besucher zugelassen. Das Weibchen gebar im Jahr 1994 ein Junges, welches es im Alter von 50 Tagen tötete und bis auf den Kopf auffraß. An diesem und den folgenden Tagen wirkte die Mutter völlig verstört. Als Ursache

wurde Stress durch menschliche Störungen angenommen. Im nächsten Jahr war das Margay-Weibchen wieder trächtig. Diesmal dichtete man die Umgebung der Wurfbox zusätzlich ab und beschloss Mutter und Junge bis zur 6. Woche ungestört zu lassen und auch von der Reinigung des Innenraumes abzusehen. Wasser und Futter wurden nur vom Autor dieses Berichtes gereicht. Das einzige Junge wurde erstmals im Alter von 51 Tagen gesehen, als es aus der Nestbox kam und das Geschlecht (es war ein Männchen) erst zwei Wochen später festgestellt. Unter diesen Bedingungen entwickelte sich das Junge zu einem gesunden und lebhaften Kätzchen. Im Alter von 8 Monaten wurde er von seiner Mutter getrennt und später mit einem ebenfalls wild gefangenen Weibchen aus Belize erfolgreich verpaart. Seine Mutter hatte ein Jahr später ihren dritten Wurf (MANSARD, 1997). Dies ist ein weiteres Beispiel dafür, wie sensibel alle kleinen Katzenarten auf menschliche Störungen reagieren.

Besucher:
Um den Erwartungen der Besucher zu entsprechen, die Tiere aber nicht unnötig zu belasten, müssen in jedem Zoo Kompromisse gefunden werden. Zoobesucher stellen einen bedeutsamen Faktor dar, und man versucht ihnen die Tiere möglichst nahe zu bringen und gut zu präsentieren. Allerdings sind sie für die scheuen Kleinkatzen vor allem eine Belastung. Jedoch wenn sich die Katzen in ihrem Gehege wirklich sicher fühlen, kann für sie die Beobachtung der Besucher auch eine willkommene Abwechslung bedeuten und Neugierverhalten auslösen. MARLGULIS et.al. (2003) untersuchten an 6 Katzenarten im Brookfield Zoo den Einfluss der Aktivität auf die Besucher, sowie denjenigen der Besucher auf das Verhalten der Katzen. Von den 6 Katzenarten, war die Fischkatze (*Prionailurus viverrinus*) die einzige Kleinkatze. Das Ergebnis dieser Studie bewies, dass das Interesse der Besucher größer war, wenn die Katzen aktives Verhalten zeigten. Sehr großen Katzen, wie Löwen und Tiger galt das Besucherinteresse auch wenn sie inaktiv waren. Artspezifische Differenzen bezüglich der Attraktivität auf Besucher waren weniger abhängig von der Aktivität der Tiere, sondern standen in Relation zur Größe der Katzen. Das Interesse an der Kleinkatze war größer wenn sie aktiv war, aber nie so groß wie das an den Großkatzen.

Umgekehrt war der Einfluss der Besucher auf die Aktivität der Katzen nachweislich nur gering. Eine merkliche Beeinflussung basierte auf dem Naheffekt durch Besucher, denn in diesem Falle tendierten die Katzen zu erhöhter Inaktivität (O'DONOVAN et. al., 1993; RYBAK, 2002). Bei der Beobachtung von Schneeleoparden in zwei Zoos mit und zwei Zoos ohne Besucher, konnten keine signifikanten Unterschiede im Verhalten festgestellt werden. In Zoos ohne Besucher war lediglich eine leicht erhöhte Aktivität beim lokomotorischen Verhalten und der Markierungstätigkeit zu verzeichnen (ALMASBEGY, 2001).

Bei Katzenhaltungen in Innenräumen mit Glaswänden gibt es leider immer wieder unvernünftige Menschen, besonders ungenügend beaufsichtigte Kinder, die gegen die Scheiben klopfen. Nur durch Räume, welche groß genug und gut strukturiert sind, sodass die Katzen ausreichend Rückzugsmöglichkeiten haben, kann man die Belastung einigermaßen gering halten. Bei Außengehegen ist es meist möglich, einen entsprechend breiten, bepflanzen Sicherheitsabstand einzurichten, der trotzdem Einsicht ins Gehege zulässt, aber den Katzen ein Gefühl von Sicherheit gewährt. Manche Anlagen können von drei oder sogar von allen Seiten durch Besucher eingesehen werden. Weil die Tiere sich ständig beobachtet fühlen, bedeutet dies für die scheuen Kleinkatzen erhöhten Stress, der sich in inaktivem Verhalten, Kontaktabbruch bis zum Verteidigungsschlaf (PFLEIDERER, 1990) äußern kann.

Mein Beobachtungsgebiet, die Karoo Car Research ist eine Forschungsstation ohne Besucher, daher konnte die Reaktion auf fremde Menschen nicht untersucht werden.

4.3.5. Vergesellschaftung

Jedes Tier ist auch in der freien Wildbahn in einem strengen Raum-Zeit-System (HEDIGER 1942) gefangen, dazu in einem starren sozialen System. In das soziale System kann der Zoo nicht eingreifen. Er kann lediglich ordnen, dämpfen und raumbedingte Exzesse verhüten. Wir wissen, dass räumliche Beschränkung die Aggression steigert. Das lässt sich indessen durch adäquate Berücksichtigung der spezifischen Strukturen mildern, d.h. es kann durch

geeignete Maßnahmen unter Umständen eine gleichwertige (oder gar größere) soziale Harmonie hergestellt werden, als sie normalerweise in Freiheit existiert. Verletzungen und Tod durch soziales Verhalten lassen sich bei genügend Kenntnis und Aufmerksamkeit weitgehend ausschalten. Und darin liegt eine, nicht unwesentliche, Aufgabe der Tiergartenbiologie (HEDIGER, 1965).
Obwohl alle Katzen außer dem Löwen als Einzelgänger gelten, ist eine gemeinsame Haltung in menschlicher Obhut durchaus möglich. Die Verträglichkeit, bzw. Unverträglichkeit zwischen Katzen ist weniger artabhängig, sondern vielmehr in der individuellen Persönlichkeit der Tiere begründet. Wenn zwei oder mehrere Katzen zusammen in einem Gehege leben, sind das fast immer Paare, Eltern mit heranwachsenden Jungen, oder Geschwister.
Im Kapitel: Das Intraspezifische Sozialverhalten wurde die Möglichkeit, auch bei solitären Arten, wie Schwarzfußkatzen, mehrere Individuen in einem Gehege zu halten bereits beschrieben.
Bei der Zusammenführung von Katzen ist jedoch besondere Vorsicht geboten. Sie sollte erst nach längeren, visuellen, olfaktorischen und akustischen Kontakten durch zwei getrennte Gitter, und wenn keinerlei aggressives Verhalten festgestellt wurde, erfolgen (PUSCHMANN 2007). Eine sorgfältige Beobachtung der Katzen nach der Vergesellschaftung ist in der ersten Zeit unbedingt notwendig. Auch wenn sie sich durch das Gitter schon kennen gelernt haben, kann es trotzdem, sobald sie sich im gleichen Gehege befinden, zu heftigen Auseinandersetzungen kommen, die wenn nicht eine sofortige Trennung erfolgt, für eines der Tiere sogar tödlich enden kann. Es gibt verschiedene Ursachen für die Unverträglichkeit und Angriffe. Das kann einfach eine individuelle gegenseitige Abneigung sein, oder die Territorialverteidigung des ursprünglichen Gehegeinhabers, sowie Konkurrenz um Futter. Wenn dann die Situation noch durch zu geringe Gehegegröße, nicht ausreichende Ausweichmöglichkeiten, sowie nicht genügend Verstecke verschärft wird, kann es für beide Tiere zu gefährlichen Verletzungen kommen.
Wenn Katzen jedoch harmonisch zusammenleben und sogar züchten ist dies für die Tiere eine Bereicherung und für die Besucher ein erfreulicher Anblick.

4.3.6. Environmental und Behavioural Enrichment

Noch vor 10 Jahren wurde der Begriff „Enrichment" als kurzfristige Moderichtung betrachtet, heute jedoch ist der schwache Ansatz zu einer Hauptströmung in der Zootierhaltung angewachsen (SHEPERDSON, 2003; MELLEN & MACPHEE, 2001). Environmental Enrichment ist das Resultat einer Synergie zwischen einer Anzahl verschiedener wissenschaftlicher und anwendungsbezogner Fachgebiete (SHEPERDSON, 1998).
STAUFFACHER (1998) empfiehlt die räumliche und soziale Umgebung von Tieren in menschlicher Obhut so zu gestalten, dass einzelne Individuen aus dem gesamten Verhaltensrepertoire der Spezies zumindest so viele Verhaltensmuster erfolgreich ausführen können, dass ihre Anpassungsfähigkeit nicht überfordert wird.
Es sind jedoch nicht nur Stereotypien, welche sich durch fehlendes Environmental Enrichment, wie Fehlplanung beim Gehegebau, mangelnde, reizarme Gehegeeinrichtung, sowie unzureichende Pflege, entwickeln können. Auch andere abnormale Verhaltensmuster, wie Apathie, Erbrechen, Nahrungsverweigerung, Kotfressen, Selbstverstümmelung und „Overgrooming", Verhaltensweisen, welche in der freien Natur nie beobachtet wurden, können auftreten (MEYER-HOLZAPFEL, 1968; LYONS et. al., 1997; SHEPERDSON, 1998).
Im April 1999 entwickelte eine Arbeitsgruppe der American Zoo & Aquarium Association (AZA) eine umfassende Definition des Enrichment zur Erstellung von Richtlinien und Standards für die Zukunft. Die folgende, mehr globale Definition resultiert im Wesentlichen aus diesem Meeting: „Environmental enrichment ist ein Prozess zur Verbesserung und Aufwertung der Zootier-Umgebung und Betreuung im Kontext mit der Verhaltensbiologie und natürlichen Entwicklungsgeschichte ihrer Einwohner. Es ist ein dynamischer Prozess, in welchem Wechsel von Strukturen und Tierhaltungs-Praktiken ausgearbeitet werden, mit dem Ziel der Erhöhung von Verhaltens-Wahlmöglichkeiten, die den Tieren verfügbar sind, ihr artspezifisches Verhalten zu erweitern, um dadurch ihr Wohlbefinden zu erhöhen. Es wird vorausgesetzt, dass Enrichment normalerweise die Identifizierung und darauffolgende

Ergänzung eines artspezifischen Anreizes zur Zooumgebung, die kennzeichnende Eigenschaften einschließen, welche den Bedürfnissen der Zoobewohner entsprechen, aber vorher nicht angeboten wurden".

Die Auswirkung der Gefangenschaft auf das Verhalten und Wohlergehen von Tieren hat seit den Studien von HEDIGER (1955, 1961) erstmals Aufmerksamkeit erhalten. Es ist inzwischen bekannt, dass gerade kleine Katzenarten bei Haltung in zu engen Käfigen mit uninteressanter Einrichtung, sowie Störungen durch Pfleger oder Besucher häufig ein anormales und gestörtes Verhalten, z.b. in Form von Stereotypien, aufweisen.

MASON (1991) beschreibt Stereotypien als ein sich ständig wiederholendes, invariantes Verhaltensmuster ohne ersichtlichen Zweck oder Funktion.

Die Forschung geht das Problem der Stereotypien von Zootieren mit verschiedenen, oft kreativen Enrichment-Strategien an, wodurch eine signifikante Reduktion des stereotypen Verhaltens in 53 % der Studien in der Literatur festgestellt wurde. Das endgültige Ziel der Erforschung von Enrichment-Stereotypien sollte die Möglichkeit der Vorhersage sein, wann sich Stereotypen entwickeln und mit welchen Anreicherungen der Umgebung diese verhindert werden können (SWAISGOOD & SHEPERDSON, 2005).

Environmental enrichment hat sich in Richtung einer genaueren Kenntnis von der Lebensqualität für Tiere, durch Bereitstellung einer größeren Auswahl von Einrichtungen, sowie dem Angebot an Abwechslung mit Herausforderungen an die Wahrnehmung ihrer Umgebung, entwickelt. Menschen an der Frontlinie des Environmental enrichment, wie Forscher und Zoopersonal, benötigen keine Überzeugung von der Notwendigkeit dieses Beitrages für das tierische Wohlbefinden. Gut angepasste, reaktionsfähige, neugierige, aktive und gesunde Tiere sind das Produkt von intensiven Verbesserungs-Bemühungen. Environmental-enrichment Programme sind unumgänglich notwendig für das Wohlergehen der Tiere und aus diesem Grunde sollte „Laissez-faire" Gesinnung gegenüber der Umgebungs-Anreicherung nicht länger toleriert werden (SHEPHERDSON, 2003).

In den letzten Jahren wurden zahlreiche Methoden des Environmental Enrichment entwickelt um die artgemäße Haltung und Zucht von kleinen Katzen zu verbessern. Viele davon haben für alle Katzen Gültigkeit, es sind jedoch die artspezifischen Ansprüche von Tieren, welche aus den verschiedensten Vegetations- und Klimazonen stammen, zu berücksichtigen. Für diese Arten gibt es verschiedene Möglichkeiten, ihren Zooalltag zu bereichern und damit zu ihrem Wohlbefinden beizutragen. WOOSTER (1997) beschrieb die unterschiedlichen Enrichment-Techniken für so verschiedene Katzen, wie Nebelparder (*Neofelis nebulosa*), Manul (*Otocolobus manul*) und den Serval (*Leptailurus serval*). Hieraus ist ersichtlich, dass es genaue Kenntnis vom Verhalten der verschiedenen Tiere erfordert, um das artspezifisch richtige Environmental Enrichment zu entwickeln.

In einer Studie an 16 Leoparden (*Panthera pardus*) in vier indischen Haltungen, teils mit und teils ohne Besucher, wurden die Frequenzen der Aktivität, des Ruheverhaltens und des stereotypen Gehens untersucht. Es zeigte sich, dass mehrere Faktoren Einfluss auf diese Verhaltensweisen hatten. Eine Rolle spiele dabei wahrscheinlich auch der dämmerungsaktive Charakter der Leoparden. Während der Aktivitäten der Pfleger erreichten die lokomotorischen Stereotypien Spitzenwerte. Dagegen erhöhte sich an Besuchertagen das Ruheverhalten, während die Leoparden an besucherfreien Tagen aktiver waren. In kleinen Gehegen zeigten die Leoparden mehr Stereotypen als in größeren, besser strukturierten. Großen Einfluss hatte die Fütterungszeit. Die höchsten Spitzen der Tagesaktivität und den niedrigsten Level beim Ruheverhalten wurde in dieser Zeit beobachtet (MALLAPUR & CHELLAM, 2002).

Traditionelle Methoden zur Beschäftigung von Wildkatzen sind verschiedene, abwechslungsreiche Fütterungsmethoden, das Anbieten von Spielzeug, sowie Vorrichtungen, die von den Katzen Arbeiten zum Erreichen von Nahrung verlangen (MELLEN & SHEPERDSON, 1997). Gerade die Schwarzfußkatze, welche in der freien Natur besonders aktiv ist und viele Kilometer in einer Nacht zurücklegen kann, ist in menschlicher Obhut oft auffallend inaktiv (MELLEN et. al., 1998). Hier sind Strukturen und Beschäftigungs-Programme zur Erhöhung der Aktivität, nicht nur für das Wohlbefinden sondern auch für die Gesundheit von essentieller Bedeutung.

Den Katzen können auch untertags Anreize zu Aktivitäten angeboten werden, wodurch Verhaltensstörungen verhindert werden und außerdem ihre Attraktivität für die Zuschauer gesteigert wird. Wenn die Besucher Gelegenheit haben, das natürliche Verhalten von Tieren in gut strukturierten Anlagen zu beobachten, ist dies für sie nicht nur interessant sondern auch lehrreich.

Spiel zur Erhöhung der Aktivität

Spiel aus eigenem Antrieb mit beweglichen Objekten kommt vor allem bei jungen Katzen vor. Jedoch auch adulte Tiere können zum Spiel angeregt werden, indem die Objekte vom Menschen oder einen Mechanismus bewegt werden und somit Jagdverhalten auslösen. Auch Gegenstände mit einem bestimmten Geruch oder Geschmack können die Katzen veranlassen, damit zu spielen. WOOSTER (1997) empfiehlt den Katzen in Zoo verschiedene kleine Spielsachen, welche umhergetragen werden können, wie Tannenzapfen, Kokosnüsse, aber auch getrocknete Schweinohren oder Rinderhufe (werden im Fachhandel angeboten), ins Gehege zu legen. Im Woodland Park Zoo bot man einem Servalmännchen die Haut einer Schlange nach deren Häutung (Natternhemd) an. Der Serval fauchte die Haut an, attackierte sie und fraß sie schließlich auf.

Schwarzfußkatzen können durch geduldiges Spiel mit bewegten Gegenständen meist besser an Menschen gewöhnt werden, als durch Futtergaben. PFLEIDERER (2001) beschreibt das Spiel mit einem Stück Leder an einer Schnur, der „Ledermaus", womit sie sowohl ihren Schwarzfußkater Jock, wie auch den Kater Koos (bei diesem waren volle vier Wochen Training notwendig), ihre Scheu vergessen lassen konnte. Voraussetzung hierfür ist, sich niemals dem Tier zu nähern, sondern es selbst herankommen zu lassen. Dies ist eine Grundregel, die nicht nur für alle Katzen, sondern auch die meisten anderen scheuen Wildtiere gilt.

Auch die von mir beobachteten jungen Schwarzfußkatzen ließen sich durch Spielobjekte, wie Zweige, Büschel von Straußenfedern oder der Plüschspinne an einer Schnur in andere Räume oder sogar in Transportboxen locken, ohne dem üblichen Stress beim Einfangen ausgesetzt zu sein. Das Spiel ist für alle Katzen, nicht nur für juvenile, ein wesentlicher Faktor zur Erhöhung der Aktivität und Bekämpfung der Langeweile. Es ist erwiesen, dass stereotype Lokomotionen durch die Ermöglichung von anderen Beschäftigungen, wie z.B. das Spiel, vermieden werden (PFLEIDERER, 2001).

Alle Katzen, Schwarzfußkatzen sind hier keine Ausnahme, lieben beim Spiel die Abwechslung, weshalb man ihnen immer wieder neue Gegenstände anbieten sollte. Das können Tücher, Lederstücke, Zweige oder Holzteile sein. Im Gegensatz zu Hauskatzen bevorzugen Schwarzfußkatzen größere Spielobjekte (Seite 74), während sie kleine Spielbällchen kaum beachten. Getragene Kleidungsstücke, wie Shirts haben zusätzlich noch einen olfaktorischen Reiz. Als der 8 Wochen alte Kater Jan die erste Nacht in meinem Zimmer verbrachte, gelang es ihm, mehrere bis zu 10 cm große Löcher in meine Socken zu reißen. Er war von dieser Beschäftigung so abgelenkt, das er seine bisherige Scheu nahezu ablegte.

Auch Sand kann eine Schwarzfußkatze zum Spiel anregen. Besonders wenn er frisch ins Gehege gestreut wird, kann man die Katzen beim Graben, sich Wälzen und Aufhäufen von Wällen beobachten.

Ein wichtiger Anreiz zum Erkundungsverhalten, sowie zum Spiel ist auch, wenn die Objekte nicht dauernd und in beliebiger Menge, sondern nur zufällig und in kleinen Mengen zur Verfügung stehen (STAUFFACHER, 1998). Beschäftigungsreize müssen oft wechseln und dürfen nicht zu häufig eingesetzt werden, weil sie sonst schnell an Attraktivität verlieren.

Katzen reagieren auf passiv im Gehege herumhängende oder liegende Gegenstände kaum, v.a. wenn sie sich schon länger dort befinden. Spielobjekte sollten immer wieder für einige Zeit „verschwinden", weil jedes noch so spannende Objekt nach einiger Zeit langweilig wird und das Interesse der Katzen nachlässt. Wenn die Spielsachen nach mehreren Tagen oder Wochen erneut angeboten werden, sind sie für die Tiere wieder attraktiv und können das Spielverhalten verstärkt auslösen (ALMASBEGY, 2001).

Die Schwarzfußkatzen in der Karoo Cat Research veränderten ihr nocturnales Verhalten, und lernten es, auch untertags aufmerksam zu sein, wenn man ihnen zu bestimmten Zeiten Spielmöglichkeiten oder auch Futter anbot. Allerdings funktionierte dies am besten in den Morgen- und Nachmittagsstunden, weniger in der heißen Mittagszeit. Ereignete sich jedoch mittags etwas Besonderes, zögerten sie nicht aufzustehen, um nach vorne zu kommen und zu schauen. (PFLEIDERER, M. und J., 2001).

Ein Haufen raschelnder getrockneter Blätter, am besten in einer großen Katonschachtel, wird von den meisten Katzen begeistert angenommen. Sie können lange Zeit damit spielen, indem sie darin graben und immer wieder heraus und hinein springen. Als besonders erfolgreich erwies sich dieses Angebot bei den Falbkatzen (PFLEIDERER pers. Mitt.), aber auch bei verschiedenen anderen kleinen Katzenarten im Woodland Park Zoo, Seattle (WOOSTER, 1997).

Fütterungsmethoden
Beutegreifer, wie Katzen müssen, um ihren Nahrungsbedarf zu decken, mehr oder weniger lange ungerichtet suchend umherziehen. Nur beim Auftreten spezifischer Reize (Schlüsselreize), die von naher Beute ausgehen, kommt es zu einer vielfach nur kurzen Jagd (=gerichtete Appetenz). Erst dann kann die Beute verzehrt werden. Viele Beutezüge sind erfolglos und müssen nach einer Erholungsphase wieder durchgeführt werden (BASSENGE et al., 1998).
Allerdings kann sich speziell bei der Fütterung durch die Regelmäßigkeit besonders bei Carnivoren stereotypes Verhalten, entwickeln. Die vielenorts bei der Haltung von Braunbären übliche Regelmäßigkeit von Routinehandlungen und damit verbunden die zeitgebunden gespannte Erwartung von Fütterung begünstigt das Auftreten und die Intensität stereotyper Muster (LANGENHORST, 1997).
Zu festgesetzten Tageszeiten mit festgelegten Rationen gefütterte Katzen führen häufig Laufstereotypen in der Zeit vor der Fütterung durch.
HEDIGER (1965) Widmete der artgerechten Fütterung von Zootieren in seinem Buch über Tiergartenbiologie ein ausführliches Kapitel. Er prangerte schon vor Jahren die „Retorten-Auffassung" bei der Wildtierfütterung als falsch und vom tiergartenbiologischen Standpunkt aus, als abzulehnen an. Diese Art der Fütterung kann mit gefährlichen Domestikationswirkungen verquickt sein, wie sie in der Nutztierzucht betrieben wird. Er verurteilte die von RATCLIFFE (1940) im Zoo Philadelphia entwickelte Futterrefom für Wildtiere, welche lange Zeit, besonders in amerikanischen Tiergärten angewandt wurde. Ratcliffe teilte das Reich der Säugetiere und Vögel im Zusammenhang mit seiner Diätreform lediglich in drei Gruppen ein, nämlich Allesfresser, Pflanzenfresser und

Fleischfresser. Für jede dieser drei Gruppen stellte er eine Idealdiät zusammen, die zermahlen, gemischt und in standardisierten, homogenisierten stets gleich bleibenden Klößen in festgelegten Mengen und vorgeschriebenen Zeitabständen dem Wildtier verabreicht wurden. HEDIGER (1965) schrieb dass im Züricher Zoo, bereits damals die Ganztierfütterung anwendet wurde, sodass die Raubtiere immer Fleisch mit Knochen, auch frisch getötete Kaninchen samt Pelz und Eingeweiden erhielten. Er schreibt, dass die Monotonie der Retorten-Fütterung nicht nur zu Verhaltensstörungen, sondern auch bei Nichtgebrauch zur Degeneration von Muskeln, z.B. der Kiefermuskeln bei Löwen, sowie Magen-Darm-Erkrankungen führen kann.

Präpariertes Futter führt bei Carnivoren oft zu Zahnproblemen (BOND & LINDBURG, 1990). Es ist auch bewiesen, dass der Nährstoffgehalt bei einer solchen Diät nicht ausreichend ist. Als einem Serval, welcher bisher nur mit gerupften oder gehäuteten Tieren gefüttert wurde, ein ganzes Huhn angeboten wurde, riss er nicht nur die Federn aus, sondern zupfte auch das Gras rund um den toten Vogel (MORRIS, 1990). Dieses Verhalten kann man bei Schwarzfußkatzen nicht beobachten. Sie rupfen Federn und Fell der Beutetiere nicht aus, sondern fressen das meiste davon mit Fleisch und Knochen auf. Kleine Katzen beginnen meist von Kopf her zu fressen und benützen ihre Schnurrhaare, welche ihnen helfen, die Fellrichtung festzustellen und das Kopfende zu finden (LEYHAUSEN, 1979). Dieses Verhalten wird unnötig, wenn die Katzen mit vorbehandeltem Fleisch gefüttert werden.

In den letzten Jahren hat sich diese Erkenntnis in vielen Tierhaltungen durchgesetzt und zu einem besseren Gesundheitszustand der Katzen, sowie auch zu gesteigertem Behavioural Enrichment geführt.

Die Beschaffung von Nahrung in der freien Natur ist für die Katze harte Arbeit (LINDBURG, 1988). Es wurde bereits viel unternommen, um die Aktivität von Katzen in menschlicher Obhut während der Fütterung zu erhöhen (MANSARD, 1989). Kleine Stücke von Pferde- oder Rindfleisch können als Zusatzfutter für Katzen im Gehege verstreut werden, damit sie danach suchen müssen. Diese Futterstückchen sollten auch untertags verteilt werden. Dies hält die Katzen aktiv und auch für Besucher sichtbar (LAW, MACDONALD & REID, 1997).

Die Methode, Futterstücke am Gitter des Gehege-Daches zu befestigen ist eine interessante Alternative für Kleinfleckkatzen (*Leopardus geoffroyi*) oder Ozelot (*Leopardus pardalis*), allerdings nicht geeignet für so wenig kletterfreudige Arten, wie die Schwarzfußkatze. Das Verstecken von Fleischstücken oder ganzen Eiern zwischen Zweigen ist ebenfalls ein Mittel um den Aufwand für die Zeit der Futtersuche zu erhöhen. Unterschiedliche Methoden der Fütterung können das tägliche Erkundungsverhalten von 5,5 bis über 14 % steigern (SHEPERDSON et. al., 1993). Eine ähnliche Studie an drei Kanadischen Luchsen (*Lynx canadensis*) im Louisville Zoo, einem 4-jährigem Männchen und zwei Weibchen (15 und 3 Jahre alt), bei Verwendung von getöteten Beutetieren welche im Außengehege versteckt wurden, führte ebenfalls zu einer deutlichen Erhöhung der Aktivität (Reduktion der Schlafens- und Ruhezeiten). Eine Habituation an die versteckteren Beutestücke, welche nach über zwei Jahren auftrat, zeigt dass kontinuierlich Einfallsreichtum und Erfindungsgabe gefragt sind. Um das Enrichment zu erhalten, sind die eingesetzten Mittel an geänderte Umstände anzupassen. Schon geringfügige Abwechslung in der Präsentation von Futter erhöht den Aktivitätslevel von Katzen und fördert ihr psychologisches und physiologisches Wohlbefinden (GILKISON. & WHITE, TAYLOR, 1997). Aktive Tiere, welche verschiedene Bereiche von natürlichen Verhaltensweisen zeigen, wecken das Interesse der Besucher und tragen zu deren größerem Bildungsniveau bei.

MELLEN et. al. (1981) entwickelten im Rahmen einer sechs-jährigen Studie im Washington Park Zoo eine spezielle Methode zur Fütterung von Servalen *(Leptailurus serval),* mit dem Ziel ihr Jagdverhalten anzuregen und ihre Aktivität zu steigern. Servale jagen in der Natur kleine Nagetiere im hohen Gras, jedoch auch Vögel aus der Luft, welche sie oft mit spektakulären Sprüngen erbeuten. Dieses dramatische Verhaltensmuster bekommen Zoobesucher jedoch kaum zu sehen. Zu Beginn dieser Studie waren die Servale, ein Männchen und zwei Weibchen, ausgesprochen inaktiv und erhielten wenig Aufmerksamkeit durch die Besucher. Für diesen Versuch wurde an der Gehege-Decke an einem 13 m langen Draht ein mit Fleisch bestückter Kunstvogel aufgehängt und mit einem Apparat von einem Ende zu anderen gezogen. Dieser war zweimal täglich 20 Minuten lang in Aktion. Die Servale konnten diesen „Vogel" mit 1,5 bis 2,5 m hohen Sprüngen erbeuten. Oft fing ein Serval den Vogel und ein anderer nahm ihm das Fleisch weg. Besonders das dominante Männchen bedrohte die Weibchen häufig und nahm ihnen das Futter ab. Das Ergebnis dieser Studie zeigte, dass die Aktivität der Weibchen signifikant zunahm, während beim Männchen, welches kaum Sprünge durchführte, nur eine geringe Änderung festgestellt wurde. Dieses inaktive Verhalten veranlasste den Tierarzt zu einer genaueren Untersuchung des Serval-Männchens, wobei ein Leistenbruch festgestellt wurde.

Durch dieses Programm wurden drei positive Aspekte erreicht. Die Tiere wurden aktiver, und die Besucher schenkten ihnen mehr Aufmerksamkeit und stellen dem Personal interessierte Fragen über das Verhalten von Servalen. Außerdem konnte dadurch eine Krankheit des Servals diagnostiziert werden, die man sonst vielleicht lange nicht entdeckt hätte.

MARKOWITZ & La FORSE (1987) und MARKOWITZ et al. (1995) konnten nachweisen, dass Servale (*Leptailurus serval*) und ein Leopard (*Panthera pardus*), die ihre Futterverfügbarkeit beeinflussen konnten, aktiver waren, sich vermehrt im Blickfeld der Besucher aufhielten und weniger stereotypierten. Im Woodland Park Zoo in Seattle, bot man den Servalen lebende kleine Forellen in einem Wasserbehälter an. Dies war bei ihnen besonders beliebt und dem Fischessen folgte gründliches, länger andauerndes Putzen (WOOSER, 1997).

Bei einigen Katzenarten wurden Experimente mit unterschiedlichen Methoden der Ernährung mittels Futterkisten angestellt. Das Ziel war, damit eine Erhöhung der Aktivität und Verminderung derjenigen Stereotypien, die im Zusammenhang mit der Futterbeschaffung stehen, zu erreichen.

Außerdem sollten bei diesem Versuch, die Werte für den nicht-invasiv im Kot gemessenen Glukokortikoidspiegel im Vergleich zu einer Kontrollfütterung ohne Futterkisten reduziert werden. Der Versuch erbrachte jedoch sogar bei einzelnen Individuen in der gleichen Haltung, wie den beiden Schneeleoparden von und den Margayweibchen M1 und M2 von GUSSET et al. (2002) unterschiedliche Ergebnisse.

Bei Bengalkatzen wurde eine erniedrigte Cortisolkonzentration im Urin nach Anreicherung der Haltungsumgebung festgestellt (CARLSTEAD et al., 1993).

HARTMANN-FURTER (1998) entwickelte für die Europäischen Wildkatzen (*Felis s. silvestris*), Futterkisten, die mit einem elektronischen Öffnungsmechanismus versehen waren, und von selber zu unvorhersehbaren Zeiten aufsprangen. Diese Wildkatzen zeigten signifikant höhere Aufmerksamkeit als traditionell gefütterte und keine der elektronisch gefütterten Wildkatzen wies Verhaltensstörungen auf.

Im Zoo Zürich wurde die Fütterung mittels Futterkisten bei Tigern (*Panthera tigris*) erstmals von JENNY (1999) versucht. Verschiedene Futterboxen waren im Außengehege verteilt, mit Fleisch bestückt, und durch einen starken Magneten verschlossen. Durch zufällige Steuerung wurde immer einer für 15 Minuten auf Öffnen geschaltet. Ebenfalls in Zürich führten GUSSET, BURGENER und SCHMID (2002) Untersuchungen an Margays (*Leopardus wiedii*) und BURGENER (2000) an Schneeleoparden (*Uncia uncia*) durch. In allen drei Fällen wurden die Schieber der Kisten von den Katzen durch eine horizontale Bewegung nach rechts geöffnet. Während die Tiger und Schneeleoparden das Öffnen schnell erlernten, hatten die Margays, besonders ein Weibchen, bis zum Schluss der Versuche Probleme damit. Vertikale Bewegung schien den Katzen eher zu liegen. JENNY & SCHMID (2002) beobachtete bei den Tigern auch vertikale Schabbewegungen an den Futterkisten. Sie fand bei ihrem Tigerweibchen nicht nur ein Zurückgehen des stereotypen Gehens (früher 1,5 bis 6 Stunden pro Tag) praktisch auf null, sondern auch eine signifikante Abnahme der Fortbewegung, denn nach vergeblicher Prüfung der Futterkisten, zeigten die Tiger nicht länger unnötige Aktivität. Beim zweijährigen Tigermännchen reduzierten sich die Stereotypen weniger. Die Ursache könnte die Separation von seiner Mutter und Geschwister, sowie ein Gehegewechsel sein.

Bei den Margays trat unmittelbar nach vergeblichem Prüfen der Futterkisten stereotypes Gehen auf. Dies lässt auf eine Überforderung der evoluierten Verhaltensstörung der Margays schließen. GUSSET et al. (2002) schreiben, dass die beiden Margayweibchen an acht Beobachtungstagen nur 14 von 24 möglichen Futterkisten geöffnet hatten, während die Tiger bei JENNY (1999) und die Schneeleoparden bei BURGENER (2000) immer alle Futterkisten öffneten.

SHEPERDSON et al. (1993) zeigten, dass mehrfaches Verteilen von verstecktem Futter, verbunden mit nicht verstecktem, einmal am Tag, die Dauer und Rundenlänge von stereotypem Gehen bei vier Bengalkatzen (*Felis bengalensis*) reduzierte. Dieses Ergebnis besagt, dass zufallsbedingtes Füttern durch Pfleger einen ähnlichen Effekt auf das Verhalten von Katzen haben kann, wie das Futterbox-System. Es wäre zu überlegen, ob das Zufällige Füttern eine entsprechende Alternative bei der Haltung von Katzen sein könnte.

Eine Erklärungsmöglichkeit für die vermutete Überforderung, auch für das offensichtlich geringe Interesse an den Futterkisten bei den Margays, bietet das natürliche Jagdverhalten der Kleinkatzen. MELLEN & SHEPHERDSON (1997) regen an, dieses als Ausgangslage für die Verbesserung der Haltungsbedingungen bei Katzen heranzuziehen.

Allerdings zählt auch die Europäische Wildkatze zu den Kleinkatzen, wobei sich zeigte, dass die Futterkisten-Methode von HARTMANN-FURTER (1998, 2000) dem Such- und Jagdverhalten dieser Katzen mehr entspricht. Die elektronische Futtermethode ist qualitativ vergleichbar mit der Lebendfutter–Präsentation in der Zuchtstation des „European Wildcat Reintroduction Project" in Bayern. Dort wurden die Mäuse in einem Käfig ins Gehege gebracht und entlassen.

Der einzige Unterschied im Jagdverhalten war das Töten der Beute, welches jedoch in Sekundenschnelle geschah und die Katzen nicht lange beschäftigte. Dagegen ermöglichte die elektronische Futtermethode den Wildkatzen Jagdverhalten täglich eine lange Zeit hindurch auszuüben. Sie zeigten artspezifisches Verhalten wie Warten, Horchen, Beobachten, kurze Strecken Gehen und Umherschauen, solange sie aktiv waren (HARTMANN-FURTER, 2000).

Da sich alle Kleinen Katzen im Verhalten sehr ähnlich sind, mit nur minimalen Unterschieden von Art zu Art, kann diese Fütterungstechnik sicher auch bei anderen Katzen erfolgreich angewendet werden.

Bei den in südafrikanischer Haltung beobachteten **Schwarzfußkatzen** könnte ein derartiges Futterkisten-System, speziell im Sommer, fast nur in der Dämmerungszeit durchgeführt werden. In dieser Jahreszeit steigt die Temperatur untertags auf über 40°C, sodass man die Katzen kaum dazu veranlassen kann, zwischendurch gereichtes Futter anzunehmen.

In der Karoo Cat Research wurden den Katzen oftmals auch außerhalb der Hauptfütterung Fleischstückchen oder Küken angeboten, welche die weniger scheuen Tiere der Betreuerin gerne aus der Hand nahmen, allerdings kamen sie nur bei niedrigeren Temperaturen herbei. Den Weibchen Nina und Maja, welche sich nicht heranwagten, wurde ihr Stück in Gehege gelegt, wo sie es sich oft schon holten, bevor die Betreuerin das Gehege verlassen hatte. Das Wissen, dass es möglicherweise noch etwas zu fressen gibt, erhöhte die Aufmerksamkeit und Konzentration der Tiere. Größere Stücke mit Knochen und Federn beschäftigten die Katzen längere Zeit mit Abnagen, Zerteilen und Kauen.

PFLEIDERER M. und J. (2001) schreiben, dass ihre beiden Schwarzfußkater Jock und Koos das Interesse etwas verloren, wenn über längere Zeit immer das gleiche Futter angeboten wurde. Sie liebten die Vielfalt und einen gelegentlichen Wechsel des Futterplatzes. Besonders gefiel es ihnen, wenn das Futter unter Büschen oder an anderen schwer zugänglichen Stellen versteckt wurde.

Da es in Tiergärten nicht möglich ist, den Carnivoren lebende Tiere, außer Arthropoden anzubieten, kann der Jagdtrieb nur mit diesen ein wenig gestillt werden. Auch im Zoo Wuppertal fütterte man die Schwarzfußkatzen manchmal mit Wanderheuschrecken, auf welche sie eifrig Jagd machten, um sie dann mit weniger Begeisterung zu verzehren (SCHÜRER, 1978). Im Woodland Park Zoo in Seattle, setze man für die kleinen Katzenarten Grillen in ausgehöhlte Kürbisse, von dessen Brei sie sich ernährten, und wenn sie herauskrabbelten von den Katzen gefangen wurden. In diesem Zoo verwendete man die Kürbisse auch, um Fleischstücke darin zu verstecken, sodass die Katzen Mühe hatten, sie mit den Pfoten herauszuholen (WOOSTER, 1997).

Gehege mit potentiellen Beutetieren in Sichtweite der Katzen, können über längere Zeit ihre Aufmerksamkeit fesseln und den Jagdtrieb anregen. Im Zoo Basel lebten Himalaya–Tahre im Nachbargehege der Schneeleoparden und lösten besonders in den ersten Wochen Jagdverhalten bei diesen aus (ALMASBEGY, 2001). Allerdings, wenn alle Jagdversuche erfolglos bleiben, tritt mit der Zeit Gewöhnung (Habituation) ein und die Aufmerksamkeit lässt nach.

Olfaktorische Reize

Durch eine Studie von WELLS & EGLI (2004) im Zoo Belfast an 6 Schwarzfußkatzen wurde eine deutliche Anregung und Erhöhung der Aktivität bei Versuchen mit Katzenminze, Muskat oder Körpergeruch eines Beutetieres (Wachtel) erreicht.

Versuche über 5 Tage ergaben beim Wandern eine Steigerung von durchschnittlich 8,3 %, beim Grooming um 5,9 % und beim Erkunden und Untersuchen des Gitters um 10,9 %.

Im Gegensatz dazu verminderten sich inaktiver Verhaltensweisen, wie Stehen um durchschnittlich 2,8 %, Sitzen um 5,2 % und Ruhen um 25,9%. Nach einer Beobachtungszeit von 5 Tagen zeigte sich bei den Katzen eine deutliche Habituation (IMMELMANN, 1982) gegenüber dem Anreiz durch diese Düfte.

Die besten Ergebnisse mit Gerüchen als Beschäftigungsmethode für kleine Feliden wurden erreicht, wenn sie auf eine angemessene Art und Weise und nicht zu oft präsentiert wurden. Muskat hatte die schwächste Wirkung auf die Schwarzfußkatzen, der Duft von Beute und ganz besonders Katzenminze lösten stärkste Reaktionen aus. Eine signifikante Steigerung der Beweglichkeit erfolgte sofort nach Einbringen von Katzenminze. Hauskatzen geraten durch Katzenminze in Euphorie, andere Arten, wie Tiger und Rotluchs (BADSHAW, 1992) reagieren überhaupt nicht darauf. Eine frühere Studie an Löwen (POWELL, 1995), weist darauf hin, dass Katzenminze und ähnliche Duftstoffe eine Euphorie induzierende Wirkung auf diese und auch verschiedene andere Wildkatzenarten haben.

Der Habituation kann man entgegenwirken, indem man an verschiedenen Tagen abwechselnd andere olfaktorische Substanzen anbietet, oder die Katzenminze nur gelegentlich als sporadische Stimulans eingesetzt wird. Schwarzfußkatzen zeigen nach einiger Zeit eine geringere Reaktion auf dieses Kraut als andere Feliden.

Insgesamt wäre es zu erwägen, in der Umgebung von Schwarzfußkatzen Düfte anzubringen, weil Experimente gezeigt haben, dass die Wirkung weitgehend erfolgreich ist. D.h. dass die inaktiven Phasen der Katzen reduziert, dagegen Bewegen und Untersuchen zunehmen, was insgesamt dem Wohlbefinden des Tieres dienlich ist.

Solche Änderungen am Gehege sind auch für die Besucher günstig, da die Sicht auf diese Katzen, welche sie sonst kaum zu sehen bekommen, dadurch verbessert ist (SHEPHERDSON et al., 1993).
Allerdings sollten Verallgemeinerungen vermieden werden, da für diese Tests nur wenige Individuen zu Verfügung standen. Auch ist zu bedenken, dass die Umsetzung solcher Tests in der Praxis aus Zeitmangel nicht leicht durchzuführen ist. Wahrscheinlich wäre es weniger aufwändig, Gerüche in Form von –Essenzen an Tüchern oder direkt an Gehege–Einrichtungen anzubringen. Auf jeden Fall sollten abwechselnd verschieden Düfte angebracht werden, um eine Gewöhnung zu vermeiden (WELLS & EGLI, 2004).
Gewiss ist es zu empfehlen, den Schwarzfußkatzen, wie auch anderen kleinen Feliden in menschlicher Obhut, olfaktorische Elemente, zusammen mit anderen Einrichtungen, wie Spielzeug oder Anregung zum Jagdverhalten, zur Erhöhung des Behavioural Enrichment anzubieten.

Zucht als Behavioural Enrichment
Wenn man einer Mutterkatze bei der Aufzucht ihrer Jungen zusieht, wird deutlich erkennbar, dass ein solches Sozialgefüge für Katzen in menschlicher Obhut die optimale Möglichkeit zur Steigerung ihres Wohlbefindens und Vermeidung von Verhaltensstörungen darstellt.
Sofern der Kater bei dem Weibchen und ihren Jungen bleiben kann und sich an deren Aufzucht mit Spiel und Kontaktliegen beteiligt, wird auch bei ihm keine „Langeweile", eines der wesentlichen Probleme aller intelligenten Zootiere, aufkommen.
Beobachtet man eine Mutterkatze beim Säugen und Waschen ihrer Jungen oder den Kater beim Spiel mit seinen Sprösslingen, kann man sich wohl kaum dem Eindruck entziehen, dass es sich hierbei um Behavioural Enrichment per se handelt (PFLEIDERER, 2001).
Voraussetzung hierfür ist, dass die Katze sich in ihrer Umgebung sicher und ungestört fühlt und die o.a. Kriterien hierfür (Pflege, Einrichtung) erfüllt sind.
Im Kapitel „Intraspezifisches Sozialverhalten" habe ich das Zusammenleben der sonst solitären Katzen beschrieben und auch andere Autoren machten bei verschiedenen Katzenarten ähnliche Beobachtungen. In der Forschungsstation

Bockengut in Horgen lebten in drei großen Gehegen die Wildkatzen paarweise, manchmal sogar ein Kater und das Weibchen mit Töchtern aus früheren Würfen. Wenn beide Katzen Jungen hatten, zogen sie die Würfe gemeinsam auf.
Bei allen von mir beobachteten Katzenfamilien, auch bei anderen Arten, wie Schneeleoparden und Nebelparder konnte ich weder Stereotypien, noch apathisches Verhalten oder andere Verhaltensstörungen feststellen.

5. Diskussion

Der Hauptteil der vorliegenden Arbeit gilt dem Ethogramm von Schwarzfußkatzen. Besondere Beachtung schenkte ich der Entwicklung des Sozialverhaltens junger Schwarzfußkatzen in Bezug auf Artgenossen und menschliche Betreuer während einer sensiblen Phase. Einzelne, für Schwarzfußkatzen typische Verhaltensweisen wurden beschrieben und dem Verhalten von drei anderen südafrikanischen Kleinkatzenarten gegenübergestellt. Aktivitätsmuster dieser vier Katzenarten wurden aufgezeichnet, verglichen und graphisch dargestellt.
Wie können die Resultate dieser Studien genutzt werden?
Die Kenntnis der natürlichen Verhaltensweisen gesunder Tiere trägt dazu bei, den Vorschlägen zur Haltungsoptimierung von Schwarzfußkatzen in menschlicher Betreuung eine solide Basis zu verleihen. So kann man ihnen eine Umgebung einrichten, die sie dazu anregt, ein möglichst vollständiges Repertoire ihres natürlichen Verhaltens auszuleben.
Darüber hinaus bekommen die Bestrebungen, der negativen Bestandsentwicklung aller derzeitigen Zoopopulationen von Schwarzfußkatzen entgegen zu wirken und wieder eine gesunde Population aufzubauen, bessere Chancen.

5.1. Grundverhaltensweisen und ihre Bedeutung für die Zoohaltung.

Die einzelnen Katzenarten zeigen eine grundlegende Gleichartigkeit im Verhalten. Durch ihre Anpassung an unterschiedliche Lebensräume entwickelten sich jedoch bestimmte Spezialisierungen. Die in den ariden Gebieten Südafrikas (Karoo, Kalahari) endemische Schwarzfußkatze ist auf die speziellen ökologischen Besonderheiten dieses Gebietes spezialisiert. Sie ist vergleichsweise stenök, worauf in der Haltung dieser Tiere besondere Rücksicht zu nehmen ist.

In diesem Kapitel sind zunächst in der Reihenfolge **Fortbewegung – Jagd – Spiel – Komfortverhalten** die natürlichen Verhaltensweisen angeführt, dann wird das soziale Verhalten behandelt, und abschließend einige Überlegungen zu Aktivitätsrhythmen besprochen.

Fortbewegung: Das Traben ist eine vergleichsweise sehr häufig und ausdauernd ausgeübte Fortbewegungsart der Schwarzfußkatzen (Seite 251). Die Gangart ist schnell trippelnd, mit hängendem Schwanz und leicht gewölbtem hinteren Rücken. Auf diese Weise legen die Schwarzfußkatzen lange Strecken zurück, ohne zu ermüden. Erwachsene Schwarzfußkatzen wandern in freier Wildbahn von 4 bis 15 km in einer Nacht, wobei die Umwege noch nicht eingerechnet wurden (SLIWA, 2007).

Klettern: Die Neigung zum Klettern ist bei Schwarzfußkatzen im Vergleich mit anderen Arten schwach entwickelt, weil sie diese Fertigkeit in ihrem vegetationsarmen Lebensraum kaum benötigen. Lediglich Jungtiere klettern manchmal beim Spiel und vor allem beim Erkunden. Im Alter von 4-5 Monaten durchlaufen junge Schwarzfußkatzen eine Phase, in der sie alle verfügbaren Gehegegitter, Baumstämme und selbst dorniges Buschwerk empor klimmen, wobei gefährliche Abstürze nicht selten sind. Der bekannte Stellreflex der Falb- und Hauskatzen ist bei den Schwarzfußkatzen nur schwach entwickelt.

Auch Servale und Karakals klettern hauptsächlich in der Zeit des Heranwachsens, später dann fast nur noch in Notsituationen (Flucht). Nur die Falbkatzen klettern auch nach der Reifung noch gern und nutzen Baumgabeln und Äste als Ruhe- und Aussichtsplätze.

In diesem Zusammenhang ist es auch verständlich, dass Schwarzfußkatzen zum Krallenwetzen horizontale oder leicht schräge Flächen bevorzugen. Die drei anderen Katzenarten in Honingkrantz wetzten ihre Krallen an Baumstämmen in jeder Neigung, von waage- bis lotrecht.

Springen: Alle beobachteten Katzen sprangen beim Spiel und später beim Beutefang häufig. Bei den Hoch- und Weitsprüngen sind die hochbeinigen, leichtgebauten (*Lept-ailurus* = Leicht-Katze) Servale besonders gewandt; sie landen auch nach Sprüngen von 7 Metern noch punktgenau. Auch Karakals und Falbkatzen sind gute Springer, sei es zum Erreichen höher gelegener Plätze oder beim Beutefang. Junge Schwarzfußkatzen springen gern im Spiel oder nach fliegenden Heuschrecken, sind aber bei der Landung ungeschickt. Adulte Schwarzfußkatzen springen zwar fliegender Beute nach und fangen sie aus der Luft, meiden aber Sprünge zur Überwindung größerer Höhenunterschiede (> 70 cm). Sie nehmen lieber einen Umweg in Kauf, um erhöht gelegene Plätze zu Fuß zu erreichen.

Verhalten auf Sand: Schwarzfußkatzen gehören, wenn auch in etwas geringerem Maße, wie die anderen Wüstenspezialisten Sandkatze (*Felis margarita*) und Barchan- oder Sicheldünenkatze *(Felis thinobia)* zu den psammophilen Carnivorenarten. Sand dient den Schwarzfußkatzen nicht nur als Ruhe- oder Spielplatz, sondern auch als bevorzugtes Substrat bei der Fortbewegung (Trockene Bachbetten). Ferner werden öfters Kot und Urin darin vergraben. Schwarzfußkatzen verwenden zum Graben beide Vorderpfoten alternierend.

Der neun Wochen alte Schwarzfußkater Klein Jock grub eine „Lauermulde" im Sand und drückte sich anschließend flach hinein. PFLEIDERER (2001) fand im Agtersneeuberg Naturreservat solche Grabmulden in den Sandbetten, in denen die Schwarzfußkatzen regelmäßig jagten. Im Zoo Wuppertal schützte eine Schwarzfußkatzenmutter den Eingang zu ihrer Höhle bereits drei Tage vor dem Werfen durch das Errichten eines 10 cm hohen Sandwalles (SCHÜRER, 1978). Solch zweckgebundene Grabaktivitäten scheinen eine Besonderheit der Schwarzfußkatzen zu sein (Seite 90,91).

Jagdverhalten: Bei den, ab der 7. Lebenswoche beobachteten Schwarzfußkätzchen waren die einzelnen Elemente der Beutefanghandlungen, wie Lauern, Schleichen, Schleichlaufen und Anspringen bereits entwickelt. Diese Bewegungen waren „spielerisch", also noch nicht zu einer funktionellen Handlungskette geordnet und wurden in verschiedener Reihenfolge an geeigneten Gegenständen beim Objektspiel und an den Geschwistern geübt. Bis zur 12. Woche wurden die Beutefanghandlungen (im Zusammenhang mit der Entwicklung der Muskulatur) kontinuierlich perfektioniert. Der Tötungsbiss ist innerhalb der Erbkoordination „Beutefang" die Endhandlung einer Kette von Beutefanghandlungen. Dass sich diese jedoch nicht nur in einer sensiblen Phase entwickeln, bewies das Verhalten von Magrit, die im Alter von 11 Monaten an ihrem ersten lebenden Beutetier, einem jungen Strauß, einen perfekten Tötungsbiss angebracht hat. Wir haben es also hier nicht mit einem Prägungsvorgang zu tun, sondern mit der Reifung eines AAMs (LEYHAUSEN, 1979; PFLEIDERER, 2001). In Magrits Fall wurde das Töten der Beute nicht durch die Mutter „gelehrt", was den Schluss zulässt, dass hier kein Lernvorgang, sondern ein altersabhängiger Reifeprozess vorliegt (Seite 58-61).

Zwischen Schwarzfußkatzen und Falbkatzen bestehen auf den ersten Blick wenig auffällige Unterschiede im Jagdverhalten. Lauern, Anschleichen und Schleichlauf, unter Ausnützung von Deckungen, und der Sprung auf die Beute wird von beiden Arten auf ähnliche Weise ausgeführt. Besonderheiten der Schwarzfußkatzen sind das Ausscharren von Mulden, in denen sich die Schwarzfußkatzen beim Lauern verbergen können, und das Flachlegen der Ohren beim Schleichlauf, beides in Anpassung an die vegetationsarmen Bereiche der Karoo (PFLEIDERER, 2001). Die Schwarzfußkatze legt auf ihren Jagdzügen weit größere Strecken zurück als die Falbkatze. Ausgewachsene Schwarzfußkatzen jagen fast nur am Boden. Sie zeigen kaum jemals eine Neigung zum Erklettern von Bäumen.

Zwischen Serval und Schwarzfußkatze bestehen auffallende Unterschiede, die einerseits durch Körperbau, andrerseits durch verschiedene Vegetationszonen, welche die beiden Arten bewohnen, begründet ist. Der Serval jagt oft mit hohen Sprüngen im Gras, wobei er sich vorerst akustisch orientiert, und setzt zum Betäubungsschlag auf bestimmte Beutetiere seine kräftigen Vorderpfoten ein.

Fressverhalten – Trinken: Schwarzfußkatzen fressen wie die überwiegende Zahl der Katzenarten (Ausnahmen sind nur die ganz großen, schweren Arten) kauernd-hockend, meist ohne die Pfoten zu Hilfe zu nehmen. Ein Rupfen der Beutetiere, wie bei den meisten Feliden üblich, konnte bei den Schwarzfußkatzen nicht beobachtet werden, sondern Fell oder Federn wurden fast zur Gänze mitgefressen. Die Beutetiere wurden immer vom Kopf her angefressen. Laut LEYHAUSEN (1979) orientieren sich die Katzen dabei optisch sowie auch durch Tasten am Fell- oder Federstrich. Die Schwarzfußkatzen stellten höhere Ansprüche an die Frische des angebotenen Futters als die anderen drei untersuchten Arten, wobei der Karakal am wenigsten „heikel" war. Die Toleranz gegenüber Verwesungsgerüchen scheint mit der Körpergröße der Katzenart bzw. der Größe der Beutetiere zuzunehmen.

Weil die Futtertiere auf einem Teller angeboten wurden, löste schon bald jeder flache Gegenstand in der Hand einer Person bei den jungen Schwarzfußkatzen eine Nachlaufreaktion aus, welche auch nach einer Trennung von 8 Monaten noch immer auftrat. Dies kann man als Operante Konditionierung (DYLLA u. KRÄTZNER, 1990; IMMELMANN, 1996) bezeichnen.

Schwarzfußkatzen benötigen als Bewohner von sehr trockenen, oft halbwüstenartigen Lebensräumen kaum Trinkwasser, weil sie den Großteil ihres Flüssigkeitsbedarfs durch die Körperflüssigkeiten ihrer Beutetiere decken können.

Spielverhalten – solitäres Spiel, Objektspiel: Junge Schwarzfußkatzen bevorzugen beim Objektspiel verhältnismäßig größere Gegenstände als beispielsweise junge Hauskatzen (Seite 74, 274). Bewegtes Spielzeug ist besonders beliebt und löst alle Bereiche des Jagdverhaltens aus. Auch subadulte und in Einzelfällen auch längst ausgewachsene Schwarzfußkatzen können mit bewegten Gegenständen noch zum Spiel angeregt werden. Ein Spiel mit unbewegten Objekten konnte bei adulten Schwarzfußkatzen nicht mehr beobachtet werden.

Das Objektspiel der Servale weist bereits auf das Jagdverhalten der Erwachsenen hin. Sie spielen mit Vorliebe im hohen Gras mit Pflanzenbüscheln und Insekten. Gegenstände werden umhergetragen, in die Luft geworfen und mit hohen Sprüngen erbeutet. Hin und wieder kann man Jungtiere ab dem Alter von

5 Monaten sehen, die mit dem typischen „Servalhieb" auf liegende Objekte einschlagen. Modifizierte „Servalhiebe" kommen bei jungen Falbkatzen und Karakals im Wesentlichen nur im Zusammenhang mit Spielzeug vor, welches die Katzen als „Schlange" interpretieren. Bei Schwarzfußkatzen konnte diese Art von Hieben bisher noch nicht beobachtet werden.

Das **Markierverhalten** der Schwarzfußkatzen unterscheidet sich nicht von dem anderer Felisarten. Spritzharnen auf Sträucher, Grasbüschel und Pfosten, Wangenreiben, auch Flehmen konnte beobachtet werden. Kotmarken wurden an auffälligen Stellen abgesetzt, wie dem Gehegerand und –eingangsbereich, Steinen, Termitenhügeln. Wischmarkieren kam nur bei den Servalen vor, die beim Harnabsatz bevorzugt die aromatischen Karoobüschchen mit den ganzen Sohlen der Hinterbeine zerrieben.

Ruhen, Schlafen; Ruheplätze: Schwarzfußkatzen ruhen versteckt in Erdhöhlen, unter Holzstücken, in Steinhügeln, hohlen Termitenhügeln oder unter dichten Sträuchern. Die Ruheplätze werden im Gehege ebenso wie in der freien Wildbahn mit einer gewissen Regelmäßigkeit etwa alle drei Wochen gewechselt (Seite 79). Auch Jahreszeit und Temperatur spielen bei der Wahl des Ruheplatzes eine Rolle. Im Freiland ziehen Mütter bereits ab dem 6. Lebenstag ihrer Jungen regelmäßig in neue Verstecke um (SLIWA, 2007), Falbkatzen sogar ab dem 3. Tag (PFLEIDERER, 2011, Protokollaufzeichnungen). Ihre Ruheplätze wählen sie ähnlich wie die Schwarzfußkatze, nur kommen bei ihnen auch noch hochgelegene Ruheplätze hinzu. Servale bevorzugen hohes Gras, Büsche und Altholzverhaue als Ruheplätze und zeigen eine Abneigung gegenüber oben geschlossenen Unterkünften, selbst bei ungünstigen Wetterbedingungen. Auch die Servalmutter mit ihren drei Jungen schlief meistens im Gras unter einem Akazienstrauch.

Haltungsvorschläge aufgrund dieser Verhaltensweisen:
Um den Schwarzfußkatzen eine artgemäße Haltung in menschlicher Obhut anbieten zu können, ist es notwendig auf ihr natürliches Verhalten einzugehen. Das **Traben** ist für Schwarzfußkatzen ein essentielles Bedürfnis. Wird es durch zu geringe Raumgröße, zu viele Hindernisse („Overfurnishing", PFLEIDERER

2001) oder andere Haltungsfehler verhindert, können Verhaltensstörungen wie Stereotypien oder völlige Apathie die Folge sein. Daher ist es besonders wichtig, diesen Katzen trotz ihrer geringen Größe möglichst weite Wegstrecken zu ermöglichen. Auch die im Haus lebenden Schwarzfußkätzchen auf Honingkrantz trabten bereits im Alter von zwei bis drei Monaten morgens oft stundenlang durch die Zimmer. Ganz allgemein ist aus den bisher beschriebenen Verhaltensweisen zu schließen, dass der **Platzanspruch** von Schwarzfußkatzen im Verhältnis zu ihrer Körpergröße sehr hoch ist. Die Ausnutzung der Fläche (in Honingkrantz 180 m^2) kann durch die ausgetretenen Pfade festgestellt werden. Nach jeder Gehegereinigung mit dem Rechen waren die Wege am nächsten Tag wieder an denselben Stellen sichtbar.

Bäume zum **Klettern** sind nicht erforderlich, allerdings lieben die Schwarzfußkatzen Aussichtsplätze in Form von Erd- und Steinhügeln, liegenden Holzstrünken und ähnlichem. Solche Einrichtungen eignen sich auch als **Versteck und Ruheplatz**, wovon Schwarzfußkatzen immer mehrere benötigen. Besonders Mutterkatzen sollten unterschiedliche Behausungen zum Umziehen mit ihrem Nachwuchs angeboten werden. Wenn sie dazu keine Gelegenheit haben, können sie beim vergeblichen Versuch, die Kinder auf der Suche nach einem neuen Versteck umherzutragen, den Wurf gefährden.

Sand ist ein wesentlicher Bestandteil des Lebensraumes jeder Schwarzfußkatze. Handlungen des Wohlbefindens, wie Ruhen, sich Wälzen und Spielen, sowie der Hygiene (Urinieren und Defäkieren), aber auch Schutz und Feindvermeidung durch Graben von Mulden und Aufbauen von Wällen beweisen, welch bedeutende Rolle der Sand im Verhaltensrepertoire einer Schwarzfußkatze spielt. Ein Teil des Geheges sollte mit mindestens 10 cm tiefem Sand bedeckt sein, der Rest sollte aus Kies, Geröll und trockenen Hölzern bestehen. Alle Zootiere sind aus hygienischen wie auch aus Gründen des Behavioural und Environmental Enrichment auf eine regelmäßige Erneuerung ihrer Gehegeeinrichtung angewiesen. Das Beobachtungserlebnis, mit welcher Begeisterung sich Schwarzfußkatzen in frisch aufgeschüttetem, trockenem Sand wälzen und damit spielen, sollte eine Anregung sein, einen Teil des Sandes ungefähr wöchentlich auszutauschen.

Zum Jagdverhalten: Aus ethischen Gründen und aus Rücksicht auf die Öffentlichkeit ist es den Tiergärten nicht erlaubt, Carnivoren lebende Wirbeltiere als Beute zu überlassen. Da es aber für die Befindlichkeit aller Katzen unerlässlich ist, die einzelnen Elemente der Beutefanghandlungen ausführen zu können, sollte viel Mühe darauf verwendet werden, den Tieren entsprechende Ersatzmöglichkeiten zur Verfügung zu stellen. Jungtieren sollte man nicht nur Spielzeug anbieten, sondern sie auch aktiv zum Spielen animieren. Insekten, beispielsweise Wanderheuschrecken, sind auch in der freien Natur eine beliebte Beute. Mit Ausnahme des Tötungsbisses können die Katzen an diesen alle Teile des Jagdverhaltens ausüben. Damit würde die Aktivität der Schwarzfußkatzen untertags auch während der Besuchszeiten erhöht und die „Langeweile" des Zooalltags gemindert.

Um dem natürlichen **Spielverhalten** entgegenzukommen, ist es nötig, den Katzen geeignete Gegenstände zur Verfügung zu stellen. Große Spielzeuge aus weichen Materialien (z.B. Stofftiere), später auch robuste Lederstücke, welche an einer Schnur bewegt werden, sind am beliebtesten. Wichtig ist auch, dass beim Spiel Abwechslung geboten wird und manche Spielzeuge entfernt und zu einer späteren Zeit nochmals verwendet werden (Seite 274), weil sie dann wieder neues Interesse erwecken.

Voraussetzung für das Spiel mit den Katzen ist das Vertrauen zum Pfleger, welches beim interspezifischen Sozialverhalten genauer erläutert wird.

Bei der Beschreibung des **Fressverhaltens** wurde bereits darauf hingewiesen, dass alle Schwarzfußkatzen besonders hohe Ansprüche an die Frische des angebotenen Futters stellen. Die Ganztierfütterung wird heute schon in fast allen Tiergärten praktiziert. Für diese kleinen Katzen ist es besonders wichtig, dass sie mit frisch getöteten Nagetieren oder Küken gefüttert werden. Zwischendurch kann man ihnen auch Fleisch, möglichst mit Blut, von größeren Tieren geben. Alle kleinen Katzen jagen in der Natur mehrmals täglich, daher sollten sie nicht nur zu den festgelegten Zeiten gefüttert werden, sondern dazwischen überraschend immer wieder kleine Leckerbissen erhalten. Abwechslung ist hierbei wichtig: Bei Karoo Cat Research bekommen die Schwarzfußkatzen Fleisch und Innereien von 18 Wirbeltierarten.

Obwohl Schwarzfußkatzen in ihrer natürlichen Umgebung kaum trinken müssen, ist es zu empfehlen, ihnen in menschlicher Pflege zur Nahrung etwas Wasser beizumengen, weil diese oft nicht mehr genug frisches Blut enthält. Häufiges Trinken bei Schwarzfußkatzen ist meist ein Alarmsignal (Diarrhoe, Diabetes, Amyloidose). Eine Schüssel mit Wasser sollte sich also im Gehege befinden, damit man erste Anzeichen einer Erkrankung möglichst früh erkennen kann und die Tiere dann wenigstens nicht unter Durst leiden müssen.

Markieren: Zum **Krallenwetzen** werden nur flach liegende oder leicht schräg gestellte Stämme, Rinden oder Hölzer benötigt. Kater **spritzharnen** häufig, Weibchen fast nur während des Oestrus. Dazu sollten kleinere aufrechte Strukturen wie Steine, Baumstümpfe, kleine Sträucher oder Grasbüschel im Gehege angebracht werden.

Hier noch eine Randbemerkung zur Vegetation: Sie sollte aus dürreresistenten Pflanzen bestehen, wie Aloen, Sukkulenten und ähnlichem. Sie erfüllen eine Indikatorfunktion: Sollten diese Pflanzen unter einem Zuviel an Feuchtigkeit leiden, ist das Klima auch für die Schwarzfußkatzen gesundheitsschädlich.

5.2. Die Bedeutung des interspezifischen Sozialverhaltens und des Vertrauensverhältnisses zum Menschen

Ziel dieses Versuches war, menschengewöhnte Schwarzfußkatzen aufzuziehen, aber eine Prägung zu vermeiden.

Die Entwicklung der Beziehung von drei jungen Schwarzfußkätzchen, zwei Männchen, Lutz und Jan, und ein Weibchen, Magrit, zu den menschlichen Betreuern wurde zwischen der 6. und 16. Lebenswoche untersucht. Um dieses Vorhaben auszuführen, wurde erstmals das Experiment einer gemeinsamen Aufzucht durch Betreuer und die Schwarzfußkatzenmutter unternommen.

Die Mutter, ein Wildfang, war entsprechend scheu. Ihre häufigen Abwehr- und Warnlaute ließen bei den Jungen kaum Vertrauen zu Menschen aufkommen. Allerdings bevorzugten die Kätzchen zum Ruhen das menschliche Bett, obwohl die Mutter warnte und unter großer Überwindung ihrer Furcht die Jungen vom Bett nahm, während diese sie hartnäckig ignorierten und immer wieder zurückkletterten.

Erst nach einer mindestens 24-stündigen Trennung von der Mutter fassten die Jungen Zutrauen zu ihrer Betreuerin. Einer der Kater, Lutz, war am Anfang der Untersuchung unfallbedingt eine Woche von seiner Familie getrennt. Dies wirkte sich auf sein Verhalten während der ganzen Beobachtungsperiode aus. Er bewegte sich mit größerer Sicherheit im Haus und Gehege, auch in Gegenwart von Menschen, als seine Geschwister.

Bis zur 11. Lebenswoche war es möglich, die Kätzchen zu streicheln, aufzuheben und umher zu tragen. Sie schliefen und spielten mit ihrer Betreuerin in Körperkontakt, liefen ihr entgegen, wenn sie den Raum betrat, und folgten ihr, wenn sie ihn verließ.

Bei allen drei Kätzchen erfolgte zwischen der 11. Und 13. Woche ohne erkennbare Ursache, von einem Tag zum anderen, ein plötzlicher Einbruch des Vertrauens. Diese Veränderung zeigte sich bei Lutz in der 11., bei Jan in der 12. und bei Magrit in der 13. Woche. Sie dauerte bei jedem Kätzchen 8 bis 10 Tage. Dann trat eine Beruhigung ein und die Schwarzfußkätzchen fassten wieder Vertrauen zu Menschen. THALER (Persönliche Mitteilung) konnte bei der Aufzucht anderer Wildtierarten, auch Vögeln, eine kurzzeitige Phase der Scheu und Entfremdung beobachten. Es wäre möglich, dieses Phänomen mit dem Stadium der Entwicklung der Sinnesorgane zu erklären.

Allerdings hatte sich die Beziehung zwischen Kätzchen und Mensch nach diese Phase des Misstrauens verändert: Sie ließen sich nicht mehr streicheln, nur noch ungern hochheben. Der Körperkontakt zur Betreuerin musste von der Katze ausgehen. Schlafen und Spielen mit Körperkontakt kam noch vor, sogar Hochklettern an der Pflegeperson bei der Fütterung. Das tägliche Transportieren mit der Box vom Haus ins Außengehege gelang durch Locken mit Futter oder Spielzeug. Bei der Rückkehr liefen die Jungen freiwillig in die Box. Während dieser Wochen passten die sonst vorwiegend nacht- und dämmerungsaktiven Schwarzfußkatzen ihre Schlafenszeiten an die des Menschen an.

Die nächste Beobachtungsperiode erfolgte acht Monate später, nur noch mit den Schwarzfußkatzen Lutz und Magrit. Auch nach dieser langen Unterbrechung erkannten beide ihre Betreuerinnen.

Klein Jock, ein 6 Wochen alter Schwarzfußkater mit seiner in Clifton geborenen, sehr scheuen Mutter Maja, konnte nur 24 Tage lang beobachtet

werden. Dennoch gelang es auch hier, ein gewisses Maß an Vertrautheit zu erreichen, wenn auch nicht so ausgeprägt wie bei den drei Jungen vom Vorjahr.
In zoologischen Gärten wünscht man vor allem eine störungsfreie und natürliche Aufzucht der Schwarzfußkatzen durch ihre Mutter, da gesunder und kräftiger Nachwuchs noch immer selten ist. Allerdings unterscheiden sich die so aufgewachsenen Katzen kaum von Wildfängen in ihrem Verhalten Menschen gegenüber.
Für die Pflege der besonders schreckhaften und scheuen kleinen Katzenarten sollte das Vertrauen zum Pfleger groß genug sein, dass alle notwendigen Arbeiten, wie das Reinigen des Geheges, das Umsetzen, aber auch veterinärmedizinische Verrichtungen, wie Wiegen, Impfen, Medikation und Untersuchungen, die Katze nicht in traumatische Furcht versetzt. Wenn eine Wildkatzenmutter ihrem Betreuer vertraut, kann sie dieses Vertrauen auf ihre Jungen übertragen. Diese Feststellung machte HARTMANN (2008) bei der Europäischen Wildkatze (*Felis silvestris*), LUDWIG, W. & C (1999) bei Sandkatzen (*Felis margarita*) und HOLMES (pers. Mitt. 2008) bei der Schwarzfußkatze Sonja und ihrer Tochter Phoebe. Weil die Jungen von menschengewöhnten Schwarzfußkatzen leichter Vertrauen zu ihrem Pfleger fassen, ist es unbedingt notwendig, dass gerade während der Aufzuchtzeit immer die gleiche Person sich täglich im Gehege mit den Jungen, z.B. mit Spielen und Füttern, beschäftigt. Dann wird sich diese positive Beziehung zwischen Katze und Mensch auch in der nächsten Generation fortsetzen.
Andere Katzenarten kennen Schwarzfußkatzen im Freiland nur als Konkurrenten bzw. als gefährliche Feinde. Bei der Zoohaltung ist der Kontakt zu anderen Katzenarten, etwa durchs Gehegegitter, aus epidemiologischen wie auch psychologischen Erwägungen (Dauerstress) nach Möglichkeit zu vermeiden.
Das Verhalten gegenüber Caniden, Schabrakenschakal (Canis mesomelas) und Haushunden wird im Kapitel Interspezifisches SV, (Seite 135-137), beschrieben.

5.3. Sozialverhalten im intraspezifischen Bereich

Das Sozialverhalten von Schwarzfußkatzen in menschlicher Betreuung konnte in einigen Fällen (Seite 137-143) beobachtet und auch mit dem anderer Felidenarten verglichen werden. Die Interpretation des Ausdrucksverhaltens (eine Kombination aus Mimik, Gestik, olfaktorischen Mitteilungen und Lauten) erfolgte nach Arbeiten von LEYHAUSEN (1979) und PFLEIDERER (2001).

Familienverhalten

Das Servalpaar von KCR hatten zur selben Zeit auch drei Junge, was einen direkten Vergleich ermöglichte.

Vieles am Sozialverhalten der Schwarzfußkatzen deutet auf eine besonders frühe Selbständigkeit der Jungen hin. Die Beziehung der Mutter Nina zu den Jungen (Seite 145) war durch die häufige Anwesenheit der Betreuerin verständlicherweise etwas gestört. Natürliches Verhalten konnte man eher an jenen Tagen beobachten, welche die Mutter mit den Jungen allein im Gehege verbrachte. Bereits ab dem Alter von 7 Wochen ruhten die Kätzchen bisweilen einzeln. Im Freien oder an kalten Tagen kuschelten sie sich meist eng aneinander. Die Säugezeit endete in der 10. Lebenswoche, indem die Mutter die Saugintention der Jungen verhinderte.

Im Gegensatz zu Beobachtungen an anderen Feliden schenken die Kätzchen den mütterlichen Warnlauten erstaunlich wenig Beachtung. Sie rennen von ihr weg, drücken sich auf den Boden und verhalten sich neugierig.

Trotz erhöhter Aggressivität während der Reifungsphase erwies sich das Sozialverhalten zwischen Geschwistern in späteren Jahren als bemerkenswert freundlich, mit Kontaktliegen und gemeinsamem Spiel. Auch im Zoo Wuppertal konnten zwei Schwarzfußkatzen-Brüder im Alter von 15 Monaten noch beim Kontaktliegen beobachtet werden.

Bei den Servalen dauerte die Säugezeit länger und die Jungen fraßen im Alter von 67 Tagen zum ersten Mal Fleisch. Die Jungtiere zeigten sich weniger selbständig. Sie schliefen nachts und während der Mittagzeit immer in engem Körperkontakt miteinander und mit ihrer Mutter.

Sie erwiesen sich sowohl beim Fressen, wie auch beim sozialen Spiel als deutlich weniger aggressiv als die Schwarzfußkatzen im gleichen Alter.

Die Rolle des Vaters im Familienleben der Wildkatzen
Obwohl die meisten Katzen als solitär lebend anzusehen sind, ist im Freileben eine Fürsorge des Vaters bei mehreren Arten beobachtet worden, vom Tiger in Indien, Leopard (Leyhausen, nach pers. Mitt. von Pfleiderer) bis zur Falbkatze (Pfleiderer, Protokollaufzeichnungen aus dem Achtersneeuberg Naturreservaat/Südafrika). Der Beistand von Vätern in sozialen Löwengemeinschaften ist häufig und daher auch allgemein bekannt. Trotz moderner technischer Hilfsmittel gibt es aber noch zu wenige Untersuchungen in freier Wildbahn, um derartige Verhaltensweisen für die verschiedenen Katzenarten mit Sicherheit bestätigen oder ausschließen zu können. LORENZ & LEYHAUSEN (1973) und STAUFFACHER (1998) betonen, dass ein Individuum in freier Wildbahn nie das gesamte artspezifische Verhaltensrepertoire zeigt. Die im Freiland oft nur knapp vorhandenen Ressourcen sind möglicherweise ein limitierender Faktor, was das soziale Leben im Familienverband betrifft. So ließe sich auch erklären, weshalb man in der freien Wildbahn selten väterliche Unterstützung bei der Aufzucht der Nachkommenschaft beobachtet, während dasselbe Verhalten in Zoos eher häufig ist.

Die Beziehung zwischen Vater und Jungen und ihre Bedeutung für die Aufzucht:
Selbst wenn der Kater den Jungen kein Futter zuträgt, bedeutet seine bloße Anwesenheit einen zusätzlichen Schutz des Nachwuchses vor Räubern, während die Mutter auf der Jagd ist. In Tiergärten kann man oft beobachten, dass größere Junge gerne mit dem Vater spielen und oft bei ihm ruhen. Während dessen kann sich die von der Versorgung und Betreuung des Nachwuchses erschöpfte Mutter erholen. Ich bin der Ansicht, dass die Ursache für dieses Verhalten nicht mit der Zootierhaltung begründet werden kann, sondern dass es sich hier um eine genetische Anlage handelt, die nur unter günstigeren Bedingungen in Erscheinung tritt. Eigene Beobachtungen von harmonischem Familienleben mit Eltern und Jungen konnte ich bei folgenden Katzenarten machen: Schneeleoparden in Eichberg und Basel, Nebelpardern im Zoo Howletts, Sibirischen Tigern in Zürich, Luchsen und Europäischen Wildkatzen im Alpenzoo. PFLEIDERER (Pers. Mitt.) berichtete von drei liebevollen

Falbkatzenvätern in der Karoo Cat Research und im Clifton Cat Conservation Trust. LUDWIG, W. & C. (1999) schrieben ähnliches über die Sandkatzen in Dresden und POHLE (1973) über Bengalkatzen im Tierpark Berlin. Die Männchen der, als besonders solitär geltenden Europäischen Wildkatze werden von mehreren Autoren als ausgesprochen gute Väter dargestellt (BÜRGER, 1964; PIECHOCKI, 1990; HARTMANN-FURTER, 2001).

Dies sind nur einige Beispiele dafür, dass die noch immer verbreitete Meinung, Kater seien vor der Geburt immer vom Weibchen zu trennen, weil sie dem Nachwuchs gefährlich werden könnten, in den meisten Fällen nicht begründet ist.

Die **Schwarzfußkatze** bildet hier keine Ausnahme, wobei jedoch der unterschiedliche Charakter einzelner Individuen zu berücksichtigen ist. In mehreren Haltungen erwiesen sich Schwarzfußkater als fürsorgliche Väter, welche die Jungen leckten, mit ihnen ruhten und spielten. SCHÜRER (1978) beschrieb das soziale Spiel eines Schwarzfußkaters (Zoo Wuppertal) mit seinen Jungen und seinen freundlichen Umgang mit ihnen. Diese ruhten manchmal eng an ihren Vater geschmiegt und einmal überließ er einem Jungen sein Küken. Nach einer persönlichen Mitteilung von Marion HOLMES, Cat Conservation Trust, Clifton, zog ein Schwarzfußkatzenpaar ihre Jungen immer gemeinsam auf. Der Kater in Honingkrantz wurde mit 10 Jahren zum ersten Mal Vater. Er blieb während der Geburt seines Sohnes bei dem Weibchen im Gehege und benahm sich zu dem Jungen trotz einer vierwöchigen Trennung sehr liebevoll.

Die besten Aussichten bei der gemeinsamen Aufzucht von Jungen durch beide Elternteile haben gut zusammengewöhnte Paare.

Soziales Spiel bei Jungtieren und adulten Schwarzfußkatzen

Für die Entwicklung der jungen Katzen ist das soziale Spiel von essentieller Bedeutung. Sie lernen dabei nicht nur die Elemente des Jagdverhaltens, sondern auch alle Facetten des Verhaltens Artgenossen gegenüber. Das Spiel setzte sich aus Lauern, Verfolgen, sich gegenseitig Anspringen, auf den Rücken rollen, Raufen, auch Breitseitendrohen, zusammen. Die jungen Schwarzfußkatzen spielten ausdauernd, oft bis zu zwei Stunden lang, mit kurzen Unterbrechungen. Ab einem Alter von 12 Wochen wurde das soziale Spiel der jungen Schwarzfußkatzen zusehends seltener und endete oft mit Knurren, Fauchen und

Drohen. Spiele zwischen adulten Katzen konnten nur unter Geschwistern beobachtet werden. Eltern spielen jedoch gerne mit ihren Jungen. Wenn nur ein Junges vorhanden ist, wird der Anteil der Mutter am Spielverhalten signifikant höher, was zum Beispiel bei einer Schwarzfußkatze (Maja), die von ihrem Sohn immer wieder zum Spielen aufgefordert wurde, zu beobachten war. Die Katze Nina spielte mit ihren drei Jungen selten und wurde von diesen auch nicht dazu ermuntert. Hier forderte eher die Mutter ihren Nachwuchs zum Spiel auf.

Ein auffallendes Spielverhalten konnte meines Wissens in dieser Form nur bei Schwarzfußkatzen beobachtet werden. Die Katzenmütter setzen sich mit den Rücken vor die Jungen und schlagen mit dem Schwanz kräftig hin und her, bis diese herbeilaufen und damit spielen (Seite 163-164). Auch SCHÜRER (1978) beschrieb dieses Verhalten bei den Schwarzfußkatzen im Zoo Wuppertal.

Hauskatzen erkennen beim ersten Mal in ihrem Spiegelbild einen Artgenossen und suchen ihn in der Umgebung, beispielsweise hinter dem Spiegel. Je nach Veranlagung kommen auch Flucht-, Angriffs- oder Abwehrhandlungen vor. Die Katzen verlieren generell sehr schnell das Interesse, wenn das Gegenüber nicht zu finden ist. Dies entspricht den von LEYHAUSEN (1979) als „Du – Evidenz" bezeichneten Ergebnissen seiner Hauskatzenversuche.

PFLEIDERER beobachtete eine einjährige Schwarzfußkatze, wie sie sich im Spiegel betrachtete und ihre Kopfbewegungen kontrollierte. Noch stärker und ausdauernder sprachen ihre Falbkatzen auf ihr Spiegelbild an. PFLEIDERER fasst dies als mögliche „Ich – Evidenz" auf.

Beziehungen adulter Tiere

Katzen, die sich in der Gruppe bis ins Erwachsenenalter vertragen, sind meist Wurfgeschwister. Deshalb werden in Tiergärten alle Feliden mit Ausnahme des Löwen und – gelegentlich – von Müttern mit erwachsenen Töchtern, einzeln oder paarweise gehalten.

Es gibt auch davon abweichende Fälle: Zwei adulte, nicht verwandte weibliche Schwarzfußkatzen (Maja und Magrit), welche oft in Körperkontakt ruhten und sich gegenseitig putzten, zwei männliche Karakals (beide Wildfänge!) bei Karoo Cat Research und zwei weibliche Karakals in Clifton. Persönliche individuelle Sympathien oder Antipathien spielen anscheinend beim Zusammenleben von Katzen eine wichtige Rolle.

Je nach der Beziehung zueinander kann man Katzenpaare in drei Gruppen einteilen:

1.) unverträgliche Paare: Es kommt immer wieder vor, dass zwei Katzen eine unüberwindliche gegenseitige Abneigung empfinden. Wenn man sie nicht sofort trennt, kann es zu Verletzungen oder sogar zum Tod eines Partners führen. Der Schwarzfußkater im Zoo Bloemfontein tötete ein Weibchen, welches man zu ihm ins Gehege setzte, durch Nackenbiss.

2.) Uneinige Beziehungen: Manche Katzenpaare – oft ist eigentlich nur einer der Partner feindselig - finden zu einer „geduldeten" Koexistenz. Sie vermeiden Begegnungen und ruhen an getrennten Plätzen. Man kann dies interpretieren als Aufteilung des Areals in 2 getrennte, wenn auch überlappende Reviere. Insbesondere bei gemeinsamer Fütterung, also einer erzwungenen gemeinsamen und gleichzeitigen Revierbenützung, sind Aggressionen nicht selten. In milderen Fällen kann es während der Östruszeit dennoch zu einer Paarung kommen. Harmloser, aber nicht weniger hartnäckig ist der Fall, dass die Partner, oder einer davon, einander gleichgültig sind. Der alte Schwarzfußkater Jock verhielt sich so gegenüber den Weibchen, mit welchen er verpaart werden sollte, außer bei der Fütterung, wo es hin und wieder zu Meinungsverschiedenheiten bezüglich der Futterportionen kam. Als er zum ersten Mal ein Weibchen akzeptierte, war er fast 10 Jahre alt.

3.) harmonische Paarbindung: sie ist eine häufig beobachtete Beziehung, die bei allen Katzenarten vorkommen kann. Ruhen in Körperkontakt, gegenseitiges Grooming und freundliche Begrüßung, wenn sie beim Wandern aufeinander treffen, sowie wenig Streit bei der Fütterung sind Anzeichen für eine enge Paarbindung. Dies ist die beste Voraussetzung dafür, dass der Kater auch nach der Geburt der Jungen beim Weibchen bleiben kann.

Das Schwarzfußkatzenpaar Frasier und Sonja vom Clifton Cat Conservation Trust bildeten mehrere Jahre lang ein solches harmonisches Paar, bis Sonja starb. Frasier war ein sehr verträglicher Kater, der nicht gerne allein im Gehege blieb. Auch anderen Weibchen gegenüber, mit denen er verpaart wurde, zeigte er sich verträglich. Laut M. HOLMES kam die zweijährige, sehr zutrauliche Katze Phoebe 2010 zu Frasier ins Gehege. Das Verhalten der beiden, mit Ruhen in Körperkontakt und gegenseitigem Lecken, wurde als besonders liebevoll

beschrieben. Auch die zweijährigen Schwarzfußkatzen Dale und Jessie vertrugen sich ausgesprochen gut und zeigten sich ebenso freundlich zueinander, wie Frasier und Sonja. Dies ist ein besonderer Glücksfall, denn bei Paaren, die sehr lange zusammenleben, kann der Tod eines Partners den Lebenswillen des verbliebenen Teiles so schwächen, dass er keinen neuen Partner akzeptiert, apathisch wird und manchmal sogar verfällt und eingeht.
Hier wurden nur Beispiele von Schwarzfußkatzen angeführt. Diese drei Beziehungsmuster bei Paaren können jedoch bei allen anderen Katzenarten (mit fließenden Übergängen) beobachtet werden. (Seite 181–184).
Diese Betrachtungen veranschaulichen den Nutzen einer gelungenen „Vergesellschaftung" auch bei den als besonders solitär geltenden Schwarzfußkatzen in der Zoohaltung. Allein die Vermeidung von Apathie oder Stereotypien, abgesehen von verbesserten Aufzuchterfolgen, sollte die Mühe wert sein, zueinander passende Individuen zu ausfindig zu machen.

5.4. Zoohaltung von Schwarzfußkatzen unter Berücksichtigung des artspezifischen Verhaltens

Das Internationale Zuchtbuch für die Schwarzfußkatze *(Felis nigripes)* wird seit 1993 im Zoo Wuppertal, unter der Leitung von Dir. Dr. Ulrich Schürer geführt. Der letzte Band erschien 2005, und wurde von Dr. Sliwa zusammengesellt. Ein neues Zuchtbuch wird Ende 2011 erscheinen. Aufzeichnungen von Dipl. Biol. Stadler über die Bestandsentwicklung wurden mir mehrfach zugesandt.
Schwarzfußkatzen im Zoo waren immer eine Seltenheit. Leider musste die Zoopopulation in den letzten Jahren auch noch drastische Rückgänge hinnehmen. Im Jahr 2000 waren 83 Tiere in Zoos registriert, 2005 waren es nur noch 75, und bis September 2010 ging der Bestand weltweit auf 49 und in Europa auf 10 Schwarzfußkatzen zurück. Im Feber und Juli 2011 hatte sich die Zahl weiter reduziert, so dass derzeit in Europa nur noch 7 Schwarzfußkatzen (4 Männchen, 2 Weibchen und 1 Jungtier) in drei Haltungen leben.
Zum großen Teil sind Krankheiten für diesen Rückgang verantwortlich. Weltweit sterben Schwarzfußkatzen in Zoohaltungen an Krankheiten wie AA-Amyloidose, welche zu Nierenversagen führt, oder durch respiratorische

Erkrankungen, sowie durch von Hauskatzen übertragenen Infektionen und Parasiten. Der Grund für das Auftreten der Haupttodesursache AA-Amyloidose konnte bisher nicht erforscht werden. Eine genetische Veranlagung ist nicht auszuschließen; Krankheitsursache könnten aber vielfach auch Haltungsfehler wie die Bloßstellung an Dauerstress, Diätfehler, hohe Luftfeuchtigkeit oder auch falsche Hygienemaßnahmen sein.

Die verschiedenen Maßnahmen, diesen Rückgang aufzuhalten, möglichst ohne Tiere aus der Wildnis zu entnehmen, stehen vor unerwarteten Problemen. Der Plan, Schwarzfußkatzen aus südafrikanischen Züchtungen in europäische Zoos zu bringen, scheitert gegenwärtig an den Schwierigkeiten dort, genügend gesunden Nachwuchs zu bekommen (HOLMES, pers. Mitt.). Die Sterblichkeitsrate der Jungen nahm nach anfänglichen Erfolgen zu, möglicherweise wegen ungünstiger klimatischer Bedingungen (ungewöhnlich viel Regen).

PFLEIDERER schlägt vor, in Imitation der Freilandbedingungen den Katzen nur einmal jährlich Nachwuchs zu ermöglichen, und das in der adäquaten Jahreszeit (in der Karoo Frühling, Oktober bis Mitte Dezember). Dadurch können die Jungen unter möglichst natürlichen und entsprechend günstigen Bedingungen aufwachsen, nämlich, bevor Sommerhitze und Regenfälle den Aufzuchterfolg beeinträchtigen.

An einem Forschungs-Projekt für Schwarzfußkatzen zur Produktion von Spermien wild eingefangener Schwarzfußkater und Oozyten von im Zoo lebenden Weibchen sind seit 2010 Dr.s Herrik (Cincinnati Zoo), N. Lamberski (San Diego Wild Animal Park) und A. Sliwa (Kölner Zoo) beteiligt. Bisher wurden jedoch keine befriedigenden Ergebnisse erzielt.

Was kann man noch tun? Wie schon weiter oben ausgeführt, sollte man die Ergebnisse der entsprechenden Verhaltensstudien nutzen, um die hartnäckig bestehenden Irrtümer in der Schwarzfußkatzenhaltung zu vermeiden. Die Auswirkung für diese Katzenart sollte eine gesteigerte Lebensqualität, eine höhere Überlebensrate und ein besserer Zuchterfolg sein.

Viele dieser Vorschläge zur Haltungsverbesserung wurden bereits bei der Beschreibung einzelner Verhaltensweisen erörtert.

Zusammenfassend sollen hier nochmals einige Punkte angeführt werden:

Gehege: Größe, Struktur, Einrichtung, Begrenzung.
Die genaue Kopie des natürlichen Habitats kann einem Tier im Zoologischen Garten nicht angeboten werden. Dazu fehlt in den meisten Fällen schon der Platz. Die meisten als artspezifische Mindestgröße eines Geheges festgelegten Maße sind als Minimum anzusehen. Der erzwungene Mangel an Raum im Vergleich zur freien Natur kann jedoch durch bestimmte Strukturen und Einrichtungen gemildert werden.

Schwarzfußkatzen haben einen starken Fortbewegungsdrang, deshalb sollten ihre Gehege möglichst auf Weite, nicht auf Höhe angelegt sein. Da Schwarzfußkatzen aus einem ariden Lebensraum der subtropischen Region stammen, benötigen sie einen Innenraum geringer relativer Luftfeuchtigkeit (etwa 30-40 %), jedoch ohne Stauluft. Die heutige Technik hat in dieser Hinsicht sehr gute und auch kostengünstige Möglichkeiten, ein künstliches Klima zu schaffen. Ein effektiver Luftentfeuchter und eine Wärmelampe sind notwendige Investitionen. Schwarzfußkatzen vertragen erstaunlich niedrige und auch hohe Temperaturen, denn im natürlichen Verbreitungsgebiet dieser Katzenart kommen Schwankungen der Tages- und Nachttemperatur von 20°C, im Sommer sogar mehr als 30°C vor (Seite 235). Im Verbreitungsgebiet der Schwarzfußkatze gibt es auch Gegenden, in denen im Winter gelegentlich über mehrere Tage hinweg die Temperaturen nachts deutlich unter 0°C liegen und tagsüber kaum darüber ansteigen. Allerdings ist es dann meistens besonders trocken. Um es noch einmal zu betonen: Ungesund sind Dauerfeuchtigkeit von Luft und Boden, wobei es egal ist, of die Feuchtigkeit kalt oder (besonders keimträchtig) warm ist.

Glas als Bauelement für den Innenraum hat große Vorteile (Infrarot-Wärme, Hygiene) und einen Nachteil (Störungen durch Besucher direkt an den Scheiben), den man freilich durch entsprechende Konstruktion vermeiden kann.

Das geräumige Freigehege sollte teilweise mit durchsichtigen Materialien (Glashauseffekt) überdacht sein. Für das Wohlbefinden dieser psammophilen Katzenart ist es notwendig, den Boden je nach Gehegegröße reichlich mit Sand, Kies und Steinplatten zu auszustatten.

Eine artgemäße Einrichtung besteht aus ebenen Bereichen, Erd- oder Steinhügeln, mehreren Höhlen, Holzboxen oder hohlen Baumstämmen, die die

Schwarzfußkatzen wechselweise als Ruheplätze benutzen können. Dazu kommen horizontal oder schräg ausgerichtete Kratzgelegenheiten und ein Dickicht aus kleinen Sträuchern und Grasbüscheln als Rückzugsmöglichkeit vor Besuchern und Artgenossen. Mütter mit saugenden Kätzchen benötigen zusätzliche Ruheplätze und Verstecke, die Jungtiere Spielzeug.

Ein solchermaßen eingerichtetes Gehege wird von den Katzen als eigenes Revier empfunden, in welchem sie sich sicher fühlen, das sie gegen Artgenossen verteidigen und nicht freiwillig verlassen wollen.

Die Bedeutung des Pflegers bei diesen scheuen und sensiblen Katzen wurde bereits im Abschnitt über interspezifisches Sozialverhalten erwähnt. Hier soll noch einmal betont werden, wie groß der Einfluss der individuellen Betreuerpersönlichkeit für die Schwarzfußkatze (und alle anderen Katzenarten auch) ist. Deshalb sollte nur gut geschultes Pflegepersonal mit ausgeglichener Wesensart und ruhigem Bewegungsrhythmus die Betreuung von Wildkatzen übernehmen (Seite 264).

Für eine erfolgreiche Aufzucht ist darauf zu achten, dass während der ersten Wochen nur ein Pfleger, dem die Katze vertraut, und auch dieser möglichst selten, das Gehege betritt. LUDWIG, W. und C. (1999) schrieben, dass eine Sandkatzenmutter ihren Wurf aufgab, als am 5. Tag nach der Geburt ein Pflegerwechsel stattfand. Alle kleinen Katzenarten reagieren äußerst sensibel auf Störungen durch Menschen. MELLEN (1991) untersuchte das Reproduktionsverhalten von 17 Kleinkatzenspezies und kam zu dem Schluss, dass Katzen, die keine Zuneigung zu ihrem Pfleger empfinden, nicht erfolgreich züchten können.

Zoobesucher können bei allen Katzen eine ständige Beunruhigung verursachen und zu ungesundem Dauerstress führen. Wenn sich die Katzen in ihrem Gehege jedoch sicher und wohl fühlen, kann für sie die Anwesenheit von Besuchern auch hin und wieder eine Bereicherung bedeuten.

Die **Zusammenführung** von Schwarzfußkatzenpaaren ist meist nur bei Jungtieren einigermaßen problemlos. Bei ausgewachsenen Tieren ist große Sorgfalt geboten, denn bei solch extrem solitären Carnivoren sind Auseinandersetzungen nicht auszuschließen. Die Zusammenführung von Katzen sollte erst nach längeren, visuellen, olfaktorischen und akustischen Kontakten durch zwei getrennte Gitter erfolgen, und nur, wenn keinerlei aggressives Verhalten festgestellt wurde (PUSCHMANN, 2007). In der ersten Zeit nach der Vergesellschaftung ist das Verhalten der Tiere besonders genau zu beobachten. Selbst wenn sie sich schon durch das Gitter kennengelernt haben, kann es beim direkten Zusammentreffen zu lebensgefährlichen Angriffen kommen. Wenn die Katzen sich jedoch gut vertragen, können sie auf Dauer einträchtig zusammen leben und erfolgreich züchten.

Environmental und Behavioural Enrichment für Schwarzfußkatzen.
Das **Spiel** ist für alle Katzen, nicht nur für juvenile, ein wesentlicher Faktor zur Erhöhung der Aktivität und Bekämpfung der Langeweile und Vermeidung von stereotypen Lokomotionen (PFLEIDERER, 2001). Obwohl adulte Schwarzfußkatzen von sich aus nicht mit Gegenständen spielen, können sie durch geeignete, bewegte Objekte zum Spiel angeregt werden (Seite 74, 274). Durch den Einfluss von vertrauten Personen können die Schwarzfußkatzen sogar ihre ziemlich ausgeprägte Nachtaktivität aufgeben.
Abwechselnde **Fütterungsmethoden** mit natürlichen Beutetieren (bei Schwarzfußkatzen kleinere Nagetiere, Kaninchen oder Küken) können die Aktivität der Katzen erhöhen und helfen, Stereotypien zu vermeiden. Besonders wichtig ist die Art der Darbietung der Nahrung (Seite 276-281). Auf jeden Fall ist es wichtig, den Katzen auch außerhalb bestimmter Fütterungszeiten kleine Beutetiere oder Fleischstückchen zu reichen, oder diese im Gehege zu verstecken. Der Jagdtrieb kann durch die Gabe größerer Insekten, wie Wanderheuschrecken, angeregt werden.
Die Wirkung **olfaktorischer Reize** wurde in einer Studie von WELLS & EGLI (2004) im Zoo Belfast an 6 Schwarzfußkatzen untersucht. Das Ergebnis war eine deutliche Anregung und eine Erhöhung der Aktivität (Seite 282).
Dennoch ist zu bedenken, dass keine einzige Art von Enrichment unbegrenzt erfolgreich sein kann. Katzen gewöhnen sich schnell an Spielzeuge, Gerüche, Futterverstecke oder Gehege-Modifikationen. Daher ist der Betreuer gefordert, kontinuierlich nach neuen Einrichtungs-Alternativen zu forschen (MELLEN & SHEPERDSON, 1997).

Es gibt bis jetzt allerdings keine bessere Methode das Wohlbefinden von Katzen zu erhöhen, ihre Aktivität zu steigern und Verhaltensstörungen zu vermeiden, als eine erfolgreiche Mutteraufzucht. Eine „glückliche" Katzenfamilie, Mutter, Junge und ev. dazu auch der Vater ist die wirkungsvollste Form von Behavioural Enrichment.

5.5. Aktivitätsvergleich zwischen verschiedenen Katzenarten

Grundsätzlich leben die meisten Katzenarten sowohl in der Wildnis, wie auch in menschlicher Obhut in einem mehr oder weniger gemeinsamen Raum-Zeit-System. Dieses zeigt generell ein diphasisches Muster mit Aktivitätsspitzen in den Morgenstunden und der Abenddämmerung, sowie einer kurzen Nachtruhe und einer längeren Ruhephase untertags.

Bei der Haltung in zoologischen Einrichtungen soll auf dieses Raum-Zeit-System Einfluss genommen werden. Es vermag durch verschiedene Faktoren gesteuert werden: Fütterung, Spiel, Arbeiten im Gehege, Betreuer, Besucher, Artgenossen und Gehegeeinrichtung.

Von Bedeutung sind auch die persönlichen Unterschiede der einzelnen Individuen.

Bei allen im Gehege beobachteten **Schwarzfußkatzen** zeigte das Aktivitätsmuster deutliche Spitzen vor und während der Morgenfütterung und einen noch höheren Wert, mit Ausnahme eines subadulten Geschwisterpaares (Seite 197-198), bei der Abendfütterung. Die nächtlichen Ruhephasen waren kurz und wurden oft unterbrochen, während die Tagesruhe bis zu neun Stunden dauerte.

Dass dieses Aktivitätsverhalten in menschlicher Obhut gravierend geändert werden kann, beweist die Aufzeichnung über das Ruheverhalten von drei jungen Schwarzfußkatzen.

Verbrachten sie die Nächte mit ihrer Mutter im Gehege, glich ihr Aktivitätsmuster dem aller anderen Schwarzfußkatzen. Blieben sie nachts jedoch im Zimmer ihrer Betreuerin, schliefen sie von 23 Uhr bis morgens um ca. 5:30 Uhr. Dafür waren sie untertags deutlich aktiver. Als zwei der Jungen 8

Monate später wieder einige Zeit im Haus wohnten, passten sie ihre Schlafenszeit wieder an die des Menschen an (Seite 112-113).

Ein Kreis- und ein Liniendiagramm (Seite 200) stellen einen Vergleich über die Aktivität aller fünf Schwarzfußkatzen, welche im Jahr 2007 beobachtet wurden, dar.

Anders als beim Schwarzfußkater wurde von einer **Falbkätzin,** die schon seit Jahren Gehegeinhaberin war, die Aktivität der beiden Kater, welche man in ihr Gehege brachte, stark unterdrückt, während die Aktivitätskurve des Weibchens in beiden Fällen signifikant höhere Werte erreichte.

Das Aktivitätsmuster aus einer Graphik über junge Falbkatzen von PFLEIDERER (2001) wurde mit dem von drei jungen Servalen verglichen, wobei der Verlauf ähnlich ist. In beiden Fällen wird erkennbar, dass Jungtiere eine längere Nachtruhe halten als Adulte. Die jungen Schwarzfußkatzen konnte durch die besonderen Umstände der Aufzucht nicht mit den anderen beiden Arten verglichen werden. (Auch nicht, wenn sie den ganzen Tag bei ihrer Mutter draußen waren, weil hier die Beobachtungsdauer zu kurz war, um eine gesicherte Aussage zu machen)

Als das **Servalmännchen** wieder zusammen mit seiner langjährigen Partnerin im großen Gehege lebte, zeigte sich eine deutliche Steigerung seiner Aktivität gegenüber der Zeit, welche er allein in einem kleineren Gehege verbracht hatte.

Bei allen Katzen konnte beobachtet werden, dass die Erhöhung der Aktivität und Verminderung der Stereotypien sowohl von der Gehegegröße, wie auch von der Vergesellschaftung mit einen vertrauten, statt mit einem nicht voll akzeptierten, Geschlechtspartner abhängig sein kann.

Der Einfluss des Klimas auf die Aktivität

Für die Untersuchung des Klimaeinflusses auf die Aktivität, bzw. Inaktivität von Wildkatzen wurde aus jeder der vier beobachteten Katzarten ein gut eingewöhntes Tier ausgewählt. Zwei Beobachtungs-Zeiträume betrafen erstens die kalte Jahreszeit, im Mai 2006 mit Nachttemperaturen zwischen -6° und +2°C und Tageswerten zwischen +5° und +15°C und zweitens die Sommermonate Jänner/Feber 2007 mit nächtlichen Temperaturen von +10° bis +15°C in der Nacht und Tageswerten bis zu +45°C.

Die Diagramme aller vier Katzen zeigen einen beinahe parallelen Verlauf. Kleinere Abweichungen sind durch Haltungsbedingungen und individuelle Unterschiede zu erklären. In der kalten Jahreszeit dauerte die Mittagsruhe durchschnittlich 5 Stunden, mit gelegentlichen Unterbrechungen, während nachts zwischen 21 und 4 Uhr vorwiegend geruht wurde. Im Sommer schliefen die Katzen untertags fast ausnahmslos von 9 bis 18 Uhr, nachts waren sie hingegen, von kurzen Ruhephasen abgesehen, meist aktiv. Die Gesamtaktivität war in der warmen Jahreszeit (mit einer haltungsbedingten Ausnahme) nur geringfügig höher, als während der Winterzeit.

Für **den Aktivitätsvergleich zwischen eingewöhnten Katzen und Wildfängen** wurden drei Paare, von drei verschiedenen Katzenarten, mit je einem gut eingewöhnten Partner und einem der Wildnis entnommenem Tier untersucht. Ein Falbkater und ein Schwarzfußkatzen-Weibchen lebten schon mehr als zwei Jahre in menschlicher Betreuung, während das Karakalweibchen erst zwei Monate zuvor gefangen wurde.

Die zutraulicheren Katzen (eine davon war ein gut eingewöhnter Wildfang), ohne Unterschied der Art und des Geschlechtes, erreichten weit höhere Werte bei der Aufzeichnung der Aktivität, als die scheuen Wildfänge. Das Karakalweibchen war von allen beobachteten Tieren eindeutig am wenigsten aktiv.

Die Unterschiede des Aktivitätsverhaltens in **Prozent** ergaben folgende Werte:
Bei den Schwarzfußkatzen war das Weibchen um 29 % weniger aktiv, bei den Falbkatzen war das Männchen um 39 % weniger aktiv, bei den Karakalen war das erst frisch eingefangene Weibchen um 71 % weniger aktiv als der jeweilige Partner.

Hier zeigt sich, wie wichtig es für die Aktivität einer Katze ist, wenn sie sich in ihrem Revier sicher fühlt und ein gewisses Vertrauen zum Betreuer gefasst hat. Gemeint ist hier die positive Aktivität im Sinne von PFLEIDERER & LEYHAUSEN (1994), die als gewisses Maß für das Wohlbefinden einer Katze dienen kann.

Erklärung: Aktivität ist nicht gleich Wohlbefinden! Beispiel: Die Servale ließen sich oft in ihrer Ruhe stören und liefen aufgeregt (aber nicht stereotyp!!) im Gehege herum, wenn Personal in der Nähe arbeitete!

Aktivitätsvergleich zwischen weiblichen und männlichen Wildkatzen
Für diese Untersuchung eigneten sich nur drei zoogeborene, gut eingewöhnte Paare, zwei Schwarzfußkatzen-Paare und ein Serval-Paar.
Alle Paare zeigten deutlich höhere Aktivität der Männchen als der Weibchen.
Die Unterschiede des Aktivitätsverhaltens ergaben folgende Werte: Bei dem Servalpaar Arno und Bonnie war das Männchen Arno um 1/3, bei den beiden Schwarzfußkatzenpaaren war das Männchen Jock um 1/6 aktiver als Nina und beim Geschwisterpaar Lutz und Magrit war das Männchen ebenfalls um 1/6 aktiver.
Dies stimmt mit Beobachtungen in freier Wildbahn überein, wo bei allen mir bekannten Katzenarten die männlichen Tiere aktiver sind als die weiblichen, weil sie größere Reviere bewohnen, mehr markieren und auch weitere Strecken zurücklegen müssen.
Die Vergleiche der **Grooming-Aktivität** zwischen männlichen und weiblichen Wildkatzen ergaben bei allen Arten, sowohl beim Autogrooming, wie beim Allogrooming eine höhere Frequenz bei den weiblichen Katzen.
Die Resultate meiner Studien sollen dazu beitragen, die Haltung von Schwarzfußkatzen dem notwendigen Optimum näher zu bringen.
Dies bedingt, dass die Gehege artgemäß ausgestaltet und ausgerüstet sind, Fütterungsmethoden, die dem Beuteschema dieser Katzen entsprechen und weist darauf hin, dass die Schwarzfußkatzen ein Behavioral Enrichment ebenso nötig haben wie andere Tierarten auch.

6. Zusammenfassung

In der südafrikanischen Karoo wurden in den Jahren 2006 und 2007 zu unterschiedlichen Jahreszeiten die vier dort heimischen kleinen Wildkatzenarten Karakal (*Profelis caracal*), Serval (*Leptailurus serval*), Falbkatze (*Felis libyca*) und Schwarzfußkatze (*Felis nigripes*) untersucht und Verhaltens-, sowie Aktivitätsvergleiche angestellt.

Den Schwerpunkt dieser Arbeit bildet das Ethogramm der Schwarzfußkatze (*Felis nigripes*) und die daraus resultierenden Voraussetzungen für eine artgemäße Zoohaltung.
In den beiden gemeinschaftlich arbeitenden Forschungseinrichtungen und Karoo Cat Research und Cat Conservation Trust lebten zu dieser Zeit 10 Schwarzfußkatzen, also ein wesentlicher Anteil am Weltbestand von 75 Tieren lt. Int. Zuchtbuch 2005.
Sieben dieser Schwarzfußkatzen, drei adulte und vier Jungtiere konnte ich über eine längere Zeit beobachten.
Artspezifische Verhaltensweisen, wie Traben, Fress-, Trink-, Jagd-, Spiel- und Komfortverhalten, sowie die ökologischen Anpassungen wurden beschrieben und die daraus resultierenden essentiellen Anforderungen für erfolgreiche Haltung dargestellt. Das Problem des Anspruches an ein im Verhältnis zur Körpergröße der Schwarzfußkatzen sehr großes Gehege mit geringer Luftfeuchtigkeit und sandiger Bodendeckung wurde aufgezeigt.
Dem Sozialverhalten der Schwarzfußkatzen und ihrem Vertrauensverhältnis zum Menschen wurde in dieser Arbeit besondere Aufmerksamkeit geschenkt. Diese Art zählt zu den scheuesten Feliden, weshalb sowohl Pfleger, wie auch Besucher eine große Belastung und sogar Ursache für stressbedingte Erkrankungen sein können.
Dreimal wurde der Versuch unternommen, Jungtiere im Alter von 6 bis 16 Wochen gemeinsam mit der Mutter aufzuziehen. Besondere Verhaltensweisen, wie „Vertrauen" oder „Scheu" wurden bewertet. Die Ergebnisse zeigen in den ersten Wochen sehr positive Werte, mit einem zeitlich begrenzen Vertrauenseinbruch in der 11. bis 13. Lebenswoche bei allen drei Jungen. Dieser Versuch kann positiv bewertet werden, da sich Adulte ihren Betreuern gegenüber deutlich zutraulicher und weniger schreckhaft als zoogeborene erwiesen. Ohne menschlichen Kontakt blieben sie scheu.
Schwarzfußkatzen gelten als streng solitäre Tiere, weshalb ich mit der Beobachtung des intraspezifischen Sozialverhaltens zu ergründen versuchte, wieweit diese Hypothese zutrifft.

Das Verhalten von Müttern und ihren Jungen, sowie von Geschwistern untereinander wurde beobachtet und beschrieben. Das soziale Spiel machte einen wesentlichen Anteil der Aktivität von Jungtieren aus.

Zwischen Geschwistern kann jedoch, auch später ein besonders gutes Verhältnis bestehen bleiben (Zoo Wuppertal) und sogar zu Nachwuchs führen (Karoo Cat Research).

Zu aggressivem Verhalten bei der Fütterung kommt es bereits bei sehr jungen Kätzchen, wie bei adulten Tieren.

Die Rolle des Vaters bei der Jungenaufzucht wurde beschrieben und Vergleiche mit anderen Katzenarten angestellt. Altruistische Verhaltensweisen konnten bei zwei Schwarzfußkatzen-Vätern beobachtet werden: Väter gehen mit den Jungen sehr liebevoll um und können die Mutter bei der Aufzucht sogar entlasten. Dies widerspricht der allgemeinen Anschauung, vieler Katzenhaltungen in Tiergärten.

Adulte, nicht verwandte Schwarzfußkatzen können im Allgemeinen nur einzeln oder paarweise gehalten werden. Die einzige mir bekannte Ausnahme bei Schwarzfußkatzen bildeten zwei gemeinsam gepflegte Weibchen im Alter von 5 und 2 Jahren.

Aktivitätsvergleiche zwischen den vier beobachteten Katzenarten: Schwarzfußkatze (*Felis nigripes*), Falbkatze (*Felis libyca*), Karakal (*Profelis caracal*) und Serval (*Leptailurus serval*), sowie zwischen einzelnen Individuen, wurden in Form von Tabellen und Grafiken erstellt.

Der Einfluss des Klimas auf die vier Katzenarten wurde zu unterschiedlichen Jahreszeiten untersucht. Es zeigte sich, dass bei allen Arten die Tagesaktivität in den heißen Sommermonaten stark reduziert war und die Nachtaktivität zunahm, während im Winter nachts mehr geruht wurde. Die Gesamtaktivität war in beiden Jahreszeiten gleich hoch.

Der Aktivitätsvergleich zwischen eingewöhnten Katzen und Wildfängen ergab bei allen Arten einen signifikant niedrigeren Wert bei den Wildfängen. Aktivitätsvergleiche zwischen Wildkatzenpaaren ergaben eine deutlich höhere Aktivität der Männchen. Vergleiche der Grooming-Aktivität zwischen männlichen und weiblichen Wildkatzen erzielten bei allen Arten, sowohl beim

Autogrooming, wie beim Allogrooming eine höhere Frequenz bei den Weibchen.

Die Probleme der Zoohaltung von Schwarzfußkatzen werden zusammenfassend diskutiert. Der dramatische Rückgang des Bestandes weltweit infolge von Krankheiten wie Amyloidose und Infektionen wurde beschrieben und versucht, die Ursachen als Folge von Haltungsfehlern und Stress zu ergründen. Auf die notwendige Gehegegröße und geeignete Einrichtung als Voraussetzung für eine artgemäße Haltung wurde hingewiesen.

Von großer Bedeutung ist die Rolle des Pflegers bei der Betreuung von Schwarzfußkatzen. Vertrauensbildende Maßnahmen sind eine Voraussetzung für die erfolgreiche Zucht dieser scheuen Katzen. Besonders wichtig sind auch Rückzugsmöglichkeiten und der Abstand zu Besuchern um Störungen und Stress zu vermeiden.

Environmental und Behavioural Enrichment-Maßnahmen wurden ausführlich erläutert.

Durch Anbieten von Spielzeugen, abwechslungsreichem und zu verschiedenen Zeiten verstecktem Futter, sowie olfaktorische Anreize, kann die Aktivität von Schwarzfußkatzen auch in den Tagesstunden deutlich gesteigert werden. Die beste Methode das Wohlbefinden von Katzen zu erhöhen, ist jedoch eine erfolgreiche und störungsfreie Mutteraufzucht.

Summary

In the South African Karoo, at various seasons in 2006 and 2007, the four endemic small wild cat species caracal (Profelis caracal), serval (Leptailurus serval), African wildcat (Felis libyca) and Blackfooted Cat (Felis nigripes) were studied and their behaviour and activity compared.

The emphasis of this paper is on the ethogram of the Blackfooted Cat (Felis nigripes) and the resulting prerequisites for keeping conditions appropriate to the species.

At the time there were 10 Blackfooted Cats, i.e. a considerable proportion of the world population of 75 animals according to the International Studbook 2005, living in the two cooperating research institutions, Karoo Cat Research and Cat

Conservation Trust. Seven of these Blackfooted Cats, three adults and four kittens, I was able to observe for a long period.

Species-specific behaviour patterns, such as trotting, eating, drinking, hunting, play and comfort behaviour, as well as ecological adaptations, are described and the resulting essential conditions for successful keeping presented. The problem of the need for an enclosure that is very large in proportion to the body size of a Blackfooted Cat, with low atmospheric humidity and sandy ground cover, is demonstrated.

This study paid particular attention to the social behaviour of the Blackfooted Cat and its relationship of trust towards humans. This species rates as one of the shyest felids, which is why both keepers and visitors can mean great stress for them and even be the cause of stress-related illnesses.

Three times the experiment was made of rearing kittens aged from 6 to 16 weeks in cooperation with their mother. Particular behaviour patterns, such as "trust" or "shyness", were evaluated. The results show very positive values in the first weeks, with a loss of trust of limited duration in all three kittens in the 11th to 13th weeks. This experiment can be judged as positive, since the adult animals proved noticeably more trusting towards their keepers and less nervous than zoo-born ones. Without human contact they remained shy.

Blackfooted Cats rate as strictly solitary animals, which is why in observing their intraspecific behaviour I endeavoured to establish to what extent this hypothesis is correct. The behaviour of mothers and their young, as well as of siblings among themselves, was observed and described. Social play formed a considerable part of the activities of kittens.

However, later too a particularly good relationship between siblings can persist (Zoo Wuppertal) and even result in offspring (Karoo Cat Research).

Aggressive behaviour during feeding already occurs in very young kittens, as it does in adults.

The role of the father in the rearing of young is described and comparisons drawn with other cat species. Altruistic behaviour patterns were observed in the case of two Blackfooted fathers: fathers treat the kittens affectionately and may even relieve the mother of part of the burden of rearing. This contradicts the view prevailing in many zoological gardens.

In general, unrelated adult Blackfooted Cats can only be kept singly or in pairs. The sole exception known to me are two females aged 5 and 2 which were kept together.

Comparisons of activity among the four observed species Blackfooted Cat (Felis nigripes), African wildcat (Felis libyca), caracal (Profelis caracal) and serval (Leptailurus serval), as well as between individuals, are presented in the form of tables and graphs.

The influence of climate on the four cat species was investigated in different seasons.

With all species it emerged that in the hot summer months daytime activity was greatly reduced and nocturnal activity increased, whereas in winter the animals rested more at night. Total activity was equally high in both seasons. In the case of all species, a comparison of activity between wild-caught animals and those that have settled in showed a significantly lower value in the wild-caught ones. Comparisons of activity in wild cat pairs showed noticeably higher activity in the males. Comparison of grooming activity between male and female wild cats showed a higher frequency in the females, in both allogrooming and autogrooming.

The problems involved in keeping Blackfooted Cats in zoos are comprehensively discussed. The dramatic decrease in their numbers worldwide as a result of diseases such as amyloidosis and infections is described, and the study investigates how far the causes are the result of faulty keeping and stress. The prerequisite of a sufficiently large enclosure and suitable furnishing for a manner of keeping appropriate to the species is pointed out.

The role of the keeper in the care of Blackfooted Cats is highly important. Trust-building measures are a prerequisite for the successful breeding of this shy cat. Of particular importance too are possibilities for withdrawal and the distance from visitors in order to avoid disturbance and stress.

Measures for environmental and behavioural enrichment are described in detail. By providing toys, varied food hidden and offered at different times, as well as olfactory stimuli the activity of Blackfooted Cats can be noticeably increased in the daytime as well. However, the best recipe for heightening the wellbeing of cats is a successful and undisturbed rearing by the mother.

7. Dank

An dieser Stelle möchte ich meinen herzlichen Dank allen jenen Personen aussprechen, die mich bei dieser mehrjährigen Arbeit berieten und auf verschiedenste Weise unterstützten.
Ich bin Frau Prof. Dr. Ellen Thaler zu großem Dank für die wertvolle Beratung in ethologischen Fragen, Anregungen zur Strukturierung der Arbeit, sowie die gründliche Beurteilung und konstruktive Kritik meiner Dissertation verpflichtet.
Herrn Prof. Dir. Dr. Helmut Pechlaner danke ich für die Beratung in tiergärtnerischen Problemen, sowie die kritische Beurteilung dieser Dissertation.
Mein besonderer Dank gilt Frau Dr. Mircea Pfleiderer, welche mir durch den Aufenthalt in ihrer Forschungsstation Karoo Kat Research diese Arbeit ermöglichte. Ihre fachkundige Beratung bei der Beurteilung des katzenspezifischen Verhaltens und der Erfassung der Verhaltensweisen waren mir eine wertvolle Hilfe. Sie stellte mir ihre Tagebuchaufzeichnungen aus den Jahren 2004 bis 2011 zur Verfügung und überließ mir das bisher unveröffentlichte Protokoll von Leyhausen und Tonkin aus dem Jahr 1963, über die erste gelungene Aufzucht von Schwarzfußkatzen, sowie eine umfangreiche Liste mit Felidenliteratur.
Bei Prof. Dr. Jörg Pfleiderer bedanke ich mich für das sorgfältige Korrekturlesen und Beratung beim Layout.
Besuche bei Marion Holmes, der Gründerin des Cat Conservation Trust, gaben mir Einblicke in die Arbeit dieses Schutzprogrammes. Bei ihr bedanke ich mich für die regemäßig gesandten Informationen über Ihren Schwarzfußkatzenbestand, sowie Probleme und Erfolge bei der Zucht.
Dr. Alexander Sliwa danke ich für die Übermittlung wichtiger Publikationen über das Freileben von Schwarzfußkatzen und veterinärmedizinischer Arbeiten zur Erforschung der Amyloidose.
Bei Diplom Biol. André Stadler, Kurator im Zoo Wuppertal, bedanke ich mich für die Führung und Vorstellung der Katzenarten im Zoo Wuppertal, sowie die mehrfache Zusendung des aktuellen Schwarzfußkatzen-Reportes, welcher Aufschluss über Bestand und Probleme der Haltung gab.
Für die Unterstützung bei der Literatursuche in der Bibliothek des Alpenzoos Innsbruck danke ich Mag. Silvia Hirsch.
Frau Dr. Barbara Tonkin-Leyhausen danke ich für ihre Hilfe bei der Übersetzung der Zusammenfassung dieser Arbeit.
Einen wesentlichen Anteil am Gelingen dieser Arbeit hatte Dr. Alfred Irouschek, bei dem ich mich für die moralische und praktische Unterstützung meiner Arbeit bedanken möchte.
Meiner Tochter Dr. Schiwa Almasbegy danke ich dafür, dass sie mir eine ungestörte Zeit zur Fertigstellung dieser Dissertation in Ägypten ermöglichte.

8. Literaturverzeichnis:

ALDERTON, D. (1999): Wildcats of the World. Blandford, UK, ISBN 0-7137-2752-7

ALMASBEGY, M. (2001): Einfluss tiergartenbiologischer Parameter auf das Verhalten von Schneeleoparden. Diplomarbeit, Universität Innsbruck

ALMASBEGY, M. und PFLEIDERER, M. (2011): Ethologisch fundierte Empfehlungen für eine artgemäße Zoohaltung von Schwarzfußkatzen (*Felis nigripes*) Burchell 1824. Der Zoologische Garten N.F., 80, 309-348

ARMSTRONG, J. (1975): Hand-rearing Black-footed cats, Felis nigripes, at the National Zoological Park, Washington, Int. Zoo Yearbook, 15, 245-249

ASCHOFF, J. (1958): Tierische Periodik unter dem Einfluss von Zeitgebern. Z. Tierpsych. 15, 1 – 30

AVENANT, N. L. & NEL, J.A.J. (1998): Home range use, activity and density of Caracal in relation to prey. Afr. J. Ecol. 36, 347-359

AVENANT, N. L., De WAAL, H.O. & COMBRINCK, W. (2006): The Canis-Caracal Programme: Proceedings to the national Workshop on the holistic management of human-wildlife conflict in South Africa, 10 - 13 April 2006, Ganzekraal Conference Centre, Western Cape. Endangered Wildlife Trust: South Africa.

BADSHAW, J.W.S. (1992): The Behaviour of the Domestic Cat. CABI Publishing, Oxon.

BASSENGE, A., GEERS, E., KOLTER, L. (1998): Wirkung von verschiedenen Methoden des Environmental Enrichment auf Katzen (Felidae). Zeitschrift des Kölner Zoo, Heft 3, 103-131

BIRKENMEIER, E. and E. (1971): Hand-rearing the Leopard cat (*Felis bengalensis borneoensis*): Int. Zoo Yearb. 11, 118–121

BLÜM, V. (1985): Vergleichende Reproduktionsbiologie der Wirbeltiere, Springer-Verlag Berlin, Heidelberg

BOND, J.C. & LINDBURG, D.G. (1990): Carcass feeding of captive cheetahs (*Acinonyx jubatus*), the effects of a naturalistic feeding program on oral health and psychological well-being. Applied Animals Behaviour Science 26, 373 – 382

BOTHMA, du P., L. & Le RICHE, E.A.N. (1994): Range use by an adult male caracal in the southern Kalahari. Koedoe, 37, 105-108

BOWLAND, J.M. (1990): Diet, home range and movement patterns of servals of farmland in Natal. M.Sc. thesis, Univ. Natal, Pietermaritzburg

BRADSHAW, IW.S. (1992): The Behaviour of the Domestic Cat. CABI Publishing, Oxon

BROWN, J.L. (2002): Noninvasive assessment of adrenal activity associated with husbandry and behavioral factors in the North American clouded leopard population.
Zoo Biology 21, 77-98

BURGENER, N. (2000): Effekt von Futterkisten auf das Verhalten und den Glucosespiegel der Schneeleoparden (*Uncia uncia*) im Zoo Zürich. Diplomarbeit, ETH Zürich

BÜRGER, M. (1964): Beobachtungen an Wildkatzen des Magdeburger Zoos.
Milu 1: 286 - 288

BÜRGER, M. (1978): Intergenerische Bastardierung zwischen Europäischer Wildkatze und Serval. Der Zoologische Garten N.F., 48, 453 – 456

CARLSTEAD, K. & BROWN, J.L., MONFORT, S.L., KILLENS, R., WILDT, D.E. (1992): Urinary Monitoring of Adrenal Responses to Psychological Stressors in Domestic and Nondomestic Felids. Zoo Biology 11, 165–176

CARLSTEAD, K., BROWN, J. SEIDENSTICKER, J. (1993): Behavioral and Adrenocortical Responses to Environmental Changes in Leopard Cats (*Felis bengalensis*).
Zoo Biology 12, 321–333.

CUNNINGHAM, A.B. and ZONDI, A.S. (1991): Use of animal parts for the commercial trade in traditional medicines. Institute of Natural Resources,
Univ. Natal, Pietermaritzburg

DORST, J. and DANDELOT, P. (1970): A Field Guide to the larger Mammals of Africa.
Collins, London.

DYLLA, K. und KRÄTZNER, G. (1990): Verhaltensforschung.
Quelle & Meyer Verlag Heidelberg. Wiesbaden. ISBN 3-494-01190-7

ECKSTEIN, R.A., HART, B.L., (2000): The organization and control of grooming in cats.
Appl. Anim. Behav. Science 68, 131 – 140

EMMETT, M., (2006): Caracals, a suspended sentence.
Africa Geographic, Sept. 2006, S. 42 - 49

EMMONS, L. (1988): A field study of ocelots (*Felis pardalis*) in Peru. Revue d'Ecologie la Terre et la Vie 43. 133 – 157

EMMONS, L. (1989): Ocelot behavior in moonlight. In: Redford, K. Eisenberg, J. (Eds.), Advances in Neotropical Mammalogy, Sandhill Crane Press, Gainesville,
FL, pp. 233 – 242

EWER, R. F. (1968): Ethology of Mammals, Elek. Science, London, 418 S.

EWER, R.F. (1969): some observations on the killing and eating of prey by two dasyurid marsupials: the mulgara, *Dasycercus cristicauda*, and the Tasmanian devil, *Sarcophilus harrisi*. Z. Tierpsychol. 26, 23 – 38

FREEMAN, H. and HUTCHINS, M. (1978): Captive Management of Snow Leopard Cups Zoologischer Garten N.F., 48, 49 – 62

FORAMAN, G. (1997): Breeding and maternal behaviour in geoffroy's cats (*Oncifelis geoffroyi*) Int. Zoo Yearb. 35, 104-115

FOWLER, M.E. (Ed.) (1978): Zoo and wild animal medicine, Philadelphia: W.B. Saunders Company

FUENTE, de La R. (1970): "World of Wildlife Series", Orbis, London

FUENTE, de La R. (1972): "World of Wildlife" I, "Africa, Hunters and Hunted of the Savannah" Orbis, London

GARNER, MM., RAYMOND, JT., O'BRIEN, TD., NORDHAUSEN, RW.,

RUSSEL, WC. (2007): Amyloidosis in the black-footed ferret (*Mustela nigripes*) J. Zoo Wildl. Med 38: 32-41

GEERTSEMA, A.A. (1976): Impressions and observations on serval behaviour in Tanzania, East Africa, Mammalia 40 (1), 527-610

GEERTSEMA, A.A. (1985): Aspects of the ecology of the serval *Leptailurus serval* in the Ngorongoro Crater, Tanzania, Netherlands J. Zool. 35 (4) 527-610

GILKISON, J.J. & WHITE, B.C., TAYLOR, S. (1997): Feeding enrichment and behavioural changes in Canadian Lynx (*Lynx canadiensis*) at Lousiville Zoo, International Zoo Yearbook, 35, S. 213–216

GUSSET, M. & BURGENER, N. SCHMID, H. (2002): Wirkung einer aktiven Futterbeschaffung mittels Futterkisten auf das stereotype Gehen und den Glukokortikoidspiegel von Margays, Leopardus wiedii, im Zoo Zürich. Zoologischer Garten N. F., 72, 245-262

GRZIMEK, B. (1972): Grzimeks Tierleben, Band 12, Säugetiere 3, (Hrsg) H. DATHE, Falbkatzen, 292 – 296

GRZIMEK, B. (1972): Grzimeks Tierleben, Band 12, Säugetiere 3, (Hrsg) H. DATHE, Karakal, 315 – 317

GÜRTLER, W.-D. (2006): Lebensdauer und Reproduktion eines weiblichen Servals in der ZOOM Erlebniswelt. Der Zoologische Garten N.F., 76, 199-200

HALTENORTH, T. (1957): Die Wildkatze, Die neue Brehmbücherei,
Ziemsen-Verlag, Wittenberg

HARTMANN-FURTER, M. (1998): A behaviour-specific feeding technique for European Wildcats (*Felis s. silvestris*). In: HARE, V.J. & WORLEY, K.E. (EDS.):
Proc. third int. conf. environmental enrichment, Orlando, 182 – 190

HARTMANN-FURTER, M. (2000): A Species-specific Feeding Technique designed for European Wildcats (*Felis s. silvestris*) in Captivity.
Säugetierkund. Inf., Jena (4) H23=24, 567-575

HARTMANN-FURTER, M. (2001): Das Charisma des Phantoms. Biologie und Verhalten von Wildkatzen in Gehegen, in: Grabe, H. Worel, G. (Eds), Die Wildkatze, zurück auf leisen Pfoten. Buch & Kunstverlag Oberpfalz, Amberg, 59-63

HARTMANN, M. (2008): The Role of the Keeper as an Environmental Factor for Captive Animals. Published by the Shape of Enrichment, San Diego, CA, 59 – 63

HARTMANN, M. (2009): Scheue Schatten, die Wildkatzen sind zurück,
Herausgeber: Züricher Tierschutz

HARTMANN, M. (2009): Breeding European Wildcats (*Felis silvestris*, Schreber 1977) in species-specific enclosures for reintroduction in Germany.
IUCN Cat Specialist Group. An Interdisciplinary Approach

HASSENBERG, L. (1965): Ruhe und Schlaf bei Säugetieren.
Neue Brehm Bücherei, Bd.338, Wittenberg Lutherstadt.

HEDIGER, H. (1942): Wildtiere in Gefangenschaft;
ein Grundriss der Tiergartenbiologie, Basel

HEDIGER, H. (1955): Studies of the Psychology and Behaviour of Captive Animals in Zoos and Circuses. Butterworth, London

HEDIGER, H. (1961): Tierpsychologie im Zoo und im Zirkus,
Friedrich Reinhardt Verlag, Basel

HEDIGER, H. (1965): Mensch und Tier im Zoo: Tiergartenbiologie
Albert Müller Verlag, Rüschlikon-Zürich

HEDIGER, H. (1966): Aus dem Leben der Tiere, Fischer Bücherei, Bücher des Wissens, Verlag Friedrich Reinhard AG, Basel

HEDIGER, H. (1970): Zur Sprache der Tiere,
Der Zoologische Garten N.F., 38, 171-180

HEDIGER, H. (1990): Ein Leben mit Tieren im Zoo und in aller Welt.
Werd-Verlag, Zürich

HEEZIK, Y.M. van & SEDDON, J.P. (1998): National Wildlife research Center, National Commission for Wildlife Conservation and Development, P.O. Box, 1086, Taif, Saudi Arabia

HEMMER, H. (1974): Zeitschrift des Kölner Zoos, Studien zur Systematik und Biologie der Sandkatze (*Felis Margarita*), Heft 1974/17(1) 11-20

HEMMER, H., GRUBB, P., GROVES, C.P. (1974): Notes on the Sand Cat, *Felis margarita* Loche, 1858. Zeitschrift für Säugetierkunde, Heft 41, 286-303

HEMMER, H. (1978): The evolutionary systematics of felidae: present status and current problems. Carnivore II, S 71 – 79

HEMMER, H. (1979): Gestation Period and Postnatal Development in Felids. Carnivore II, 90 – 100

HEPTNER, W. G. (1970): Die turkestanische Sicheldünenkatze (Barchankatze), (*Felis margarita thinobia*) Ogn. 1926. Der Zoologische Garten N.F., 39, 116-128.

HEYMANN, E., & HOLIGHAUS, K. (1998): Der "Faktor Mensch": Der Einfluss von Tierpflegern auf das Verhalten von Liztaffen, (*Saguinus oedipus*). Der Zoologische Garten N.F., 68, 222-230

HOHAGE, B. (2010): 24h Beobachtungen an Schwarzfußkatzen und Sandkatzen in Korrelation zu Stresshormonen aus dem Kot der Tiere. Dissertation, Universität Duisburg-Essen.

HUTCHINS, M., HANCOCKS, D. CROCKETT, C. (1984): Naturalistic solutions to the Behavioral Problems of Captive Animals, Der Zoologische Garten N.F., 54, 28 – 42

IMMELMANN, K (1982): Wörterbuch der Verhaltensforschung, Verlag Paul Parey

IMMELMANN, K., PRÖVE, E., SOSSINKA, R. (1996): Einführung in die Verhaltensforschung, 4. Auflage, Blackwell Wissenschafts-Verlag

IUCN (2006): 2006 IUCN red List of Threatened Species, www.iucnredlist.org.

JACKSON, P. (1997): The status of cats in the wild Int. Zoo Yearb. 35, 17 - 27

JENNY, S. (1999): Wirkung einer aktiven Futterbeschaffung mittels Futterkisten auf das stereotype Verhalten von Amurtiger (*panthera tigris altaica*) im Zoo Zürich, Diplomarbeit, Universität Zürich

JENNY, S. & SCHMID, H. (2002): Effects of Feeding Boxes on the Behaviour of Stereotyping Amur Tigers (*Panthera tigris altaica*) in the Zurich Zoo, Zoo Biology, 21, 573– 584

JOHNSON, W.E. & S.J. O'BRIEN (1997): Phylogenetic reconstruction of the Felidae using 16s rRNA and NADH-5 mitochondrial genes.
Journal of Molecular Evolution 44 (suppl.), 98-116

JOHNSON, W.E., E.EIZIRIK, J. PECONSLATTERY, W.J. MURPHY, A. ANTUNES, E. TEELIG & S.J. O'BRIEN (2006): The late Miocene radiation of modern Felidae: a genetic assessment. Science 311: 73-77.

JOHNSTONE, P. (1977): Handrearing a Serval (Felis serval) at Mole Hall Wildlife Park. The Int. Zoo Yearbook 17, 218-219

KALB, R. (1992): Der Luchs, Lebensweise, Geschichte einer Wiedereinbürgerung, Forum Artenschutz, Naturbuch-Verlag, Augsburg

KINGDON, J. (1977): East African Mammals, Volume IIIA, Carnivores.

KITCHENER, A. (1991): The natural History of the Wildcats, London,

KREBS, J.R. & DAVIES, N.B. (2004): An Introduction to Behavioural Ecology. Third Edition, Blackwell Publishing, ISBN 0-632-03546-3

KUMBIEGEL, I. (1937): Nachrichten aus Zoologischen Gärten.
Der Zoologische Garten N.F., 9, 53 – 59

LANGENHORST, T. (1997): Auswirkungen eines Behavioural-Enrichment- Programms auf das stereotype Verhalten von Braunbären (*Ursus arctos*).
Der Zoologische Garten N.F., 67, 341-357

LAW, G. MACDONALD, A. & REID, A. (1997): Dispelling some common misconceptions about the keeping of felids in captivity.
The International Zoo Yearbook 35, 197-207

LAY, D.M., J.A.W. ANDERSON and J.H. HASSINGER (1970): New records of small mammals from West Pakistan and Iran. Mammalia 34, 98 – 106, Paris 1970

LEYHAUSEN, P. (1956): Über die unterschiedliche Entwicklung einiger Verhaltensweisen bei den Feliden. Säugetierkundl. Mitt. 4, 123 – 125, Stuttgart

LEYHAUSEN, P. (1961): Smaller cats in the zoo.
International Zoo Yearbook 3, 11-21.

LEYHAUSEN, P. (1962): Felis nigripes Katzenzwerg aus Südwestafrika.
Umschau 62/24, 768-770.

LEYHAUSEN, P. & TONKIN, B., (1963): Protokoll über das Verhalten der beiden Schwarzfußkatzen Schwarzi und Schwarzibraut und deren Nachwuchs.
Nicht veröffentlicht

LEYHAUSEN, P. & TONKIN, B. (1966): Breeding the Black-footed Cat *Felis nigripes* in captivity. Int. Zoo Yearbook 6, 178-182

LEYHAUSEN, P. (1979): 5. Aufl. Katzen, eine Verhaltenskunde, Verlag Paul Parey, Berlin u. Hamburg

LEYHAUSEN, P. (1982): 6. Aufl. Katzen, eine Verhaltenskunde, Verlag Paul Parey, Berlin u. Hamburg

LEYHAUSEN, P. (1988b): Katzen (Felidae). In: Grzimeks Enzyklopädie Säugetiere, Vol III, Kindler Verlag München, 580-536.

LEYHAUSEN, P. und PFLEIDERER, M. (1996): Katzenseele, Frankh-Kosmos Verlag, Stuttgart, ISBN 3-440-05843-3

LIBEREK, M. (1999): Eco-ethologie du cat sauvage *Felis s. silvestris* Schreber 1777 dans le Jura vaudois /Suisse). Influence de la couverture neigeuse. Ph.D.Thesis, Neuchâtel, Switzerland: Université de Neuchâtel

LINDBURG, D.G. (1988): Improving the feeding of captive felines through application of field data. Zoo Biology 7, 211 – 218

LINDEMANN, W. (1955): Über die Jugendentwicklung beim Luchs und bei der Wildkatze, Behaviour, Leiden, Heft 8, 1-45

LORENZ, K. u. LEYHAUSEN, P. (1968): Antriebe tierischen und menschlichen Verhaltens. R. Piper & Co, Verlag, München

LORENZ, K. & LEYHAUSEN, P (1973): On the function of the relative hierarchy of moods in Motivation of human and animal behaviour, 144-247

LUDLOW, M. (1986): Home range, activity patterns, and food habits of the ocelot (*Felis pardalis*) in Venezuela. MS Thesis, University of Florida, Gainesville, FL,70 pp

LUDLOW, M., SUNQUIST, M., (1987): Ecology and behavior of ocelots in Venezuela. Natl. Geogr. Res. Rep. 3, 447–461

LUDWIG, W. & C. (1999): Der Einfluss der Zooumwelt auf das Pflegeverhalten von Kleinkatzen – Ein Beispiel an Sandkatzen (*Felis margarita*). Der Zoologische Garten N.F., 69, 255-274

LUMPKIN, S. & SEIDENSTICKER, W. (1993): Raubtiere, Reihe Insider Wissen, Oetinger-Verlag, ISBN 978-3-7891-8405-5

LYONS, J., YOUNG, R.J. & DEAG, J.M. (1997): The effects of physical characteristics of the environment and feeding regime on the behaviour of captive felids. Zoo Biology 16, 71-83

McPHEE, ME. (2002): Intact carcasses as enrichment for large felids: effects on on- and off-exhibit behaviors. Zoo Biol. 21: 37–47

MALLAPUR, A. & CHELLAM, R. (2002): Environmental Influences on Stereotypy and the activity Budget of Indian Leopards (*Panthera pardus*) in Four Zoos in Southern India. Zoo Biology 21, 585-595

MANSARD, P. (1989): Some environmental considerations for small cats. Ratel 16, 12 – 15

MANSARD, P. (1997): Breading and husbandry of the Margay (*L. wiedii yucatanica*) at the Ridgeway Trust for Endangered Cats. Hastings, Int. Zoo Yearb. 35, 94-100

MARKOWITZ, H. & La FORSE, S. (1987): Artifical preyas behavioral enrichment devices for felines. Applied Animal Behaviour Science 18, 31 – 43

MARKOWITZ, H., ADAY C., & GAVAZZI, A. (1995): Effectiveness of acoustic "prey" Environmental enrichment for a captive African leopard (*Panthera pardus*). Zoo Biology, 14, 371 – 379

MARGULIS, S.W. & HOYOS, C., ANDERSON, M. (2003): Effect of Felis Activity in Zoo Visitor Interest. Zoo Biology 22, 587-599.

MASON, G.J. (1991): Stereotypies: a critical review. Animal Behaviour 41: 1015 – 1037

MELLEN, J.D. & STEVENS, V.J. MARKOWITZ, (1981): Environmental enrichment for Servals, at Washington Park Zoo, Portland.
The International zoo yearbook, 21, 196-201 ISSN: 0074-9664

MELLEN, J.D. (1991): Factors influencing reproductive success in small captive exotic felids (*Felis spp.*) A Multiple Regression Analysis. Zoo Biology 10, 95-110

MELLEN, J.D. & SHEPERDSON, D.J. (1997): Environmental enrichment for felids.
The international Zoo Yearbook, 35, 191-197

MELLEN, J.D., HAYES, M.P., SHEPERDSON, D.J. (1998): Captive Environments for small felids. Smithsonian Institute Press, Washington, DC, pp. 194–201.

MELLEN, J. & MACPHEE, M.S. (2001): Philosophy of environmental enrichment: past, present and future. Zoo Biology 20, 211 – 226

MEYER-HOLZAPFEL, M. (1968): Breeding the European wild cat (*Felis s. silvestris*) at Berne Zoo. Int. Zoo Yearb. 8, 31–38

MEYER-HOLZAPFEL, M. (1968): Abnormal behaviour in zoo animals. In Box, M.W., ed. Philadelphia, Saunders PP. 476-503

MOLTENO, A.J., SLIWA, A., RICHARDSON, P.R.K., (1998): The role of scent marking in a free-ranging, female black-footed cat (*Felis nigripes*), J. Zool. London 245, 35-41

MORRIS, D. (1990): Animal watching, a field guide to animal behaviour. London: Jonathan Cape

MÜLLER-GIRARD, C. (1990): Lexikon der Rassekatzen, Bechtermünz-Verlag

NEPRINTSEVA, E., POPOV, S., ILCHENKO, O. and VOSCHANOVA, I. (2006): Theoretical bases of environmental enrichment as applied to keeper-animals interactions. Animals, Zoo and Conservation,.151–158

NOWELL, K. & JACKSON, P. (1996): Wild Cats, Status Survey and Conservation Action Plan. IUCN/SSC Cat Specialist Group. Gland, Switzerland.

O'BRIEN, J. St. (2009): Internet, Laboratory of Genomic Diversity. Die Entwicklung der Hauskatze, *Felis catus*, als Modell für die genetische Analyse.

O'DONOVAN, D., HINDLE, JE., McKEOWN, S., O'DONOVAN, S. (1993): The effects of visitors on the behaviour of female cheetahs *Acinonyx jubatus* and cubs. Int. Zoo Yearbook 32, 238–244

OLBRICHT, G. & SLIWA. A. (1995): Analyse der Jugendentwicklung von Schwarzfusskatzen (Felis nigripes) im Zoologischen Garten Wuppertal im Vergleich zur Literatur. Der Zoologische Garten N.F., 65, 224-236

OLBRICHT, G. & SLIWA, A. (1997): in situ and ex situ observations and management of Black-footed cats *Felis nigripes*, Int. Zoo Yearbook 35, 81-89

PETERS, G. (1978): Vergleichende Untersuchung zur Lautgebung einiger Feliden, Spixiana, Journal of Zoologie, Suppl.1, 101-106.

PETSCH, H. (1972): Barchan-Wüstenwildkatzen und „Perser" Langhaarhauskatzen. Das Pelzgewerbe 21, N.F., 7-15, Berlin-Frankfurt/M,-Leipzig-Wien 1972

PFLEIDERER, M. (1986): Über das Blinzeln der *Felidae* als Mittel zur Desintensivierung des Blickkontaktes. Poster, Hamburger Tagung der Deutschen Ethologischen Gesellschaft.

PFLEIDERER, M. (1990): Zum „Verteidigungsschlaf" von Carnivora im Zoo. Der Zoologische Garten N.F. 60 3/4, 28-239

PFLEIDERER, M. und LEYHAUSEN, P. (1994): Passives Abwehrsyndrom und der Begriff des Wohlbefindens. In „Aktuelle Arbeiten zur artgemäßen Tierhaltung", Landwirtschaftsverlag Münster-Hiltrup, 75-84

PFLEIDERER, M. (1997): Das „Blinzeln" der Feliden, Zool. Garten N.F., 67, 364-374

PFLEIDERER, M. (1998): Zur Bedeutung der Fellmuster um Felidenaugen,
Zool. Garten N.F., 68, 3, 187-197

PFLEIDERER, M. und LEYHAUSEN, P. (1998): A Field Study of the behaviour and
Ecology of Three Felid Species: Caracal (*Profelis caracal*),
African Wild Cat (*felis libyca*), and Blackfooted Cat (*Felis nigripes*)
Proc. PAAZAB Ann. Conf., Bloemfontain, pp. 39 – 57

PFLEIDERER, M. (2000): Social Behaviour, Breeding and Territoriality of
the Clouded Leopard (*Neofelis nebulosa*) in the Zurich Zoo.
Proc. PAAZAB Ann. Conf., Plettenberg Bay

PFLEIDERER, M. (2001): Cheetah (*Acynonyx jubatus*) Health Problems in the
Oudtshoorn Breeding Centre – Stress-related or Nutritional?

PFLEIDERER, M. (2001): Sleeping Cats in the Zoo.
Proc. PAAZAB Ann. Conf., Plettenberg Bay

PFLEIDERER, M. und J. (2001): Behavioural Enrichment for Blackfooted Cats
(*Felis nigripes*) in Zoos. Proc. PAAZAB Ann. Conf. Plettenberg Bay

PFLEIDERER, M. (2001): Ethologie der Katze I, Der Ursprung der Hauskatze,
Sozialverhalten. ATN Verlag Deutschland, Schweiz

PFLEIDERER, M. (2001): Ethologie der Katze II, Feliden in Gefangenschaft.
ATN Verlag Deutschland, Schweiz

PFLEIDERER, M. (2004 – 2011): Tagebuchaufzeichnungen (persönliche Mitteilungen)

PFLEIDERER, M. (2006): African Wild Cat (*Felis libyca*). On the Significance of Captive
Breeding. Proc. PAAZAB Ann. Conf. East London

PFLEIDERER, M. und RÖDDER, B. (2010): Was Katzen wirklich wollen.
Gräfe & Unzer Verlag, München ISBN 978-3-8338-1715-1

PIECHOCKI, R. (1990): Die Wildkatze, Die Neue Brehm Bücherei, A. Ziemsen-Verlag

PIENAAR, U. de V. (1964): The small mammals of the Kruger National Park –
a systematic list and zoogeography. Koedoe, 7, 1-25

PIENAAR,U. de V. and RAUTENBCH I L; and GRAAFF, G de (1980): The Small
Mammals of the Kruger Nationalpark.

POHLE, C. (1973): Zur Zucht von Bengalkatzen (*Felis bengalensis*) in Berlin.
Der Zoologische Garten N.F., 43, 110-126

POWELL, D.M. (1995): Preliminary evaluation of environmental enrichment techniques for African Lions (*Panther leo*). Anim. Welf. 4, 361–370

PRINGLE, J.A. and V.L. PRINGLE, (1979): Observations on the lynx *Felis caracal* in the Bedford District. S. Afr. J. Zool. 14, 1 – 4

PUSCHMANN, W. (2007): Zootierhaltung 2, Säugetiere, Verlag Harri Deutsch, Thun, Frankfurt a. M.

RAHM, U. and CHRISTIAENSEN, A. (1963): Les mammiféres de la région occidentale du lac KIVU, Ann. Mus, Roy. Afrique central. Sciences Zoologiques 118

RATCLIFFE, H.L. (1940): Diets for a Zoological Garden: Some Results during a Test Period of Fife Years. Zoologica, Bd. 25, 463 – 472

REVERS, R. & REICHHARDT, A. (1986): Neue Jaguar- und Leopardenfreianlagen im Salzburger Tiergarten Hellabrunn. Der Zoologische Garten N.F., 56, 324-336

RIEGER, I. (1980): Beiträge zum Verhalten von Irbissen (*Uncia uncia*) (Schreber, 1975) in Zoologischen Gärten. Diss. der naturwiss. Fakultät der Univ. Zürich.

ROWE-ROWE, D.T. (1992): The carnivores of Natal. Natal Parks Board, Pietermaritzburg, South Africa

RYBAK JL. (2002): The effects of visitor activity on the behaviour of felids in a zoo setting. Master's thesis, James Madison University, Harrisonburg, VA.

SAUSMANN, K. (1997): Sand cat *Felis margarita*: a true desert species. The Int. Zoo Yearbook, 35, 78–81

SCHEFFEL, W. & HEMMER, H. (1974): Notizen zur Haltung und Zucht der Sandkatze (*Felis margarita* Loche 1858) Der Zoologische Garten N.F., 44, 338 – 348

SCHIESS–MEIER, M. & WIEDENMAYER, C. (1994): visual barriers in captive environment of cats. Der Zoologische Garten N.F., 64, 193-202

SCHMIDT, K., JEDRZEJEWSKI, W., OKARMA, H. (1997): Spatial organization and social relations in the Eurasian lynx population in Bialowieza Primeval Forest, Poland. Acta Theriol. 42: 289 – 312

SCHMIDT, K. (1999): Variation in daily activity of the free-living Eurasian Lynx (*Lynx lynx*). Journal of zoology, Band 249, 417–425

SCHREBER, J. C. D. (1778): Die Säugethiere in Abbildungen nach der Natur mit Beschreibungen, dritter Theil. W. Walter Erlangen erschienen 1777, Tafel mit Serval- Abbildung 1777, *Felis libyca* 1775, *Profelis caracal* 1776

SCHUH, J. (1980): Biologische Rhythmen und Tierhaltung.
Der Zoologische Garten N.F., 50, 308 – 310

SCHÜRER, U. (1978): Haltung und Zucht von Schwarzfußkatzen, *Felis nigripes*,
Der Zoologische Garten N.F., 48, 385–400

SCHÜRER, U. & SLIWA, A. (2005): Internationales Zuchtbuch für die Schwarzfußkatze
(*Felis nigripes*).

SCHWANGART, F., (1933): Zeitschrift Hundeforschung 3, 1933, 65

SHEPHERDSON, D.J., CARLSTEAD, K., MELEN, J.D. & SEIDENSTICKER, J. (1993):
The influence of food presentation of the Behaviour of small Cats in Confined
Environments. Zoo Biology 12, 203-216

SHEPERDSON, D.J. (1998): Introduction: tracing the path of environmental enrichment
in zoos. In Second nature: environmental enrichment for captive animals:
1–12. Shepherdson, D.J., Mellen, J.D. & Hutchins, M. (Eds.). Washington, DC:
Smithsonian Institution Press.

SHEPHERDSON, D.J. (2003): Environmental enrichment: past, present and future.
Int. Zoo Yearbook, 38, 188 – 124

SHORTRIDGE, G. (1934): The mammals of South West Africa. Vol. 1,
William Heinemann, London

SKINNER, J.D. (1979): Feeding behaviour in caracal (Felis caracal).
J. Zool. London, 189, 523-525

SKINNER, J.D. and SMITHERS, R.H.N. (1990): The Mammals of the southern African
subregion. – 2^d edn. Univ. of Pretoria Press, Pretoria:

SKINNER, J.D. & CHIMIMBA, C.T. (2005): The Mammals of the southern African
subregion. – 3rd edn. Cambridge University Press, Pretoria

SLIWA, A. (1993): A habitat description and first data on ecology and behaviour
of the Black-footed cat (*Felis nigripes*) in the Kimberley area, South Africa.
International Studbook for the Black-footed cat (*Felis nigripes*) Wuppertal 1993: 8-11

SLIWA, A. (1994): Diet and Feeding Behaviour of the Black-footed Cat (Felis nigripes
Burchell, 1824) in the Kimberley Region, South Africa.
Der Zoologische Garten N.F., 64 (2), 83-96

SLIWA, A. (1996): Pleasures and worries of a black-footed cat field study in South Africa.
Cat Times 23: 1-3

SLIWA, A. (1997): Black-footed Cat Field Research. Cat News, IUCN Cat Specialist Group
Newsletter (ed. P.Jackson), No. 27, 20 – 21

SLIWA, A. (1998): Africa's smallest feline – the Black-footed Cat, five years of research. Endangered Wildlife, No. 28 10 – 13

SLIWA, A. (2000): Schwarzfußkatzen: Verbindung zwischen Freilandforschung und Haltung im Zoo Wuppertal. Zoomagazin /NRW 6 (1): 50-54

SLIWA, A. & OLBRICHT, G. (2000): Arabische Raubtiere: Artenvielfalt in einer wenig bekannten Region. Zeitschrift des Kölner Zoos, Heft 43 (3) 107-118

SLIWA, A. (2004): Home range size and social organisation of black-footed cats (*Felis nigripes*) Mammalian Biology, Zeitschrift für Säugetierkunde, 2, 96 – 107

SLIWA, A., WILSON, B.W., LAMBERSKI, N., HERRIK, J. (2005): Report on surveying and catching Black-footed cats (*Felis nigripes*) on Benfontein Game Farm, October 25th – November 6th 2005

SLIWA, A. (2006): Seasonal and sex-specific prey-composition of black-footed cats (*Felis nigripes*). Acta Theriologica 51, 195 – 206

SLIWA, A. (2007): Schwarzfußkatzen und ihr Lebensraum. Zeitschrift des Kölner Zoo, 50. Heft 2, 81 - 95

SLIWA, A. (2009): Feldforschung an der Schwarzfußkatze, Pinguinal 5/2, 4 – 8

SLIWA, A., WILSON, B., LAMBERSKI, N., LAWRENZ, A. (2010): Report on surveying and catching Black-footed cats (*Felis nigripes*) on Nuwejaarsfontein Farm, Benfontein Nature Reserve 9-19 November 2009. Black-footed Cat Working Group

SLIWA, A., HERBST, M. and MILLS, G. (2010): Black-footed cats (*Felis nigripes*) and African wildcats (*Felis silvestris*): a comparison of two small felids from South African arid lands, The Biology and Conservation of Wild Felids, Chapter 26. David W. Macdonald & Andrew J. Loveridge (Editors), Oxford University Press, 736

SMITHERS, R. (1971): The Mammals of Botswana. Mus.mem. Natl. Mus.Monum, Rhod. 4

SMITHERS, R. and V.J. WILSON (1979): Check list and atlas of the mammals of Zimbabwe, Rhodesia. Mus.mem. Natl. Mus.Monum, Rhod. 9, 1 - 147

SMITHERS, R. (1983): The Mammals of the southern African subregion, 1 edn. Univ. of Pretoria Press, Pretoria

SMITHERS, R. (2000): Mammals of Southern Africa. Struic Publishers, Cape Town, ISBN 1-86872-550-2

STADLER, A. (2010): Schwarzfußkatzen – Report des Zoo Wuppertal

STADLER, A. (2011): Internationales Zuchtbuch für die Schwarzfußkatze, *Felis nigripes*,

STAHL, P. (1986): Le Chat Forestier d' Europe (*Felis silvestris*, Schreber 1777) Exploitation des ressources et organisation spatiale. Ph. D. Thesis, Nancy, F: Université de Nancy.

STAUFFACHER, M. (1998): 15 Thesen zur Haltungsoptimierung im Zoo.

Zoologischer Garten N.F., 68, 201-218

STEHLÍK, J. (2003): A note on breeding the jungle cat (*Felis chaus*) at Ostrava Zoo. Zoologischer Garten N.F., 73, 228-233

STUBBE, M. & KRAPP, F. (1993): Handbuch der Säugetiere Europas, Rausäuger (Teil II), Aula Verlag, Wiesbaden, ISBN 3-89104-528-X

STUART, C. and T. (1985): The status of two endangered carnivores occurring the Cape Province, South Africa, *Felis serval* and *Lutra maculicollis*. Biol. Conserv. 32, 375-382

STUART, C. and T. (1988): Field Guide to the larger Mammals of Southern Africa Struic Publishers, Cape Town, ISBN 1-86872-534-0

SUNQUIST, M.E. & F. SUNQUIST (2002): Wild Cats of the world, University of Chicago Press, Chicago, 452 pp.

SWAISGOOD, R.R. & SHEPERDSON, D.J. (2005): Scientific Approaches to Enrichment and Stereotypies in Zoo Animals: What's Been Done und Where Should We Go next? Zoo Biology 0, 1 – 20

TEMBROCK, G. (1987): Verhaltensbiologie, VEB Gustav Fischer Verlag, Jena ISBN 3-334-00086-9

TERIO, K. A., O'BRIEN, T., LAMBERSKI, N., FAMULA, T.R. and MUNSON, L. (2008): Amyloidosis in Black-footed Cats (*Felis nigripes*). Vet. Pathol. 45, 393 – 400

THAPAR, V. & RATHORE, F.S., (1990): Tiger: über das unbekannte Familienleben der indischen Großkatzen. Braunschweig, Westermann-Verlag ISBN 3-07-509262-2

THIEL, C. (2011): Der Serval – die vergessene Katzenart der afrikanischen Savanne. Zeitschrift des Kölner Zoo, Heft 3, 145-157.

TONKIN, B.A. & KOHLER, E. (1978): Breeding the African golden cat (*Profelis aurata*) in captivity. Int. Zoo Yearbook, 18, 147-150

TONKIN, B.A. & KOHLER, E. (1981): Observations on the Indian desert cat (*Felis silvestris ornata*) Int. Zoo Yearbook, 151–154

TUDGE, D. (1991): Letze Zuflucht Zoo, die Erhaltung bedrohter Arten in Zoologischen Gärten. Spektrum Akademischer Verlag, Heidelberg. Berlin. Oxford

TURNER, D. und BATESON, P. (1988): Die domestizierte Katze.
Albert Müller Verlag, Rüschlikon-Zürich, ISBN 3-275-00431-1

TYLINEK, E., SAMKOVA, Z., SEIFERT, S., MÜLLER, P. (1987): Das große Buch der wilden Katzen. Pinguin-Verlag Innsbruck, ISBN 3-7016-2274-4

Van HEEZIK, J.M. & P.J. SEDDON (1998): Range size and habitat use of an adult male Caracal in northern Saudi Arabia, Journal of arid environments, 40, 109-112

VERHEYEN, R. (1951): Contribution à l'Étude Éthologique des Mammifères du Parc National de l'Upemba », Inst. Parc. Nat. Congo Belge Bruxelles

VERSCHUREN, J. (1958) : Écologie et biologie des grands mammifères: Explorat, Parc, Nation, Garamba Bruxelles.

VISSER, J. (1977a): The small Cats, African Wildlife 31 (1), 26-28

WALKER, C. (1991): Signs of the Wild, Struic Publishers, Cape Town
ISBN   0-86977-825-0

WASSMER, D.A., GUENTHER, D.D. & LAYER, J.N. (1988): Ecology of the bobcat in South-Central Florida. Bull. Fla State Mus. Biol. Science 33, 1 – 228

WEIGEL, I. (1961): Das Fellmuster der wildlebenden Katzenarten und der Hauskatze in vergleichender und stammesgeschichtlicher Hinsicht.
Säugetierkundliche Mitt. 9, Sonderheft, 1-98, München-Bonn-Wien

WELLER, S.H. & BENNET, C.L. (2001): Twenty-four activity budges and patterns of behaviour in captive ocelots (*Leopardus pardalis*).
Applied animal behaviour science. Heft 71, 67– 79

WELLS, D.L. & EGLI, J.M. (2004): The influence of olfactory enrichment oh the behaviour of Black-footed cats, *Felis nigripes*. Animal Behaviour Science, 85, 107 – 119

WENTHE MATTHIAS (1994): Physiologie und Pathologie der Fortpflanzung bei Zoo-Felidae. Dissertation an der Tierärztlichen Hochschule Hannover

WIEDENMAYER, C. und SÄGESSER, H. (1988): Das Raum-Zeit-System des Sibirtigers, (*Panthera tigris altaica*) (Temminck 1845), im Berner Tierpark Dählhölzli.
Der Zoologische Garten N.F., 58, 31-39

WIELEBNOWSKI, N.C., FLETCHALL, N., CARLSTEAD, K., BUSSO, J.M. and WILD, D.E. &   ROTH, T.L. (1997): Assisted reproduction for managing and conserving threatened felids. Conservation and Research Center/National Zoological Park, Smithsonian Institution, Front Royal, Virginia 22630, USA.
Int. Zoo Yearbook 35. 164–172

WOOSTER, D. S. (1997): Enrichment techniques for small felids at Woodland Park Zoo, Seattle. Int. Zoo Yearbook 35, 208-212

WOZENCRAFT, W.C. (1993): Order Carnivoria, Pp. 286-346 in D.E. Wilson and D.M. Reeder, Eds. Mammal species of the world, 2d edn. Smithsonian, Washington, D.C.

YORK, J. F. (1973): A study of serval melanism in the Aberdares and some general behavioural observations, In "The World's Cat" Vol, I. World Wildlife Safari, Winston, Oregon

YOUNG, R.J. (2003): Environment Enrichment for Captive Animals. Blackwell Publishing: Universities Federation for Animal Welfare.

ZIMMERMANN, E. (1976): Beobachtungen zur Geburt, Brutpflege und Verhaltens-ontogenese von Wild- und Hauskatzen. Diss. Univ. Erlangen-Nürnberg.

i want morebooks!

Buy your books fast and straightforward online - at one of world's fastest growing online book stores! Environmentally sound due to Print-on-Demand technologies.

Buy your books online at
www.get-morebooks.com

Kaufen Sie Ihre Bücher schnell und unkompliziert online – auf einer der am schnellsten wachsenden Buchhandelsplattformen weltweit! Dank Print-On-Demand umwelt- und ressourcenschonend produziert.

Bücher schneller online kaufen
www.morebooks.de

VDM Verlagsservicegesellschaft mbH
Heinrich-Böcking-Str. 6-8 Telefon: +49 681 3720 174 info@vdm-vsg.de
D - 66121 Saarbrücken Telefax: +49 681 3720 1749 www.vdm-vsg.de

Printed by Books on Demand GmbH, Norderstedt / Germany